한국 **육서 노린재**

The Terrestrial Heteroptera of Korea

한국 생물 목록 25
Checklist of Organisms in Korea 25

한국 **육서 노린재**

The Terrestrial Heteroptera of Korea

펴낸날 2018년 7월 15일
글·사진 안수정, 김원근, 김상수, 박정규

펴낸이 조영권
만든이 노인향, 김영하, 백문기
꾸민이 토가 김선태

펴낸곳 자연과생태
주소 서울 마포구 신수로 25-32, 101(구수동)
전화 02) 701-7345~6 **팩스** 02) 701-7347
홈페이지 www.econature.co.kr
등록 제2007-000217호

ISBN : 978-89-97429-94-3 93490

This book should be cited as following example:
Ahn, S.J., W.G. Kim, S.S. Kim & C.G. Park. 2018. *The Terrestrial Heteroptera of Korea*. Seoul, Korea: Nature & Ecology. pp. 632.

한국 생물 목록 25
Checklist of Organisms in Korea 25

한국 육서 노린재
The Terrestrial Heteroptera of Korea

글·사진
안수정, 김원근, 김상수, 박정규

자연과생태

얼떨결에 『노린재 도감』을 낸 지 8년이 지났습니다. 당시 국내에 노린재 도감이 없다는 이유로 242종의 사진을 모아 서둘러서 내게 되었는데 5년이 채 되지 않아 200종 이상이 추가되었습니다. 노린재에 관심이 많아지면서 낮에 보이는 종을 새롭게 만나기도 했지만 무엇보다도 야간 등화를 하면서 장님노린재들을 많이 만난 것이 이 책을 쓴 가장 큰 이유였습니다.

처음에 『노린재 도감』을 낼 때는 10년쯤 지난 뒤에 증보판을 내면 되겠다고 생각했는데 너무 많은 종이 단시간에 추가되어 2016년부터 새 노린재 도감을 내자는 의견이 나왔습니다. 그리하여 2017년에 정리해 보니 2010년 도감보다 248종이나 늘어난 490종이 되었습니다. 여기에는 국내 미기록종이나 신종도 포함되었습니다.

이번 도감은 전문 연구자도 이용할 수 있도록 동종이명(synonym) 목록 및 국내 최초 기록, 우리나라 곤충 기록의 토대가 될 분포도도 실었습니다. 특히 분포도 데이터베이스는 네이버 카페 〈곤충나라 식물나라〉 회원들이 전국 각지에서 찍은 사진에 촬영 장소와 날짜를 기입해 올려 준 것을 바탕으로 만든 것이라 의미가 큽니다. 혼자서는 평생을 해도 어려운 분포도를 7년 만에 기초를 잡았으니 참으로 놀라운 일입니다. 번거로움도 마다하지 않고 곤충 센서스에 동참해 주신 회원 여러분께 깊이 감사하며, 이 자료를 가지런히 정리해 결과물로 엮어 보답할 수 있어 정말 기쁩니다.

이 도감에는 생태 사진만 실었으므로 살아있는 모습을 그대로 확인할 수 있습니다. 성충뿐만 아니라 그동안 많은 분이 궁금해하던 약충도 정확히 동정해서 실었기 때문에 궁금증이 조금은 해소되리라 생각됩니다. 이렇게 많은 종의 사진을 다양하게 실을 수 있었던 것은 저자들이 찍은 사진으로만 도감을 만들려 고집하지 않고 회원들께 도움을 청했기 때문입니다. 사진 협조를 부탁했을 때 모든 분이 단 한 번도 마다하지 않고 바로 보내 주셨으며, 더 필요한 사진이 있다면 언제든지 보내 주시겠다고 하실 때는 무척 감동받았습니다. 특히 저자들이 찍지 못한 사진을 많이 제공해 주신 박지환(칠복이) 님께 더욱 감사한 마음을 전합니다.

지난 도감을 만들 때도 그랬지만 이번 도감을 준비하면서도 참 행복하다는 생각을 많이 했습니다. 공저자님들과 함께하는 작업도 즐거웠고, 카페 회원님들을 비롯해 많은 분이 진심으로 격려와 도움을 주실 때는 힘이 저절로 났습니다. 이 일을 계기로 곤충 전문가와 아마추어가 함께하는 일들이 더 많아져 우리나라 곤충 분야에 좋은 토대가 마련되면 좋겠습니다.

이 책을 펴내기까지 분류 및 동정을 도와주신 충남대학교 정성훈 교수님과 김정곤 박사님, 이호단, 오수민 님께 감사드리고, 논문 자료 수집에 도움을 주신 조건호 님과 한국 최초 기록 문헌 검토에 도움을 주신 권기면 박사님, 경북대학교 이동운 교수님께 고마운 마음을 전합니다. 또한 표본 채집에 도움을 주신 정광수 박사님, 권희상 님, 물심양면으로 도움을 주신 순천대학교 홍기정 교수님께도 감사 말씀을 전합니다. 아울러 늘 함께해 주시는 K-ECO연구소 선생님들께도 진심으로 감사드립니다. 마지막으로 생태 도감의 명맥을 당당하게 유지하는 자연과생태 조영권 대표님께 뜨거운 박수를 보냅니다.

2018년 7월 저자 일동

사진 도움 주신 분

구준희(Bioman) | 김계형(빈손) | 김새체(산비장이) | 김태완(만천) | 노영근(그령) | 박지환(칠복이)
박철우(달맞이꽃) | 박현규(space) | 손윤한(새벽들) | 송원혁(느티나무) | 양현숙(샐리)
유순자(티파니) | 이미숙(별꽃로사) | 이상일(충주딘) | 이수진(귤맘) | 이숙영(풀꽃놀이)
이현미(로즈마리) | 이호단(이호단) | 조건호(푸) | 지경옥(지지)

일러두기

1. 우리나라에 사는 노린재아목 가운데 육서 노린재 23과 490종을 실었습니다.
2. 분류체계와 학명은 Catalogue of the Heteroptera of the Palaearctic Region 1~6 (Aukema *et al*., 1995~2013)을 따랐으며, 최신 흐름을 받아들여 보충했습니다.
3. 국명은 『한국 곤충 총 목록』(2010)을 따랐으나 그 뒤 국명이 바뀌거나 새로 기록된 종은 새 이름으로 나타냈고, 이 도감에서 처음으로 국명을 기재한 종은 국명 뒤에 '(신칭)'을 붙였습니다.
4. 동종이명(synonym)은 Catalogue of the Heteroptera of the Palaearctic Region 1~6 (Aukema *et al*., 1995~2013)을 참조했고, 한국 첫 기록은 동북아시아 노린재 관련 논문과 책, 조선박물학회지, 권업모범장보고 등 조선총독부에서 발간한 여러 자료를 검토, 확인했으며, 확인이 어려운 종은 Hemiptera-Economic Insects of Korea 18 (Kwon *et al*., 2001)을 따랐습니다. 책 뒤쪽에 동종이명 목록을 실었습니다.
5. '국내 첫 기록' 명명자 앞에 콜론(:)이 없으면 학명 명명자가 국내 첫 기록을 등재한 것이며, 있으면 명명자가 아닌 사람이 등재한 것입니다.
6. 출현 시기는 앞서 언급한 자료와 저자 및 <곤충나라 식물나라> 회원들이 곤충 센서스에 참여해 기록한 날짜를 종합해 나타냈습니다. 곤충 센서스 자료는 동정 가능한 사진일 때만 포함했습니다. 촬영 날짜는 사진에 적었습니다.
7. 분포도는 저자 및 <곤충나라 식물나라> 회원들이 곤충 센서스에 참여해 기록한 장소와 국가생물종지식정보시스템(www.nature.go.kr)에서 제시한 표본을 종합해 나타냈습니다. 카페에 충남 회원이 적어 충남에서는 미확인된 종이 많습니다. 다른 지역에서 모두 관찰되었다면 전국 분포로 보는 것이 옳지만, 정확도를 높이고자 그대로 나타냈습니다. 제주도는 분포 확인 종만 올렸습니다. 또한 분포도에는 특별시와 광역시를 따로 표기하지 않고 도 단위에 포함했습니다.
8. 곤충 관련 용어는 쉽게 풀어 쓰려고 노력했으나 우리말로 바꾸기 어려운 것은 그대로 썼습니다. 형태 설명에서 각 부위 명칭을 참조하기 바랍니다.

머리말 _ 4
일러두기 _ 6

생활 _ 8
형태 _ 10
분류 _ 14

육서 노린재 각 종의 특징

쐐기노린재과 Nabidae (damsel bugs) _ 19
꽃노린재과 Anthocoridae (minute pirate bugs) _ 37
머리목노린재과 Enicocephalidae (unique-headed bugs, gnat bugs) _ 49
방패벌레과 Tingidae (lace bugs) _ 51
침노린재과 Reduviidae (assassin bugs) _ 73
넓적노린재과 Aradidae (flat bugs) _ 107
명아주노린재과 Piesmatidae (ash-grey leaf bugs) _ 121
실노린재과 Berytidae (stilt bugs) _ 123
뽕나무노린재과 Malcidae _ 127
긴노린재과 Lygaeidae (seed bugs) _ 131
별노린재과 Pyrrhocoridae (red bugs, cotton stainer bugs) _ 197
큰별노린재과 Largidae (bordered plant bugs) _ 201
허리노린재과 Coreidae (leaf-footed bugs) _ 205
호리허리노린재과 Alydidae (broad-headed bugs) _ 227
잡초노린재과 Rhopalidae (scentless plant bugs) _ 235
참나무노린재과 Urostylididae (chestnut-leaved oak bugs) _ 245
알노린재과 Plataspididae _ 253
뿔노린재과 Acanthosomatidae (shield bugs) _ 263
땅노린재과 Cydnidae (burrower bugs) _ 285
광대노린재과 Scutelleridae (shield-backed bugs) _ 297
톱날노린재과 Dinidoridae _ 305
노린재과 Pentatomidae (stink bugs) _ 307
장님노린재과 Miridae (plant bugs, leaf bugs) _ 377

동종이명 목록(synonym list) _ 568
참고문헌 _ 606
국명 찾기 _ 612
학명 찾기 _ 619

생활

노린재목은 노린재아목(Heteroptera), 매미아목(Auchenorrhyncha), 진딧물아목(Sternorrhyncha)으로 나눈다. 예전에는 매미아목과 진딧물아목을 합해 매미목(Homoptera)이라는 별개 목으로 분류했지만 이 책에서는 노린재목의 노린재아목 중 육서 노린재만 다뤘다.

노린재아목 앞날개 반은 질긴 가죽질이고 반은 막질이어서 반초시(半鞘翅, hemelytra)라고도 하며, 뒷날개는 모두 막질이다. 노린재아목(Heteroptera) 어원은 이렇게 앞날개 두 부분 재질이 다른 데서 기원하지만 우리나라 말에서 노린재는 노린내 비슷한 냄새가 난다는 데서 유래했다. 영어권에서는 'true bugs'라고 부른다.

노린재 냄새샘(냄새구멍)은 약충일 때는 배 위쪽, 성충일 때는 양쪽 뒷다리 기부 가까이에 있다.

노린재의 고유한 특징 중 하나는 작은방패판이 역삼각형이라는 것이다. 간혹 작은방패판이 늘어나 날개가 없는 것처럼 보이는 종도 있지만(광대노린재과, 알노린재과) 대부분은 역삼각형이 잘 드러난다. 몸길이는 1.5mm(깨알소금쟁이류)에서 65mm(물장군)까지 다양하며 모양은 대부분 타원형으로 길쭉하며 납작하다. 겹눈은 대개 크며 홑눈은 2개이거나 없다. 입은 찔러빠는입(piercing-sucking type)으로 먹이를 주둥이로 찔러서 빨아 먹기에 적당하다. 더듬이는 보통 4~5마디이며 땅에 사는 종류는 길고 물속에 사는 종류는 짧다.

노린재는 불완전변태를 하며 대개 땅 위에서 산다(육서군). 하지만 물속(진수서군)이나 수면(반수서군)에 사는 종류도 있으며 몇 종류는 척추동물 외부에 붙어 기생하기도 한다. 식물 즙을 빨아 농작물에 해를 끼치거나 병을 옮기는 매개충도 있고 사람에게 해로운 위생곤충도 몇 종류 있다. 반면에 해충을 잡아먹어 농사를 돕는 포식성 노린재는 천적 곤충으로 활용된다. 한편, 색상이 아름다워 관상용이나 애완용 등 산업곤충으로 활용되는 노린재도 있다. 무늬와 광택이 현란한 광대노린재와 큰광대노린재, 색상이 고급스러운 방패광대노린재, 작은방패판에 하트 무늬가 있는 에사키뿔노린재, 검은색과 주황색 줄 배열이 아름다운 홍줄노린재 등이 대표적이다.

곤충은 모두 정상적인 성장 과정에서 매우 짧은 기간 동안 몸 형태를 바꾼다. 이를 변태(탈바꿈, metamorphosis)라고 하며 크게 완전변태, 불완전변태, 무변태로 나눈다. 노린재는 불완전변태를 하는 대표적인 곤충이다. 불완전변태란 성장 과정에 번데기 기간이 없으며, 보통 알에서 깨어나 약충 상태에서 여러 번 허물벗기를 한 후(주로 4~5회) 성충이 된다. 허물을 한 번 벗을 때마다 몸이 커지며, 약충일 때와 성충일 때 모습이 비슷하다. 이 두 시기에서 가장 큰 차이점은 약충일 때는 조직이나 기관(생식기 등)이 덜 발달하고, 날개원기가 허물을 벗을 때마다 조금씩 커지며, 성충일 때는 완전한 날개가 있다는 점이다(드물게 날개가 없는 성충도 있다).

썩덩나무노린재 한살이

형태

노린재 각 부위 명칭

썩덩나무노린재 *Halyomorpha halys* (Stål)

가로줄노린재 *Piezodorus hybneri* (Gmelin)

네점박이노린재 *Homalogonia obtusa* (Walker)

방패벌레 각 부위 명칭

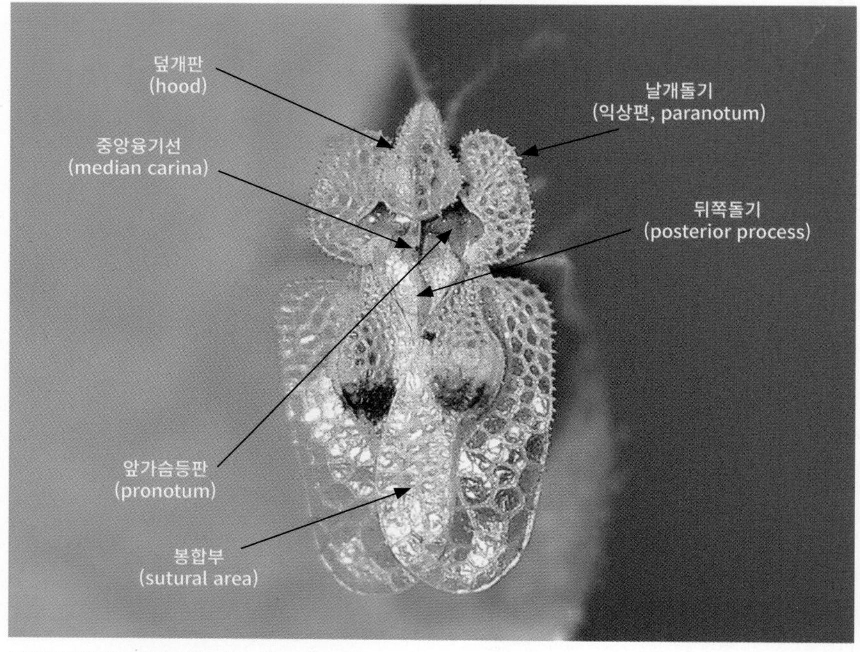

버즘나무방패벌레 *Corythucha ciliata* (Say)

장시형과 단시형

노랑날개쐐기노린재 *Prostemma kiborti* (Jakovelev)

장님노린재 각 부위 명칭

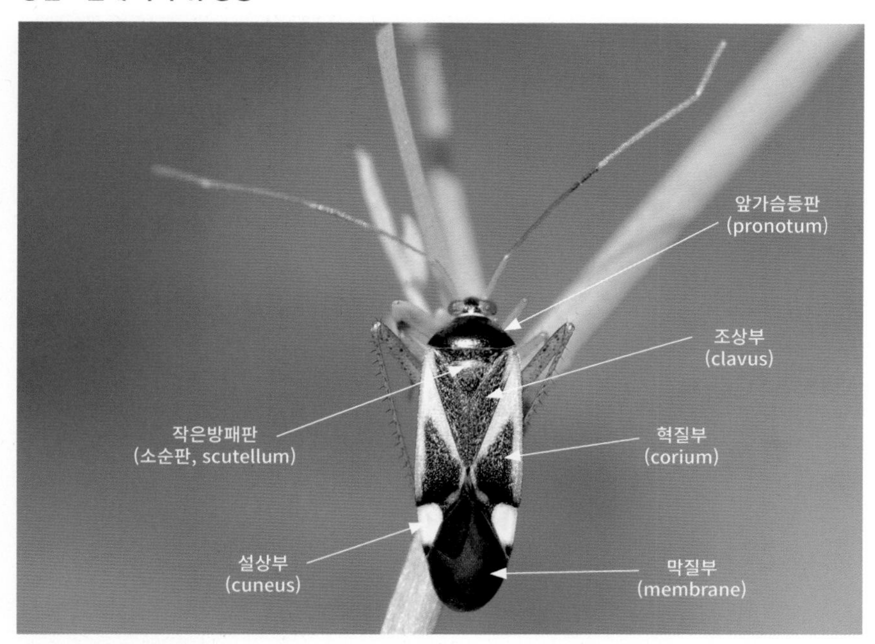

나도변색장님노린재 *Adelphocoris reicheli* (Fieber)

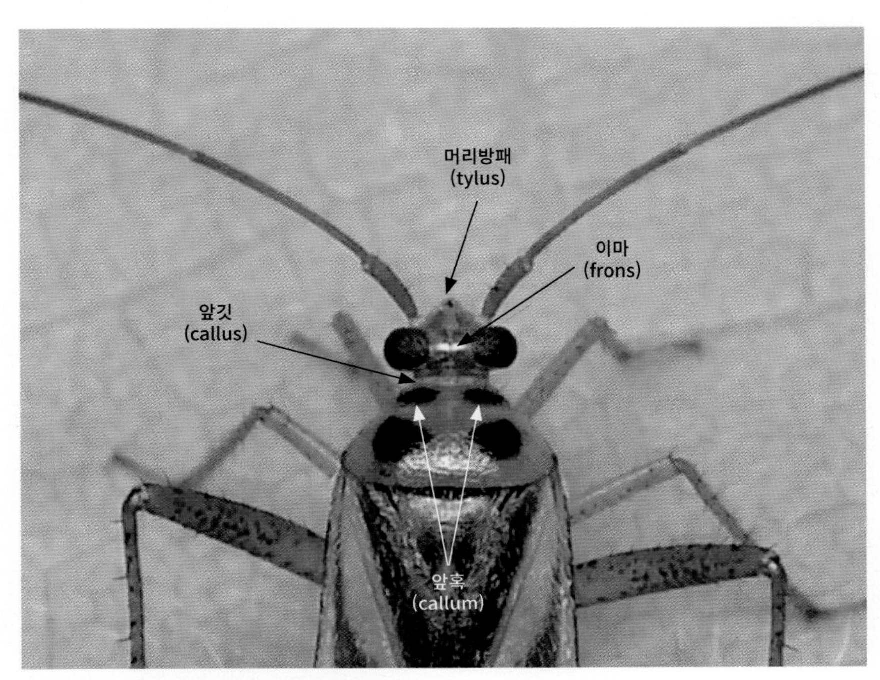

연리초장님노린재 *Adelphocoris lineolatus* (Goeze)

장님노린재 납작털과 누운털

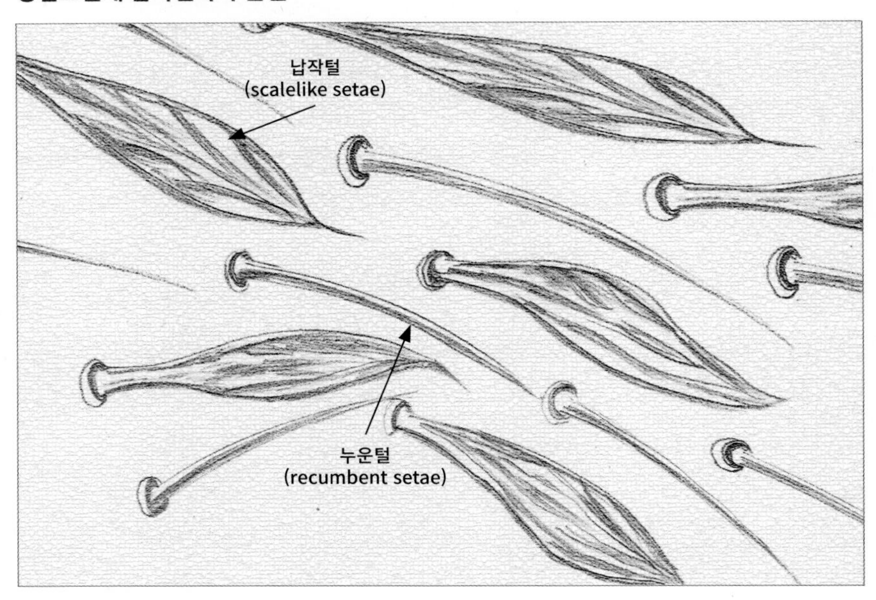

분류

국내 노린재아목 분류

노린재아목 Heteroptera	육서군 Geocorisae	노린재하목 Pentatomomorpha	넓적노린재상과 Aradoidea	넓적노린재과
			허리노린재상과 Coreoidea	호리허리노린재과, 허리노린재과, 잡초노린재과
			긴노린재상과 Lygaeoidea	실노린재과, 긴노린재과, 뽕나무노린재과, 별노린재과, 큰별노린재과, 명아주노린재과
			노린재상과 Pentatomoidea	뿔노린재과, 땅노린재과, 톱날노린재과, 노린재과, 알노린재과, 광대노린재과, 참나무노린재과
		빈대하목 Cimicomorpha	빈대상과 Cimicoidea	꽃노린재과, 빈대과, 쐐기노린재과
			장님노린재상과 Miroidea	장님노린재과
			침노린재상과 Reduvioidea	침노린재과
			방패벌레상과 Tingoidea	방패벌레과
		머리목노린재하목 Enicocephalomorpha	-	머리목노린재과
		좀쌀노린재하목 Dipsocoromorpha	-	좀쌀노린재과
	반수서군 Amphibicorisae	갯노린재하목 Dipsocoromorpha	갯노린재상과 Saldoidea	갯노린재과
		소금쟁이하목 Gerromorpha	소금쟁이상과 Gerroidea	소금쟁이과, 깨알소금쟁이과
			깨알물노린재상과 Hebroidea	깨알물노린재과
			실소금쟁이상과 Hydrometroidea	실소금쟁이과
			물노린재상과 Mesovelioidea	물노린재과
	진수서군 Hydrocorisae	장구애비하목 Nepomorpha	물벌레상과 Corixoidea	물벌레과
			물둥구리상과 Naucoroidea	물빈대과, 물둥구리과
			장구애비상과 Nepoidea	물장군과, 장구애비과
			송장헤엄치게상과 Notonectoidea	송장헤엄치게과, 둥글물벌레과
			딱부리물벌레상과 Ochteroidea	딱부리물벌레과

국내 장님노린재과 세부 분류

아과	족	속
홑눈장님노린재아과 Isometopinae	홑눈장님노린재족 Isometopini	홑눈장님노린재속(*Isometopus*)
원장님노린재아과 Cylapinae	원장님노린재족 Fulviini	원장님노린재속(*Punctifulvius*), 버섯장님노린재속(*Peritropis*)
고사리장님노린재아과 Bryocorinae	고사리장님노린재족 Bryocorini	참고사리장님노린재속(*Bryocoris*), 고사리장님노린재속(*Monalocoris*)
	고구려장님노린재족 Eccritotarsini	고구려장님노린재속(*Michailocoris*)
	긴털장님노린재족 Monaloniini	긴털장님노린재속(*Dimia*)
	담배장님노린재족 Dicyphini	담배장님노린재속(*Nesidiocoris*), 우리담배장님노린재속(*Cyrtopeltis*), 어리담배장님노린재속(*Dicyphus*)
무늬장님노린재아과 Deraeocorinae	방패장님노린재족 Hyaliodini	방패장님노린재속(*Stethoconus*)
	멋무늬장님노린재족 Clivinemini	멋무늬장님노린재속(*Bothynotus*)
	무늬장님노린재족 Deraeocorini	진무늬장님노린재속(*Cimicicapsus*), 털보장님노린재속(*Cimidaeorus*), 소나무장님노린재속(*Alloeotomus*), 무늬장님노린재속(*Deraeocoris*), 볼록무늬장님노린재속(*Apoderaeocoris*), 뾰족머리장님노린재속(*Fingulus*)
	꽃무늬장님노린재족 Termatophylini	꽃무늬장님노린재속(*Termatophylum*)
장님노린재아과 Mirinae	장님노린재족 Mirini	변색장님노린재속(*Adelphocoris*), 빨강반점장님노린재속(*Adelphocorisella*), 날개홍선장님노린재속(*Creontiades*), 홍색얼룩장님노린재속(*Stenotus*), 홍색유리날개장님노린재속(*Neomegacoelum*), 산장님노린재속(*Polymerias*), 참산장님노린재속(*Rhabdomiris*), 가시고리장님노린재속(*Mermitelocerus*), 민장님노린재속(*Loristes*), 큰장님노린재속(*Gigantomiris*), 어깨장님노린재속(*Pantilius*), 갈색장님노린재속(*Tolongia*), 무늬털장님노린재속(*Tinginotum*), 알락장님노린재속(*Phytocoris*), 먹장님노린재속(*Polymerus*), 큰흰솜털검정장님노린재속(*Proboscidocoris*), 솜털검정장님노린재속(*Charagochilus*), 탈장님노린재속(*Eurystylus*), 예덕장님노린재속(*Bertsa*), 노랑무늬장님노린재속(*Capsodes*), 북방장님노린재속(*Capsus*), 두색장님노린재속(*Koreocoris*), 얼룩장님노린재속(*Lygus*), 꼭지장님노린재속(*Pinalitus*), 참얼룩장님노린재속(*Cyphodemidea*), 갈색솟은등장님노린재속(*Peltidolygus*), 고리장님노린재속(*Lygocoris*), 밝은색장님노린재속(*Taylorilygus*), 무늬고리장님노린재속(*Apolygus*), 검은빛장님노린재속(*Apolygopsis*), 코장님노린재속(*Lygocorides*), 고운고리장님노린재속(*Castanopsides*), 광택장님노린재속(*Philostephanus*), 검정고리장님노린재속(*Josifovolygus*), 홍줄장님노린재속(*Eolygus*)
	보리장님노린재족 Stenodemini	보리장님노린재속(*Stenodema*), 촉각장님노린재속(*Trigonotylus*)
	대나무장님노린재족 Mecistoscelidini	대나무장님노린재속(*Erimiris*)

들장님노린재아과 Orthotylinae	짤막장님노린재족 Coridromiini	짤막장님노린재속(*Coridromius*)
	깡충장님노린재족 Halticini	큰검정뛰어장님노린재속(*Ectmetopterus*), 암수다른장님노린재속(*Orthocephalus*), 둥글깡충장님노린재속(*Strongylocoris*)
	들장님노린재족 Orthotylini	북한들장님노린재속(*Bagionocoris*), 검정들장님노린재속(*Heterocordylus*), 느릅장님노린재속(*Blepharidopterus*), 연초록들장님노린재속(*Zanchius*), 얼룩들장님노린재속(*Malacocorisella*), 다리흑선들장님노린재속(*Ulmica*), 들장님노린재속(*Orthotylus*), 갈참장님노린재속(*Cyllecoris*), 맵시장님노린재속(*Dryophilocoris*), 붉은들장님노린재속(*Pseudoloxops*), 풀색장님노린재속(*Cyrtorhinus*)
애장님노린재아과 Phylinae	Semiini	중국장님노린재속(*Tytthus*)
	꼬마장님노린재족 Hallodapini	산꼬마장님노린재속(*Acrorrhinium*), 꼬마장님노린재속(*Hallodapus*), 개미사돈장님노린재속(*Systellonotus*)
	표주박장님노린재족 Pilophorini	표주박장님노린재속(*Pilophorus*), 어리표주박장님노린재속(*Pherolepis*)
	Leucophoropterini	고리버들장님노린재속(*Sejanus*)
	Nasocorini	사방장님노린재속(*Atractotomus*), 사촌애장님노린재속(*Chlamydatus*), 둥근버들애장님노린재속(*Monosynamma*), 동해애장님노린재속(*Kasumiphylus*), 주근깨장님노린재속(*Atractotomoidea*)
	Decomiini	참나무장님노린재속(*Rubrocuneocoris*)
	Cremnorrhini	고려애장님노린재속(*Harpocera*)
	Exaeretini	날개애장님노린재속(*Moissonia*)
	애장님노린재족 Phylini	동쪽다리장님노린재속(*Europiellomorpha*), 밝은다리장님노린재속(*Europiella*), 버들애장님노린재속(*Compsidolon*), 어리애장님노린재속(*Parapsallus*), 다리장님노린재속(*Plagiognathus*), 코애장님노린재속(*Orthonotus*), 들애장님노린재속(*Orthophylus*), 우리장님노린재속(*Psallus*)

육서 노린재
각 종의 특징

쐐기노린재과
Nabidae (damsel bugs)

몸길이는 10mm가 채 되지 않으며 긴 달걀 모양이다. 더듬이는 대개 4마디로 이루어졌다. 주둥이도 대부분 4마디이고 제1마디가 굵고 짧다. 홑눈이 겹눈 사이에 있는 다른 과와 달리 홑눈이 겹눈 뒤쪽에 있다. 앞다리 넓적마디가 조금 부풀어서 다른 곤충을 잡기에 편리하다. 대부분 땅 위나 식물체 아랫부분에서 산다. 나비목 유충, 멸구, 딱정벌레 등 작은 절지동물을 먹는 포식성이지만 간혹 식물 즙을 빨아 먹기도 한다. 농업 해충 천적으로 활용할 수 있을 것으로 기대한다. 열대, 아열대를 중심으로 분포하고 21속 500여 종이 알려졌으며 우리나라에는 18여 종이 기록되었다.

알락날개쐐기노린재

***Prostemma* (*Prostemma*) *hilgendorfii* Stein, 1878**

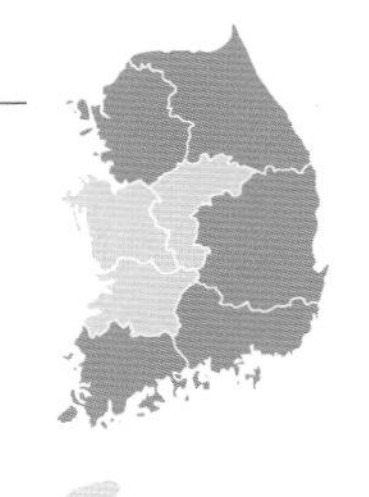

국내 첫 기록 *Prostemma hilgendorffi* : Miyamoto & Lee, 1966
크기 6~7mm | **출현 시기** 4~10월 | **분포** 경기, 강원, 경북, 경남, 전남

몸은 광택 있는 검은색이고 앞날개는 주홍색과 연한 노란색(또는 황백색)이 무늬를 이룬다. 머리는 검고 앞쪽으로 튀어나왔으며 등면 전체에 긴 센털이 있다. 앞날개는 짧아서 배 중간에 이른다. 다리는 주홍색에서 적갈색이며 앞다리 넓적마디는 부풀었고 안쪽에 빗살 모양 가시가 있다. 인기척을 느끼면 돌 밑으로 재빨리 숨는다. 대부분 단시형이지만 간혹 장시형도 나타난다. 충북, 충남, 전북 기록이 없지만 전국에 분포할 것으로 예상한다.

단시형 7.16

노랑날개쐐기노린재

***Prostemma* (*Prostemma*) *kiborti* (Jakovlev, 1889)**

국내 첫 기록 *Prostemma flavipennis* : Haku, 1937
Prostemma quelpartense : Miyamoto & Lee, 1966

크기 9~10mm | **출현 시기** 3~11월 | **분포** 경기, 강원, 충북, 충남, 경북, 전북, 전남

몸은 광택 있는 검은색이고 긴 센털이 있다. 앞날개는 짧고 혁질부가 노란색이어서 '노랑날개'라는 이름이 붙었다. 날개가 짧아서 배 제2마디 이하가 모두 드러나는 단시형이 대부분이지만 간혹 장시형도 나타난다. 앞다리 넓적마디는 매우 굵고 아래에 돌기가 있다. 종아리마디와 발마디는 대부분 갈색이다. 주로 땅 위의 돌 밑에서 생활하며 장시형 개체는 썩은 일본잎갈나무(*Larix kaempferi*) 밑동에서 발견했다. 경남 분포 기록이 없지만 전국에 분포할 것으로 예상한다. 제주 개체는 날개가 붉은색이어서 빨강날개쐐기노린재(*P. quelpartense*)라는 별개 종으로 기록되기도 했으나 이명처리되었다.

단시형 3.27

장시형 1.31

약충 7.3

검은날개쐐기노린재(신칭)

***Alloeorhynchus* sp.**

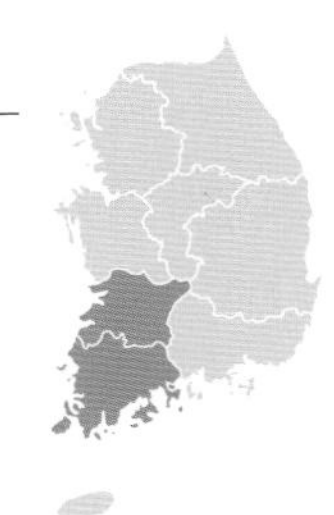

국내 첫 기록 미기록

크기 5mm 이내 | **출현 시기** 1~5월 | **분포** 전북, 전남

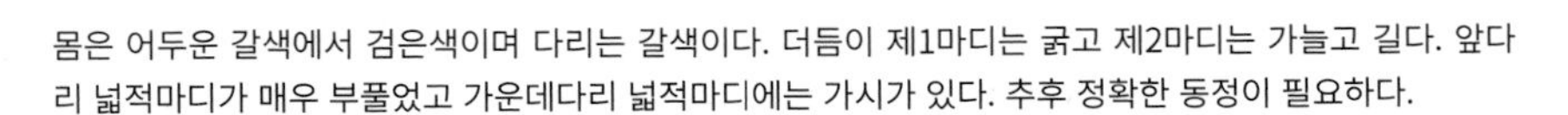

몸은 어두운 갈색에서 검은색이며 다리는 갈색이다. 더듬이 제1마디는 굵고 제2마디는 가늘고 길다. 앞다리 넓적마디가 매우 부풀었고 가운데다리 넓적마디에는 가시가 있다. 추후 정확한 동정이 필요하다.

성충 1.3

성충 5.4

성충 5.4

어리쐐기노린재

***Arbela tabida* (Uhler, 1896)**

국내 첫 기록 *Arbela tabida* : Lee *et al.*, 1994
크기 6mm 내외 | **출현 시기** 8월 | **분포** 충남

몸은 호리호리하며 녹갈색 또는 황갈색이다. 머리 뒤쪽은 흑갈색이고 작은방패판 안쪽에 노란색이 있다. 다리는 초록색이고 짧은 털이 빽빽하며 각 다리 넓적마디 끝은 황갈색이다. 수컷 뒷다리 종아리마디 앞부분이 크게 부풀었다. 어둡고 다습한 야산 길가 풀숲에서 보인다. 현재 국내 *Arbela*에는 이 종만 기록되었다.

수컷 8.12

암컷 8.12

노랑긴쐐기노린재

***Gorpis* (*Gorpis*) *japonicus* Kerzhner, 1968**

국내 첫 기록 *Gorpis japonicus* : Lee, 1971
크기 11~13mm | **출현 시기** 7~9월 | **분포** 경기, 강원, 경남, 전북

몸은 부드럽고 연하며 등면은 연한 황록색에 주홍색 무늬가 있다. 머리는 길고 앞으로 튀어나왔으며 주둥이는 가늘고 매우 길다. 더듬이는 연한 노란색으로 매우 길며 제1마디는 주홍색이 뚜렷하다. 앞다리 넓적마디는 크게 부풀었고 아랫면에 2줄로 작은 돌기가 있다. 가운데다리와 뒷다리 넓적마디 뒷부분에 주홍색 무늬가 뚜렷하다. 드물게 보이며 작은 곤충을 잡아먹는다. 일본 자료에는 호두나무(*Juglans regia*)와 오동나무(*Paulownia coreana*)에서 관찰되었다고 하나 참나무과(Fagaceae)에서 발견했다.

성충 9.1

성충 9.1

약충 7.9

빨간긴쐐기노린재

***Gorpis* (*Oronabis*) *brevilineatus* (Scott, 1874)**

국내 첫 기록 *Gorpis japonicus* : Miyamoto & Lee, 1966
크기 10mm 내외 | **출현 시기** 5~10월 | **분포** 경기, 강원, 충북, 충남, 경북, 경남, 전남

등면은 전체적으로 붉은색에서 적갈색이다. 더듬이는 매우 가늘고 몸길이보다 길다. 앞날개에 불규칙한 갈색 무늬가 있고 털이 빽빽하다. 앞다리는 낫 모양이며, 넓적마디는 두드러지게 굵고 아랫면에 2줄로 작은 돌기가 있다. 앞다리 넓적마디를 뺀 모든 다리의 마디는 가늘고 길다. 각 다리 넓적마디에 어두운 갈색 띠가 2개 있다. 약충과 성충 모두 육식성으로 자신보다 작은 곤충을 잡아먹는다. 땅보다는 식물 잎에서 많이 보인다. 전북과 제주 기록은 없지만 전국에 분포할 것으로 예상한다.

수컷 5.18

암컷 8.12

미니날개큰쐐기노린재

***Himacerus (Himacerus) apterus* (Fabricius, 1798)**

국내 첫 기록 *Nabis apterus* : Furukawa, 1930
크기 12mm 내외 | **출현 시기** 6~11월 | **분포** 경기, 강원, 충북, 경북, 경남, 전북, 전남

몸은 어두운 갈색이고 표면에 부드러운 털이 있다. 더듬이는 어두운 갈색으로 가늘고 길며 가는 털이 빽빽하다. 더듬이 제2마디가 가장 길다. 주로 앞날개가 짧은 단시형이 많지만 드물게 장시형도 나타난다. 단시형 앞날개는 배 제3마디까지 이른다. 다리는 가늘고 길며 노란색 털이 있다. 암컷은 배가 넓게 부풀어 옆으로 튀어나왔다. 충남과 제주 기록은 없지만 전국에 분포할 것으로 예상한다.

암컷 8.10

수컷 7.25

약충 5령 7.7

미니날개애쐐기노린재

***Nabis* (*Milu*) *apicalis* Matsumura, 1913**

국내 첫 기록 *Nabis apicalis* : Tanaka, 1939 (원기재문 확인 못 함)
크기 6~7mm | **출현 시기** 5~10월 | **분포** 경기, 강원, 경북, 경남, 전남, 제주

몸은 어두운 갈색 또는 연한 회갈색이다. 겹눈은 동그랗고 양옆으로 튀어나왔다. 더듬이는 가늘고 길며 각 마디 길이가 비슷하나 제1마디가 약간 짧다. 앞날개가 짧아 배를 덮지 못하는 단시형이 많다. 다리는 가늘고 길며 앞다리 넓적마디가 특히 부풀어 사냥할 때 유리하다. 각 다리 넓적마디에 어두운 갈색 반점이 흩어져 있고 뒷다리 넓적마디 끝부분에 어두운 갈색 띠가 있다. 인기척을 느끼면 재빨리 움직인다. 충북, 충남, 전북 기록이 없으나 전국에 분포할 것으로 예상한다.

암컷 5.2

수컷 10.16

약충 6.13

중국쐐기노린재

***Nabis* (*Halonabis*) *sinicus* (Hsiao, 1964)**

국내 첫 기록 *Nabis sinicus* : Kerzhner, 1981
크기 7mm 내외 | **출현 시기** 3~11월 | **분포** 경기

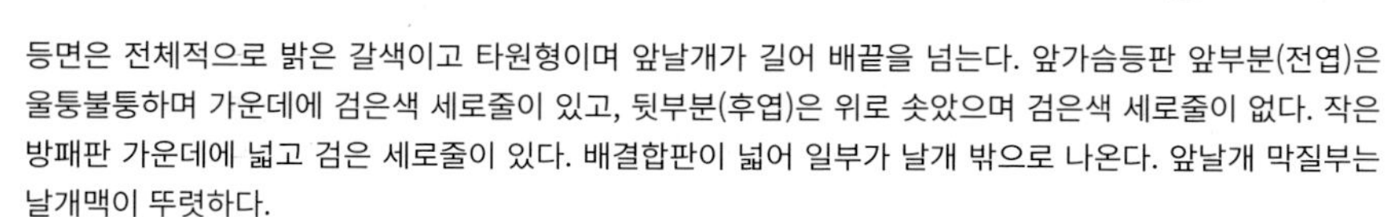

등면은 전체적으로 밝은 갈색이고 타원형이며 앞날개가 길어 배끝을 넘는다. 앞가슴등판 앞부분(전엽)은 울퉁불퉁하며 가운데에 검은색 세로줄이 있고, 뒷부분(후엽)은 위로 솟았으며 검은색 세로줄이 없다. 작은 방패판 가운데에 넓고 검은 세로줄이 있다. 배결합판이 넓어 일부가 날개 밖으로 나온다. 앞날개 막질부는 날개맥이 뚜렷하다.

성충 3.27

로이터쐐기노린재

***Nabis* (*Milu*) *reuteri* Jakovlev, 1876**

국내 첫 기록 *Nabis reuteri* : Doi, 1936
크기 6~7mm | **출현 시기** 3~10월 | **분포** 전국

몸은 연하거나 어두운 갈색이다. 머리는 길고 겹눈은 반구형으로 크며 양옆으로 튀어나왔다. 더듬이는 매우 가늘고 몸길이보다 길다. 작은방패판은 매우 작고 어두운 갈색이다. 다리는 모두 연한 갈색이며 어두운 갈색 반점이 흩어져 있다. 뒷다리 넓적마디 끝부분에 어두운 갈색 띠가 없어 미니날개애쐐기노린재와 구별된다. 장시형이 많이 보이며 '로이터'라는 이름은 종명에서 따왔다. 움직임이 빨라 사진 찍기가 어렵다.

성충 5.23

성충 5.23

둘레쐐기노린재

Nabis (Nabicula) flavomarginatus **Scholtz, 1847**

국내 첫 기록 *Nabicula flavomarginata* : Josifov & Kerzhner, 1972
크기 9mm 내외 | **출현 시기** 6월 | **분포** 강원

몸은 연한 노란색에서 흑갈색이고 등면은 연한 노란색이다. 배 아랫면 가장자리는 흑갈색이고 가운데 부분에 검은 세로줄이 2개 있다. 장시형과 단시형 모두 나타나며 장시형은 앞날개가 배끝을 넘는다. 앞가슴등판 앞부분은 대부분 흑갈색이고 뒷부분에는 검은 세로줄이 3개 있다. 다리는 노란색이며 각 다리 넓적마디에는 검은 반점이 있다. 현재까지 강원도에서만 기록되었으며 풀밭에서 발견했다.

암컷 6.30

수컷 단시형 6.30

암컷 단시형 6.30

점쐐기노린재

***Nabis* (*Nabis*) *punctatus mimoferus* Hsiao, 1964**

국내 첫 기록 *Nabis feroides mimoferus* : Josifov & Kerzhner, 1972
크기 7mm 내외 | **출현 시기** 7~10월 | **분포** 충남, 경남

긴날개쐐기노린재와 생김새가 매우 비슷하지만 앞날개에 검은 점이 빽빽해서 몸 색깔이 전체적으로 어둡고 수컷은 가운데다리 넓적마디가 굵은 것이 특징이다. 또한 긴날개쐐기노린재에 비해 홑눈이 크고 홑눈 사이가 가깝다. 앞가슴등판 뒤쪽 가운데 세로줄 1개만 뚜렷하고, 앞날개 혁질부 날개맥 모양이 다른 점도 차이점이지만 구별이 어렵다.

성충 7.15

약충 5령 7.15

긴날개쐐기노린재

***Nabis* (*Nabis*) *stenoferus* Hsiao, 1964**

국내 첫 기록 *Nabis stenoferus* : Miyamoto & Lee, 1966
Reduviolus ferus : 권업모범장보고, 1922 (오동정)
크기 7~9mm | **출현 시기** 4~10월 | **분포** 전국

몸은 연한 노란색이며 등면은 회갈색 또는 어두운 갈색 바탕에 갈색이나 검은색 무늬가 있다. 몸 전체가 좁고 길며 표면은 미세하고 짧은 털로 덮였다. 머리는 작고 튀어나왔으며 정수리에 세로줄이 2개 있다. 더듬이 길이는 몸길이와 비슷하며 제2마디가 가장 길다. 작은방패판 가운데 다소 넓은 흑갈색 세로줄이 있다. 진딧물(aphid)이나 깍지벌레(coccid) 등을 잡아먹는다

성충 4.22
성충 6.12
약충 7.14

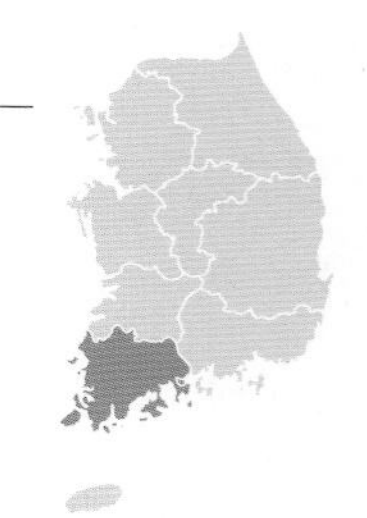

등줄갈색날개쐐기노린재

***Nabis* (*Tropiconabis*) *capsiformis* Germar, 1838**

국내 첫 기록 *Nabis feroides mimoferus* : Josifov & Kerzhner, 1972
크기 6~8mm | **출현 시기** 7월 | **분포** 전남

긴날개쐐기노린재와 생김새가 비슷해 외형상 구별이 매우 어렵다. 긴날개쐐기노린재에 비해 막질부가 뒤쪽으로 길게 늘어났지만 긴날개쐐기노린재도 간혹 막질부 길이가 긴 개체가 있다. 수컷 생식기로 정확히 구별하고 남부에서 보인다. 곤충을 포함한 작은 절지동물을 잡아먹으며 밤에 불빛에 날아온다.

성충 7.27

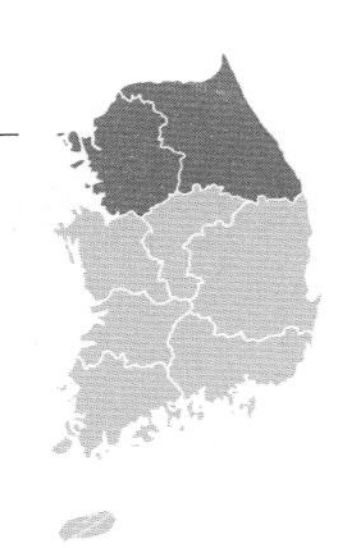

미니날개쐐기노린재

Stenonabis yasumatsui **Miyamoto & Lee, 1966**

국내 첫 기록 *Stenonabis yasumatsui* Miyamoto & Lee, 1966
크기 8mm 내외 | **출현 시기** 7~10월 | **분포** 경기, 강원

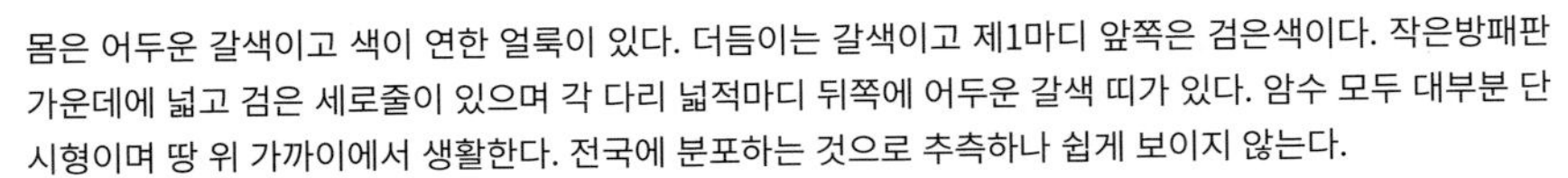

몸은 어두운 갈색이고 색이 연한 얼룩이 있다. 더듬이는 갈색이고 제1마디 앞쪽은 검은색이다. 작은방패판 가운데에 넓고 검은 세로줄이 있으며 각 다리 넓적마디 뒤쪽에 어두운 갈색 띠가 있다. 암수 모두 대부분 단시형이며 땅 위 가까이에서 생활한다. 전국에 분포하는 것으로 추측하나 쉽게 보이지 않는다.

수컷 단시형 7.17

암컷 단시형 7.17

약충 5령 7.17

강변쐐기노린재

***Stenonabis uhleri* Miyamoto, 1964**

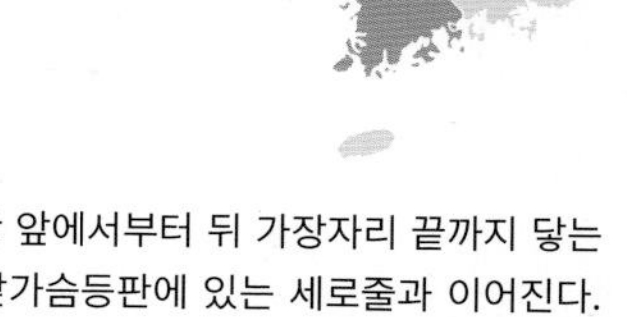

국내 첫 기록 *Stenonabis uhleri* : Lee & Jung, 2016
크기 6~7mm | **출현 시기** 7월 | **분포** 전남

등면은 노란색 또는 갈색 바탕에 어두운 갈색 줄이 있다. 앞가슴등판 앞에서부터 뒤 가장자리 끝까지 닿는 어두운 갈색 세로줄이 있다. 작은방패판 가운데 검은색 세로줄이 앞가슴등판에 있는 세로줄과 이어진다. 앞날개 혁질부 안쪽 봉합선을 따라 굵고 어두운 갈색인 세로줄이 있다. 강변 습지 풀밭에서 많이 관찰되어 '강변'이라는 이름이 붙었다.

성충 7.23

성충 7.23

꽃노린재과
Anthocoridae (minute pirate bugs)

몸길이 2mm 정도로 매우 작으며 달걀 모양이고 납작하다. 머리는 앞쪽으로 튀어나왔고 더듬이는 머리 길이보다 길다. 장님노린재과와 생김새가 비슷하지만 홑눈이 있어 구별된다. 앞날개에는 설상부가 있고 막질부에 막힌 방이 없다. 나무껍질 밑, 꽃이나 낙엽 속, 저장 곡물 속에서 살며 대부분은 다른 곤충을 먹고 몇 종류는 꽃가루와 꽃을 먹는다. 농업 해충 천적으로 활용될 수 있으며, 전 세계에 분포하고 600여 종이 알려졌다. 우리나라에는 14종이 기록되었다.

사시나무꽃노린재

***Anthocoris confusus* Reuter, 1884**

국내 첫 기록 *Anthocoris confusus* : Jung *et al.*, 2013
크기 3~4mm | **출현 시기** 11월 | **분포** 경기

몸은 전체적으로 어두운 갈색이며 꽃노린재과 중에서 약간 크다. 머리와 앞가슴등판, 작은방패판은 검은색이며 앞날개 혁질부 가운데에 밝은 갈색 점이 있고 막질부에는 우윳빛 무늬가 있다. 우리나라에서는 느티나무 껍질 밑에서 성충으로 월동하는 것으로 기록되었고 일본에서는 자작나무(*Betula platyphylla* var. *japonica*), 산벚나무(*Prunus sargentii*), 오리나무(*Alnus japonica*)에서 보인다는 기록이 있다.

성충 11.12

느티나무꽃노린재

Anthocoris japonicus **Poppius, 1909**

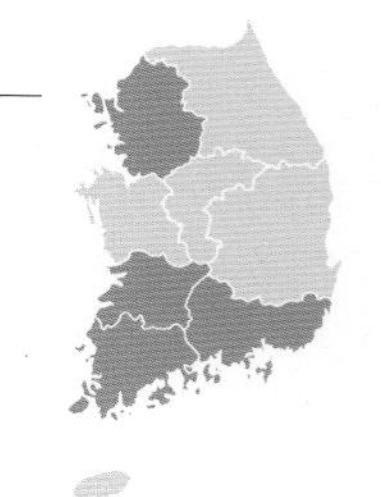

국내 첫 기록 *Anthocoris japonicus* : Miyamoto & Lee, 1966
크기 3~4mm | **출현 시기** 3~12월 | **분포** 경기, 경남, 전북, 전남

몸은 검은색이고 회색 털로 덮였다. 작은방패판은 거의 정삼각형이고 앞날개 혁질부 반은 갈색에서 주황색을 띠나 월동하는 개체는 회색도 있다. 막질부 유백색 삼각 무늬가 뚜렷하다. 느티나무(*Zelkova serrata*) 잎에 벌레혹을 만드는 외줄면충(*Paracolopha morrisoni*)을 먹고 느티나무 껍질 속에서 월동한다.

성충 10.18

성충 6.28

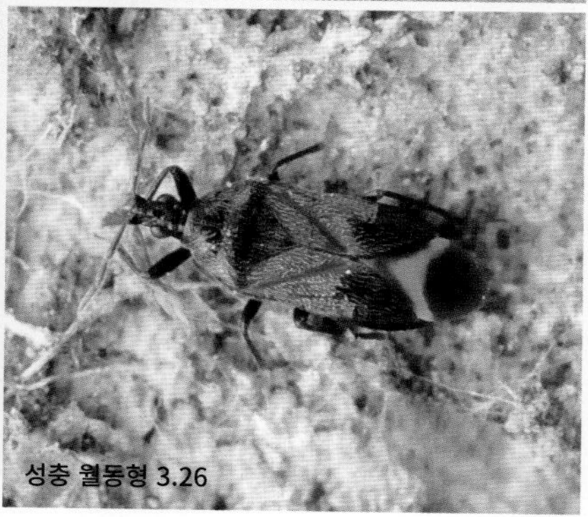

성충 월동형 3.26

검은깨알꽃노린재(신칭)

Bilia ophthalmica **Carayon & Miyamoto, 1960**

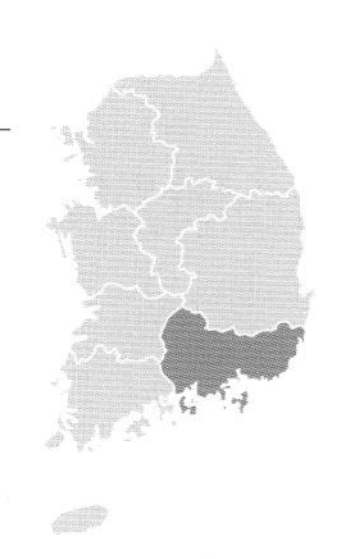

국내 첫 기록 미기록
크기 1~2mm | **출현 시기** 8월 | **분포** 경남

몸은 2mm 이하로 매우 작으며 겹눈은 적갈색이다. 전체적으로 검은색이며 미세한 털이 있다. 더듬이와 다리는 연한 노란색이고 다리 종아리마디 앞쪽은 어두운 갈색이다. 밤 불빛에 날아온 개체를 찍었다.

성충 8.8

국명 미정

***Bilia* sp.**

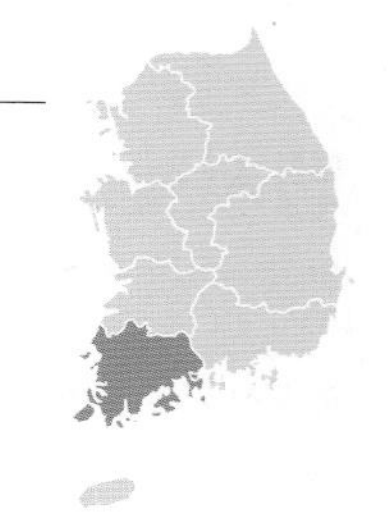

국내 첫 기록 미기록

크기 1~2mm | **출현 시기** 11월 | **분포** 전남

몸이 2mm 이하로 매우 작다. 전체적으로 검은색이고 털이 있으며 다리와 더듬이는 연한 노란색이다. 깨알꽃노린재(*Bilia japonica*)와 생김새가 비슷해 추후 유사종과 정확히 비교해 볼 필요가 있다. 천선과나무(*Ficus erecta*) 잎 뒷면에서 발견했다.

성충 11.4

맵시꽃노린재

Anthocoris miyamotoi **Hiura, 1959**

국내 첫 기록 *Anthocoris miyamotoi* : Lee & Kwon, 1991
크기 3mm 내외 | **출현 시기** 5~12월 | **분포** 경기, 전북, 전남

몸은 전체적으로 광택 있는 갈색에 뚜렷한 검은색 무늬가 있다. 머리와 앞가슴등판, 작은방패판은 검은색이고 다리는 흑갈색이다. 앞날개 혁질부 앞부분은 연하고 어두운 갈색이 섞여 있으며 뒷부분은 검은색에 삼각형이다. 막질부는 길며 우윳빛 무늬가 있다. 활엽수나 각종 꽃 위에서 보이고 나무껍질 밑에서 월동한다.

성충 5.16

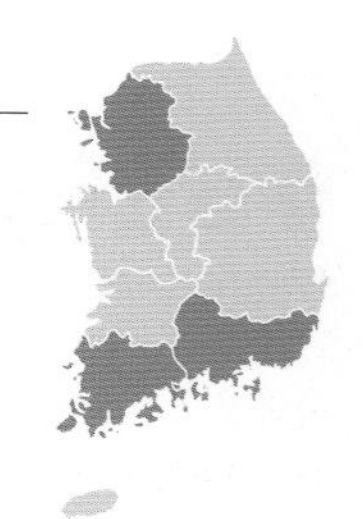

민침꽃노린재

***Amphiareus obscuriceps* (Poppius, 1909)**

국내 첫 기록 *Amphiareus obscuriceps* : Miyamoto & Lee, 1966
크기 3mm 내외 | **출현 시기** 2~8월 | **분포** 경기, 경남, 전남

머리는 검은색이고 앞가슴등판은 어두운 갈색, 나머지 부분은 갈색이며 긴 털이 있다. 더듬이 제2마디 앞쪽은 갈색, 뒤쪽은 어두운 갈색이다. 다리는 연한 갈색이며 앞날개 막질부가 배끝을 넘는다. 다듬이벌레과(Psocidae)와 총채벌레과(Thripidae) 종을 잡아먹으며 밤에 불빛에 날아온다.

성충 2.28

물장군꽃노린재

Physopleurella armata **Poppius, 1909**

국내 첫 기록 *Physopleurella armata* : Jung & Lee, 2011
크기 3mm 내외 | **출현 시기** 8월 | **분포** 전남

몸은 밝은 갈색이고 겹눈은 검은색이며 양옆으로 튀어나왔다. 전체적으로 미세하고 긴 털이 빽빽하며 머리와 앞가슴등판, 작은방패판은 광택이 있다. 다리는 밝은 노란색이며 앞다리 넓적마디는 크게 부풀었고 종아리마디는 안으로 휘었다. 포식성이며 밤에 불빛에 날아온다.

성충 8.23

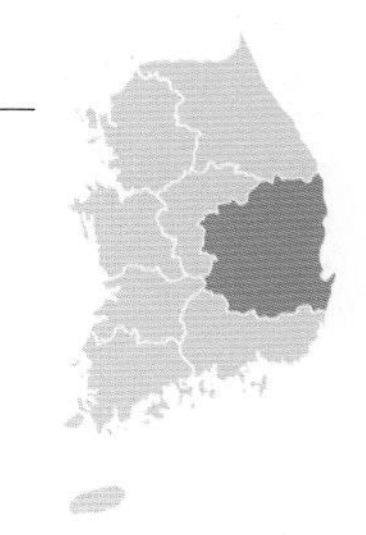

명충잡이꽃노린재

***Lyctocoris* (*Lyctocoris*) *beneficus* (Hiura, 1957)**

국내 첫 기록 *Lyctocoris beneficus* : Miyamoto & Lee, 1966
크기 4mm 내외 | **출현 시기** 8월 | **분포** 경북

등면은 광택 있는 검은색이고 배면은 붉은빛이 도는 검은색이다. 더듬이와 다리는 갈색이고 앞날개는 전체적으로 광택이 있고 투명하다. 명나방과(Pyralidae) 종을 잡아먹기 때문에 '명충잡이'라는 이름이 붙었고, 대부분 나무 더미에서 생활하나 늦가을에서 봄까지는 볏짚에서 월동하기도 한다.

성충 8.7

참나무꽃노린재(신칭)

Lyctocoris ichikawai **Yamada & Yasunaga, 2012**

국내 첫 기록 미기록

크기 2mm 내외 | **출현 시기** 7~9월 | **분포** 경기

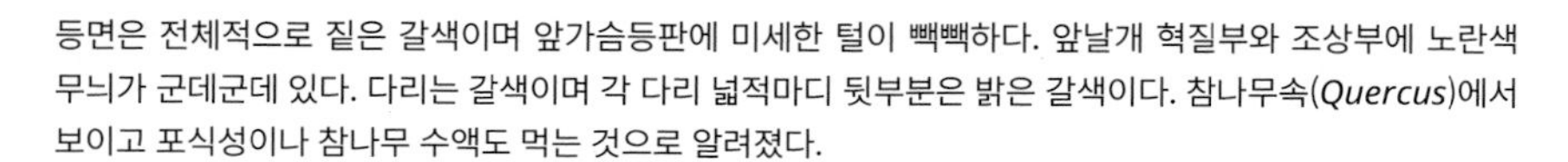

등면은 전체적으로 짙은 갈색이며 앞가슴등판에 미세한 털이 빽빽하다. 앞날개 혁질부와 조상부에 노란색 무늬가 군데군데 있다. 다리는 갈색이며 각 다리 넓적마디 뒷부분은 밝은 갈색이다. 참나무속(*Quercus*)에서 보이고 포식성이나 참나무 수액도 먹는 것으로 알려졌다.

성충 9.13

약충 9.13

고목노린재

***Lasiochilus* (*Dilasia*) *japonicus* Hiura, 1967**

국내 첫 기록 *Lasiochilus* (*Dilasia*) *japonicus* : Jung & Lee, 2007
크기 2mm 내외 | **출현 시기** 4~9월 | **분포** 경기, 전남

몸은 광택 있는 갈색이며 2mm 이하로 매우 작다. 앞날개 혁질부에는 짧은 흰색 털이 빽빽하다. 더듬이는 갈색이고 제2~4마디는 길이가 비슷하다. 다리는 갈색이고 앞다리 넓적마디는 부풀었다. 죽은 나무 껍질 밑에서 보이고 포식성이나 그 외 자세한 생태는 알려지지 않았다.

성충 4.26

머리목노린재과

Enicocephalidae
(unique-headed bugs, gnat bugs)

몸길이 2~4mm로 매우 작으며 침노린재과와 생김새가 비슷하다. 겹눈이 크고 홑눈이 있다. 머리 기부는 잘록하고 주둥이는 짧으며 4마디로 이루어졌다. 몸은 좁고 길며 보통 썩은 나무속에서 보인다. 포식성으로 파리목 유충, 톡토기, 개미 유충 및 번데기, 노래기 등 작은 절지동물을 먹는 것으로 알려졌다. 열대를 중심으로 분포하고 40속 400여 종이 알려졌으며 우리나라에는 머리목노린재 1종이 기록되었다.

머리목노린재

***Hoplitocoris* (*Pseudenicocephalus*) *lewisi* (Distant, 1903)**

국내 첫 기록 *Henicocephalus lewisi* : Lee, 1971
크기 5mm 내외 | **출현 시기** 4~5월 | **분포** 경기, 전북

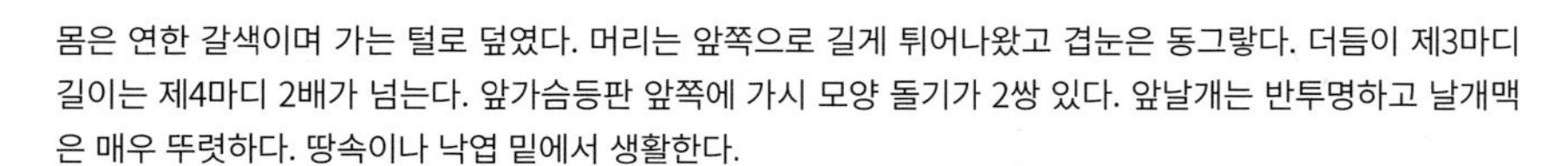

몸은 연한 갈색이며 가는 털로 덮였다. 머리는 앞쪽으로 길게 튀어나왔고 겹눈은 동그랗다. 더듬이 제3마디 길이는 제4마디 2배가 넘는다. 앞가슴등판 앞쪽에 가시 모양 돌기가 2쌍 있다. 앞날개는 반투명하고 날개맥은 매우 뚜렷하다. 땅속이나 낙엽 밑에서 생활한다.

성충 5.26

성충 5.26

약충 4.4

방패벌레과

Tingidae (lace bugs)

대개 5mm 내외 작은 곤충으로 다소 납작하며 앞가슴등판과 앞날개는 대부분 그물 모양 같은 작은 방으로 나뉜다. 홑눈은 없으며 더듬이는 4마디다. 앞가슴등판은 뒤쪽을 향해 삼각형으로 부풀어 작은방패판을 덮는다. 식물 즙을 빨며 나뭇잎을 가해해 때때로 잎이 떨어지고 미관을 해친다. 냉온대, 열대에 분포하고 270속 2,000여 종이 알려졌으며 우리나라에는 36종이 기록되었다.

부채방패벌레

Cantacader lethierryi **Scott, 1874**

국내 첫 기록 *Cantacader lethierryi* : Saito, 1933
크기 3~5mm | **출현 시기** 3월 | **분포** 전북, 전남

몸은 편평하고 납작하며, 등면은 연한 황갈색에 어둡고 불규칙한 갈색 무늬가 있다. 정수리에 가시 모양 돌기 2개가 앞쪽으로 튀어나왔다. 앞가슴등판에 세로줄 3개가 도드라지고 양옆 세로줄에는 갈라진 세로줄이 하나씩 더 있다. 잡초 뿌리 주변에서 생활하며 성충은 밤에 불빛에 날아온다.

성충 3.29

큰촉각방패벌레

***Copium japonicum* Esaki, 1931**

국내 첫 기록 *Copium japonicum* : Lee, 1967 (원기재문 확인 못 함)
크기 3~4mm | **출현 시기** 6월 | **분포** 전남, 제주

등면은 대부분 갈색이지만 어두운 갈색도 있다. 더듬이는 다른 종에 비해 무척 굵고 제3, 4마디는 검은색이며 긴 털이 있다. 제1, 2마디는 회색빛이 도는 검은색이며 짧다. 앞가슴등판 가운데 돌출선은 앞쪽부터 뒷가장자리까지 이어지며 양옆 돌출선은 앞가슴등판 앞쪽에 닿지 않는다. 들깨풀(*Mosla punctulata*) 같은 꿀풀과(Lamiaceae) 식물에서 생활하며 유충은 꽃봉오리에서 자주 보인다.

성충 6.5

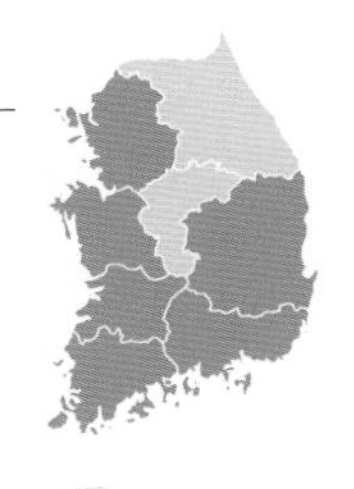

버즘나무방패벌레

***Corythucha ciliata* (Say, 1832)**

국내 첫 기록 *Corythucha ciliata* : Chung *et al*., 1996
크기 3mm 내외 | **출현 시기** 3~9월 | **분포** 경기, 충남, 경북, 경남, 전북, 전남

배면은 흑갈색 또는 검은색이지만 등면은 흰색이다. 머리는 원뿔 모양이며 배 위쪽이 뚜렷하게 볼록하다. 앞가슴등판 양옆 날개돌기(익상편)가 넓게 확장되어 튀어나왔다. 머리돌기 뒤쪽에 갈색에서 흑갈색인 무늬가 있고 앞날개 혁질부 가운데에도 갈색에서 흑갈색인 무늬가 1쌍 있다. 우리나라에서는 주로 양버즘나무(*Platanus occidentalis*)를 가해하고 잎 뒷면에 무리 지어 살며 즙을 빨아 잎을 황갈색으로 변색시킨다. 국외에서는 유럽, 미국, 캐나다에 분포한다.

성충 9.28

약충과 성충 9.19

피해 9.28

해바라기방패벌레 / 국화방패벌레

***Corythucha marmorata* (Uhler, 1878)**

국내 첫 기록 *Corythucha marmorata* : Yoon *et al*., 2013
크기 3mm 내외 | **출현 시기** 5~7월 | **분포** 경기, 강원, 충북, 경북, 전남

배면은 흑갈색이나 등면은 흰색이며 갈색 무늬가 군데군데 흩어져 있다. 외래곤충으로 우리나라에서는 2011년 경주에서 처음 확인되었다. 주로 국화과(Asteraceae)를 가해하지만 꿀풀과(Lamiaceae), 가지과(Solanaceae), 백합과(Liliaceae), 콩과(Fabaceae)를 가해하는 것도 확인되었다. 잎에서 즙을 빨면 잎이 황백색으로 변하며 검은 배설물을 남기고 그을음병을 유발한다. 해바라기방패벌레와 국화방패벌레라는 이름이 같이 쓰여 국명 정리가 필요하다.

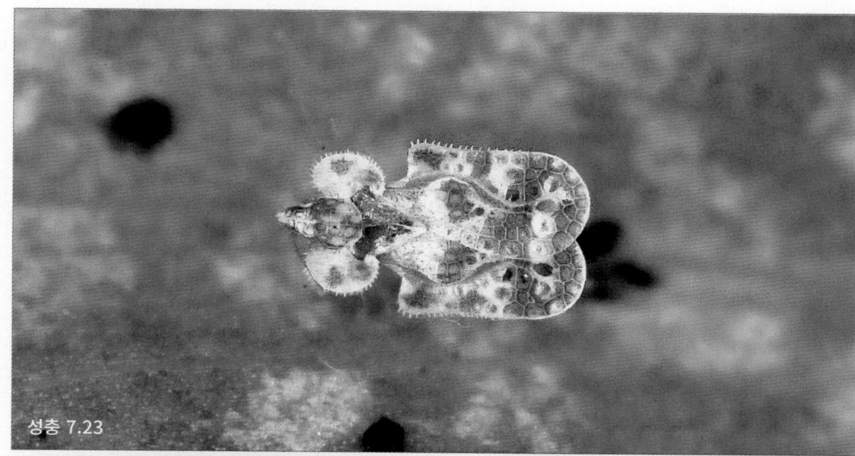

성충 7.23

피해 7.23

거지덩굴방패벌레

Cysteochila consueta **Drake, 1948**

국내 첫 기록 *Cysteochila consueta* : Lee, 1967 (원기재문 확인 못 함)
크기 3mm 내외 | **출현 시기** 8월 | **분포** 전남, 제주

등면은 전체적으로 갈색이며 겹눈은 검은색, 더듬이와 다리는 황갈색이다. 앞가슴등판 양옆 돌기(측융돌기)는 둥글게 부풀어 브래지어 모양이다. 거지덩굴(*Cayratia japonica*) 잎 뒷면에 살며 주로 가을에 많이 나타난다.

성충 8.22

긴방패벌레

***Cysteochila vota* Drake, 1948**

국내 첫 기록 *Cysteochila vota* : Lee, 1967 (원기재문 확인 못 함)
크기 3mm 내외 | **출현 시기** 5~7월 | **분포** 경기, 전북

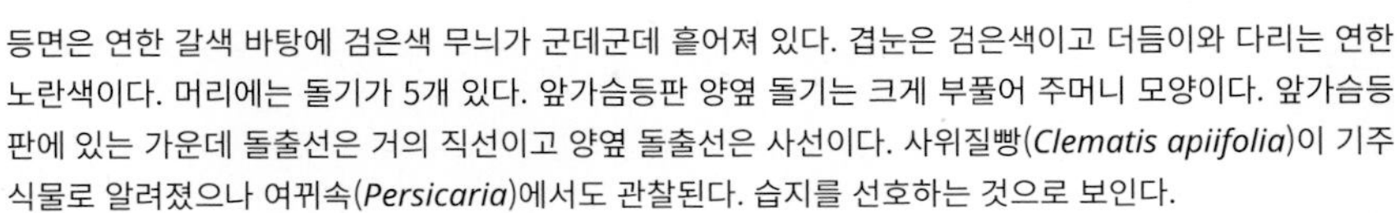

등면은 연한 갈색 바탕에 검은색 무늬가 군데군데 흩어져 있다. 겹눈은 검은색이고 더듬이와 다리는 연한 노란색이다. 머리에는 돌기가 5개 있다. 앞가슴등판 양옆 돌기는 크게 부풀어 주머니 모양이다. 앞가슴등판에 있는 가운데 돌출선은 거의 직선이고 양옆 돌출선은 사선이다. 사위질빵(*Clematis apiifolia*)이 기주식물로 알려졌으나 여뀌속(*Persicaria*)에서도 관찰된다. 습지를 선호하는 것으로 보인다.

성충 7.22

성충 7.22

닮은쑥부쟁이방패벌레

Galeatus affinis **(Herrich-Schaeffer, 1835)**

국내 첫 기록 *Galeatus affinis* : Lee *et al*., 1994
크기 3mm 내외 | **출현 시기** 8월 | **분포** 강원, 경남

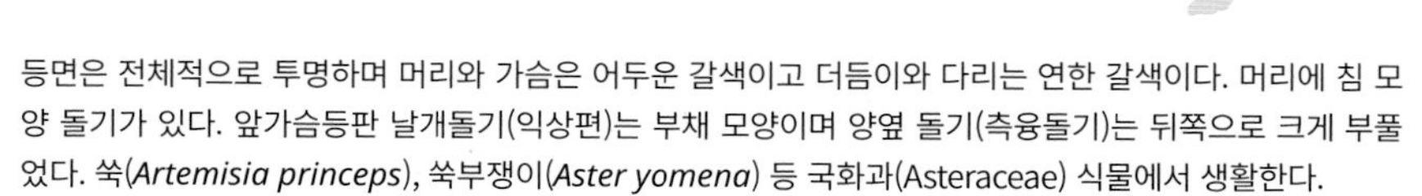

등면은 전체적으로 투명하며 머리와 가슴은 어두운 갈색이고 더듬이와 다리는 연한 갈색이다. 머리에 침 모양 돌기가 있다. 앞가슴등판 날개돌기(익상편)는 부채 모양이며 양옆 돌기(측융돌기)는 뒤쪽으로 크게 부풀었다. 쑥(*Artemisia princeps*), 쑥부쟁이(*Aster yomena*) 등 국화과(Asteraceae) 식물에서 생활한다.

성충 8.22

성충 8.22

포풀라방패벌레

***Metasalis populi* (Takeya, 1932)**

국내 첫 기록 *Tingis* (*Tingis*) *populi* : Takeya, 1932 (원기재문 확인 못 함)
크기 3mm 내외 | **출현 시기** 5~9월 | **분포** 경기, 충북, 경남, 전남

몸은 긴 타원형이며 어두운 갈색 또는 황갈색이고 겹눈은 검거나 검붉다. 앞가슴등판은 어두운 갈색이며 세로 돌출선 3개는 길이가 같고 평행하다. 앞날개 혁질부 바깥 가장자리에 검은색 무늬가 1쌍 있고, 더듬이와 다리는 모두 연한 노란색이다. 포플러(poplar)에서 발견되어 '포풀라'라는 이름이 붙었지만 양버즘나무속(*Platanus*)과 버드나무속(*Salix*), 사시나무속(*Populus*)에서도 보인다. 잎 뒷면에 무리 지어 살며 가해 부위에 검은색 배설물과 허물을 남긴다.

성충 5.31

약충 6.30

짝짓기 5.31

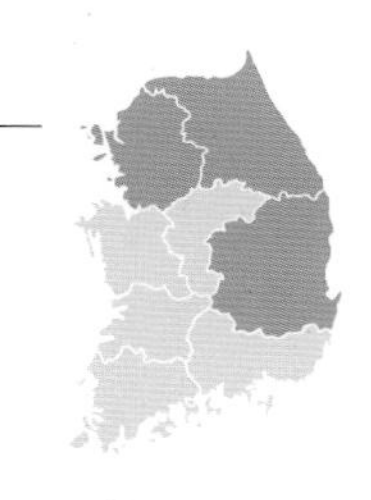

물푸레방패벌레

Leptoypha wuorentausi **(Lindberg, 1927)**

국내 첫 기록 *Tingis* (*Birgitta*) *crispifolii* : Takeya, 1932 (원기재문 확인 못 함)
크기 3mm 내외 | **출현 시기** 5~8월 | **분포** 경기, 강원, 경북

몸은 긴 타원형이고 등면은 주로 적갈색이며 앞가슴등판은 어두운 갈색, 앞날개는 황갈색이 섞여 있다. 더듬이와 다리는 적갈색이나 더듬이 제1마디는 어두운 갈색이다. 앞가슴등판에 있는 세로 돌출선 3개는 모두 평행하다. 물푸레나무속(*Fraxinus*)에서 보이며, 잎 뒷면에서 무리 지어 즙을 빨아 잎을 황백색으로 변색시킨다. 가해 부위에는 검은색 배설물과 허물이 붙어 있고 8~9월에 피해가 심하게 나타난다.

성충 8.18

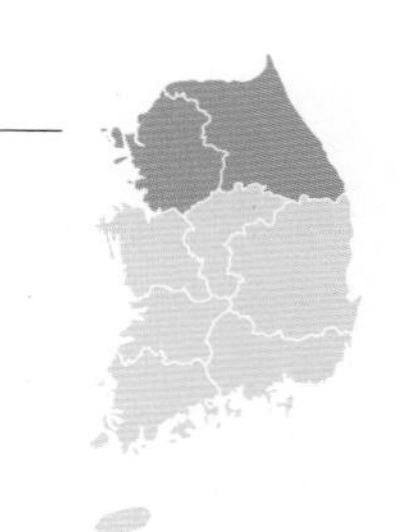

모시풀방패벌레

Physatocheila fieberi **(Scott, 1874)**

국내 첫 기록 *Cysteochila fieberi* : Lee, 1967 (원기재문 확인 못 함)
크기 3mm 내외 | **출현 시기** 6~7월 | **분포** 경기, 강원

등면은 전체적으로 갈색이며 긴 타원형이다. 앞가슴등판 양옆 돌기는 부풀어 앞쪽을 덮으며 가운데에는 세로 돌출선이 지나간다. 겹눈과 머리는 어두운 갈색이고 머리에는 돌기가 5개 있다. 앞날개 혁질부에 흰 삼각형 테두리가 있고 막질부에는 그물방이 많다. 주로 모시풀(*Boehmeria nivea*) 같은 쐐기풀과(Urticaceae) 식물에서 생활한다.

성충 7.25

동쪽맵시방패벌레

Physatocheila orientis **Drake, 1942**

국내 첫 기록 *Physatocheila orientis* : Golub, 1988 (목록)
크기 4mm 내외 | **출현 시기** 4~7월 | **분포** 강원

몸은 긴 타원형이며 등면은 갈색이다. 머리와 겹눈은 검은색이고 더듬이와 다리는 갈색이지만 더듬이 제4마디는 검은색이다. 앞가슴등판 양옆 돌기가 약간 부풀어 길게 튀어나왔다. 기주와 생태는 잘 알려지지 않았다.

성충 6.11

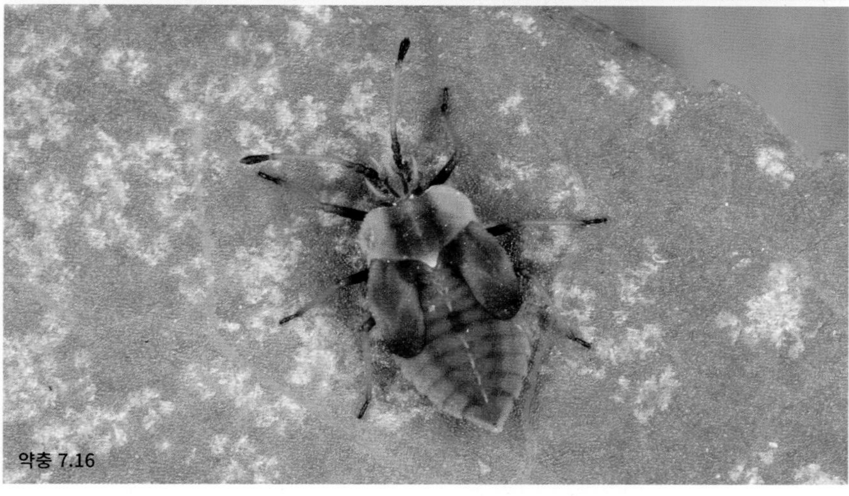
약충 7.16

북쪽맵시방패벌레

Physatocheila smreczynskii **China, 1952**

국내 첫 기록 *Physatocheila smreczynskii* : Josifov & Kerzhner, 1972
크기 3mm 내외 | **출현 시기** 9월 | **분포** 경북

몸은 긴 타원형이며 등면은 갈색이다. 더듬이와 다리는 갈색이며 겹눈은 흑갈색, 더듬이는 제4마디만 흑갈색이다. 앞가슴등판 양옆 돌기는 긴 타원형으로 약간 부풀었다.

성충 9.15

생강나무방패벌레

***Stephanitis* (*Stephanitis*) *ambigua* Horváth, 1912**

국내 첫 기록 *Stephanitis ambigua* : Esaki & Takeya, 1931 (원기재문 확인 못 함)
크기 3~4mm | **출현 시기** 4월 | **분포** 전남

몸은 전체적으로 투명하며 앞가슴등판은 황갈색이고 다른 부분은 연한 황갈색이다. 앞가슴등판에 있는 돌기는 둥글게 풍선처럼 부풀어 머리를 가린다. 앞날개에 진하거나 연한 갈색 띠가 있다. 생강나무(*Lindera obtusiloba*) 같은 녹나무과(Lauraceae) 식물에서 생활한다.

성충 4.26

성충 4.26

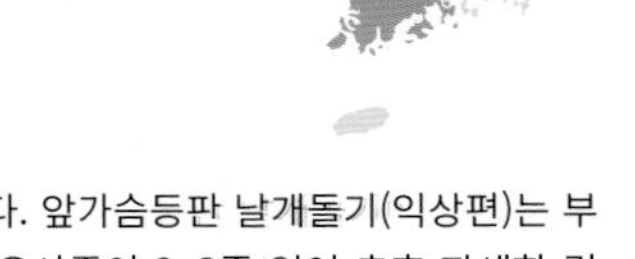

후박나무방패벌레

***Stephanitis* (*Stephanitis*) *fasciicarina* Takeya, 1931**

국내 첫 기록 *Stephanitis fasciicarina* : Lee & Kwon, 1991
크기 3mm 내외 | **출현 시기** 6월 | **분포** 전남

몸은 연한 갈색이고 등면은 황백색이며 앞날개에는 갈색 무늬가 있다. 앞가슴등판 날개돌기(익상편)는 부풀어 귀 모양처럼 생겼다. 녹나무과(Lauraceae) 식물에서 보인다. 유사종이 2~3종 있어 추후 자세한 검토가 필요하다.

성충 6.5

배나무방패벌레

***Stephanitis* (*Stephanitis*) *nashi* Esaki & Takeya, 1931**

국내 첫 기록 *Stephanitis nashi* : Esaki & Takeya, 1931 (원기재문 확인 못 함)
크기 3mm 내외 | **출현 시기** 4~6월 | **분포** 경기, 충북, 경남, 전남

다른 방패벌레에 비해 몸길이가 짧고 폭이 넓으며 앞가슴등판은 갈색, 더듬이와 다리는 연한 갈색이다. 앞날개에는 넓고 어두운 갈색 띠가 있다. 앞가슴등판 날개돌기는 둥그렇게 부풀었다. 배나무(*Pyrus pyrifolia* var. *culta*) 해충으로 알려졌지만 장미과(Rosaceae) 다양한 나무를 가해한다. 이 종에는 2아종이 있는데, 우리나라 수원에서 채집된 종이 아종(*suigensis*)으로 밝혀져 추후 자세한 검토가 필요하다.

성충 5.3

성충 5.3

약충 6.28

진달래방패벌레

***Stephanitis* (*Stephanitis*) *pyrioides* (Scott, 1874)**

국내 첫 기록 *Stephanitis pyrioides* : Saito, 1933
크기 3~4mm | **출현 시기** 5~7월 | **분포** 경기, 충남, 전남

몸은 흑갈색 혹은 검은색이지만 등면은 회백색이고 투명하다. 앞가슴등판에 있는 중앙 돌기는 풍선처럼 부풀어 머리를 가리고 돌기 가운데에 검은 세로줄이 뚜렷하다. 앞날개에 검은색 가로줄이 2개 있다. 주로 산철쭉(*Rhododendron yedoense* f. *poukhanense*)이나 진달래(*Rhododendron mucronulatum*)에 무리 지어 살며, 나무가 죽지는 않지만 약해지고 미관을 해친다.

성충 6.1

애털쑥방패벌레

***Tingis* (*Tingis*) *crispata* (Herrich-Schaeffer, 1838)**

국내 첫 기록 *Tingis comosa* : Takeya, 1962 (원기재문 확인 못 함)
크기 3mm 내외 | **출현 시기** 6월 | **분포** 전남

몸은 긴 타원형이며 등면은 황갈색, 더듬이와 다리는 갈색이다. 더듬이와 등면에는 회백색 부드러운 털이 빽빽하다. 쑥(*Artemisia princeps*)에 무리 지어 생활한다.

성충 6.19

수리취방패벌레

***Tingis* (*Tingis*) *synuri* Takeya, 1962**

국내 첫 기록 *Tingis* (s. str.) *synuri* Takeya, 1962 (원기재문 확인 못 함)
Tingis lasiocera : Takeya, 1933 (오동정, 원기재문 확인 못 함)
크기 3mm 내외 | **출현 시기** 8월 | **분포** 강원

몸은 전체적으로 둥글며 연한 갈색이고 더듬이 제4마디와 겹눈은 검은색이다. 앞가슴등판 양옆은 둥글어 항아리 모양을 이룬다. 앞가슴등판은 어두운 갈색이며 세로 돌출선 3개 뒤쪽에 검은색 무늬가 있다. 앞날개 혁질부 가운데에 크고 검은색인 V자 무늬가 있다. 수리취(*Synurus deltoides*)에서 촬영했다.

성충 8.15

검정방패벌레(신칭)

***Tingis* (*Tropidocheila*) *matsumurai* Takeya, 1962**

국내 첫 기록 미기록

크기 3mm 내외 | **출현 시기** 3월 | **분포** 전북

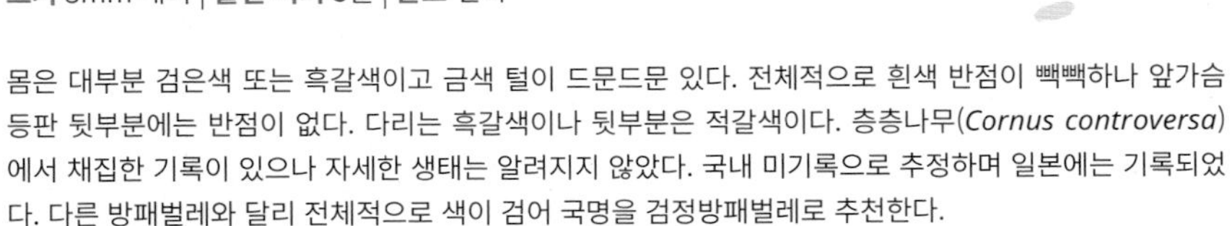

몸은 대부분 검은색 또는 흑갈색이고 금색 털이 드문드문 있다. 전체적으로 흰색 반점이 빽빽하나 앞가슴등판 뒷부분에는 반점이 없다. 다리는 흑갈색이나 뒷부분은 적갈색이다. 층층나무(*Cornus controversa*)에서 채집한 기록이 있으나 자세한 생태는 알려지지 않았다. 국내 미기록으로 추정하며 일본에는 기록되었다. 다른 방패벌레와 달리 전체적으로 색이 검어 국명을 검정방패벌레로 추천한다.

성충 3.27

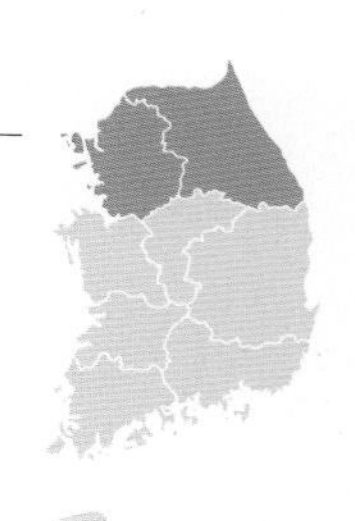

참나무방패벌레

Uhlerites debilis **(Uhler, 1896)**

국내 첫 기록 *Uhlerites debilis* : Takeya, 1932 (원기재문 확인 못 함)
크기 3mm 내외 | **출현 시기** 5~7월 | **분포** 경기, 강원

등면은 약간 광택이 있는 연한 갈색이고 반투명하다. 날개에 어두운 갈색인 X자 무늬가 있고 더듬이와 다리는 연한 갈색이다. 앞가슴등판은 어두운 갈색이고 머리와 겹눈은 검은색이다. 앞가슴등판 세로 돌출선은 가운데 것만 뚜렷하다. 밤나무(*Castanea crenata*), 갈참나무(*Quercus aliena*), 떡갈나무(*Quercus dentata*) 등 참나무과(Fagaceae) 나무에서 생활한다.

성충 5.23

침노린재과

Reduviidae (assassin bugs)

몸은 중형~대형이고 길다. 3마디로 이루어진 주둥이는 대개 굽었으며 앞가슴배판에 있는 홈에 끼워진다. 앞다리 넓적마디가 부풀어 다른 곤충을 잡기에 유리하다. 배 가운데 부분이 넓어져서 날개 밖으로 드러나기도 한다. 대부분은 다른 곤충을 잡아먹지만 몇 종류는 체액만 빨며 때로는 사람을 찔러 질병을 매개하기도 한다. 남미에서는 샤가스(chagas)병을 매개한다고 알려졌다. 열대, 아열대를 중심으로 분포하고 950속 6,900여 종이 알려졌으며 우리나라에는 37종이 기록되었다.

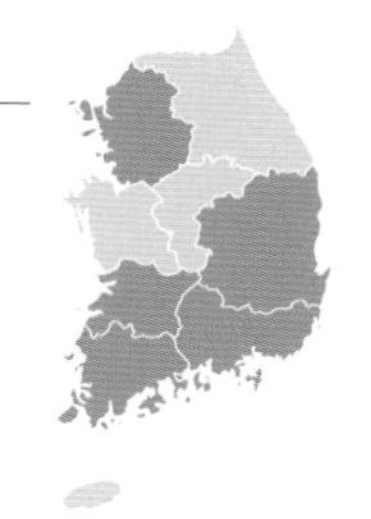

붉은무늬침노린재

***Haematoloecha nigrorufa* (Stål, 1867)**

국내 첫 기록 *Haematoloecha nigrorufa* : Doi, 1933 (붉은등침노린재 오동정일 가능성 있음)
Scadra includens : Doi, 1935

크기 11~13mm | **출현 시기** 4~10월 | **분포** 경기, 경북, 경남, 전북, 전남

전체적으로 주홍색과 검은색이 어우러진다. 앞가슴등판은 붉고 한가운데에 '+' 모양인 검은색 홈이 있다. 작은방패판이 검고 작은방패판과 맞닿은 앞날개 혁질부에도 검은 무늬가 있다. 앞날개 막질부는 전체적으로 불투명한 검은색이다. 붉은등침노린재와 매우 닮았으나 앞날개 혁질부 검은 부분이 모두 검지 않다. 낙엽이나 돌 밑에서 생활한다.

성충 4.1

약충 5령 9.3

붉은등침노린재

Haematoloecha rufithorax **(Breddin, 1903)**

국내 첫 기록 *Haematoloecha rufithorax* : Miyamoto & Lee, 1966
크기 10~12mm | **출현 시기** 4~11월 | **분포** 전국

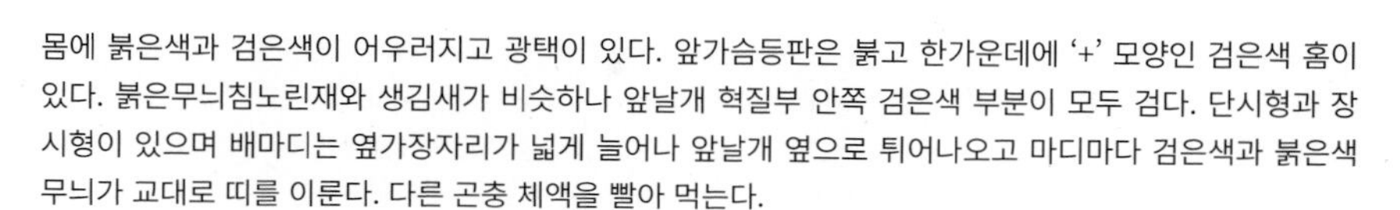

몸에 붉은색과 검은색이 어우러지고 광택이 있다. 앞가슴등판은 붉고 한가운데에 '+' 모양인 검은색 홈이 있다. 붉은무늬침노린재와 생김새가 비슷하나 앞날개 혁질부 안쪽 검은색 부분이 모두 검다. 단시형과 장시형이 있으며 배마디는 옆가장자리가 넓게 늘어나 앞날개 옆으로 튀어나오고 마디마다 검은색과 붉은색 무늬가 교대로 띠를 이룬다. 다른 곤충 체액을 빨아 먹는다.

장시형 5.13

단시형 5.2

붉은무늬침노린재

붉은등침노린재

우단침노린재

***Ectrychotes andreae* (Thunberg, 1784)**

국내 첫 기록 *Ectrychotes andreae* : Okamoto, 1924
크기 11~14mm | **출현 시기** 4~10월 | **분포** 전국

전체적으로 진한 남색이 도는 검은색이며 광택이 강하다. 더듬이는 모두 4마디이고 긴 털이 있으며 제1마디가 가장 굵다. 앞가슴등판은 중간보다 앞에 가로 홈이 있어 잘록해지고 가운데에 뚜렷한 세로 홈이 있어 '+' 모양이 된다. 배는 앞날개 옆으로 늘어났으며 노란색이나 주홍색이고 배결합마디에 검은색 무늬가 있다. 식물 뿌리 근처 낙엽 밑에서 생활하며 작은 곤충을 비롯한 절지동물을 잡아먹는다.

성충 5.1

성충 5.1

약충 8.16

잔침노린재

***Labidocoris pectoralis* (Stål, 1863)**

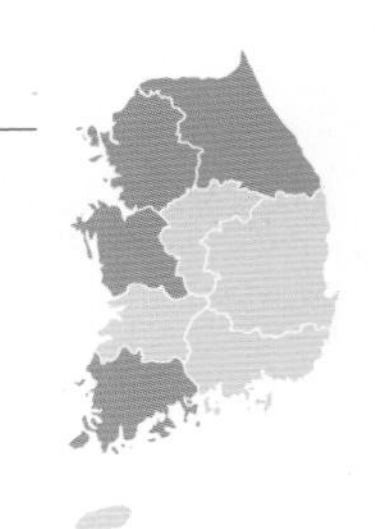

국내 첫 기록 *Labidocoris pectoralis* : Josifov & Kerzhner, 1972
크기 14mm 내외 | **출현 시기** 5~9월 | **분포** 경기, 강원, 충남, 전남

붉은무늬침노린재, 붉은등침노린재와 생김새가 비슷하지만 머리와 다리 색깔이 모두 붉어 구별된다. 앞가슴등판에 '+' 모양 홈이 파였다. 앞날개 혁질부에 검은색 무늬가 있고 막질부는 전체적으로 불투명한 검은색이다. 작은방패판은 검은색이나 가운데에 붉은색 H자 모양이 뚜렷하다.

성충 6.15

성충 6.15

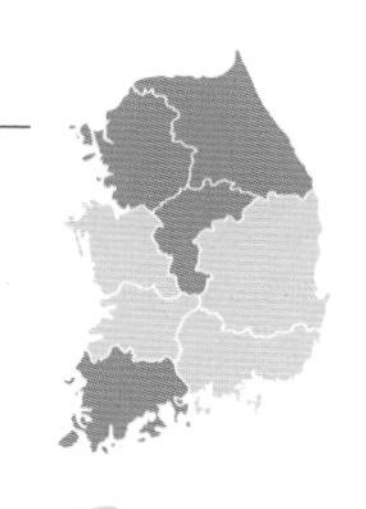

막대침노린재

***Gardena brevicollis* Stål, 1871**

국내 첫 기록 *Gardena brevicolis* : Lee *et al*., 1994 (종소명 오기)
크기 15~20mm | **출현 시기** 6~10월 | **분포** 경기, 강원, 충북, 전남

몸은 전체적으로 연한 갈색이며 몸과 다리가 매우 가늘어 대벌레처럼 보이기도 한다. 몸길이는 개체마다 차이가 심하다. 더듬이는 매우 길어 몸길이를 넘는다. 다리는 연한 노란색이고 가운데다리와 뒷다리 넓적마디 뒷부분에 검은색과 흰색 무늬가 있다. 앞가슴등판 전엽과 후엽 사이에는 가로 홈이 있고, 후엽 가운데에는 넓은 흰색 띠가 세로로 있다. 사마귀처럼 갈고리 모양인 앞다리로 먹이를 잡아 체액을 빨아 먹는다. 우리나라에서 큰장다리막대침노린재로 동정된 개체 대부분은 이 종이며, 큰장다리막대침노린재는 앞가슴등판 전엽과 후엽 사이에 가로 홈이 없고 전엽 길이가 머리 길이 1.8배로 이 종보다 훨씬 길어 구별된다(Ishikawa, 2005). 2010년 『노린재 도감』에 실린 큰장다리막대침노린재 사진은 이 종이다.

성충 10.18

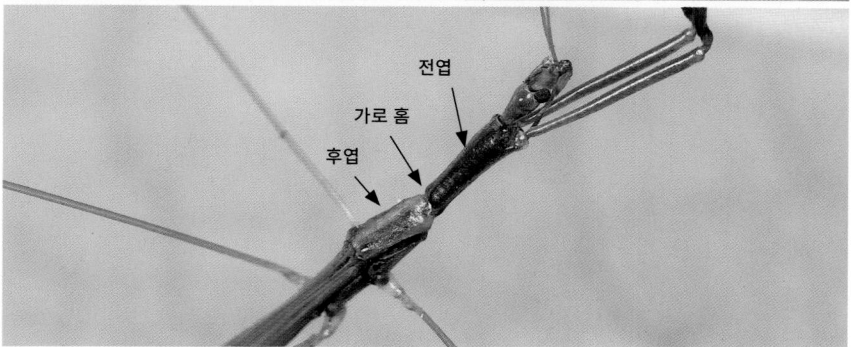

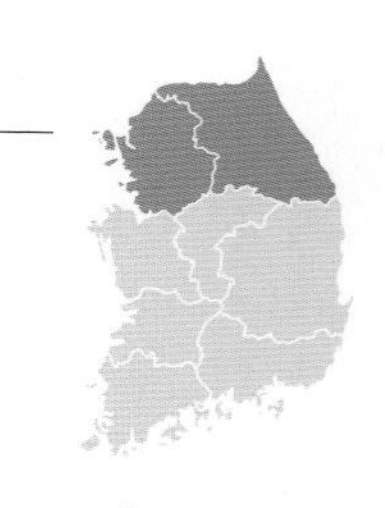

각다귀침노린재

***Myiophanes tipulina* Reuter, 1881**

국내 첫 기록 *Orthunaga biguttata* : Kamijo, 1932 (학명 오기)
Orthunaga bivittata : Doi, 1932

크기 16~17mm | **출현 시기** 7~8월 | **분포** 경기, 강원

각다귀와 생김새가 비슷하며 등면은 전체적으로 연한 갈색이다. 몸 전체가 긴 털로 덮였으며 특히 다리와 더듬이 제1마디에 긴 털이 빽빽하다. 앞다리 넓적마디는 노란색과 갈색이 교대로 띠를 이룬다. 앞가슴등판은 앞쪽이 심하게 잘록하고, 앞부분은 옆고 뒷부분에는 뚜렷한 노란색 세로줄이 2개 있다. 날개맥은 뚜렷하고 갈색이며 뒷다리가 특히 길다. 밤에 불빛에 날아온다는 기록이 있지만 드물게 보인다.

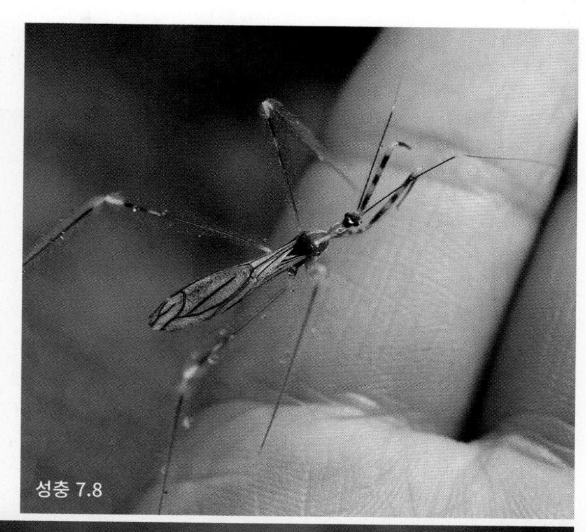

성충 7.8

성충 7.8

국명 미정

***Coranus* sp.**

국내 첫 기록 미기록
크기 14mm 내외 | **출현 시기** 5~7월 | **분포** 경기, 경북, 전북

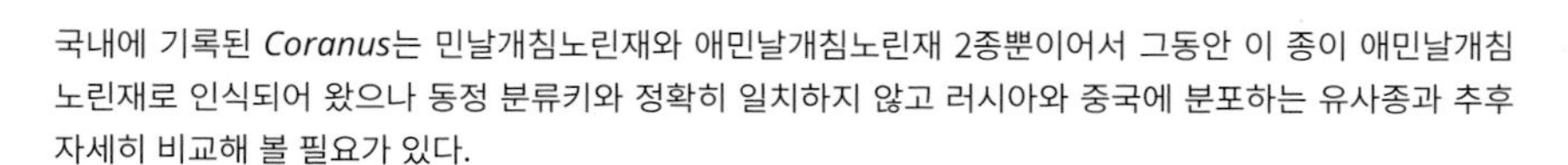

국내에 기록된 *Coranus*는 민날개침노린재와 애민날개침노린재 2종뿐이어서 그동안 이 종이 애민날개침노린재로 인식되어 왔으나 동정 분류키와 정확히 일치하지 않고 러시아와 중국에 분포하는 유사종과 추후 자세히 비교해 볼 필요가 있다.

성충 5.25

민날개침노린재

***Coranus* (*Velinoides*) *dilatatus* (Matsumura, 1913)**

국내 첫 기록 *Velinoides dilatatus* : Furukawa, 1930
크기 15~19mm | **출현 시기** 5~10월 | **분포** 경기, 강원, 충북, 경북, 경남

몸은 검은색이고 머리와 앞가슴등판에 긴 털이 있다. 머리는 길고 앞으로 튀어나왔으며 겹눈은 비교적 크고 튀어나왔다. 더듬이는 가늘고 모두 4마디로 이루어졌으며 제1마디가 가장 길다. 대부분 날개가 전혀 없어 '민날개'라는 이름이 붙었지만 드물게 유시형도 나타난다. 산과 들에 자라는 잡초 뿌리나 키 작은 나무 위에서 생활한다.

무시형 8.5

유시형 7.29

성충 5.27

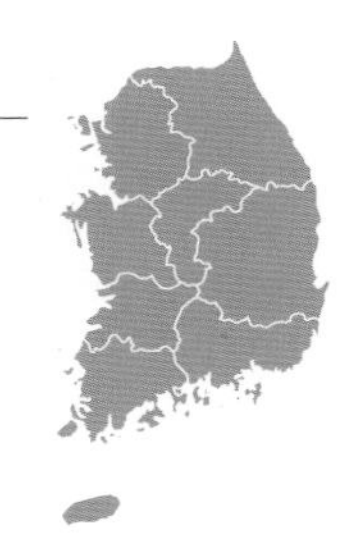

고추침노린재

***Cydnocoris russatus* Stål, 1867**

국내 첫 기록 *Cydnocoris russatus* : Doi, 1932
크기 14~17mm | **출현 시기** 4~10월 | **분포** 전국

등면은 전체적으로 붉은색이며 황갈색 잔털이 있다. 머리는 작고 붉으며 앞으로 튀어나왔고 더듬이가 나오는 기부에 가시돌기가 있다. 앞가슴등판 1/3 지점에 가로 홈이 있어서 잘록해 보이고, 뒷부분 양옆은 세모꼴로 튀어나왔다. 앞날개 막질부는 반투명한 갈색이며 길이가 배끝을 훨씬 넘는다. 다른 곤충 체액을 빨아 먹는다.

성충 8.30

성충 8.30

약충 8.18

극동왕침노린재

Epidaus tuberosus **Yang, 1940**

국내 첫 기록 *Epidaus tuberosus* : Lee *et al.*, 1994
크기 18~22mm | **출현 시기** 5~10월 | **분포** 경기, 강원, 충북, 경북, 전북, 전남

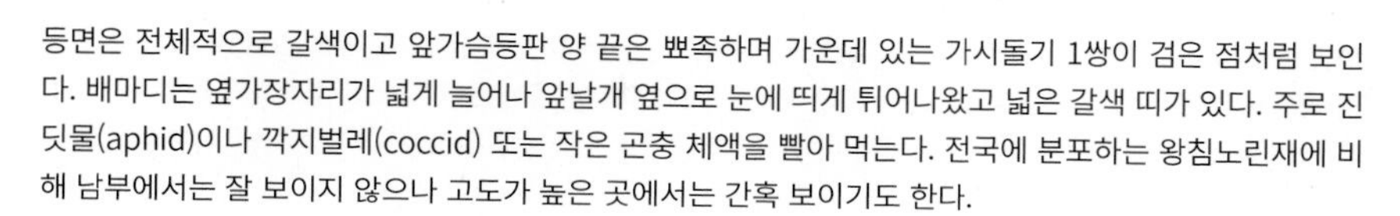
등면은 전체적으로 갈색이고 앞가슴등판 양 끝은 뾰족하며 가운데 있는 가시돌기 1쌍이 검은 점처럼 보인다. 배마디는 옆가장자리가 넓게 늘어나 앞날개 옆으로 눈에 띄게 튀어나왔고 넓은 갈색 띠가 있다. 주로 진딧물(aphid)이나 깍지벌레(coccid) 또는 작은 곤충 체액을 빨아 먹는다. 전국에 분포하는 왕침노린재에 비해 남부에서는 잘 보이지 않으나 고도가 높은 곳에서는 간혹 보이기도 한다.

암컷 6.12
수컷 6.12
약충 5령 5.25
알 6.12

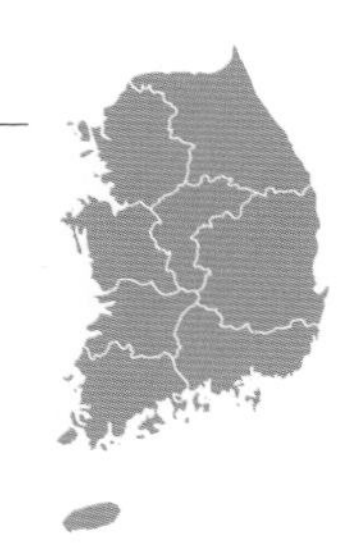

왕침노린재

***Isyndus obscurus obscurus* (Dallas, 1850)**

국내 첫 기록 *Isyndus obscurus* : Doi, 1932
크기 20~27mm | **출현 시기** 3~11월 | **분포** 전국

등면은 갈색이며 전체적으로 부드럽고 짧은 노란색 털로 덮였으며, 군데군데 긴 털도 있다. 머리는 좁고 길며 앞으로 튀어나왔다. 앞가슴등판은 두 부분으로 나뉘며 앞부분은 위로 솟았고 양옆은 세모꼴로 튀어나왔다. 노린재 중에서 몸이 크며 성충으로 무리 지어 겨울을 나는 습성이 있고 11월까지 보인다. 주둥이가 날카로워 물리면 피가 나고 통증이 심하다.

암컷 11.5

수컷 11.3

성충 11.5
약충 2령 6.20
약충 3령 6.25
약충 4령 7.20
약충 5령 9.23
알 6.9

가시침노린재

***Polididus armatissimus* Stål, 1859**

국내 첫 기록 *Polididus armatissimus* : Lee & Kwon, 1991
크기 10mm 내외 | **출현 시기** 3~12월 | **분포** 경기, 충북, 전북, 전남

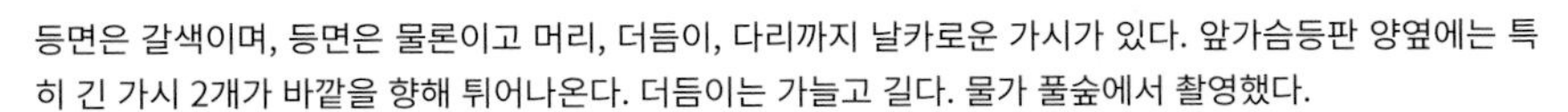

등면은 갈색이며, 등면은 물론이고 머리, 더듬이, 다리까지 날카로운 가시가 있다. 앞가슴등판 양옆에는 특히 긴 가시 2개가 바깥을 향해 튀어나온다. 더듬이는 가늘고 길다. 물가 풀숲에서 촬영했다.

성충 3.27

성충 3.27

긴수염침노린재

***Serendiba staliana* (Horváth, 1879)**

국내 첫 기록 *Serendiba staliana* : Lee *et al*., 2016
크기 12~13mm | **출현 시기** 8월 | **분포** 제주

몸은 노란색이고 등면은 전체적으로 갈색이며 짧은 털이 빽빽하다. 앞가슴등판은 두 부분으로 나뉘며 앞부분은 갈색, 뒷부분은 노란색 바탕에 검은색 세로줄이 2개 있다. 더듬이는 매우 가늘고 몸보다 길다. 다리는 노란색이며 각 다리 넓적마디에 어두운 갈색 띠가 2개 있는데 희미한 개체도 있다. 나무 위에서 생활하며 밤에 불빛에 날아오지만 드물게 보인다. 미기록종이었으나 최근 기록되었다(Lee, 2016).

성충 8.22

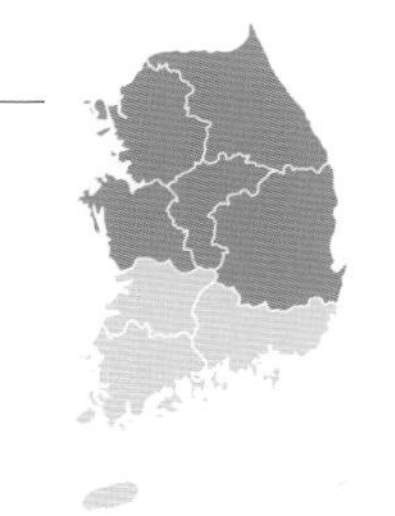

배홍무늬침노린재

***Rhynocoris* (*Rhynocoris*) *leucospilus sibiricus* (Stål, 1859)**

국내 첫 기록 *Rhinocoris leucospilus sibiricus* : Kiritshenko, 1926 (속명 오기)
크기 13~15mm | **출현 시기** 4~11월 | **분포** 경기, 강원, 충북, 충남, 경북

등면은 전체적으로 광택 있는 검은색이며 황갈색 잔털로 덮였다. 앞가슴등판 양옆 둘레는 가장자리가 붉은색이며, 다리와 더듬이는 모두 검다. 앞날개는 길어서 막질부가 배끝을 넘는다. 배마디는 옆가장자리가 넓게 늘어나 앞날개 옆으로 튀어나왔고 마디마다 검은색과 붉은색 무늬가 교대로 띠를 이룬다. Catalogue (2006)에 따르면 *R. leucospilus* 국내 기록 아종은 *leucospilus, dybowskii, rubromarginatus, sibiricus*로 4종이다. 이 중 *rubromarginatus*는 홍도리침노린재, *leucospilus*는 배홍무늬침노린재 학명으로 알려졌다. 그러나 Kiritshenko (1926) 설명을 기준으로 판단할 때 국내 배홍무늬침노린재 아종명으로 *sibiricus*가 마땅해 보인다. Entomological Museum of China의 *sibiricus* 표본도 우리나라 개체와 거의 비슷하다.

성충 5.8

홍도리침노린재

***Rhynocoris* (*Rhynocoris*) *leucospilus rubromarignatus* (Jakovlev, 1893)**

국내 첫 기록 *Halpactor rubromarginatus* : Jakovlev, 1893
Harpactor ornatus : Okamoto, 1924
크기 12~15mm | **출현 시기** 5~7월 | **분포** 경기, 강원, 충북, 충남, 경북, 전북

배홍무늬침노린재 아종으로 생김새가 매우 비슷하다. 앞가슴등판이 검은색인 배홍무늬침노린재와 달리 앞가슴등판 양옆 둘레뿐만 아니라 뒤쪽 가장자리까지 붉은색 테두리가 있어 구별된다. 배마디 검은색 띠는 가장자리 끝까지 이어지지 않는다. 이 종은 국내 표본으로 처음 신종 보고되었다(Jakovlev, 1893). 센서스에서는 강원과 충북 기록이 있는데, 국가생물종지식정보시스템에는 경기, 강원, 충북, 충남, 경북, 전북 기록도 있다.

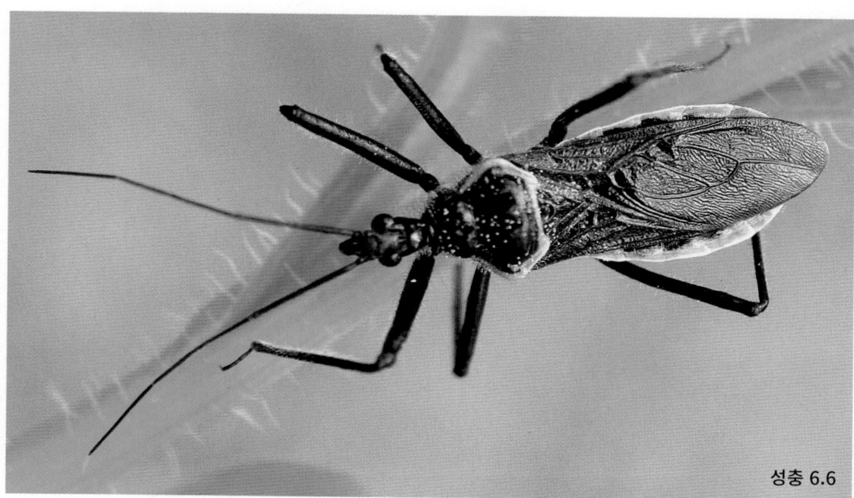

성충 6.6

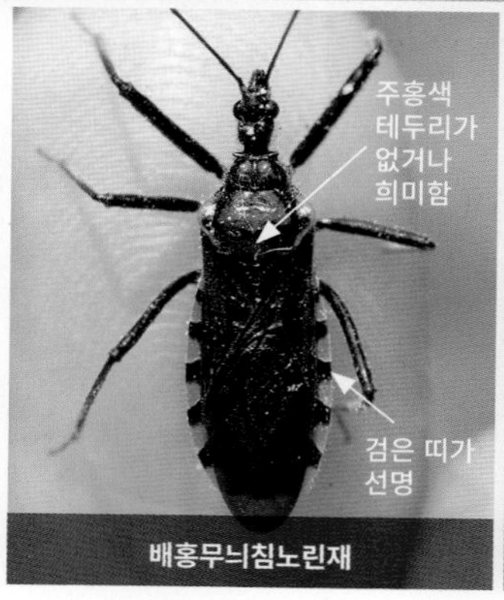

배홍무늬침노린재

홍도리침노린재

다리무늬침노린재

***Sphedanolestes* (*Sphedanolestes*) *impressicollis* (Stål, 1861)**

국내 첫 기록 *Halpactor bituberculatus* : Jakovlev, 1893
Sphedonolestes impressicollis : Okamoto, 1924 (속명 오기)
크기 13~16mm | **출현 시기** 4~10월 | **분포** 전국

몸은 검은색 바탕에 연한 노란색 또는 흰색 얼룩무늬가 있으며 광택이 있다. 특히 다리에 줄이 많아 '다리무늬'라는 이름이 붙었다. 앞가슴등판 한가운데에 '+' 모양으로 파인 홈이 있으나 잘 구별되지 않는다. 앞가슴등판은 개체에 따라 연한 노란색이거나 검은색이다. 배마디는 옆가장자리가 넓게 늘어나 앞날개 옆으로 튀어나왔고 마디마다 검은색과 황백색 무늬가 교대로 띠를 이룬다. 봄에서 가을까지 산이나 풀밭에 꾸준히 나타난다.

성충 6.12

성충 5.30

약충 5령 5.10

껍적침노린재

***Velinus nodipes* (Uhler, 1860)**

국내 첫 기록 *Velinus nodipes* : Furukawa, 1930
크기 12~16mm | **출현 시기** 4~11월 | **분포** 전국

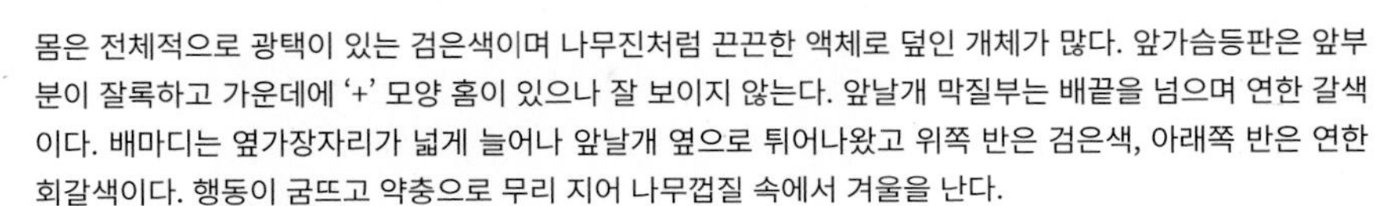
몸은 전체적으로 광택이 있는 검은색이며 나무진처럼 끈끈한 액체로 덮인 개체가 많다. 앞가슴등판은 앞부분이 잘록하고 가운데에 '+' 모양 홈이 있으나 잘 보이지 않는다. 앞날개 막질부는 배끝을 넘으며 연한 갈색이다. 배마디는 옆가장자리가 넓게 늘어나 앞날개 옆으로 튀어나왔고 위쪽 반은 검은색, 아래쪽 반은 연한 회갈색이다. 행동이 굼뜨고 약충으로 무리 지어 나무껍질 속에서 겨울을 난다.

성충 6.14

약충 5령 7.26

검정침노린재

Peirates cinctiventris **Horváth, 1879**

국내 첫 기록 *Pirates cinctiventris* : Nagaoka, 1940 (속명 오기, 원기재문 확인 못 함)
크기 12mm 내외 | **출현 시기** 7월 | **분포** 전남

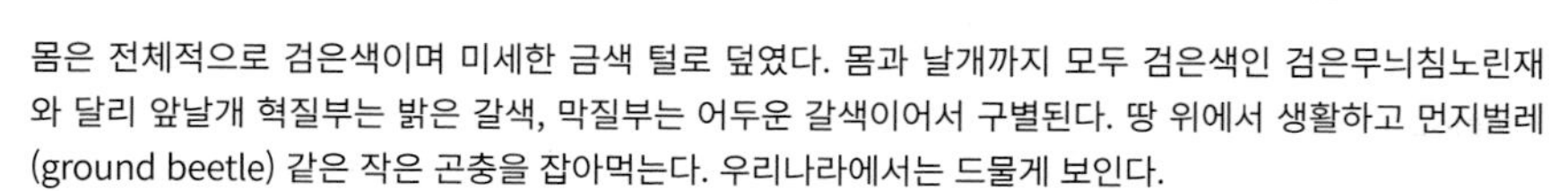

몸은 전체적으로 검은색이며 미세한 금색 털로 덮였다. 몸과 날개까지 모두 검은색인 검은무늬침노린재와 달리 앞날개 혁질부는 밝은 갈색, 막질부는 어두운 갈색이어서 구별된다. 땅 위에서 생활하고 먼지벌레(ground beetle) 같은 작은 곤충을 잡아먹는다. 우리나라에서는 드물게 보인다.

성충 7.10

검정무늬침노린재

***Peirates turpis* Walker, 1873**

국내 첫 기록 *Pirates turpis* : Doi, 1933 (속명 오기)
Pirates atromaculatus : 권업모범장보고, 1922 (오동정)
Pirates brachypterus : Josifov & Kerzhner, 1972 (속명 오기)

크기 12~15mm | **출현 시기** 4~11월 | **분포** 전국

몸은 전체적으로 검은색이며 앞가슴등판 위쪽은 동그랗고 아래는 가로로 긴 사다리꼴이다. 날개가 배를 모두 덮는 장시형과 배끝보다 짧은 단시형이 있으며 단시형 날개 길이는 개체별로 차이가 있다. 앞다리 넓적마디가 매우 굵고, 땅 위에서 생활하며 작은 곤충을 잡아 체액을 빨아 먹는다. 주로 단시형이 보이고 장시형은 불빛에 날아온다.

단시형 7.22

장시형 6.22

약충 5령 4.27

노랑침노린재

***Sirthenea* (*Sirthenea*) *flavipes* (Stål, 1855)**

국내 첫 기록 *Sirthenea flavipes* : Okamoto, 1924
크기 18~20mm | **출현 시기** 6~7월 | **분포** 경남, 전남, 제주

몸은 황갈색이며 머리는 원뿔 모양이고 앞으로 길게 튀어나왔다. 앞가슴등판 뒷부분과 작은방패판, 날개 일부분은 짙은 갈색이다. 앞가슴등판 전체가 흑갈색인 우리노랑침노린재와 달리 앞부분이 밝은 황갈색이어서 구별된다. 노랑침노린재가 우리노랑침노린재보다 드물다.

성충 6.14

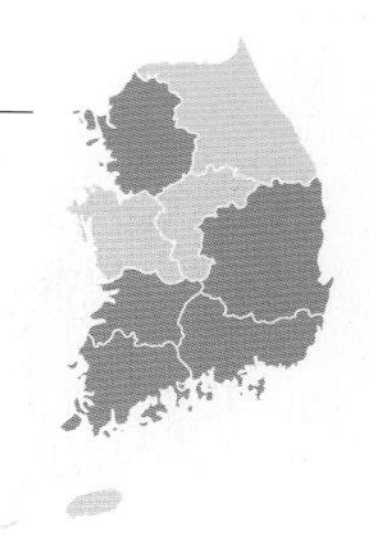

우리노랑침노린재

Sirthenea koreana **Lee & Kerzhner, 1996**

국내 첫 기록 *Sirthenea koreana* Lee & Kerzhner, 1996
Sirthenea flavipes : Maruta, 1929 (오동정)
Sirthenea dimidiata : Doi, 1933 (오동정)
크기 19~24mm | **출현 시기** 5~6월 | **분포** 경기, 경북, 경남, 전북, 전남

노랑침노린재와 생김새가 비슷해 머리와 다리를 포함해 몸이 전체적으로 황갈색이지만, 앞가슴등판 앞부분(전엽)까지 황갈색인 노랑침노린재와 달리 앞가슴등판 전체가 검은색 또는 흑갈색이다. 땅 위에서 생활하며 드물게 보이지만 밤에 불빛에 날아온다. 우리나라에서만 사는 한국 고유종이다.

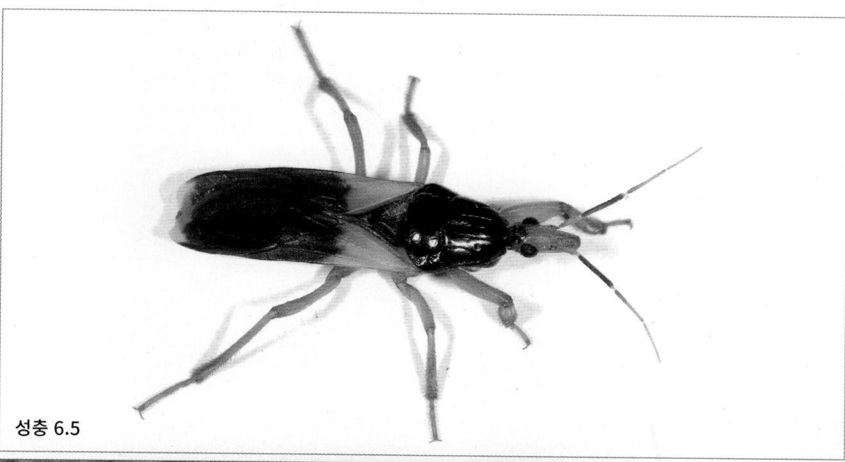

성충 6.5

성충 6.5

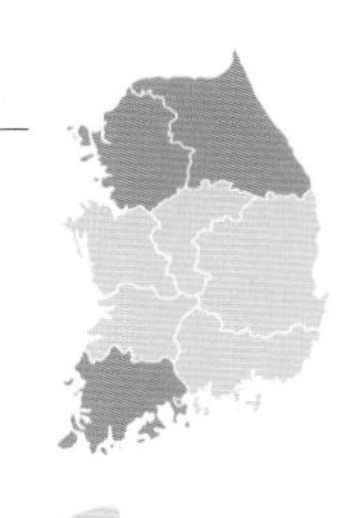

등뿔침노린재

***Acanthaspis cincticrus* Stål, 1859**

국내 첫 기록 *Acanthaspis albovittata* : 권업모범장보고, 1922
크기 14~16mm | **출현 시기** 7~8월 | **분포** 경기, 강원, 전남

몸은 전체적으로 검은색이고 미세한 털이 빽빽하다. 앞가슴등판 양옆으로 뾰족한 가시가 튀어나왔고 이 가시에 있는 무늬를 포함해 분홍색 무늬 4개가 가로로 배열되었다. 앞날개 혁질부에 있는 긴 분홍색 세로줄이 특징이다. 땅 위에서 생활하며 버려진 들판이나 묘지에서 보인다. 유충은 개미 같은 작은 곤충을 먹고 껍데기나 사체를 등 위에 짊어지고 다니는 습성이 있다.

성충 7.27

약충 습성 7.21

뿔침노린재

***Reduvius decliviceps* Hsiao, 1976**

국내 첫 기록 *Reduvius decliviceps* : Lee *et al*., 1994
크기 15~18mm | **출현 시기** 6~8월 | **분포** 경기

몸은 전체적으로 어두운 갈색이며 미세하고 노란 털이 있다. 각 다리 넓적마디는 짙은 갈색이고 종아리마디 이하는 황갈색이다. 앞날개 혁질부 기부 가장자리는 연한 노란색이다. 일본에서는 본토와 오키나와에 있는 개체가 뚜렷이 다른 이형현상을 보이며, 우리나라에서 관찰된 종은 일본 본토 종과 비슷하다. 밤에 불빛에 날아온다.

성충 6.20

등줄붉은침노린재(신칭)

***Polytoxus* sp.**

국내 첫 기록 미기록
크기 10mm 내외 | **출현 시기** 10월 | **분포** 전북, 전남

등면은 전체적으로 붉은색이며 더듬이는 적갈색이다. 앞가슴등판에 검은색 삼각 무늬가 있고 작은방패판 가운데에 넓고 검은 세로줄이 있다. 앞날개 혁질부 안쪽에 있는 넓은 흑갈색 세로줄이 날개 끝까지 이어진다. 각 다리 넓적마디 뒷부분에 넓은 검은색 띠가 있다. 국내 미기록으로 추후 정확한 동정이 필요하다.

성충 10.16

약충 10.16

어리큰침노린재

Oncocephalus breviscutum **Reuter, 1882**

국내 첫 기록 *Oncocephalus breviscutum* : Lee *et al*., 1994
크기 16~21mm | **출현 시기** 8~10월 | **분포** 전국

몸은 길고 전체적으로 어두운 갈색이며 광택은 없다. 앞날개 혁질부 안쪽 중간에 검은색 사각 무늬가 있다. 앞다리 넓적마디가 넓게 부풀었고 아래쪽에는 가시돌기가 있다. 앞다리만 어두운 갈색이고 가운데다리와 뒷다리는 연한 노란색이다. 작은 곤충을 잡아 체액을 빨아 먹는다. 휴경 논에서 보이고 밤에 불빛에 날아온다.

암컷 10.9

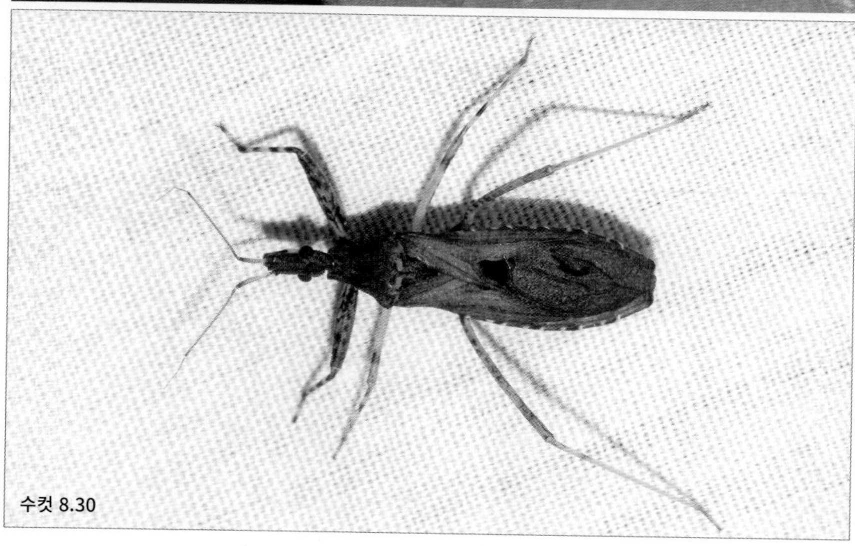

수컷 8.30

비율빈침노린재

Oncocephalus assimilis **Reuter, 1882**

국내 첫 기록 *Oncocephalus assimilis* : Lee & Kwon, 1991
Oncocephalus notatus : 권업모범장보고, 1922 (오동정)
Oncocephalus philippinus : Esaki, 1932 (오동정)

크기 14~19mm | **출현 시기** 6~7월 | **분포** 경남, 전남

등면은 황갈색 바탕에 갈색과 검은색 무늬가 있고 광택은 없다. 더듬이는 가늘고 매우 짧아 몸길이 1/3 정도다. 앞가슴등판은 두 부분으로 나뉘며 가운데에 검은색 세로줄이 3개 있다. 앞가슴등판 뒤쪽 양옆에 돌기가 뚜렷하다. 작은방패판은 검고 앞날개 혁질부와 만나는 곳에 검은색 사각 무늬가 있다. 앞다리 넓적마디는 뚜렷하게 굵고 아랫면에 가시돌기가 있다. 장시형과 단시형이 나타나며 식물 뿌리나 바위 밑에서 생활한다.

수컷 7.16

암컷 7.16

닮은큰침노린재

***Oncocephalus simillimus* Reuter, 1888**

국내 첫 기록 *Oncocephalus simillimus* : Josifov & Kerzhner, 1972
크기 16~21mm | **출현 시기** 6~7월 | **분포** 강원, 전북

비율빈침노린재와 생김새가 매우 비슷하지만 이 종이 비교적 크다. 앞가슴등판 뒤쪽 양옆 돌기가 비율빈침노린재에 비해 튀어나오지 않았고 앞날개 뒤쪽에 있는 검은 무늬 면적이 비율빈침노린재보다 좁다. 장시형과 단시형이 모두 보고되었으나 드물게 보인다.

성충 6.13

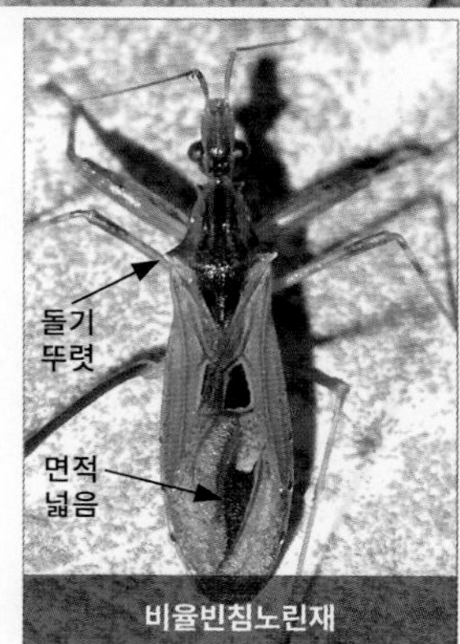

비율빈침노린재

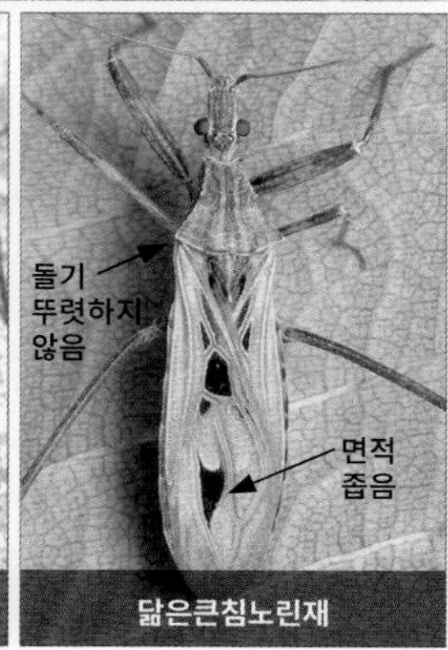

닮은큰침노린재

호리납작침노린재

Pygolampis bidentata **(Goeze, 1778)**

국내 첫 기록 *Pygolampis cognatus* : Okamoto, 1924
크기 14mm 내외 | **출현 시기** 6~9월 | **분포** 경기, 강원, 충남, 전남

몸은 가늘고 길며 연한 갈색 또는 어두운 갈색이고 배는 납작하다. 머리는 길고 앞쪽 끝 한가운데에 원뿔 모양 돌기가 있다. 더듬이는 모두 4마디이며 제1마디는 굵고 머리 길이와 비슷하거나 약간 짧다. 앞가슴등판은 길고 뒤쪽으로 갈수록 폭이 넓어지며 가운데에 가로 홈이 있다. 기존에 호리납작침노린재로 동정되었던 개체는 대부분 큰호리납작침노린재일 가능성이 높다. 2010년 『노린재 도감』에 실린 호리납작침노린재도 큰호리납작침노린재 오동정일 가능성이 있다.

성충 9.3

큰호리납작침노린재(신칭)

***Pygolampis foeda* Stål, 1859**

국내 첫 기록 미기록

크기 16mm 내외 | **출현 시기** 6~9월 | **분포** 경기, 강원, 충남, 전남

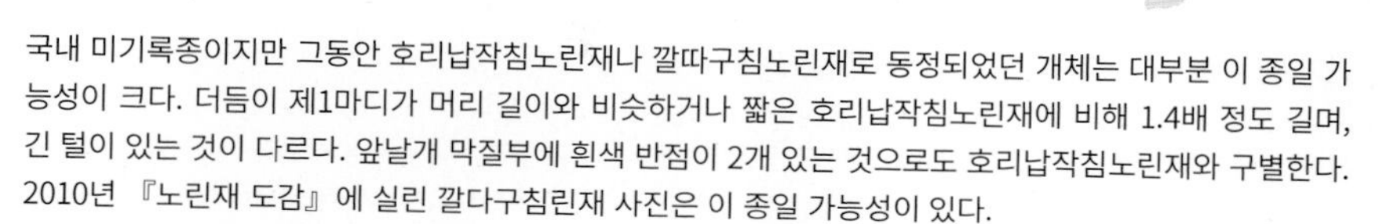

국내 미기록종이지만 그동안 호리납작침노린재나 깔따구침노린재로 동정되었던 개체는 대부분 이 종일 가능성이 크다. 더듬이 제1마디가 머리 길이와 비슷하거나 짧은 호리납작침노린재에 비해 1.4배 정도 길며, 긴 털이 있는 것이 다르다. 앞날개 막질부에 흰색 반점이 2개 있는 것으로도 호리납작침노린재와 구별한다. 2010년 『노린재 도감』에 실린 깔다구침린재 사진은 이 종일 가능성이 있다.

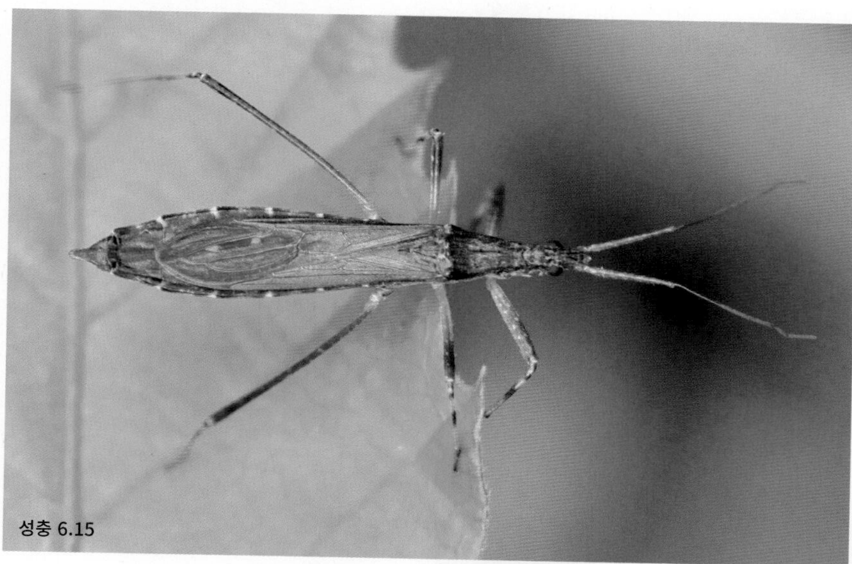

성충 6.15

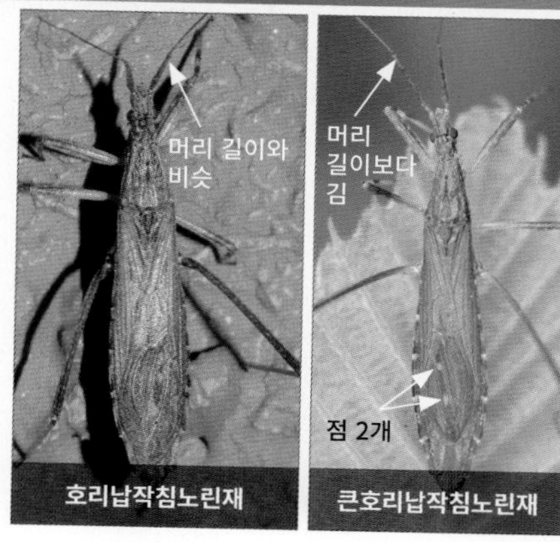

호리납작침노린재 | 큰호리납작침노린재

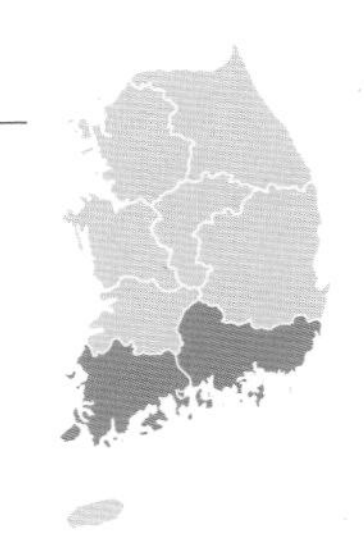

깔따구침노린재

***Sastrapada oxyptera* Bergroth, 1922**

국내 첫 기록 *Sastrapada oxyptera* : Lee & Kwon, 1991
Polygolampis cognatus : Doi, 1932 (오동정)
Sastrapada baerensprung : Doi, 1933 (오동정)

크기 15~20mm | **출현 시기** 6월 | **분포** 경남, 전남

몸은 연한 갈색이며 전체적으로 길다. 가느다란 몸에 비해 다리가 길어 '깔따구'라는 이름이 붙었다. 더듬이 제1마디가 가장 굵으며 최대 약 8배까지 굵은 개체도 있다. 호리납작침노린재속(*Pygolampis*)과 비슷하지만 앞다리 넓적마디 아래쪽에 가시가 2줄로 배열되는 것으로 구별한다. 머리와 앞가슴등판은 짧은 털로 덮였으며 앞날개는 배끝을 넘지 않는다. 다리는 밝은 갈색이며 넓적마디 뒷부분은 어두운 갈색이다. 작은 곤충을 잡아먹으며 불빛에 날아온다.

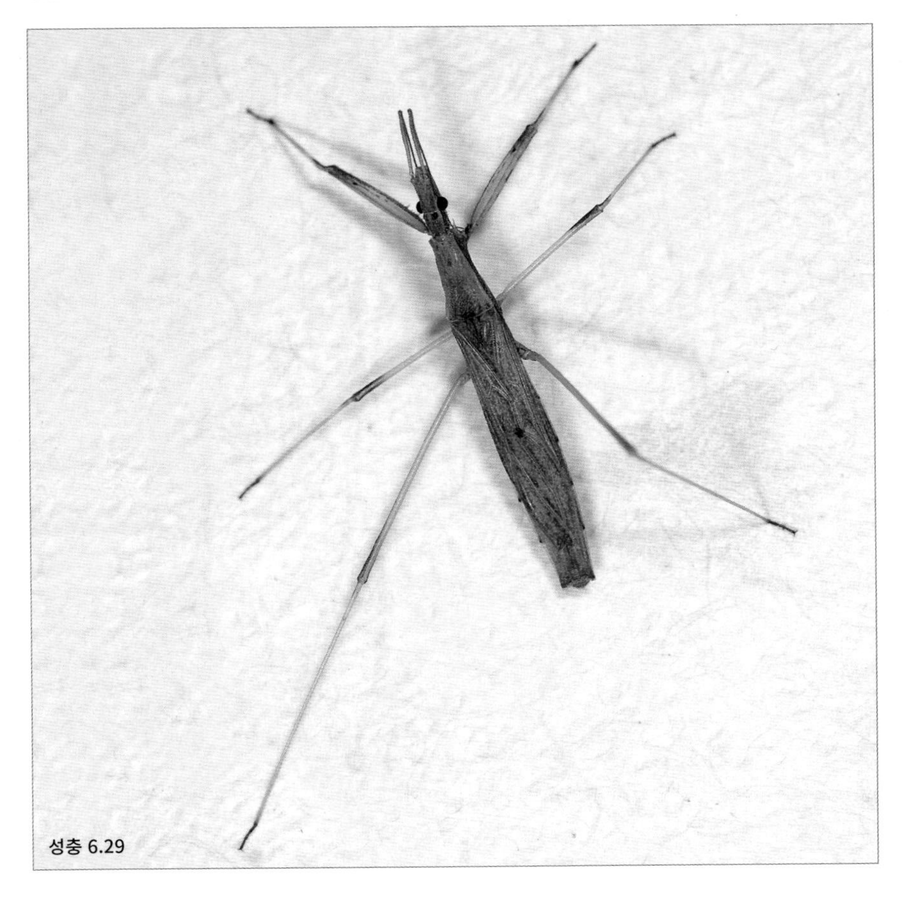
성충 6.29

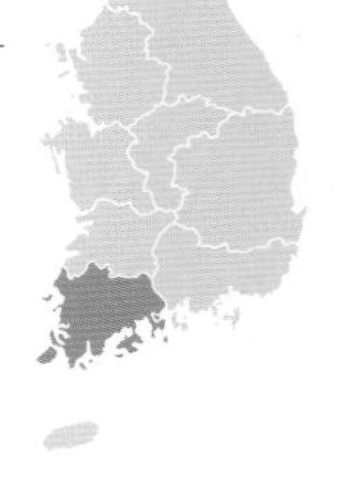

새멸구잡이침노린재

***Staccia plebeja* Stål, 1866**

국내 첫 기록 *Neostaccia plebeja* : Kerzhner & Kwon, 1996 (원기재문 확인 못 함)
크기 8~9mm | **출현 시기** 7월 | **분포** 전남

몸은 전체적으로 어두운 갈색이며 앞가슴등판 앞 양쪽에 가시 모양 돌기가 뚜렷하다. 앞다리 넓적마디는 뚜렷하게 굵고 안쪽에 가시가 있다. 앞날개 기부는 어두운 갈색이다. 습지대 풀에서 생활하며 불빛에 날아온다. *Neostaccia*에 속하는 것으로 보는 견해도 있으나 흔히 *Neostaccia*는 *Staccia* 이명으로 생각한다.

성충 7.5

넓적노린재과

Aradidae (flat bugs)

몸은 중형이며 달걀 모양 또는 긴 타원형이고 매우 납작하다. 더듬이와 주둥이는 4마디로 이루어졌으며 홑눈은 없다. 날개폭이 좁아서 배가 날개 밖으로 드러나며 날개가 없는 종류도 있다. 온대에 사는 종은 주로 죽은 나무껍질 밑이나 흰개미 집, 버섯 등에 살고 열대에 사는 종은 잎 또는 나뭇가지에서 보인다. 일부 종이 진균(곰팡이)을 먹지만 대개는 습성이 알려지지 않았다. 전 세계에 분포하고 200속 2,000여 종이 알려졌으며 우리나라에는 20여 종이 기록되었다.

예쁜이넓적노린재

***Aradus* (*Aradus*) *bergrothianus* Kiritshenko, 1913**

국내 첫 기록 *Aradus bergrothianus* : Josifov & Kerzhner, 1978
크기 6.3~9.5mm | **출현 시기** 5월 | **분포** 강원

몸은 전체적으로 검은색이며 겹눈은 작지만 옆으로 많이 튀어나왔다. 앞가슴등판 양옆 모서리는 둥글지만 많이 튀어나왔고 넓게 확장된 배 가장자리 둘레는 톱니 모양이다. 이전까지 북한에서만 분포가 기록되었으며, 강원도에서 발견했다.

성충 5.4

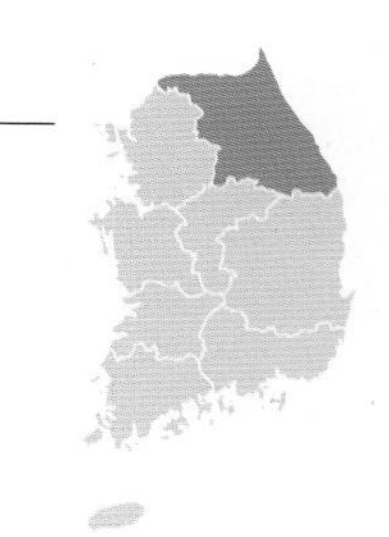

닮은넓적노린재

***Aradus* (*Aradus*) *compar* Kiritshenko, 1913**

국내 첫 기록 *Aradus compar* : Josifov & Kerzhner, 1978
Aradus orientalis : Lee & Kwon, 1991 (오동정)
크기 8.8~10mm | **출현 시기** 5월 | **분포** 강원

등면은 전체적으로 검은색이며 앞가슴등판 양옆 모서리는 뾰족하게 튀어나왔다. 앞날개 기부에서 안쪽으로 넓은 노란색 무늬가 있다. 더듬이는 검은색이나 제3마디는 기부를 제외하고 노란색이다. 다리는 검은색이며 넓적마디 끝부분과 종아리마디 앞부분에 노란색 띠가 있다. 배는 넓으며 가장자리는 톱니 모양이다.

성충 5.23

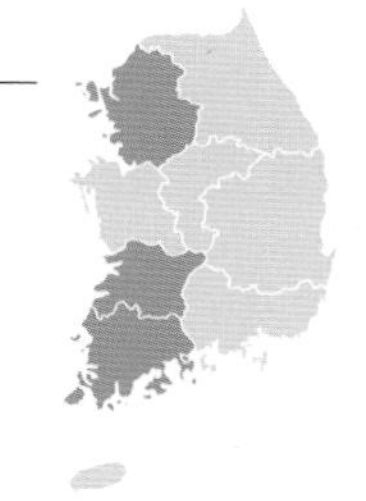

뿔넓적노린재

***Aradus spinicollis* Jakovlev, 1880**

국내 첫 기록 *Aradus spinicollis* : Lee & Kerzhner, 1994
크기 6~7mm | **출현 시기** 3~5월 | **분포** 경기, 전북, 전남

등면은 전체적으로 흑갈색이나 앞가슴등판 앞쪽과 앞날개 혁질부 앞쪽 부분은 연한 노란색이다. 더듬이 제3마디가 제2마디보다 약간 길며, 제4마디 끝부분에 미세한 털이 빽빽하다. 돌기가 앞가슴등판 앞쪽 양옆에 2~3개, 양옆 둘레에 5~6개 있다. 다리는 갈색과 노란색이 교대로 띠를 이룬다.

성충 4.4

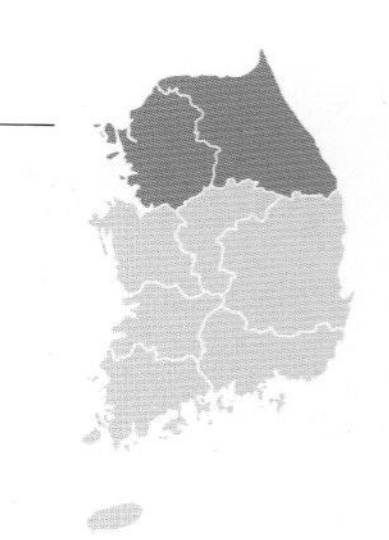

팔공넓적노린재

Aradus transiens **Kiritshenko, 1913**

국내 첫 기록 *Aradus transiens* : Lee & Kerzhner, 1994
크기 6~7mm | **출현 시기** 4~5월 | **분포** 경기, 강원

등면은 연하고 어두운 갈색이 어울려 얼룩덜룩하며 길이가 머리 폭보다 다소 짧다. 더듬이는 제2마디가 가장 길고 제4마디 끝부분은 뾰족하다. 앞가슴등판 앞쪽 양옆에 작은 돌기가 1쌍 있고, 작은방패판 끝부분에 노란색 반점이 있다. 앞날개 혁질부 기부는 둥근 모양으로 약간 튀어나왔다.

성충 5.23

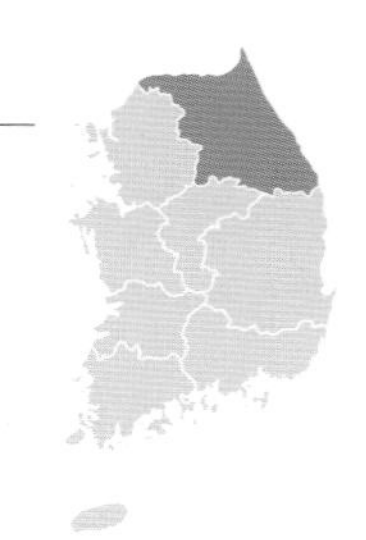

소나무넓적노린재(신칭)

***Aradus czerskii* Kiritshenko, 1915**

국내 첫 기록 미기록
크기 4~5.5mm | **출현 시기** 7월 | **분포** 강원

등면은 적갈색에서 갈색이고 머리 중엽이 커 앞으로 튀어나왔다. 더듬이는 갈색이나 제4마디는 검은색이며 끝부분에는 부드러운 털이 빽빽하고, 제2마디가 가장 길다. 앞가슴등판은 사다리꼴이고 뒤쪽으로 갈수록 넓어진다. 죽은 소나무류에 기생하는 한입버섯(*Cryptoporus volvatus*)에서 생활하는 것으로 알려졌다.

성충 7.5

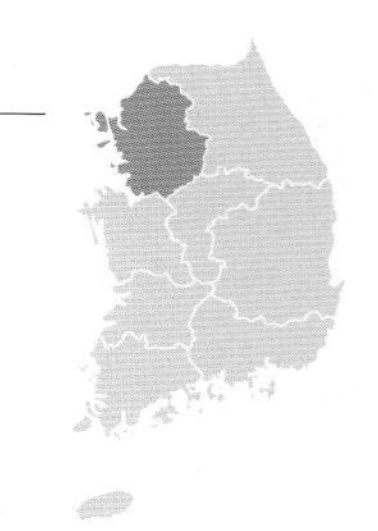

검정넓적노린재

***Brachyrhynchus taiwanicus* (Kormilev, 1957)**

국내 첫 기록 *Mezira taiwanica* : Lee & Kerzhner, 1994
크기 9~12mm | **출현 시기** 7~9월 | **분포** 경기

몸길이가 긴 것은 12mm에 달하는 것도 있으며 전체적으로 검은색이다. 겹눈은 적갈색이고 더듬이는 검은색이나 제4마디 끝부분은 황갈색이다. 앞가슴등판 가운데 물결 모양으로 파인 가로 홈이 있다.

성충 9.13

각진넓적노린재(신칭)

Daulocoris formosanus **Kormilev, 1971**

국내 첫 기록 미기록

크기 10mm 내외 | **출현 시기** 5~7월 | **분포** 경기

등면은 전체적으로 검은색이며 황갈색 털이 드문드문 있다. 다리와 더듬이도 검은색이며 더듬이 제4마디 끝부분은 황갈색이다. 앞가슴등판 가운데에 가로 홈이 있고 배 제7마디가 가장 넓다.

성충 5.27

털큰넓적노린재

Mezira subsetosa **Josifov & Kerzhner, 1974**

국내 첫 기록 *Mezira subsetosa* : Lee & Kerzhner, 1994
크기 6~8mm | **출현 시기** 3월 | **분포** 전북

등면은 검은색과 어두운 적갈색이 섞여 있으며 거친 갈색 털로 덮였다. 더듬이와 다리는 어두운 갈색이다. 배결합판 각 마디마다 흰색과 황갈색 무늬가 있다. 참나무류 고사목에서 보이며 특히 느타리버섯(*Pleurotus ostratus*)에 많다.

성충 3.28

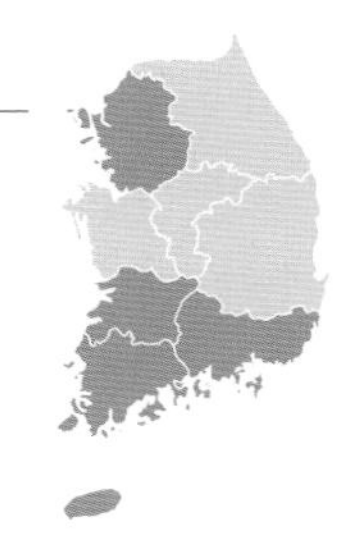

새긴넓적노린재

Neuroctenus argyraeus **S.L. Liu, 1981**

국내 첫 기록 *Neuroctenus argyraeus* : Lee & Kerzhner, 1994
크기 5mm 내외 | **출현 시기** 3~12월 | **분포** 경기, 경남, 전북, 전남, 제주

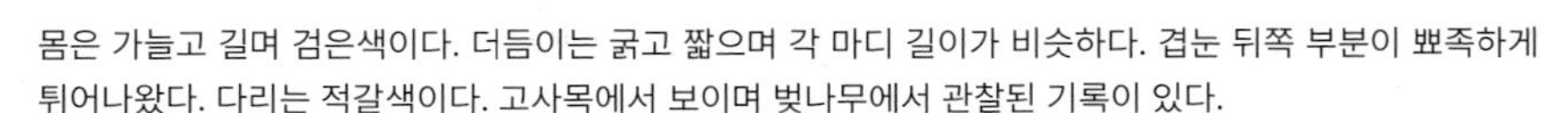

몸은 가늘고 길며 검은색이다. 더듬이는 굵고 짧으며 각 마디 길이가 비슷하다. 겹눈 뒤쪽 부분이 뾰족하게 튀어나왔다. 다리는 적갈색이다. 고사목에서 보이며 벚나무에서 관찰된 기록이 있다.

성충 12.11

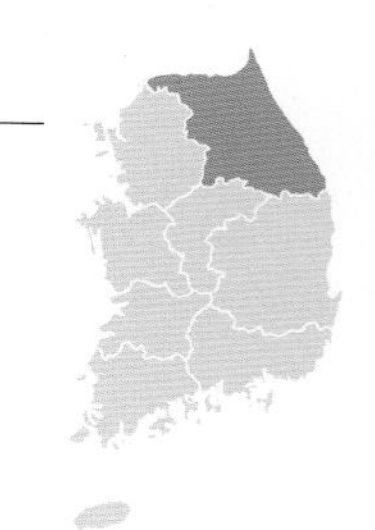

애긴넓적노린재

***Neuroctenus ater* (Jakovlev, 1878)**

국내 첫 기록 *Neuroctenus ater* : Lee & Kerzhner, 1994
크기 9mm 내외 | **출현 시기** 5월 | **분포** 강원

새긴넓적노린재와 생김새가 비슷하지만 이 종이 더 크다. 더듬이와 다리가 검은색이며 더듬이는 짧고 굵다. 수컷 생식절(배 끝마디) 7번째 마디에 돌기가 1쌍 있다. 참나무과(Fagaceae) 고사목에서 보인다.

성충 5.9

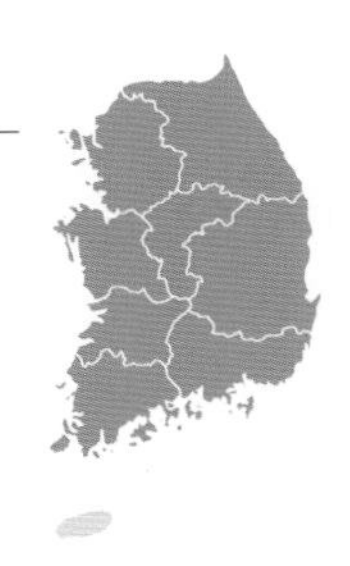

큰넓적노린재

Neuroctenus castaneus **(Jakovlev, 1878)**

국내 첫 기록 *Neuroctenus castaneus* : Lee & Kerzhner, 1994
Mezira scabrosa : Tanaka, 1937 (오동정)
크기 6~8mm | **출현 시기** 2~8월 | **분포** 전국(제주 제외)

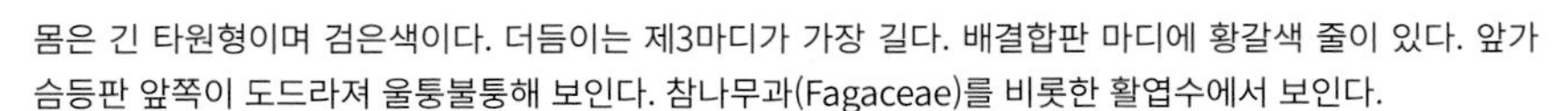

몸은 긴 타원형이며 검은색이다. 더듬이는 제3마디가 가장 길다. 배결합판 마디에 황갈색 줄이 있다. 앞가슴등판 앞쪽이 도드라져 울퉁불퉁해 보인다. 참나무과(Fagaceae)를 비롯한 활엽수에서 보인다.

성충 5.9

성충 5.9

산넓적노린재

Usingerida verrucigera **(Bergroth, 1892)**

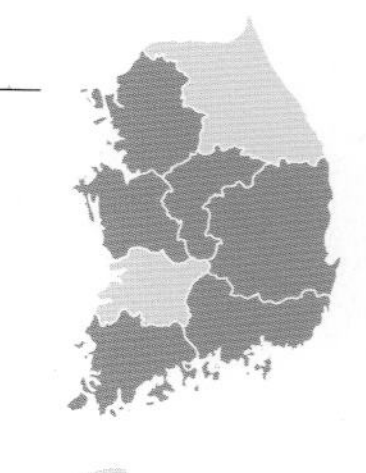

국내 첫 기록 *Usingerida verrucigera* : Lee & Kerzhner, 1994
크기 5~8mm | **출현 시기** 5월 | **분포** 경기, 충북, 충남, 경북, 경남, 전남

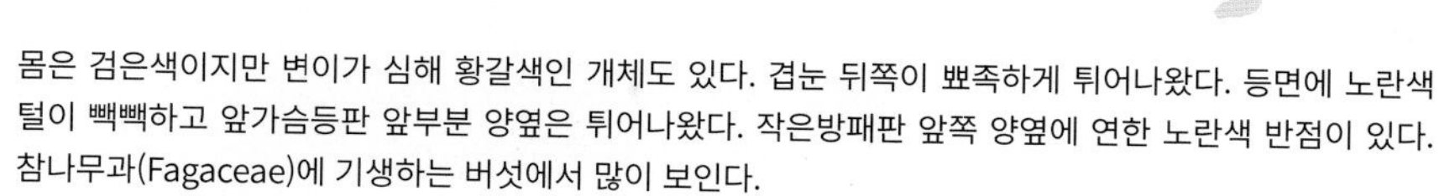

몸은 검은색이지만 변이가 심해 황갈색인 개체도 있다. 겹눈 뒤쪽이 뾰족하게 튀어나왔다. 등면에 노란색 털이 빽빽하고 앞가슴등판 앞부분 양옆은 튀어나왔다. 작은방패판 앞쪽 양옆에 연한 노란색 반점이 있다. 참나무과(Fagaceae)에 기생하는 버섯에서 많이 보인다.

수컷 2.22(월동 개체)

암컷 5.9

명아주노린재과

Piesmatidae (ash-grey leaf bugs)

몸길이 5mm 이하로 소형이며 방패벌레과와 생김새가 비슷하지만 홑눈이 있어 구별된다. 작은방패판이 뚜렷하며 식물 즙을 빤다. 주로 온대 북반구를 중심으로 분포하고 일부는 아프리카, 호주, 남미에서 발생한다. 세계적으로 9속 45종이 알려졌으며 우리나라에는 4종이 기록되었다.

사각명아주노린재(신칭)

***Parapiesma quadratum* (Fieber, 1844)**

국내 첫 기록 *Piesma* (*Parapiesma*) *quadratum* : Heiss & Péricart, 1983
크기 2.1~3.4mm | **출현 시기** 8월 | **분포** 경기

몸은 긴 타원형이며 크기가 작고 매우 납작하다. *Piesma*에 속하는 명아주노린재와 두줄명아주노린재는 앞가슴등판에 세로 돌출선이 2개 있고, *Parapiesma*에 속하는 이 종과 세줄명아주노린재는 세로 돌출선이 3개 있다. 몸 색은 균일하게 붉은색을 띤 황록색 또는 갈색과 섞인 암회색이다. 장시형과 단시형이 있으며 세줄명아주노린재에 비해 몸이 가늘다. 바닷가 염생식물을 기주로 삼으며, 칠면초(*Suaeda japonica*)에서 발견했다. 성충은 생존력이 강해 상온에서 먹지 않고 2~3주를 버틸 수 있다.

성충 8.31

약충 5령 8.31

실노린재과

Berytidae (stilt bugs)

몸이 매우 가늘고 길며 몸길이는 10mm 이하다. 4마디로 이루어진 더듬이도 가늘고 길며 특히 제1마디는 매우 길고 제4마디는 짧고 조금 부풀었다. 작은방패판 뒤쪽 끝은 가늘고 뾰족하며 다리도 가늘고 길다. 대부분 식물 즙을 빨지만 가끔 포식성인 종류도 있다. 식식성(phytophagous)인 종류에는 기주 특이성이 있다. 전 세계에 분포하고 45속 160여 종이 알려졌으며 우리나라에는 4종이 기록되었다.

대성산실노린재

***Metatropis tesongsanicus* Josifov, 1975**

국내 첫 기록 *Metatropis tesongsanicus* Josifov, 1975
크기 8mm 내외 | **출현 시기** 3~10월 | **분포** 경기, 충북, 충남, 경북, 경남, 전북

몸은 갈색이고 매우 가늘며 다리도 실처럼 가늘다. 언뜻 보면 모기 같기도 하고 각다귀 같기도 하다. 풀에서 무리 지어 살며 특히 배암차즈기(*Salvia plebeia*) 꽃에서 많이 보인다. 각 다리 넓적마디 뒷부분이 부풀었다. 북한 평양에 있는 대성산에서 처음 발견되었고, 우리나라에서만 사는 한국 고유종이다. 강원, 전남, 제주 기록이 없지만 전국에 분포할 것으로 예상한다.

성충 5.22

성충 6.8

짝짓기 5.22

실노린재

***Yemma exilis* Horváth, 1905**

국내 첫 기록 *Yemma exilis* : Tanaka, 1938 (원기재문 확인 못 함)
크기 6~7mm | **출현 시기** 3~10월 | **분포** 전국

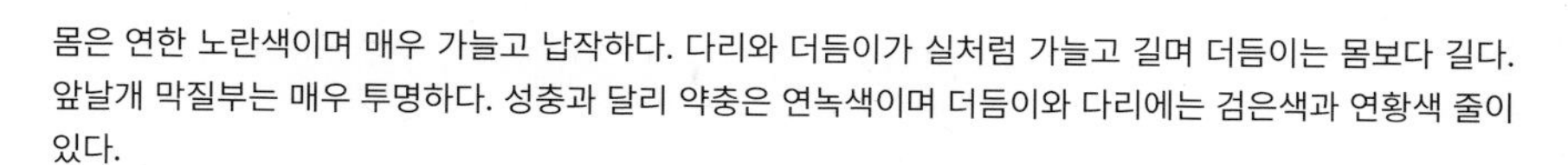

몸은 연한 노란색이며 매우 가늘고 납작하다. 다리와 더듬이가 실처럼 가늘고 길며 더듬이는 몸보다 길다. 앞날개 막질부는 매우 투명하다. 성충과 달리 약충은 연녹색이며 더듬이와 다리에는 검은색과 연황색 줄이 있다.

성충 9.15

성충 3.16

약충 8.22

뽕나무노린재과

Malcidae

소형으로 몸이 가늘고 성긴 점각이 흩어져 있으며 홑눈이 있다. 긴노린재과의 한 아과였다가 독립된 과로 분리되었다. 열대아프리카와 동아시아 동양구를 중심으로 분포하고 3속 35여 종이 알려졌으며 우리나라에는 2종이 기록되었다.

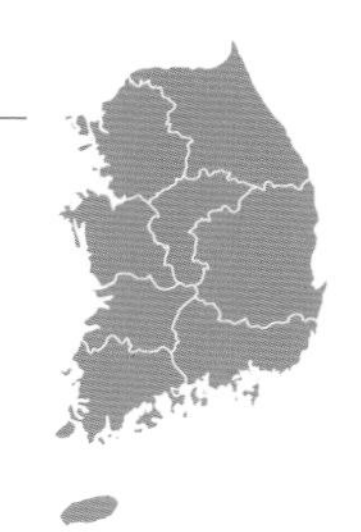

게눈노린재

***Chauliops fallax* Scott, 1874**

국내 첫 기록 *Chauliops fallax* : Yamada, 1936
크기 2~3mm | **출현 시기** 5~9월 | **분포** 전국

몸은 연한 갈색이고 전체에 긴 흰색 털이 있다. 머리는 작으나 겹눈이 뚜렷한 자루 모양으로 튀어나와 마치 게 눈자루와 생김새가 비슷하다. 작은방패판 가운데는 검은색이고 양옆 둘레를 따라 흰색 줄이 있다. 앞날개 혁질부 끝은 뭉뚝하다. 콩(*Glycine max*), 팥(*Vigna angularis*), 칡(*Pueraria lobata*) 등 콩과(Fabaceae) 식물에서 살며 특히 칡에서 자주 보인다.

성충 9.23

약충 5령 6.13

짝짓기 9.27

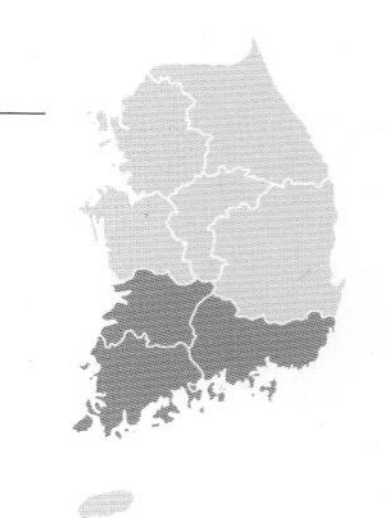

뽕나무노린재

Malcus japonicus **Ishihara & Hasegawa, 1941**

국내 첫 기록 *Malcus japonicus* : Lee & Kwon, 1991
크기 6mm 내외 | **출현 시기** 5~9월 | **분포** 경남, 전북, 전남

등면은 전체적으로 어두운 갈색이며 밝은 갈색과 검은색, 푸른색 등이 어우러진다. 더듬이 제1마디가 다른 마디에 비해 굵고 검은색이다. 다리는 연한 노란색이고 작은방패판 가운데에 어두운 청람색 무늬가 세로로 있다. 뽕나무(*Morus alba*)에서 생활하며, 성충 상태로 나무를 가리지 않고 껍질 속에서 월동한다. 전북, 전남에서 자주 보이지만 간혹 경남에서도 보인다.

성충 6.16

긴노린재과

Lygaeidae (seed bugs)

몸은 길고 타원형이며 배 위쪽이 조금 납작하다. 더듬이와 주둥이가 4마디로 이루어졌고, 더듬이 제1마디는 가늘고 길며 곤봉 모양이다. 작은방패판에 '+' 모양으로 튀어나온 부분이 있고, 앞날개 막질부에 있는 날개맥 5~6개가 평행하다. 대부분 식물체 위에서 살며 즙을 빨아 먹으나 포식성인 종류도 있다. 전 세계에 분포하고 8,300여 종이 알려졌으며 우리나라에는 80종이 기록되었다. 최근 긴노린재과에 속한 아과를 독립된 과로 변경하는 추세다. 폭긴노린재과(Cymidae), 머리폭긴노린재과(Ninidae), 반날개긴노린재과(Blissidae), 더듬이긴노린재과(Pachygronthidae), 무늬긴노린재과(Rhyparochromidae), Heterogastridae는 모두 아과에서 과로 변경되었다. 긴노린재아과(Lygaeinae), 애긴노린재아과(Orsillinae), 팔방긴노린재아과(Ischnorhynchinae)는 긴노린재과에 그대로 남았고, Henestarinae와 딱부리긴노린재아과(Geocorinae)는 딱부리긴노린재과(Geocoridae)에 남았다. 그러나 이 책에서는 이전 분류체계를 따랐다.

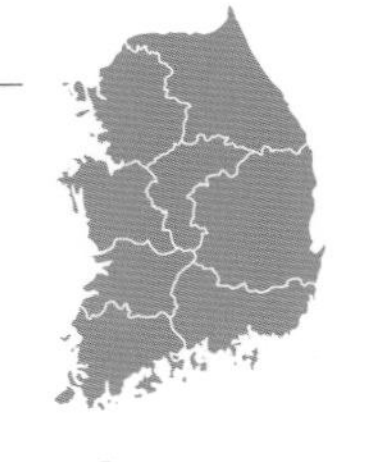

등줄빨간긴노린재

***Arocatus melanostoma* Scott, 1874**

국내 첫 기록 *Arocatus melanostoma* : Doi, 1934
크기 8mm 내외 | **출현 시기** 5~9월 | **분포** 전국(제주 제외)

몸은 붉은색 바탕에 검은색 줄이 있다. 전체적으로 붉은색과 검은색이 대비를 이룬다. 앞가슴등판과 앞날개 혁질부에 넓고 검은 세로줄이 1쌍 있는데 서로 이어지지 않는다. 또한 혁질부에 있는 세로줄은 안쪽 끝 가장자리까지 닿지 않아 둘레빨간긴노린재와 구별되며, 둘레빨간긴노린재보다 드물다. 사위질빵(*Clematis apiifolia*)이 기주로 등록되어 있는데 마(*Dioscorea*)에서도 보인다. 아직까지 제주에서는 기록이 없다.

성충 9.19

성충 5.31

둘레빨간긴노린재

Arocatus pseudosericans **Gao, Kondorosy & Bu, 2013**

국내 첫 기록 *Arocatus sericans* : Tanaka, 1939 (오동정)
크기 7~8mm | **출현 시기** 5~10월 | **분포** 전국

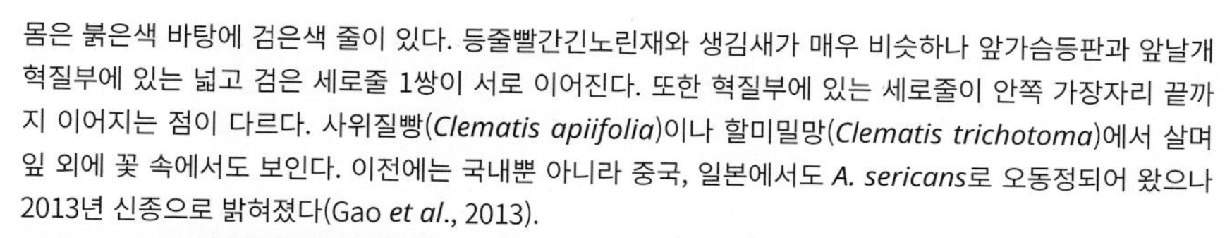

몸은 붉은색 바탕에 검은색 줄이 있다. 등줄빨간긴노린재와 생김새가 매우 비슷하나 앞가슴등판과 앞날개 혁질부에 있는 넓고 검은 세로줄 1쌍이 서로 이어진다. 또한 혁질부에 있는 세로줄이 안쪽 가장자리 끝까지 이어지는 점이 다르다. 사위질빵(*Clematis apiifolia*)이나 할미밀망(*Clematis trichotoma*)에서 살며 잎 외에 꽃 속에서도 보인다. 이전에는 국내뿐 아니라 중국, 일본에서도 *A. sericans*로 오동정되어 왔으나 2013년 신종으로 밝혀졌다(Gao *et al.*, 2013).

성충 5.6

성충 5.6

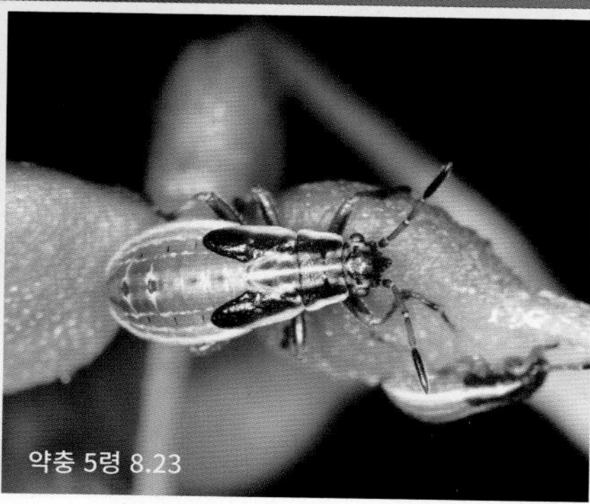

약충 5령 8.23

흰점빨간긴노린재

***Lygaeus equestris* (Linnaeus, 1758)**

국내 첫 기록 *Lygaeus equestris* : Doi, 1932
크기 11~13mm | **출현 시기** 4~10월 | **분포** 강원, 충남, 경북

등면은 주홍색과 검은색 무늬가 대비를 이룬다. 앞가슴등판 앞부분과 뒷가장자리, 작은방패판은 검은색이고 앞날개 혁질부 가운데에 넓고 검은 가로줄이 있다. 막질부에 흰색 점이 있다. 드물게 보이는 종으로 주로 경북에서 보인다. 이전 분포 자료에서 참긴노린재와 다른 긴노린재류 오동정이 많아 검토가 필요하며 센서스에서는 충남, 경북 분포만 확인되었다.

성충 9.7

성충 9.7

참긴노린재

Lygaeus sjostedti **(Lindberg, 1934)**

국내 첫 기록 *Lygaeus sjostedti* : Josifov & Kerzhner, 1978
크기 8.6~12mm | **출현 시기** 6~8월 | **분포** 경기, 강원, 충남, 경북

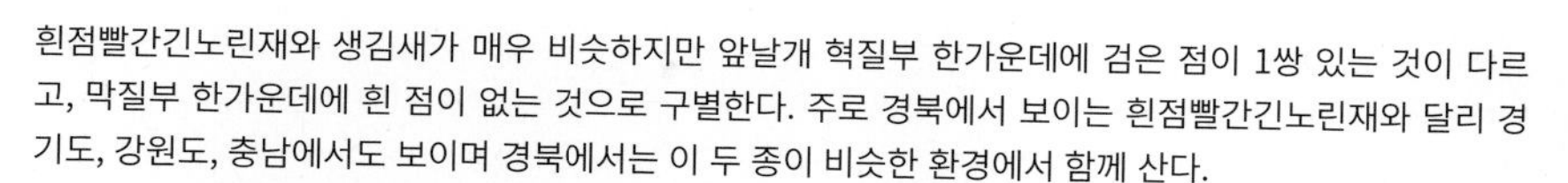

흰점빨간긴노린재와 생김새가 매우 비슷하지만 앞날개 혁질부 한가운데에 검은 점이 1쌍 있는 것이 다르고, 막질부 한가운데에 흰 점이 없는 것으로 구별한다. 주로 경북에서 보이는 흰점빨간긴노린재와 달리 경기도, 강원도, 충남에서도 보이며 경북에서는 이 두 종이 비슷한 환경에서 함께 산다.

성충 6.13

성충 6.13

한라긴노린재

***Graptostethus servus servus* (Fabricius, 1787)**

국내 첫 기록 *Graptostethus servus* : Lee & Kwon, 1991
크기 8mm 내외 | **출현 시기** 5~9월 | **분포** 전남, 제주

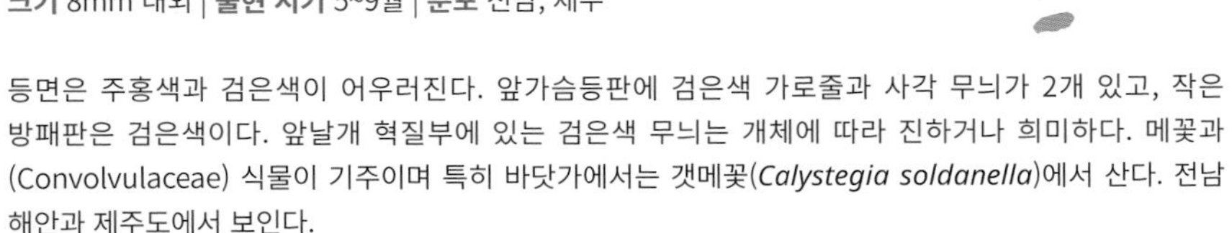

등면은 주홍색과 검은색이 어우러진다. 앞가슴등판에 검은색 가로줄과 사각 무늬가 2개 있고, 작은방패판은 검은색이다. 앞날개 혁질부에 있는 검은색 무늬는 개체에 따라 진하거나 희미하다. 메꽃과(Convolvulaceae) 식물이 기주이며 특히 바닷가에서는 갯메꽃(*Calystegia soldanella*)에서 산다. 전남 해안과 제주도에서 보인다.

성충 5.6

성충 9.20

성충 5.6

애십자무늬긴노린재

***Lygaeus hanseni* Jakovlev, 1883**

국내 첫 기록 *Spilostethus hanseni* : Doi, 1935
크기 8~9mm | **출현 시기** 5~7월 | **분포** 경기

몸은 검은색, 배는 주홍색이며 등면은 주홍색보다 검은색 무늬가 많은 부분을 차지한다. 앞가슴등판과 작은방패판, 앞날개 혁질부 가운데에 동그란 검은색 무늬 6개가 뚜렷하고 그 주위로 검은색 무늬가 퍼져 있다. 머리에도 검은색 줄이 양쪽으로 2개 있다. 앞날개 막질부에는 비교적 큰 흰색 점이 뚜렷하다. 매우 드물게 보이는 종으로 예전에 애십자무늬긴노린재는 십자무늬긴노린재나 중국십자무늬긴노린재를 오동정한 경우가 많다.

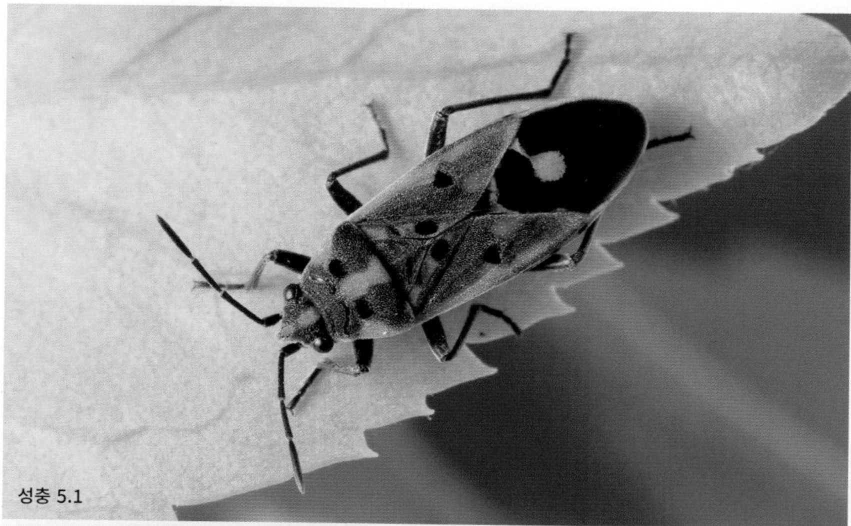

성충 5.1

성충 5.1

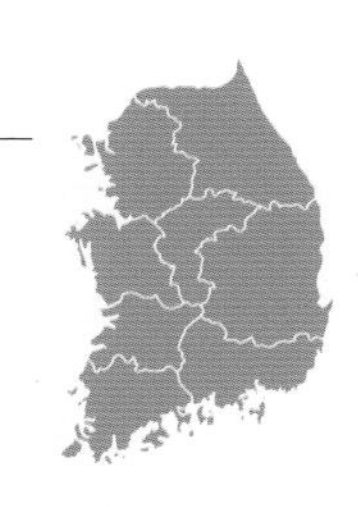

십자무늬긴노린재

***Tropidothorax cruciger* (Motschulsky, 1860)**

국내 첫 기록 *Lygaeus elegans* : Masaki, 1936
크기 8~11mm | **출현 시기** 3~10월 | **분포** 전국(제주 제외)

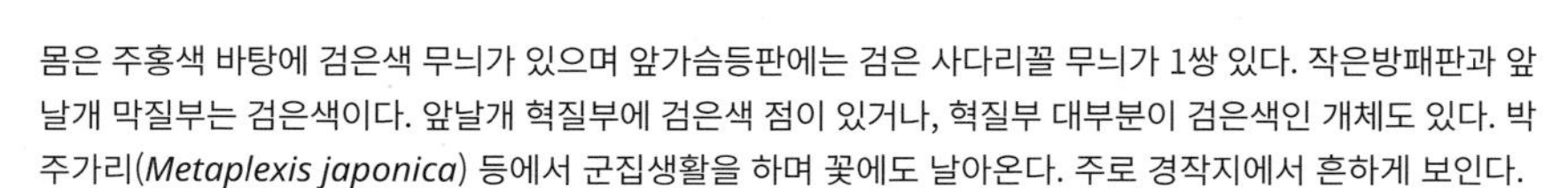

몸은 주홍색 바탕에 검은색 무늬가 있으며 앞가슴등판에는 검은 사다리꼴 무늬가 1쌍 있다. 작은방패판과 앞날개 막질부는 검은색이다. 앞날개 혁질부에 검은색 점이 있거나, 혁질부 대부분이 검은색인 개체도 있다. 박주가리(*Metaplexis japonica*) 등에서 군집생활을 하며 꽃에도 날아온다. 주로 경작지에서 흔하게 보인다.

성충 10.12

성충 5.24

짝짓기 7.14

군집 7.14

성충 5.23

약충 5령 9.15

약충 4령 6.10

중국십자무늬긴노린재

***Tropidothorax sinensis* (Reuter, 1888)**

국내 첫 기록 *Tropidothorax sinensis* : Lee *et al.*, 1994
Tropidothorax haseni : Lee, 1971 (오동정)
크기 8mm 내외 | **출현 시기** 7~8월 | **분포** 전남, 제주

십자무늬긴노린재와 생김새가 매우 비슷해 구별이 어렵다. 앞가슴등판 앞쪽에 가로로 홈줄이 있는데 홈줄 앞쪽까지 검은 줄이 이어지는 십자무늬긴노린재와 달리 이 종은 이어지지 않는다. 단 십자무늬긴노린재는 앞쪽으로 이어진 줄이 희미한 개체도 있다. 또한 배 아랫면 각 마디에 있는 검은 줄 간격이 가까워서 거의 연결된 것처럼 보이면 이 종이다. 즉 정확히 동정하려면 앞가슴등판 홈줄과 배 아랫면 줄 간격을 모두 확인해야 한다. 현재 센서스에 따르면 전남 해안과 제주에서만 관찰되었으나 경남 해안이나 서해안에도 서식할 가능성이 있다.

성충 8.19

짝짓기 8.19

십자무늬긴노린재 | 중국십자무늬긴노린재 | 십자무늬긴노린재 | 중국십자무늬긴노린재

고운애긴노린재

***Nysius eximius* Stål, 1858**

국내 첫 기록 *Nysius eximilis* : Josifov & Kerzhner, 1978 (종소명 오기)
크기 5~6mm | **출현 시기** 8~10월 | **분포** 경기, 강원, 경남, 전남

몸은 갈색이며 작은방패판은 어두운 갈색이다. 작은방패판 가운데 세로로 도드라진 돌출선(carina)이 뚜렷하다. 앞날개 혁질부가 불투명한 것이 특징이며 혁질부 안쪽 둘레를 따라 끊어진 검은색 줄이 있다. 각 다리 넓적마디 안쪽에 검은색 반점이 흩어져 있다.

성충 8.22

성충 8.22

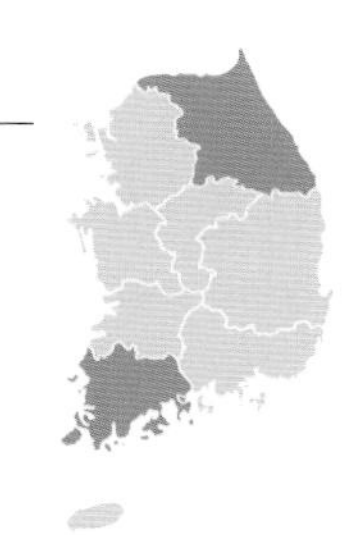

닮은애긴노린재(신칭)

***Nysius hidakai* Nakatani, 2015**

국내 첫 기록 *Nysius hidakai* Nakatani, 2015
크기 4~5mm | **출현 시기** 4~10월 | **분포** 강원, 전남

몸은 갈색 또는 흑갈색이며 흰색 털이 빽빽하다. 앞가슴등판에 검은색 점각이 뚜렷하다. 뺨조각(cheek)은 뒤쪽으로 가면서 점차 가늘어진다. 더듬이는 어두운 갈색이고 앞날개 막질부는 무늬가 없고 투명하다. 애긴노린재와 같은 환경에서 살며 생김새가 매우 비슷하지만 앞날개 혁질부 양쪽 가장자리 둘레를 따라 검은 줄이 끝까지 이어지는 것으로 구별한다. Nakatani(2015)는 표본에 대한 구체적인 언급 없이 한국에도 분포하는 것으로 기재했다.

성충 9.7

애긴노린재

Nysius plebeius **Distant, 1883**

국내 첫 기록 *Nysius plebejus* : Doi, 1934 (종소명 오기)
크기 3~5mm | **출현 시기** 2~11월 | **분포** 전국

앞가슴등판과 작은방패판은 갈색이거나 밝은 갈색 바탕에 흑갈색 점각이 있다. 닮은애긴노린재와 생김새가 매우 비슷하며 앞날개 혁질부 양옆에 있는 검은 테두리가 뚜렷하지 않거나 중간에 끊어지는 것으로 구별한다. 앞날개 막질부에 흐린 검은 무늬가 있는 것으로도 구별하는데 이것은 개체별로 차이가 있어 동정할 때 주의해야 한다. 다양한 식물 꽃에 무리 지어 살며 주로 국화과(Asteraceae) 꽃에서 보인다.

성충 9.12

닮은애긴노린재(신칭)

애긴노린재

닮은팔방긴노린재

***Kleidocerys nubilus* (Distant, 1883)**

국내 첫 기록 *Kleidocerys nubilus* : Josifov & Kerzhner, 1978
크기 3~5mm | **출현 시기** 12월 | **분포** 전남

등면은 붉은빛이 도는 갈색이며 머리는 검은색이고 전체적으로 짧은 털이 있다. 앞가슴등판 앞쪽은 어두운 갈색이고 뒤쪽은 밝은 갈색이다. 작은방패판도 앞쪽은 검은색, 뒤쪽은 적갈색이다. 앞날개 혁질부 안쪽 1/3은 투명하다. 각 다리 넓적마디는 흑갈색이며 뒷부분 끝은 밝은 갈색이다. 기주는 자작나무과(Betulaceae) 사방오리(*Alnus firma*)로 알려진다.

성충 12.4

팔방긴노린재

Kleidocerys resedae resedae **(Panzer, 1797)**

국내 첫 기록 *Kleidocerys resedae* : Josifov & Kerzhner, 1978
크기 5mm 내외 | **출현 시기** 8월 | **분포** 강원

닮은팔방긴노린재와 생김새가 비슷하지만 몸 색이 전체적으로 연하고 밝은 갈색이다. 앞날개 대부분이 투명해서 속이 비친다. 앞날개 혁질부 한가운데에 검은색 점이 1쌍씩 가로로 배열되었고 막질부와 만나는 곳에도 검은색 점이 2쌍 있다. 다리는 닮은팔방긴노린재에 비해 훨씬 밝은 갈색이다. 자작나무과(Betulaceae) 오리나무속(*Alnus*)이 기주로 알려졌는데 사진은 자작나무(*Betula platyphylla* var. *japonica*)에서 촬영했다.

성충 8.13

성충 8.16

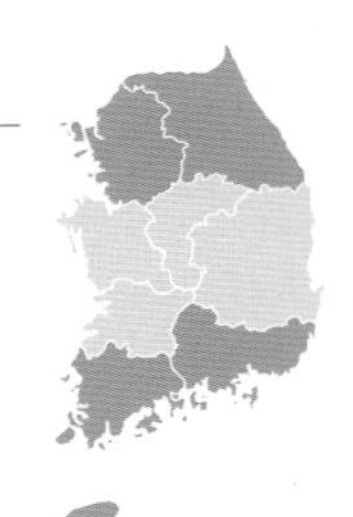

머리울도긴노린재

***Pylorgus colon* (Thunberg, 1784)**

국내 첫 기록 *Pylorgus colon* : Josifov & Kerzhner, 1978
크기 5mm 내외 | **출현 시기** 4~9월 | **분포** 경기, 강원, 경남, 전남, 제주

몸은 전체적으로 적갈색이 돌며 검은색 점이 있다. 몸 전체에 짧은 흰색 털이 있으며, 머리방패가 앞으로 뾰족하게 튀어나와 머리가 역삼각형으로 보인다. 작은방패판에는 흰색 Y자 모양이 도드라진다. 앞날개 혁질부에 검은 점이 1쌍씩 있으며 막질부는 투명해 속이 비친다. 일본 자료(Ishikawa *et al.*, 2006)에 따르면 삼나무(*Cryptomeria japonica*), 나무수국(*Hydrangea paniculata*), 마취목(*Pieris japonica*) 등 꽃과 열매에서 즙을 빤다.

성충 5.11

밝은울도긴노린재(신칭)

***Pylorgus yasumatsui* Hidaka & Izzard, 1960**

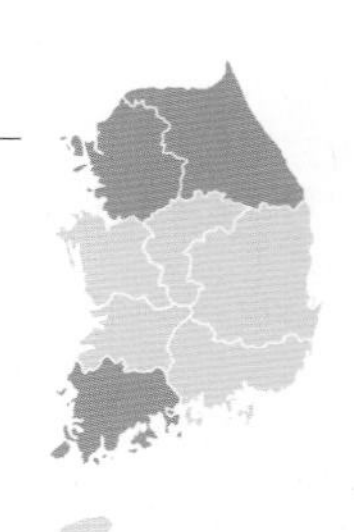

국내 첫 기록 미기록
크기 6mm 내외 | **출현 시기** 7월 | **분포** 경기, 강원, 전남

몸은 밝은 갈색이며 울도긴노린재와 생김새가 매우 비슷하다. 더듬이와 다리가 대부분 적갈색인 울도긴노린재와 달리 더듬이 첫째 마디가 기부로 갈수록 밝아지고 다리는 연한 노란색이다. 작은방패판 한가운데에 있는 Y자 모양이 도드라지지 않는다. 울도긴노린재는 Y자 모양이 뚜렷하게 도드라졌다. 그러나 개체 변이가 심하기 때문에 생김새만으로 동정이 어렵다. 일본에는 기록되었지만 국내에서는 미기록종이다.

성충 7.25

성충 7.25

맵시폭긴노린재

***Cymus aurescens* Distant, 1883**

국내 첫 기록 *Cymus obliquus* : Josifov & Kerzhner, 1978
크기 3~5mm | **출현 시기** 6~9월 | **분포** 경기

몸은 광택 있는 갈색이고 점각이 빽빽하다. 앞가슴등판 뒤쪽이 튀어나왔고 작은방패판 가운데에 연한 노란색 세로줄이 있다. 앞날개 혁질부 한가운데에 세로로 갈색 무늬가 1쌍 있다. 습지식물인 고랭이속(*Scirpus*)에서 사는 것을 촬영했으며 기주는 사초과(Cyperaceae)일 것으로 추정한다.

성충 6.28

약충 5령 9.16

우리폭긴노린재

***Cymus koreanus* Josifov & Kerzhner, 1978**

국내 첫 기록 *Cymus koreanus* Josifov & Kerzhner, 1978
크기 3~4mm | **출현 시기** 6~11월 | **분포** 경기, 전남

몸은 갈색 또는 적갈색이며 점각이 빽빽하다. 머리 가운데 부분이 위쪽으로 도드라졌으며 작은방패판에 연한 노란색 세로줄이 있다. 날개는 배끝을 넘으며 혁질부 안쪽 끝부분을 따라 갈색 줄이 있다. 습지 사초과(Cyperaceae) 식물에서 보인다.

성충 6.1

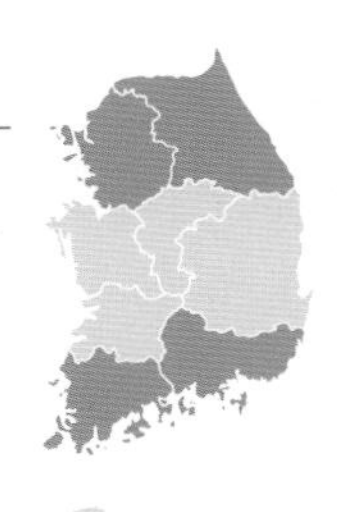

머리폭긴노린재

***Ninomimus flavipes* (Matsumura, 1913)**

국내 첫 기록 *Ninomimus flavipes* : Miyamoto & Lee, 1966
크기 6mm 내외 | **출현 시기** 4~10월 | **분포** 경기, 강원, 경남, 전남

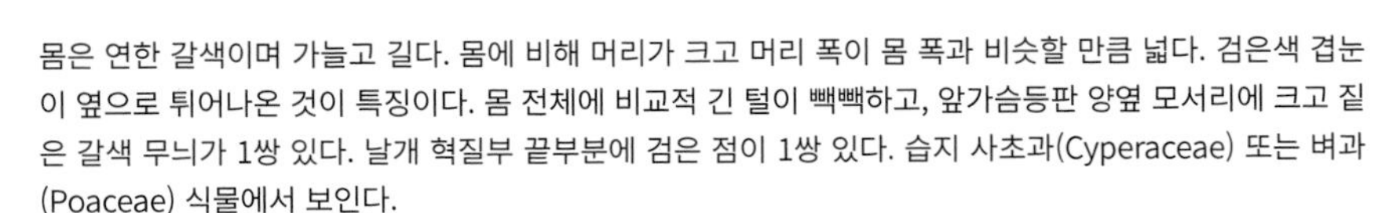

몸은 연한 갈색이며 가늘고 길다. 몸에 비해 머리가 크고 머리 폭이 몸 폭과 비슷할 만큼 넓다. 검은색 겹눈이 옆으로 튀어나온 것이 특징이다. 몸 전체에 비교적 긴 털이 빽빽하고, 앞가슴등판 양옆 모서리에 크고 짙은 갈색 무늬가 1쌍 있다. 날개 혁질부 끝부분에 검은 점이 1쌍 있다. 습지 사초과(Cyperaceae) 또는 벼과(Poaceae) 식물에서 보인다.

성충 8.30

성충 8.30

성충 10.30

민반날개긴노린재

***Dimorphopterus spinolae* (Signoret, 1857)**

국내 첫 기록 *Dimorphopterus spinolae* : Josifov & Kerzhner, 1978
크기 3~5mm | **출현 시기** 9월 | **분포** 강원

어리민반날개긴노린재와 생김새가 매우 비슷하지만 다리 넓적마디는 흑갈색이고 종아리마디는 그보다 색이 옅은 것으로 구별한다. 단시형과 장시형이 있다. 벼과(Poaceae) 식물에서 발견했으나 기주에 대한 자세한 정보는 알려지지 않았다.

성충 9.11

약충 5령 9.11

억새반날개긴노린재

Dimorphopterus japonicus **(Hidaka, 1959)**

국내 첫 기록 *Dimorphopterus japonicus* : Lee *et al.*, 1993

크기 3~5mm | **출현 시기** 3~10월 | **분포** 경기, 강원, 전남

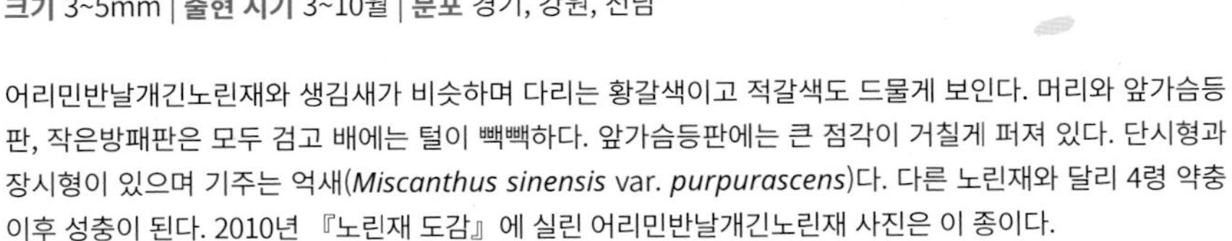

어리민반날개긴노린재와 생김새가 비슷하며 다리는 황갈색이고 적갈색도 드물게 보인다. 머리와 앞가슴등판, 작은방패판은 모두 검고 배에는 털이 빽빽하다. 앞가슴등판에는 큰 점각이 거칠게 퍼져 있다. 단시형과 장시형이 있으며 기주는 억새(*Miscanthus sinensis* var. *purpurascens*)다. 다른 노린재와 달리 4령 약충 이후 성충이 된다. 2010년 『노린재 도감』에 실린 어리민반날개긴노린재 사진은 이 종이다.

단시형 10.10

장시형 6.3

약충 4령(종령) 10.10

어리민반날개긴노린재

Dimorphopterus pallipes **(Distant, 1883)**

국내 첫 기록 *Dimorphopterus pallipes* : Josifov & Kerzhner, 1978
크기 2~4mm | **출현 시기** 4~11월 | **분포** 전국

몸은 전체적으로 검고 다리는 갈색이다. 날개가 배 1/3도 덮지 못하는 단시형과 날개가 긴 장시형이 있다. 억새반날개긴노린재와 생김새가 매우 비슷하며, 앞가슴등판 점각 크기와 분포 정도로 구별하지만 어렵다. 단시형은 날개 아랫면에 무늬가 없는 억새민반날개긴노린재와 달리 짙은 갈색 줄이 2개 있다. 습지식물인 줄(*Zizania latifolia*)이나 갈대(*Phragmites communis*), 달뿌리풀(*Phragmites japonica*) 등에서 보이며 마른 대나무 줄기 안에서도 산다.

장시형 4.26

단시형 5.19

억새반날개긴노린재

어리민반날개긴노린재

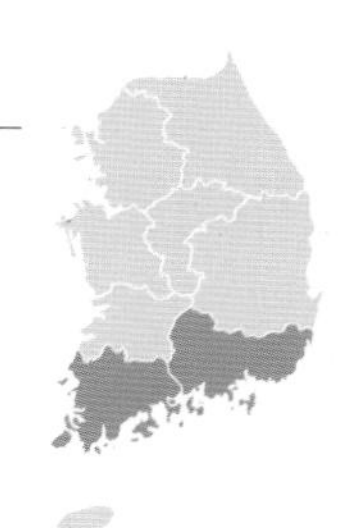

울도반날개긴노린재

***Macropes obnubilus* (Distant, 1883)**

국내 첫 기록 *Macropes obnubilus* : Lee & Kwon, 1991
크기 4~6mm | **출현 시기** 5~7월 | **분포** 경남, 전남

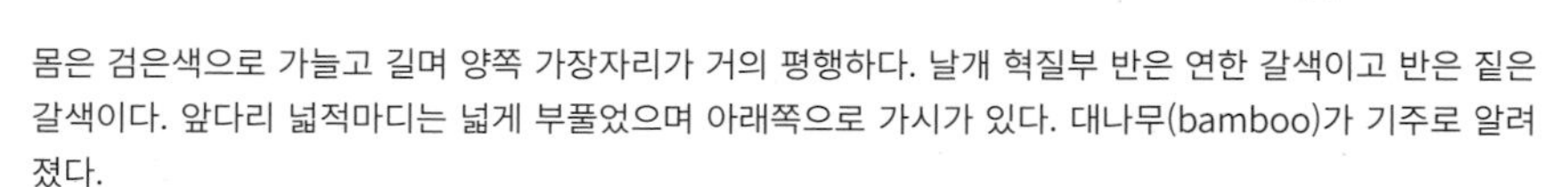

몸은 검은색으로 가늘고 길며 양쪽 가장자리가 거의 평행하다. 날개 혁질부 반은 연한 갈색이고 반은 짙은 갈색이다. 앞다리 넓적마디는 넓게 부풀었으며 아래쪽으로 가시가 있다. 대나무(bamboo)가 기주로 알려졌다.

성충 5.30

큰딱부리긴노린재

***Geocoris* (*Geocoris*) *varius* (Uhler, 1860)**

국내 첫 기록 *Piocoris varius* : Nagaoka, 1938 (원기재문 확인 못 함)
크기 4~6mm | **출현 시기** 4~11월 | **분포** 전국

등면은 광택 있는 검은색이다. 참딱부리긴노린재와 생김새가 비슷하지만 더 크고 머리가 노란색이어서 구별된다. 주로 작은 곤충 체액을 빨아 먹지만 때로는 식물도 먹는 잡식성이며, 꽃에서 종종 보인다.

성충 5.27
약충 5.20
짝짓기 6.13
포식 6.3

딱부리긴노린재

***Geocoris* (*Geocoris*) *itonis* (Horváth, 1905)**

국내 첫 기록 *Geocoris itonis* : Doi, 1936
Geocoris lynceus : Josifov & Kerzhner, 1978
크기 4~6mm | **출현 시기** 7~8월 | **분포** 강원

몸은 광택 있는 검은색이며 겹눈이 크고 양쪽으로 튀어나와 '딱부리'라는 이름이 붙었다. 앞가슴등판 앞쪽과 작은방패판 끝부분, 날개 혁질부 안쪽 줄은 황백색이다. 수컷은 황백색 무늬가 비교적 뚜렷한 반면 암컷은 희미하다. 날개 말단이 배끝에 이르지 못한다. 이전에 기록되었던 닮은딱부리긴노린재(*G. lynceus*)는 이명이 되었다(Péricart, 2001: 87). 기록상으로는 전국에 분포하지만 센서스에서는 강원도에서만 확인되었다.

수컷 8.15

암컷 7.30

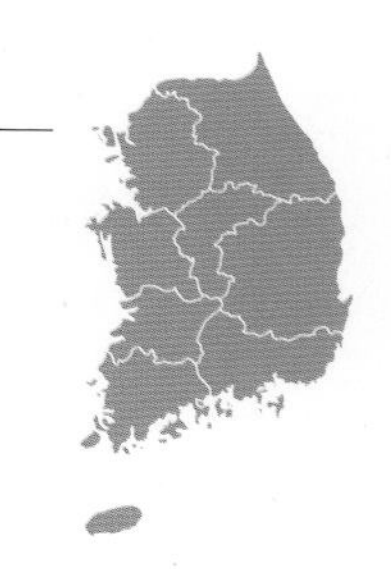

참딱부리긴노린재

***Geocoris* (*Geocoris*) *pallidipennis* (A. Costa, 1843)**

국내 첫 기록 *Geocoris pallidipennis* : Josifov & Kerzhner, 1978
Geocoris proteus : Yamada, 1936 (오동정)
크기 3~4mm | **출현 시기** 3~11월 | **분포** 전국

몸은 검거나 흑갈색이며 색 변이가 심하다. 주로 진딧물(aphid)이나 다듬이벌레(psocid) 등 작은 곤충 체액을 빨아 먹지만 잡식성이다. 전국에 분포하며 봄과 여름 사이에 왕성하게 활동한다. 이전에는 *G. proteus* 로 알려졌으나 *G. pallidipennis* 오동정인 것으로 밝혀졌다(Lee *et al.*, 1994: 24).

성충 7.9

약충 5령 5.29

얼룩딱부리긴노린재(신칭)

Henestaris oschanini **Bergroth, 1917**

국내 첫 기록 *Henestaris oschanini* : Péricart, 2001
크기 5~6mm | **출현 시기** 3~10월 | **분포** 경기

몸은 적갈색에서 흑갈색까지 변이가 있다. 겹눈이 앞가슴등판 폭보다 더 양옆으로 튀어나왔다. 몸 전체에 여러 가지 색이 뒤섞여 무늬를 이루고 작은방패판 양옆에 검은색 반점이 1쌍 있다. 각 다리 넓적마디는 전체가 검은색인 것도 있고 점으로 이루어진 것도 있다. 북한 표본을 확인했으며 센서스에서는 경기와 인천에서 기록되었다. 딱부리긴노린재류와 근연 관계이며 몸 전체에 여러 가지 색이 어우러져 얼룩딱부리긴노린재라는 이름을 붙였다.

성충 3.27

성충 3.27

가슴긴노린재(신칭)

***Sadoletus izzardi* Hidaka, 1959**

국내 첫 기록 미기록

크기 5.3mm 내외 | **출현 시기** 2월 | **분포** 경남, 전북, 전남

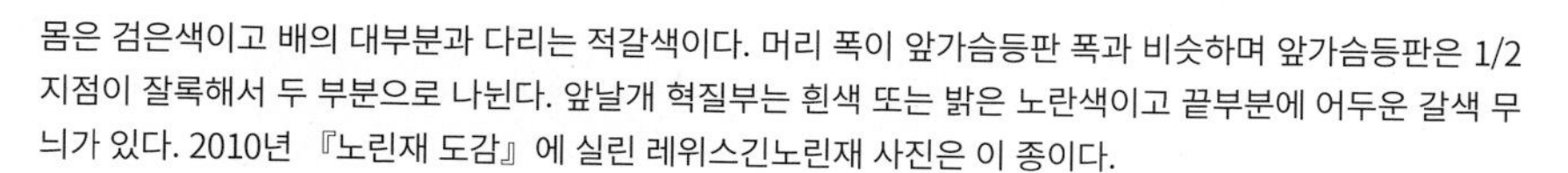

몸은 검은색이고 배의 대부분과 다리는 적갈색이다. 머리 폭이 앞가슴등판 폭과 비슷하며 앞가슴등판은 1/2 지점이 잘록해서 두 부분으로 나뉜다. 앞날개 혁질부는 흰색 또는 밝은 노란색이고 끝부분에 어두운 갈색 무늬가 있다. 2010년 『노린재 도감』에 실린 레위스긴노린재 사진은 이 종이다.

수컷 2.22

암컷 2.22

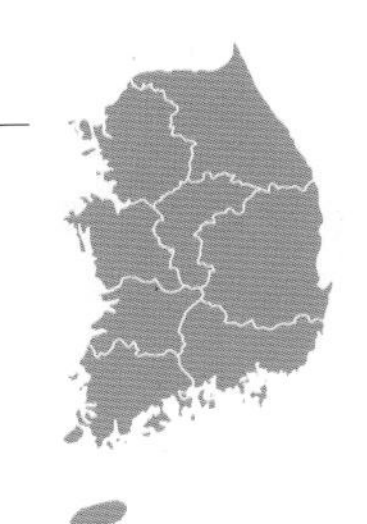

더듬이긴노린재

***Pachygrontha antennata* (Uhler, 1860)**

국내 첫 기록 *Pachygrontha antennata* : Doi, 1934
크기 7~10mm | **출현 시기** 4~10월 | **분포** 전국

몸 바탕은 갈색이며 황갈색 무늬가 있고 전체적으로 가늘고 길다. 더듬이가 매우 길며 암컷에 비해 수컷 더듬이가 훨씬 길다. 앞다리 넓적마디가 굵은 것이 특징이며 안쪽에 가시돌기가 있다. 앞날개 막질부는 투명하고 배끝을 넘는다. 벼과 식물 특히 강아지풀(*Setaria viridis*)에서 자주 보인다. 벼(*Oryza sativa*) 이삭을 해쳐 반점미를 만들기도 한다.

수컷 5.20

암컷 5.20

약충 5령 5.20

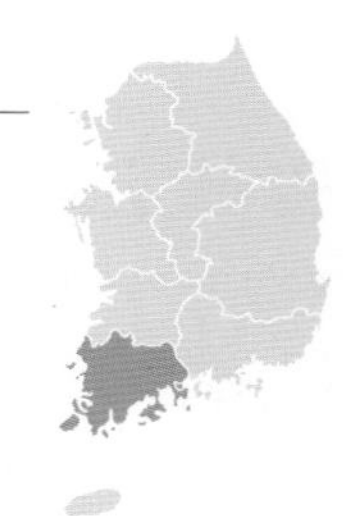

머리털꼬마손자긴노린재

Botocudo japonicus **(Hidaka, 1959)**

국내 첫 기록 *Cligenes japonicus* : Miyamoto & Lee, 1966
크기 2.5mm 내외 | **출현 시기** 2~4월 | **분포** 전남

몸은 어두운 갈색이다. 배 위쪽은 긴 털로 덮였으며 더듬이는 제4마디만 밝은 갈색이고 나머지는 어두운 갈색이다. 날개는 투명하며 짧아서 배끝에 이르지 못한다. 다리에도 연한 털이 많으며 앞다리 넓적마디가 부풀었다.

성충 3.27

갈색꼬마긴노린재(신칭)

Botocudo yasumatsui **(Hidaka, 1959)**

국내 첫 기록 미기록

크기 2.3~3mm | **출현 시기** 7월 | **분포** 제주

머리털꼬마손자긴노린재와 크기와 생김새가 비슷하지만 앞가슴등판에 전체적으로 점각이 있는 것과 더듬이가 모두 갈색인 것이 다르다. 앞가슴등판 양쪽 끝부분은 다른 부분에 비해 어두운 갈색이며 혁질부에는 어두운 갈색 무늬가 양쪽에 2개씩 있다. 밤에 불빛에 잘 날아온다.

성충 7.29

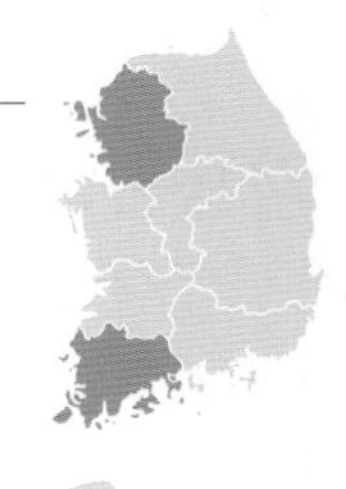

등판꼬마긴노린재

***Iodinus ferrugineus* Lindberg, 1927**

국내 첫 기록 *Iodinus ferrugineus* : Miyamoto & Lee, 1966
크기 2.6mm 내외 | **출현 시기** 3~5월 | **분포** 경기, 전남

몸집이 매우 작으며 머리와 앞가슴등판, 작은방패판은 어두운 갈색이다. 날개 혁질부 위쪽 절반까지 테두리를 따라 색이 어둡고 막질부는 투명하다. 앞다리 넓적마디가 넓게 부풀었다. 건초 더미 속에서 월동하는 개체를 촬영했다.

성충 5.20

성충 5.20

깜둥긴노린재

***Drymus* (*Sylvadrymus*) *marginatus* Distant, 1883**

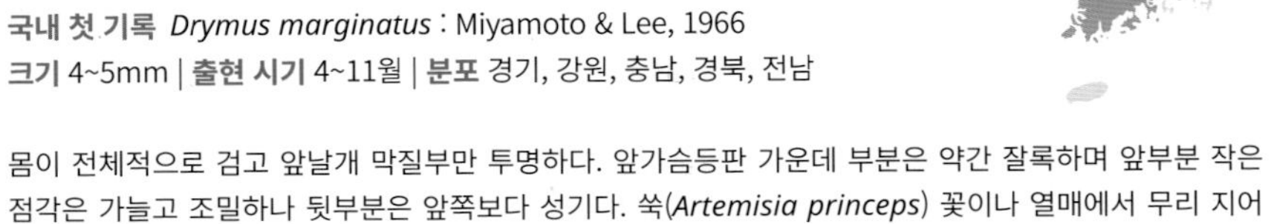

국내 첫 기록 *Drymus marginatus* : Miyamoto & Lee, 1966
크기 4~5mm | **출현 시기** 4~11월 | **분포** 경기, 강원, 충남, 경북, 전남

몸이 전체적으로 검고 앞날개 막질부만 투명하다. 앞가슴등판 가운데 부분은 약간 잘록하며 앞부분 작은 점각은 가늘고 조밀하나 뒷부분은 앞쪽보다 성기다. 쑥(*Artemisia princeps*) 꽃이나 열매에서 무리 지어 산다.

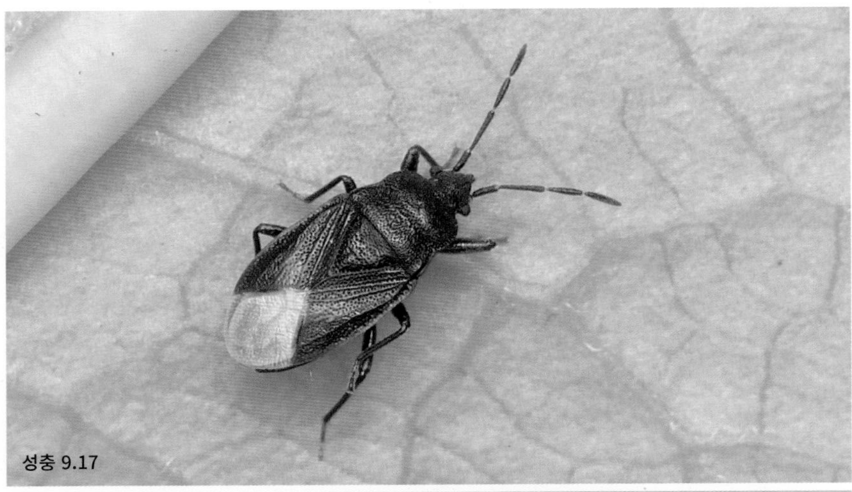

성충 9.17

성충 9.17

애깜둥긴노린재

***Drymus* (*Sylvadrymus*) *parvulus* Jakovlev, 1881**

국내 첫 기록 *Drymus* (*Sylvadrymus*) *parvulus* : Josifov & Kerzhner, 1978
크기 3~3.5mm | **출현 시기** 4~5월 | **분포** 경기

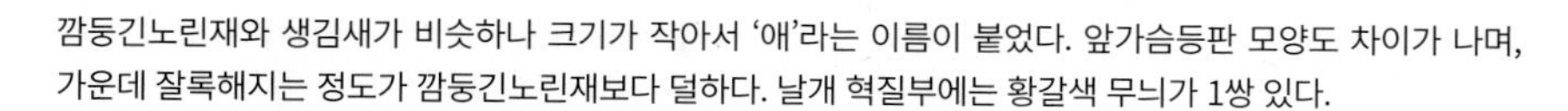

깜둥긴노린재와 생김새가 비슷하나 크기가 작아서 '애'라는 이름이 붙었다. 앞가슴등판 모양도 차이가 나며, 가운데 잘록해지는 정도가 깜둥긴노린재보다 덜하다. 날개 혁질부에는 황갈색 무늬가 1쌍 있다.

성충 5.6

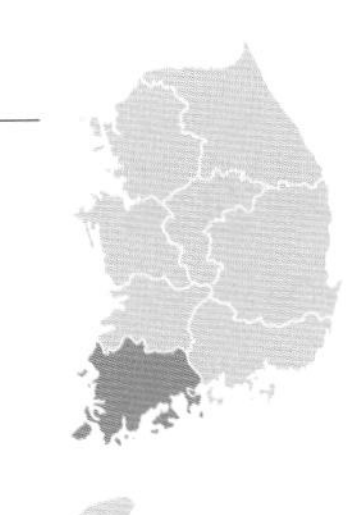

꼭지긴노린재

Eremocoris plebejus **(Fallén, 1807)**

국내 첫 기록 *Eremocoris plebejus* : Josifov & Kerzhner, 1978
크기 5~7mm | **출현 시기** 7월 | **분포** 전남

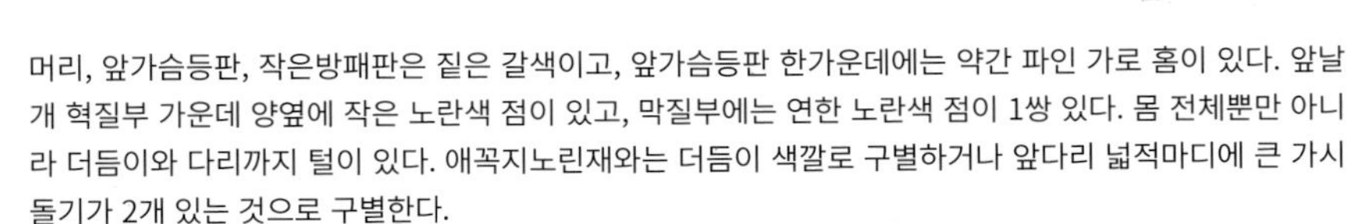

머리, 앞가슴등판, 작은방패판은 짙은 갈색이고, 앞가슴등판 한가운데에는 약간 파인 가로 홈이 있다. 앞날개 혁질부 가운데 양옆에 작은 노란색 점이 있고, 막질부에는 연한 노란색 점이 1쌍 있다. 몸 전체뿐만 아니라 더듬이와 다리까지 털이 있다. 애꼭지노린재와는 더듬이 색깔로 구별하거나 앞다리 넓적마디에 큰 가시 돌기가 2개 있는 것으로 구별한다.

성충 7.5

애꼭지긴노린재

Eremocoris angusticollis **Jakovlev, 1881**

국내 첫 기록 *Eremocoris angusticollis* : Kwon *et al*., 2001
크기 4~6mm | **출현 시기** 4~5월 | **분포** 경기, 경북, 경남

꼭지긴노린재와 생김새가 매우 비슷하나 크기가 작아 '애'라는 이름이 붙었다. 더듬이 마디가 모두 검은 꼭지긴노린재와 달리 애꼭지긴노린재는 더듬이 제4마디만 연한 노란색이다. 앞날개 혁질부 가운데 양옆에 점이 없는 것도 다르다.

성충 5.3

넓적긴노린재

***Gastrodes grossipes japonicus* (Stål, 1874)**

국내 첫 기록 *Gastrodes japonicus* : Haku, 1937
크기 6mm 내외 | **출현 시기** 3~7월 | **분포** 경남, 전남, 제주

몸은 납작하고 편평하며 광택 있는 적갈색이다. 머리는 좁고 앞으로 튀어나왔으며 주둥이는 매우 가늘고 길다. 머리와 앞가슴등판, 작은방패판은 검은색이며 앞날개 혁질부는 적갈색이다. 앞다리 넓적마디는 심하게 부풀고 안쪽에는 날카로운 가시가 있다. 나무껍질 밑에서 월동한다.

성충 3.28

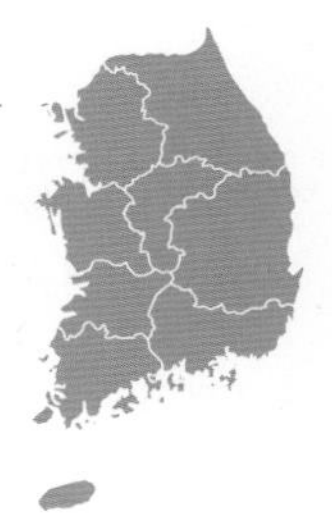

갈색무늬긴노린재

Paradieuches dissimilis **(Distant, 1883)**

국내 첫 기록 *Dieuches dissimilis* : Miyamoto & Lee, 1966
크기 5~6mm | **출현 시기** 5~7월 | **분포** 전국

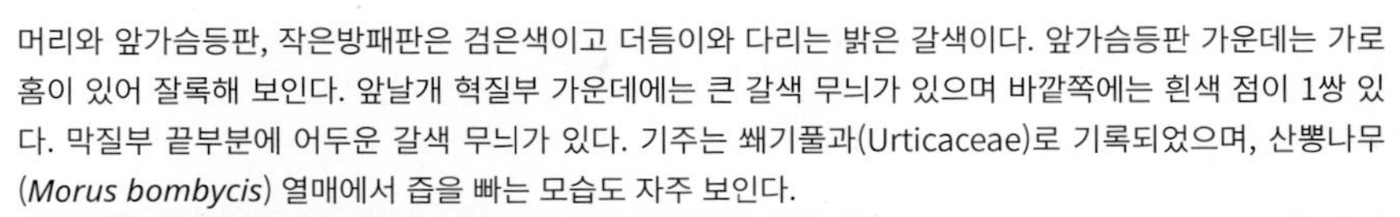

머리와 앞가슴등판, 작은방패판은 검은색이고 더듬이와 다리는 밝은 갈색이다. 앞가슴등판 가운데는 가로 홈이 있어 잘록해 보인다. 앞날개 혁질부 가운데에는 큰 갈색 무늬가 있으며 바깥쪽에는 흰색 점이 1쌍 있다. 막질부 끝부분에 어두운 갈색 무늬가 있다. 기주는 쐐기풀과(Urticaceae)로 기록되었으며, 산뽕나무(*Morus bombycis*) 열매에서 즙을 빠는 모습도 자주 보인다.

성충 7.7

성충 6.17

주황날개긴노린재(신칭)

Pterotmetus staphyliniformis **(Schilling, 1829)**

국내 첫 기록 미기록

크기 4.5~6mm | **출현 시기** 6월 | **분포** 강원

머리, 더듬이, 앞가슴등판, 다리는 모두 검은색이고 날개 혁질부는 주황빛이 도는 밝은 갈색이다. 간혹 혁질부에 검은색 줄이 있거나 양쪽 둘레가 검기도 하다. 막질부는 어두운 갈색이며 혁질부와 막질부가 만나는 부분은 흰색이다. 장시형과 단시형이 있으며 서유럽에서 극동아시아까지 널리 분포한다.

장시형 6.30

단시형 6.30

장시형 6.30

제주수염긴노린재

***Lamproceps antennatus* (Scott, 1874)**

국내 첫 기록 *Ptychoderrhis antennatus* : Miyamoto & Lee, 1966
크기 2~4mm | **출현 시기** 1월 | **분포** 전남

몸은 전체적으로 흑갈색이며 더듬이 제4마디는 연한 노란색이다. 앞가슴등판 양 끝에 노란색 무늬가 있으며 앞날개 혁질부 옆면과 안쪽이 노란색이어서 M자 모양으로 보인다. 풀 밑에서 월동하는 개체를 촬영했다.

성충 1.4

털꼭지긴노린재

***Trichodrymus pallipes* Josifov & Kerzhner, 1978**

국내 첫 기록 *Trichodrymus pallipes* Josifov & Kerzhner, 1978
크기 6~7mm | **출현 시기** 9월 | **분포** 강원

몸은 어두운 적갈색이며 앞가슴등판과 작은방패판은 여기저기 검은색이 섞여 있다. 몸 전체에 긴 노란색 털이 있고 앞가슴등판 가운데는 잘록하다. 다리는 연한 노란색인데 넓적마디 끝 1/2은 흑갈색이다. 우리나라에서는 북한 기록만 있었는데 이번에 강원도에서 관찰했으며 미나리과(Apiaceae) 식물 열매에서 즙을 빠는 것을 촬영했다.

성충 9.13

성충 9.13

애털꼭지긴노린재

Trichodrymus pameroides **Lindberg, 1927**

국내 첫 기록 *Trichodrymus pameroides* : Josifov & Kerzhner, 1978
크기 6mm 내외 | **출현 시기** 6~7월 | **분포** 경기, 강원

몸은 어두운 갈색이며 전체적으로 길고 연한 노란색 털이 있다. 작은방패판과 날개가 벨벳 느낌이다. 앞가슴등판 가운데 부분은 잘록하며 앞날개 혁질부와 막질부가 만나는 부분은 밝은 노란색이다. 다리가 모두 어두운 갈색인 것으로도 털꼭지긴노린재와 구별한다. 센서스에서는 경기도, 강원도에서만 기록되었다.

성충 6.9

성충 6.9

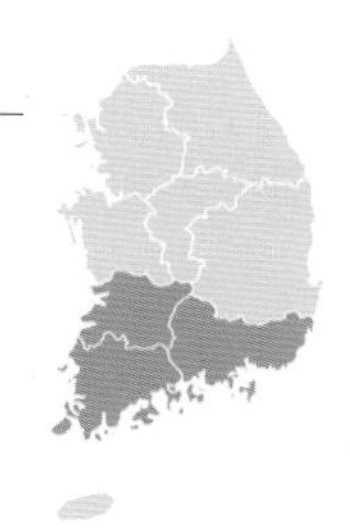

아샘긴노린재

***Neolethaeus assamensis* (Distant, 1901)**

국내 첫 기록 *Neolethaeus assamensis* : Lee, 1971
크기 10mm 내외 | **출현 시기** 6~9월 | **분포** 경남, 전북, 전남

몸은 어두운 적갈색이며 광택이 있다. 더듬이는 검은색인데 제3마디 절반만 흰색이다. 앞가슴등판 뒤쪽 양옆에 노란색 점이 1쌍 있고, 날개 혁질부 한가운데에도 작은 노란색 점이 1쌍 있다.

성충 7.1

성충 7.1

달라스긴노린재

***Neolethaeus dallasi* (Scott, 1874)**

국내 첫 기록 *Neolethaeus dallasi* : Miyamoto & Lee, 1966
크기 7~8mm | **출현 시기** 5~9월 | **분포** 전국

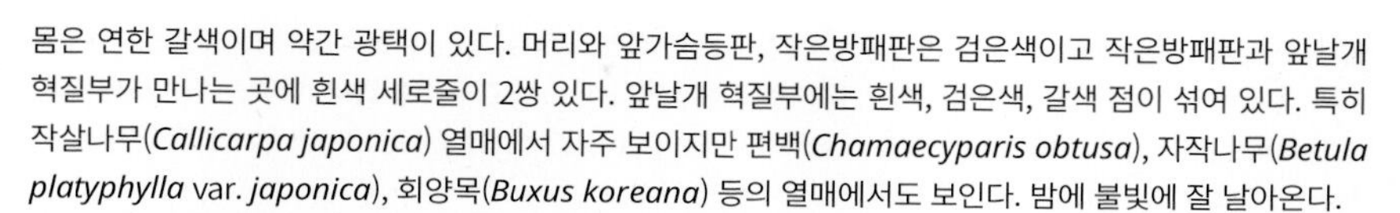

몸은 연한 갈색이며 약간 광택이 있다. 머리와 앞가슴등판, 작은방패판은 검은색이고 작은방패판과 앞날개 혁질부가 만나는 곳에 흰색 세로줄이 2쌍 있다. 앞날개 혁질부에는 흰색, 검은색, 갈색 점이 섞여 있다. 특히 작살나무(*Callicarpa japonica*) 열매에서 자주 보이지만 편백(*Chamaecyparis obtusa*), 자작나무(*Betula platyphylla* var. *japonica*), 회양목(*Buxus koreana*) 등의 열매에서도 보인다. 밤에 불빛에 잘 날아온다.

성충 6.4

짝짓기 9.22

흰점알락긴노린재

Horridipamera inconspicua **(Dallas, 1852)**

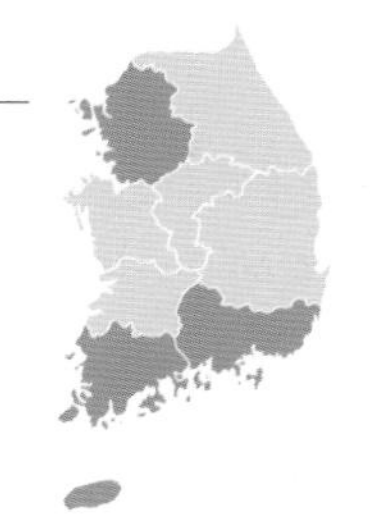

국내 첫 기록 *Horridipamera inconspicua* : Cheong, 2014
크기 4~6mm | **출현 시기** 10월 | **분포** 경기, 경남, 전남, 제주

몸은 전체적으로 어두운 갈색이지만 변이가 심하고, 측무늬표주박긴노린재와 생김새가 매우 비슷하지만 색이 전체적으로 밝은 편이다. 앞날개 혁질부 한가운데 안쪽에 흰색 점이 1쌍 있다. 다리는 연한 노란색이며 앞다리 넓적마디와 가운데다리, 뒷다리 넓적마디 반이 검다. 발생 사실은 2012년에 알려졌으나(Yoon & Jeong, 2012) 2014년에 공식 기록되었다(Cheong, 2014).

성충 10.28

측무늬표주박긴노린재

***Horridipamera lateralis* (Scott, 1874)**

국내 첫 기록 *Pachybrachius lateralis* : Miyamoto & Lee, 1966
크기 5~6mm | **출현 시기** 3~11월 | **분포** 전국

몸은 전체적으로 검다. 앞가슴등판 2/3 지점에서 가로 홈으로 나뉘며, 앞쪽은 길고 좁으며 뒤쪽은 앞쪽보다 짧고 넓다. 앞날개 혁질부 한가운데 안쪽에 노란색 점이 1쌍 있다. 다리는 연한 노란색인데 앞다리 넓적마디는 검은색이고 뒷다리 넓적마디는 반만 검은색이다.

성충 5.7

짧은알락긴노린재

Pachybrachius luridus **Hahn, 1826**

국내 첫 기록 *Pachybrachius luridus* : Josifov & Kerzhner, 1978
크기 5mm 내외 | **출현 시기** 4~9월 | **분포** 강원, 경남, 전남

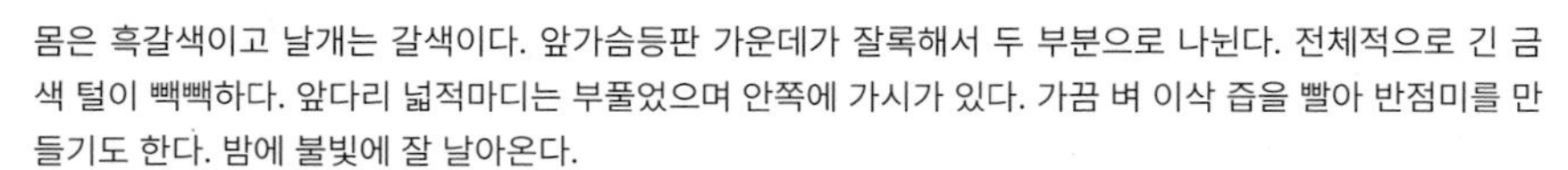

몸은 흑갈색이고 날개는 갈색이다. 앞가슴등판 가운데가 잘록해서 두 부분으로 나뉜다. 전체적으로 긴 금색 털이 빽빽하다. 앞다리 넓적마디는 부풀었으며 안쪽에 가시가 있다. 가끔 벼 이삭 즙을 빨아 반점미를 만들기도 한다. 밤에 불빛에 잘 날아온다.

성충 6.29

성충 9.12

스코트표주박긴노린재

***Pamerana scotti* (Distant, 1901)**

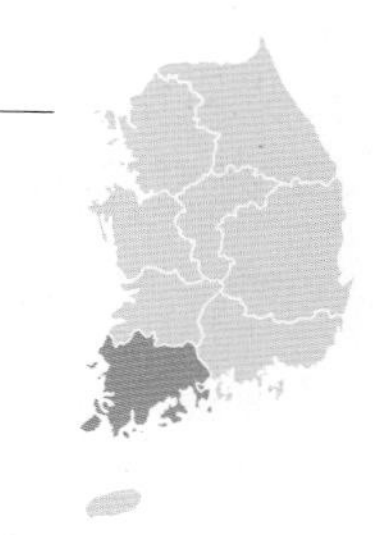

국내 첫 기록 *Pachybrachius scotti* : Lee, 1971
크기 5~7mm | **출현 시기** 8월 | **분포** 전남

몸은 적갈색이며 머리와 앞가슴등판 앞부분, 작은방패판은 어두운 갈색이다. 머리는 앞쪽으로 튀어나왔으며 폭보다 길다. 앞가슴등판 가운데가 잘록해서 두 부분으로 나뉘며 앞부분 폭은 뒷부분 2/3이다. 앞가슴등판 앞부분에는 노란색 털이 있으며 검은색 사각 무늬가 2개 있다. 다리는 밝은 갈색이며 앞다리 넓적마디는 크게 부풀었고 안쪽에 가시가 약 10개 있다.

성충 8.23

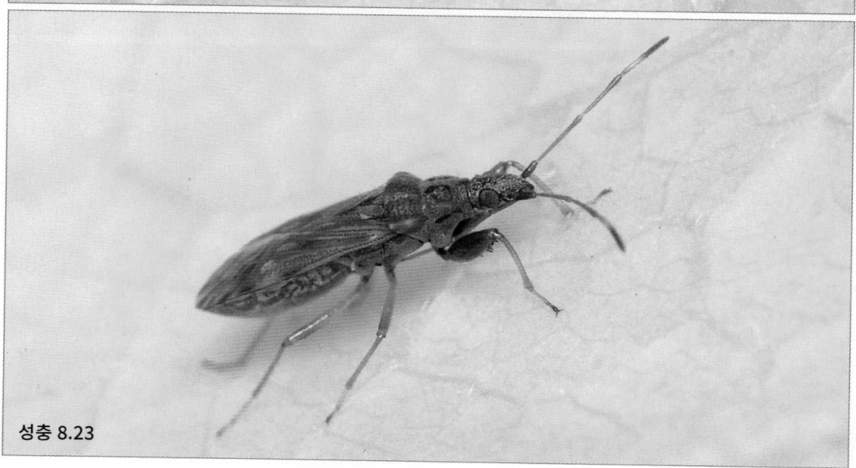

성충 8.23

큰흑다리긴노린재

Paromius exiguus **(Distant, 1883)**

국내 첫 기록 *Paromius exiguus* : Hwang *et al*., 2014
크기 7~9mm | **출현 시기** 10월 | **분포** 전북

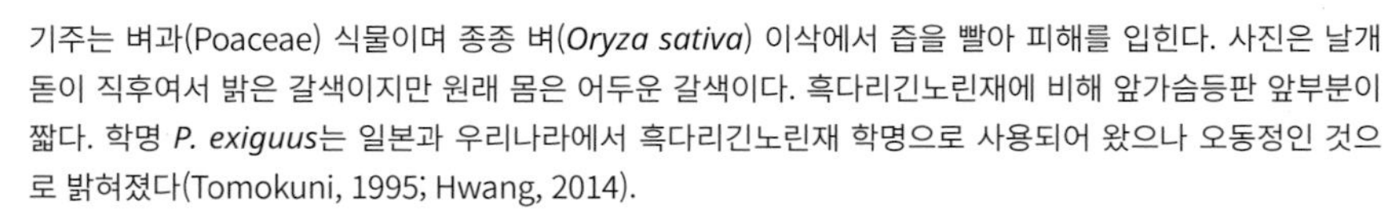

기주는 벼과(Poaceae) 식물이며 종종 벼(*Oryza sativa*) 이삭에서 즙을 빨아 피해를 입힌다. 사진은 날개돋이 직후여서 밝은 갈색이지만 원래 몸은 어두운 갈색이다. 흑다리긴노린재에 비해 앞가슴등판 앞부분이 짧다. 학명 *P. exiguus*는 일본과 우리나라에서 흑다리긴노린재 학명으로 사용되어 왔으나 오동정인 것으로 밝혀졌다(Tomokuni, 1995; Hwang, 2014).

성충 10.6

성충 10.6

흑다리긴노린재

Paromius jejunus (Distant, 1883)

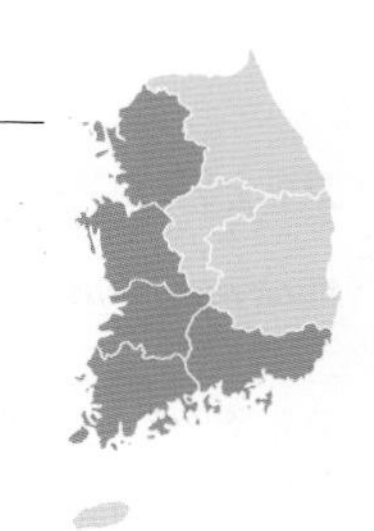

국내 첫 기록 *Paromius jejunus* : Hwang *et al*., 2014
Paromius exiguus : Miyamoto & Lee, 1966 (오동정)
크기 7mm 내외 | **출현 시기** 7~11월 | **분포** 경기, 충남, 경남, 전북, 전남

몸은 대개 연한 갈색이나 농도 변이가 있다. 앞가슴등판 가운데가 잘록해 둘로 나뉘며 앞부분이 뒷부분보다 어둡다. 해안이나 하천에 사는 벼과(Poaceae) 식물이 기주이며 우리나라에서는 2001년 경기 김포와 서해안 간척지에, 2006년에는 시화호 간척지에 대발생해 벼(*Oryza sativa*)에 큰 피해를 주었다. 기존에 학명을 *P. exiguus* Distant, 1883이라 했으나 이는 오동정으로 확인되었다(Tomokuni, 1995; Hwang, 2014). 이 종과 애흑다리긴노린재는 색깔 이외에 특별히 다른 부분이 없어 같은 종일 가능성이 있다는 의견도 있다.

성충 8.31

약충 5령 8.31

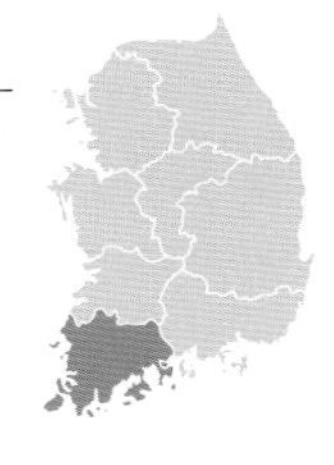

각시표주박긴노린재

***Pachybrachius pictus* (Scott, 1880)**

국내 첫 기록 *Pachybrachius pictus* : Miyamoto & Lee, 1966
크기 3~5mm | **출현 시기** 7월 | **분포** 전남

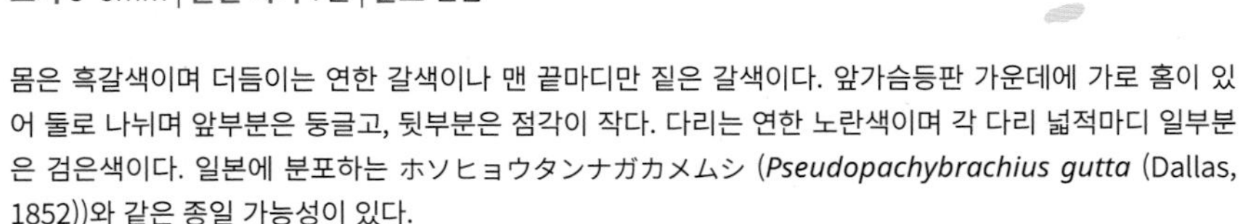

몸은 흑갈색이며 더듬이는 연한 갈색이나 맨 끝마디만 짙은 갈색이다. 앞가슴등판 가운데에 가로 홈이 있어 둘로 나뉘며 앞부분은 둥글고, 뒷부분은 점각이 작다. 다리는 연한 노란색이며 각 다리 넓적마디 일부분은 검은색이다. 일본에 분포하는 ホソヒョウタンナガカメムシ (*Pseudopachybrachius gutta* (Dallas, 1852))와 같은 종일 가능성이 있다.

성충 7.27

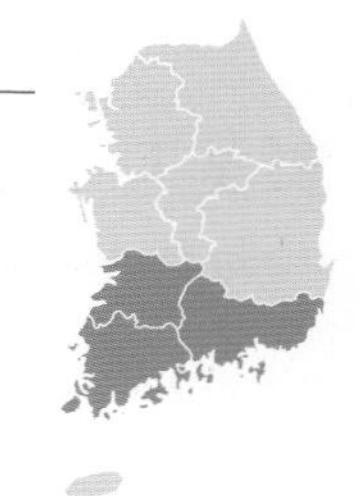

노란털긴노린재

***Remaudiereana flavipes* (Motschulsky, 1863)**

국내 첫 기록 *Remaudiereana flavipes* : Cheong, 2014
크기 4~6mm | **출현 시기** 6~8월 | **분포** 경남, 전북, 전남

몸은 적갈색이고 몸 전체에 노란색 털이 빽빽하다. 머리는 검은색으로 광택이 강하고 더듬이와 다리는 갈색 또는 적갈색이다. 앞가슴등판 가운데가 잘록해 두 부분으로 나뉘며 뒷부분에는 점각이 뚜렷하다. 밤에 불빛에 날아온 개체를 촬영했다. 발생 사실은 2012년에 알려졌으나(Yoon & Jeong, 2012) 2014년에 공식 기록되었다(Cheong, 2014).

성충 7.18

성충 7.18

얼룩꼬마긴노린재

Stigmatonotum geniculatum **(Motschulsky, 1863)**

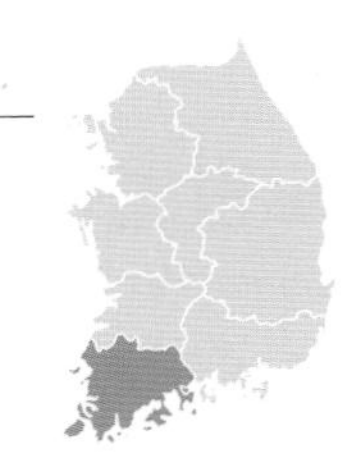

국내 첫 기록 미기록

크기 3~4mm | **출현 시기** 10월 | **분포** 전남

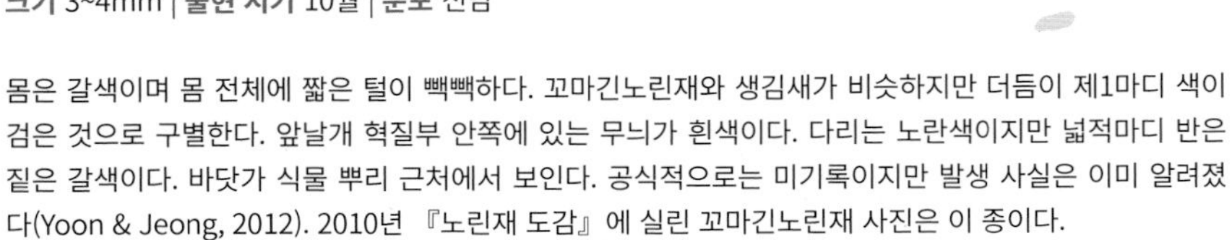

몸은 갈색이며 몸 전체에 짧은 털이 빽빽하다. 꼬마긴노린재와 생김새가 비슷하지만 더듬이 제1마디 색이 검은 것으로 구별한다. 앞날개 혁질부 안쪽에 있는 무늬가 흰색이다. 다리는 노란색이지만 넓적마디 반은 짙은 갈색이다. 바닷가 식물 뿌리 근처에서 보인다. 공식적으로는 미기록이지만 발생 사실은 이미 알려졌다(Yoon & Jeong, 2012). 2010년 『노린재 도감』에 실린 꼬마긴노린재 사진은 이 종이다.

성충 10.18

성충 10.18

꼬마긴노린재

***Stigmatonotum rufipes* (Motschulsky, 1866)**

국내 첫 기록 *Stigmatonotum sparsum* : Doi, 1937
크기 3~5mm | **출현 시기** 4~10월 | **분포** 경기, 경남, 전북, 전남

얼룩꼬마긴노린재와 생김새가 매우 비슷하지만 더듬이 제1마디 색이 다른 마디와 같은 것으로 구별한다. 앞날개 혁질부 안쪽에 있는 무늬가 날개와 같이 갈색이어서 흰색인 얼룩꼬마긴노린재와 구별된다. 다리 넓적마디에 짙은 갈색 띠가 있는 얼룩꼬마긴노린재와 달리 띠가 없으나 개체 변이가 있으므로 동정할 때 유의해야 한다.

성충 8.31

약충 8.31

얼룩꼬마긴노린재

꼬마긴노린재

다리무늬긴노린재

Peritrechus femoralis **Kerzhner, 1977**

국내 첫 기록 *Peritrechus femoralis* : Lee *et al*., 1994
크기 4.3~5.5mm | **출현 시기** 6~7월 | **분포** 강원

얼룩꼬마긴노린재와 생김새가 비슷하지만 전체적으로 넓고 앞가슴등판 옆가장자리가 완만하게 이어진다. 더듬이가 모두 검은색인 것으로도 구별한다. 앞날개 혁질부 안쪽에 있는 무늬는 밝은 갈색이다. 다리는 갈색이고 각 다리 넓적마디 뒷부분에 검은색 띠가 있다. 주로 땅바닥을 기어 다니고 밤에 불빛에 날아온다.

성충 6.30

성충 6.30

약충 5령 6.30

극동좁쌀긴노린재

***Plinthisus* (*Dasythisus*) *kanyukovae* Vinokurov, 1981**

국내 첫 기록 *Plinthisus* (*Dasythisus*) *kanyukovae* : Lee *et al*., 1994
크기 3mm 내외 | **출현 시기** 9월 | **분포** 강원

몸은 흑갈색이며 머리와 앞가슴등판, 작은방패판은 검은색이다. 앞가슴등판 뒷부분에는 점각이 흩어져 있다. 몸 전체에 긴 노란색 털이 있으며, 이것으로 털 길이가 짧은 이웃좁쌀긴노린재(*P. japonicus*)와 구별한다. 장시형과 단시형이 있다.

장시형 9.19

단시형 9.19

성충 9.19

멋쟁이긴노린재

Prosomoeus brunneus **Scott, 1874**

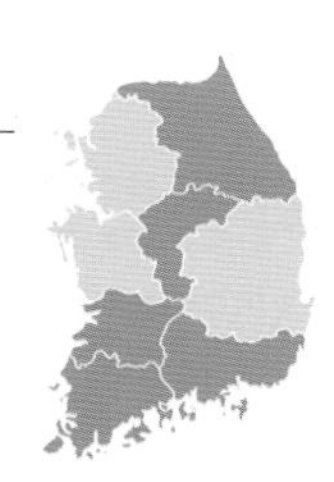

국내 첫 기록 *Prosomoeus brunneus* : Josifov & Kerzhner, 1978
크기 5~8mm | **출현 시기** 6~7월 | **분포** 강원, 충북, 경남, 전북, 전남

몸은 갈색이며 가늘고 길다. 더듬이는 갈색이고 제1, 4마디는 흑갈색이다. 앞가슴등판은 가운데 홈으로 나뉘며 앞부분은 흑갈색이다. 앞날개 혁질부 끝부분에 있는 흰색 점이 뚜렷한 것이 특징이다.

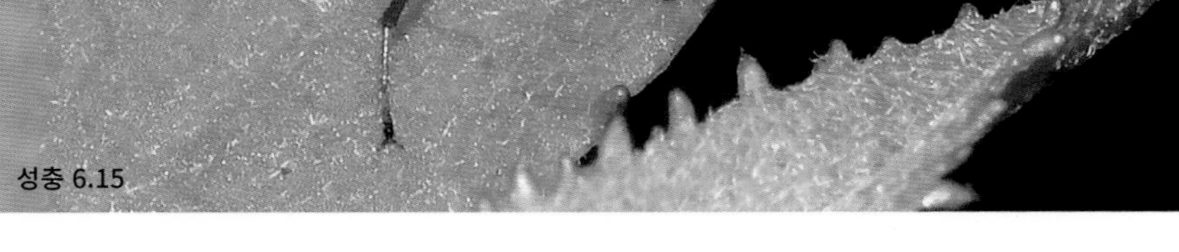

성충 6.15

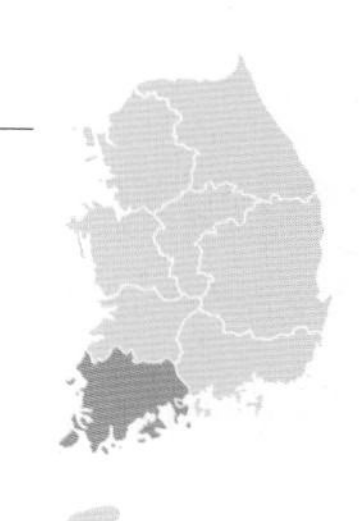

흰테두리긴노린재(신칭)

Dieuches uniformis **Distant, 1903**

국내 첫 기록 미기록

크기 9mm 내외 | **출현 시기** 7월 | **분포** 전남

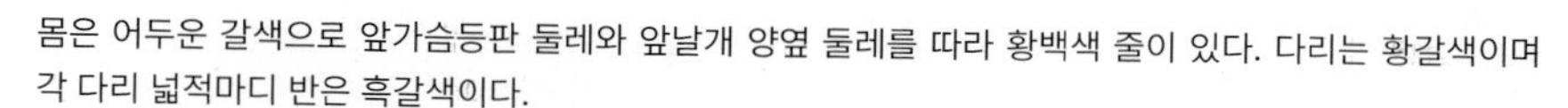

몸은 어두운 갈색으로 앞가슴등판 둘레와 앞날개 양옆 둘레를 따라 황백색 줄이 있다. 다리는 황갈색이며 각 다리 넓적마디 반은 흑갈색이다.

성충 7.28

성충 7.28

미디표주박긴노린재

***Togo hemipterus* (Scott, 1874)**

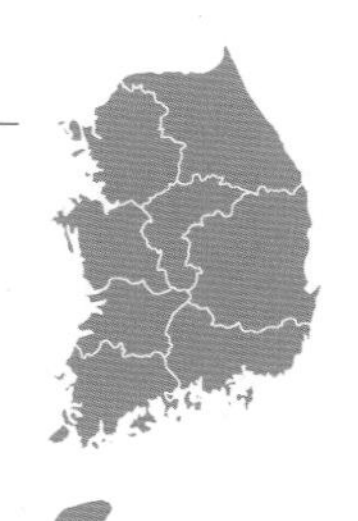

국내 첫 기록 *Pamera hemiptera* : Yamada, 1936
크기 6mm 내외 | **출현 시기** 4~10월 | **분포** 전국

몸은 검고 앞가슴등판 일부와 날개는 갈색이다. 앞가슴등판 3/4 지점에서 둘로 나뉘며 앞부분은 항아리 모양으로 부풀었고 뒤는 짧게 튀어나와 표주박처럼 보인다. 날개가 배끝에 이르지 못해 '미디'라는 이름이 붙었는데 드물게 장시형이 보인다. 앞다리 넓적마디는 알통처럼 크게 부풀었다. 기주는 벼과(Poaceae) 식물이며 특히 강아지풀(*Setaria viridis*)에서 자주 보인다.

성충 6.15

성충 7.19

약충 5령 8.22

표주박긴노린재

Scudderocoris albomarginatus **(Scott, 1874)**

국내 첫 기록 *Eucosmethus albomarginatus* : Tanaka, 1942 (원기재문 확인 못 함)
크기 8mm 내외 | **출현 시기** 5~9월 | **분포** 경기, 강원, 충남, 경남, 전남

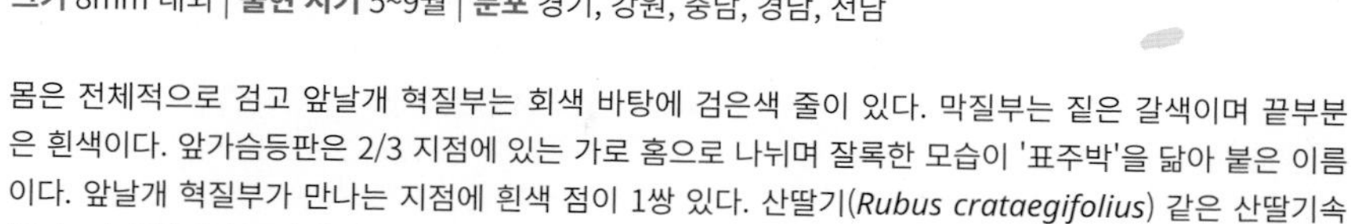

몸은 전체적으로 검고 앞날개 혁질부는 회색 바탕에 검은색 줄이 있다. 막질부는 짙은 갈색이며 끝부분은 흰색이다. 앞가슴등판은 2/3 지점에 있는 가로 홈으로 나뉘며 잘록한 모습이 '표주박'을 닮아 붙은 이름이다. 앞날개 혁질부가 만나는 지점에 흰색 점이 1쌍 있다. 산딸기(*Rubus crataegifolius*) 같은 산딸기속(*Rubus*) 식물에서 보인다.

성충 9.1

성충 9.1

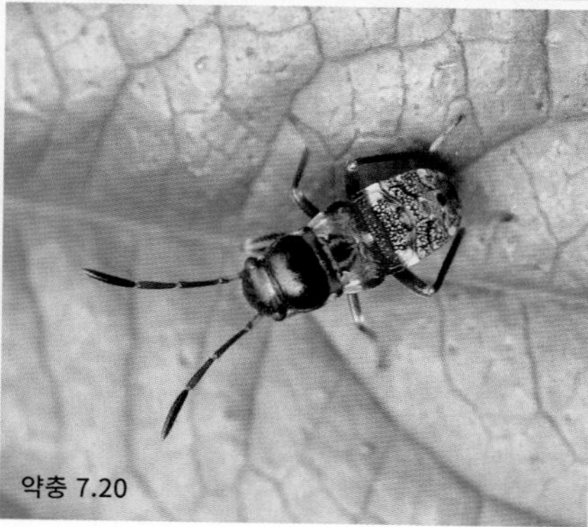

약충 7.20

어리흰무늬긴노린재

***Panaorus csikii* (Horváth, 1901)**

국내 첫 기록 *Panaorus csikii* : Josifov & Kerzhner, 1978

크기 7~8mm | **출현 시기** 3~10월 | **분포** 전국

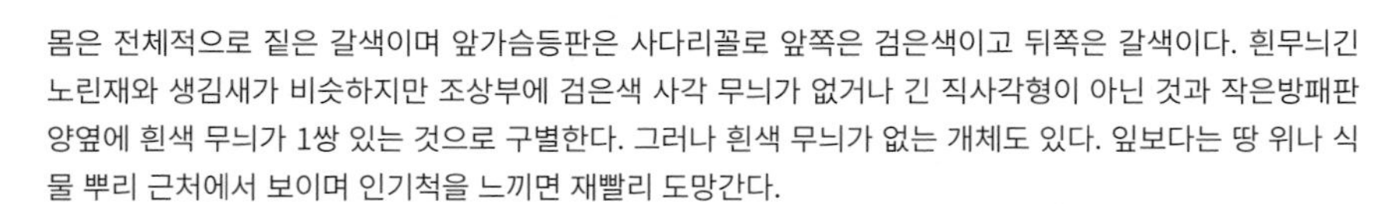

몸은 전체적으로 짙은 갈색이며 앞가슴등판은 사다리꼴로 앞쪽은 검은색이고 뒤쪽은 갈색이다. 흰무늬긴노린재와 생김새가 비슷하지만 조상부에 검은색 사각 무늬가 없거나 긴 직사각형이 아닌 것과 작은방패판 양옆에 흰색 무늬가 1쌍 있는 것으로 구별한다. 그러나 흰색 무늬가 없는 개체도 있다. 잎보다는 땅 위나 식물 뿌리 근처에서 보이며 인기척을 느끼면 재빨리 도망간다.

성충 8.17

약충 5령 9.25

어리흰무늬긴노린재

흰무늬긴노린재

흰무늬긴노린재

***Panaorus albomaculatus* (Scott, 1874)**

국내 첫 기록 *Aphanus albomaculatus* : Ichikawa, 1906
크기 7.5mm 내외 | **출현 시기** 5~9월 | **분포** 전국

몸은 어두운 갈색이며 머리와 작은방패판, 다리는 검은색이다. 앞가슴등판은 사다리꼴이며 앞부분만 검은색이다. 앞날개 혁질부가 만나는 지점에 검은색 무늬가 있고 양쪽 끝부분에는 흰색 무늬가 있다. 어리흰무늬긴노린재와 생김새가 비슷하지만 앞날개 조상부에 긴 직사각형 무늬가 있는 것으로 구별한다. 또한 작은방패판 양옆에 흰색 무늬가 없는 것으로 구별하기도 하지만 간혹 이 무늬가 없는 어리흰무늬긴노린재도 있다. 땅 위에서 생활하며 인기척을 느끼면 도망가는 속도가 빨라 사진 찍기가 어렵다.

성충 8.16

약충 8.15

어리흰무늬긴노린재

흰무늬긴노린재

큰흰무늬긴노린재

Metochus abbreviatus **(Scott, 1874)**

국내 첫 기록 *Metochus abbreviatus* : Lee, 1971

크기 10~12mm | **출현 시기** 4~10월 | **분포** 경남, 전북, 전남, 제주

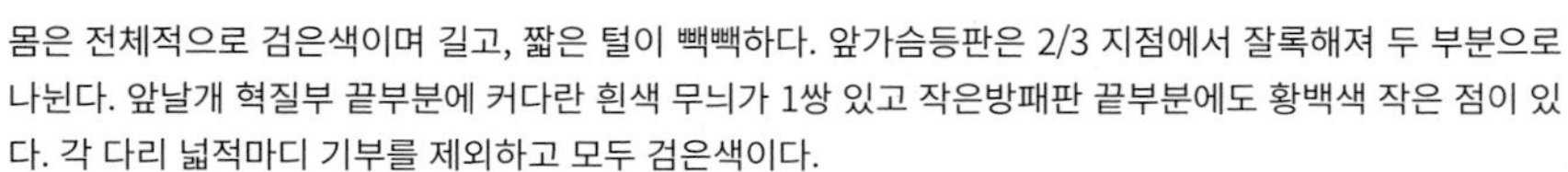

몸은 전체적으로 검은색이며 길고, 짧은 털이 빽빽하다. 앞가슴등판은 2/3 지점에서 잘록해져 두 부분으로 나뉜다. 앞날개 혁질부 끝부분에 커다란 흰색 무늬가 1쌍 있고 작은방패판 끝부분에도 황백색 작은 점이 있다. 각 다리 넓적마디 기부를 제외하고 모두 검은색이다.

성충 7.24

성충 7.24

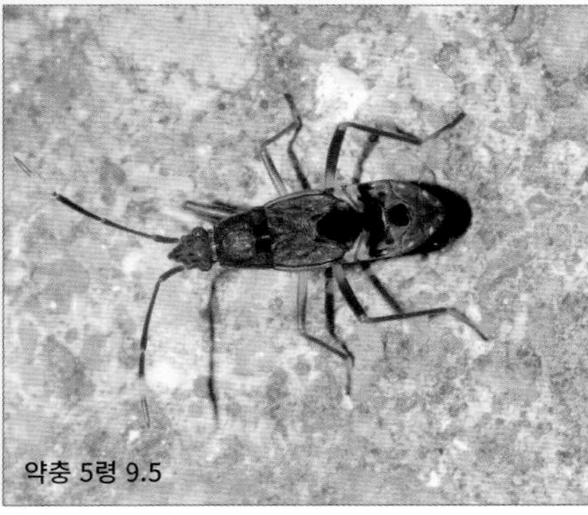

약충 5령 9.5

굴뚝긴노린재

***Panaorus japonicus* (Stål, 1874)**

국내 첫 기록 *Aphanus japonicus* : Doi, 1932
크기 7mm 내외 | **출현 시기** 3~12월 | **분포** 전국

몸은 전체적으로 어두운 갈색으로 굴뚝 색과 비슷해 보인다고 해서 '굴뚝'이라는 이름이 붙었다. 앞가슴등판은 사다리꼴이며 윗부분에 도드라진 곳이 있다. 앞날개 혁질부 양옆은 밝은 갈색이다. 작은방패판 가운데 양쪽에 황백색 무늬가 1쌍 있다. 땅 위에서 보이고 인기척에 민감하며 도망가는 속도가 매우 빠르다.

성충 12.12

별노린재과

Pyrrhocoridae (red bugs, cotton stainer bugs)

몸은 중형이며 긴 타원형이다. 홑눈이 없고 앞날개 막질부에 날개맥이 7~8개 있다. 주로 땅 위에서 생활하지만 몸 색깔은 화려해 경고색 역할을 하며, 식물 위에서 무리 지어 살기도 한다. 익은 종자나 과일, 때로는 식물체 즙을 빤다. 전 세계에 분포하지만 주로 온대와 열대에 많고 30속 300여 종이 알려졌으며 우리나라에는 2종이 기록되었다. 땅별노린재와 별노린재는 아과(subfamily)가 없어서 별노린재과에 속한다.

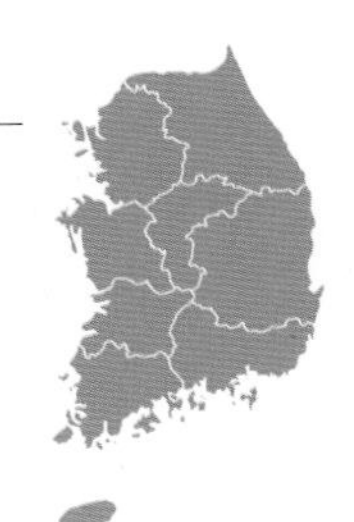

땅별노린재

Pyrrhocoris sibiricus **Kuschakewitsch, 1886**

국내 첫 기록 *Pyrrhocoris tibialis* : Ichikawa, 1906
크기 9mm 내외 | **출현 시기** 2~11월 | **분포** 전국

몸은 어두운 갈색이지만 개체에 따라 적갈색 변이가 나타난다. 몸 전체에 점각이 흩어져 있고 단시형과 장시형이 있다. 지표성 곤충으로 건조한 풀뿌리가 있는 땅 위나 돌 밑에서 생활한다. 각 다리 밑마디가 황백색이거나 적갈색이며 가운데다리와 뒷다리 사이에 주황색 또는 황백색 가로줄이 있다. 주로 땅별노린재는 적갈색형이 많이 보이고, 별노린재는 흑갈색형이 많이 보이나 정확히 동정하려면 배를 확인해야 한다.

성충 5.20

성충 6.21

약충 5령 6.27

별노린재

***Pyrrhocoris sinuaticollis* Reuter, 1885**

국내 첫 기록 *Pyrrhocoris sinuaticollis* : Kanyukova, 1988 (목록)
크기 9mm 내외 | **출현 시기** 2~11월 | **분포** 전국

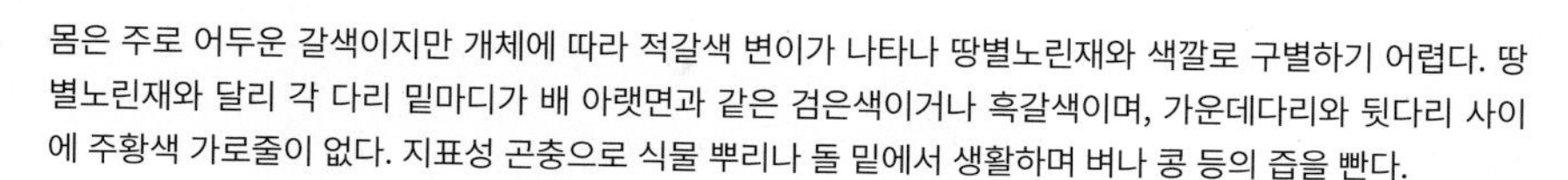

몸은 주로 어두운 갈색이지만 개체에 따라 적갈색 변이가 나타나 땅별노린재와 색깔로 구별하기 어렵다. 땅별노린재와 달리 각 다리 밑마디가 배 아랫면과 같은 검은색이거나 흑갈색이며, 가운데다리와 뒷다리 사이에 주황색 가로줄이 없다. 지표성 곤충으로 식물 뿌리나 돌 밑에서 생활하며 벼나 콩 등의 즙을 빤다.

성충 9.4

성충 8.16

큰별노린재과

Largidae (bordered plant bugs)

몸은 중형~대형으로 긴 타원형이며 빛깔은 대개 붉거나 거무스름하다. 긴노린재과와 생김새가 비슷하지만 홑눈이 없으며, 앞날개 막질부에 날개맥이 적어도 7개 이상 있다. 식식성으로 익은 열매와 과일 즙을 빤다. 주로 땅 위에서 생활하지만 간혹 나무 위에서 생활하는 종도 있다. 전 세계에 분포하지만 주로 열대에 많고 15속 100여 종이 알려졌으며 우리나라에는 2종이 기록되었다.

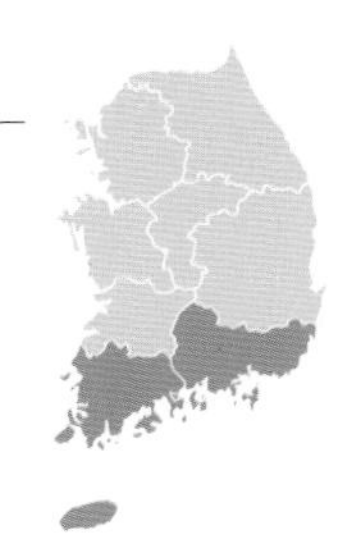

여수별노린재

***Physopelta* (*Neophysopelta*) *parviceps* Blöte, 1931**

국내 첫 기록 *Physopelta cincticollis* : Lee, 1971 (오동정일 가능성이 있음)
크기 12mm 내외 | **출현 시기** 4~10월 | **분포** 경남, 전남, 제주

전체적으로 주황빛이 돌며 어두운 붉은색인 개체도 있다. 앞날개 혁질부 가운데에 동그란 검은색 점이 1쌍 있다. 앞가슴등판 한가운데에 가로 홈이 있어 움푹 파인 것처럼 보인다. 수컷은 앞다리 넓적마디가 굵고 안쪽에는 날카로운 가시가 있다. 여수에서 발견되어 '여수'라는 이름이 붙었지만 제주에서 더 많이 보이며 밤에 불빛에 날아온다. 기주는 예덕나무(*Mallotus japonicus*)지만 꽃에는 기주와 상관없이 모여든다. 제주를 비롯한 경남과 전남 해안지대에 분포한다. 그동안 일본과 대만에서 *P. cincticollis*로 동정되어 왔던 종이 대부분 이 종이고 *P. cincticollis*는 소수인 것으로 확인되었으며(Stehlík, 2013), 국내종도 이 종일 가능성이 있어 면밀한 검토가 필요하다.

성충 5.31

성충 8.23

약충 4령 9.6

귤큰별노린재

***Physopelta* (*Neophysopelta*) *gutta gutta* (Burmeister, 1834)**

국내 첫 기록 *Physopelta gutta* : Lee & Kwon, 1991
크기 15~19mm | **출현 시기** 4~10월 | **분포** 경남, 전남, 제주

여수별노린재와 매우 닮았으나 그보다 크다. 또한 앞가슴등판 앞쪽이 여수별노린재보다 더 튀어나왔으며 앞다리 넓적마디 밑부분이 붉은 것도 다르다. 앞다리 넓적마디 안쪽에 가시가 2개 있다. 예덕나무(*Mallotus japonicus*)가 기주이며 제주와 남부 해안에서 보이지만 여수별노린재에 비해 드물다. 밤에 불빛에 날아온다.

성충 8.23

성충 8.23

여수별노린재(왼쪽)와 귤큰별노린재(오른쪽) 크기 비교

허리노린재과
Coreidae (leaf-footed bugs)

몸은 중형~대형으로 조금 길다. 머리 폭은 앞가슴등판 뒤쪽 폭 1/2보다 좁다. 가슴 폭은 대부분 배 폭과 거의 같다. 다리 모양에 변화가 많아서 뒷다리 넓적마디와 종아리마디가 뚜렷하게 넓은 종류가 있다. 대부분 식물체 즙을 빨지만 열매 즙을 빠는 종류도 있다. 농업 해충이 많다. 전 세계에 분포하지만 열대와 아열대에 많고 250속 1,800여 종이 알려졌다. 우리나라에는 16종이 기록되었다.

꽈리허리노린재

***Acanthocoris sordidus* (Thunberg, 1783)**

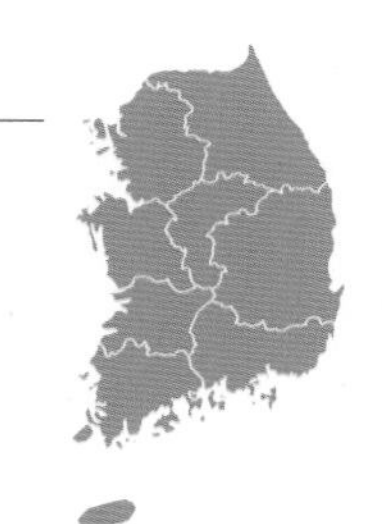

국내 첫 기록 *Acanthocoris sordidus* : Yamada, 1936; Doi, 1936; Masaki, 1936
크기 10~14mm | **출현 시기** 5~10월 | **분포** 전국

몸은 칙칙한 갈색에서 검은색이고 광택은 없다. 짧은 회색 털이 빽빽하며 뒷다리 넓적마디가 부푼 것이 특징이다. 머리에서부터 앞가슴등판에 이르기까지 연한 노란색 세로줄이 있다. 약충과 성충 모두 군집생활을 하는 습성이 있다. 야산 초입이나 경작지에서 보이며 꽈리(*Physalis alkekengi* var. *franchetii*), 감자(*Solanum tuberosum*), 고추(*Capsicum annuum*) 등 가지과(Solanaceae) 식물과 고구마(*Ipomoea batatas*) 같은 메꽃과(Convolvulaceae) 식물 해충이다.

성충 5.25

성충 5.25

알

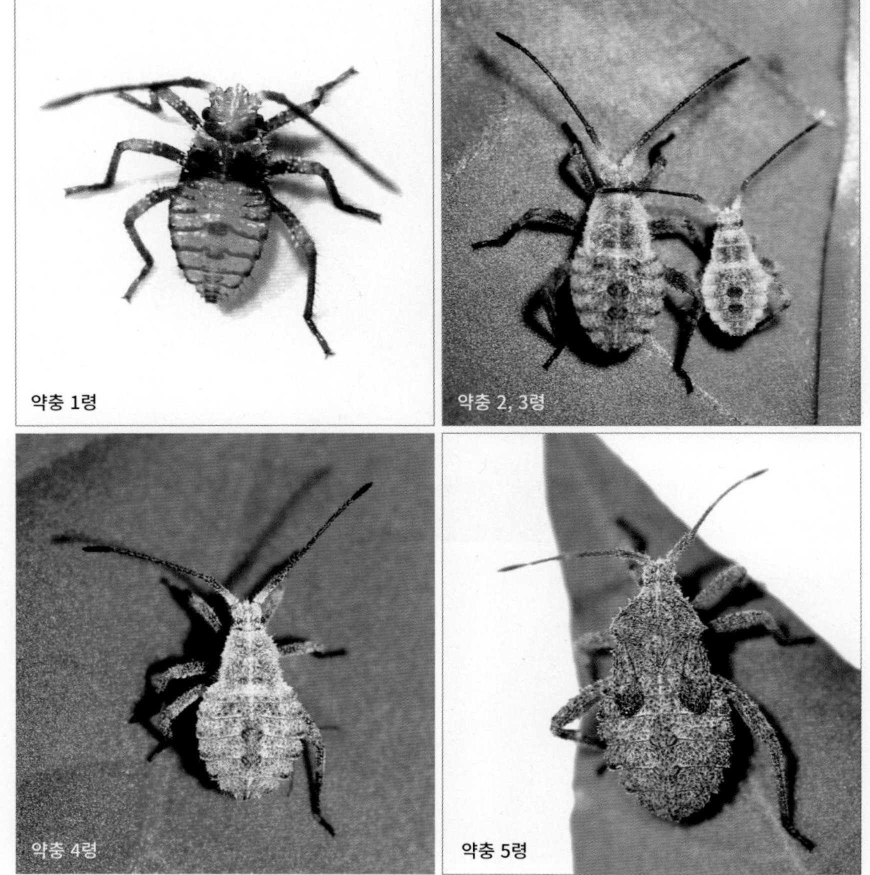

약충 1령

약충 2, 3령

약충 4령

약충 5령

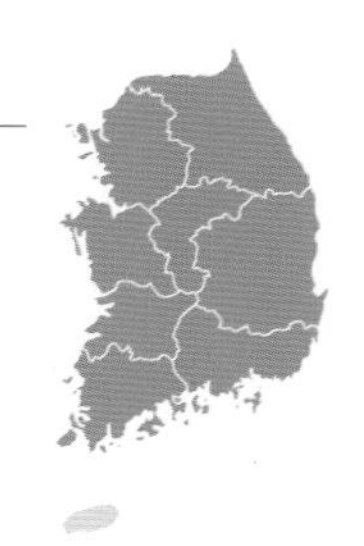

장수허리노린재

***Anoplocnemis dallasi* Kiritshenko, 1916**

국내 첫 기록 *Anoplocnemis dallasi* Kiritshenko, 1916
Mictis affinis : Dallas, 1852 (오동정)
크기 18~24mm | **출현 시기** 5~10월 | **분포** 전국(제주 제외)

몸길이 20mm 안팎으로 크며 몸은 어두운 갈색이거나 밝은 갈색이다. 몸 전체에 부드럽고 미세한 짧은 황갈색 털이 빽빽하다. 앞날개 막질부는 햇빛에 반사되면 금빛으로 보인다. 뒷다리 허벅마디가 심하게 부풀었으며, 수컷은 더욱 굵고 안쪽으로 삼각형 돌기까지 있어 전투적으로 보인다. 족제비싸리(*Amorpha fruticosa*)에서 생활하는데 억새(*Miscanthus sinensis* var. *purpurascens*) 잎에도 산란한다는 기록이 있다(Park, 1995). 월동 성충은 5월에 출현하며 새로운 성충은 8월에 출현한다.

수컷 5.10

암컷 8.6

성충 7.15

성충 5.18

약충 3령 7.7

약충 4령 7.3

약충 5령 8.31

큰허리노린재

***Molipteryx fuliginosa* (Uhler, 1860)**

국내 첫 기록 *Molipteryx fuliginosa* : Kiritshenko, 1916
크기 18~25mm | **출현 시기** 4~11월 | **분포** 전국

몸길이 20mm가 넘는 큰 종으로 짙은 갈색이며 광택이 없다. 몸 전체에 부드럽고 짧으며 미세한 털이 있다. 양 어깨가 위쪽으로 들려서 마치 무사 갑옷처럼 보인다. 몸집이 크지만 상당히 온순하고 움직임도 느리다. 배 마디 옆가장자리가 넓게 늘어나 튀어나왔으며, 짝짓기할 때 마주 보는 자세도 가끔 목격된다. 우리나라에서는 주로 산딸기(*Rubus crataegifolius*), 줄딸기(*Rubus oldhamii*) 등 산딸기속(*Rubus*) 식물에서 보이며 엉겅퀴(*Cirsium japonicum* var. *maackii*), 머위(*Petasites japonicus*), 양지꽃(*Potentilla fragarioides* var. *major*), 짚신나물(*Agrimonia pilosa*) 등도 기주로 등록되었다.

수컷 6.5

암컷 6.22
짝짓기 6.13
약충 3령 6.17
약충 4령 7.2
약충 5령 7.19

양털허리노린재

Coriomeris scabricornis scabricornis **(Panzer, 1805)**

국내 첫 기록 *Coriomeris scabricornis* : Doi, 1933 (목록)
Liorhyssus hyalinus : Doi, 1932 (오동정)

크기 7~9mm | **출현 시기** 2~10월 | **분포** 경기, 강원, 충북, 경북, 경남, 전북, 전남, 제주

몸은 전체적으로 갈색이며 짧고 부드러운 털이 빽빽하다. 더듬이는 4마디이고 굵다. 앞가슴등판 양쪽에 흰색 돌기가 10개 내외 있다. 뒷다리 넓적마디에는 각기 다른 긴 가시가 4개 내외 있다. 앞날개 막질부는 투명하고 날개맥에는 군데군데 갈색 점이 있다. 건조한 환경을 좋아하고 약간 트인 풀밭에서 보인다. 센서스와 국가생물종지식정보시스템 기록에 따르면 충남 분포가 확인되지 않지만 전국에 분포할 것으로 예상한다.

성충 5.24

성충 5.24

약충 5.14

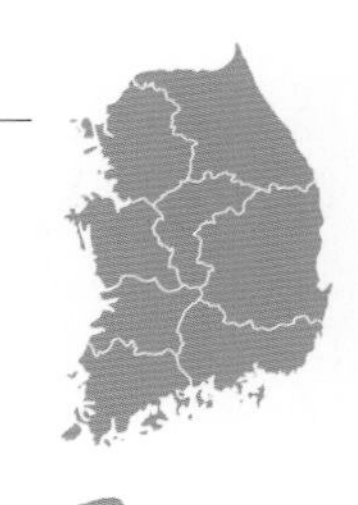

시골가시허리노린재

***Cletus punctiger* (Dallas, 1852)**

국내 첫 기록 *Cletus punctiger* : Josifov & Kerzhner, 1978
크기 9~11mm | **출현 시기** 4~11월 | **분포** 전국

몸은 황갈색에서 어두운 갈색이며 우리가시허리노린재보다 몸 폭이 좁기 때문에 길어 보인다. 앞가슴등판 양쪽 어깨 끝은 매우 날카로운 침 모양이며 검은색이다. 우리가시허리노린재와 매우 닮았으나 더듬이 제1마디에 검은 세로줄이 없다. 사는 곳도 우리가시허리노린재와 비슷해 벼과(Poaceae), 마디풀과(Polygonaceae) 및 여러 풀에서 생활한다. 여름에는 대체로 이 종이 우리가시허리노린재보다 늦게 출현한다.

성충 9.16

성충 9.25

약충 4, 5령 8.10

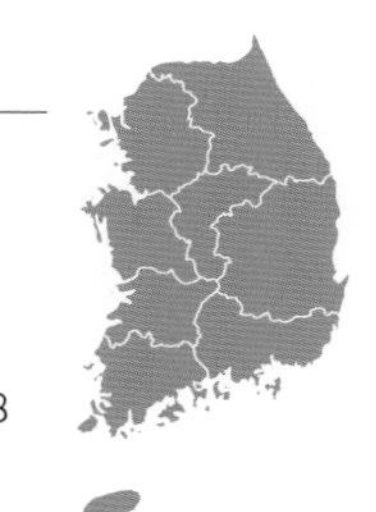

우리가시허리노린재

***Cletus schmidti* Kiritshenko, 1916**

국내 첫 기록 *Cletus schmidti* : Kiritshenko, 1916; Lee, 1971; Josifov & Kerzhner, 1978
Cletus trigonus : Doi, 1932; Lee, 1971 (오동정)
Cluetus rusticus : Doi, 1935; Yamada, 1936 (오동정)

크기 9~13mm | **출현 시기** 4~11월 | **분포** 전국

시골가시허리노린재와 매우 닮았지만 몸 색깔이 더 진하고 몸 폭이 넓다. 더듬이 제1마디 안쪽에 검은 점각이 줄처럼 있으면 이 종이고 없으면 시골가시허리노린재다. 앞가슴등판 양쪽 어깨 끝은 날카로운 침 모양으로 날렵하게 빠졌으며 시골가시허리노린재보다 위쪽으로 더 휘었다. 주로 벼과(Poaceae) 식물에서 보이지만 마디풀과(Polygonaceae) 여뀌속(*Persicaria*)에서도 보이며 종종 벼(*Oryza sativa*) 이삭에서 즙을 빨아 쌀 품질을 떨어뜨리기도 한다. 이창언(1971)이 기록한 벼가시허리노린재(*C. trigonus*)는 오동정으로 이 종이며, 벼가시허리노린재는 우리나라에 분포하지 않는 것으로 보인다.

성충 7.3

성충 7.21

약충 4령 9.16

약충 5령 9.9

약충 5령 9.12

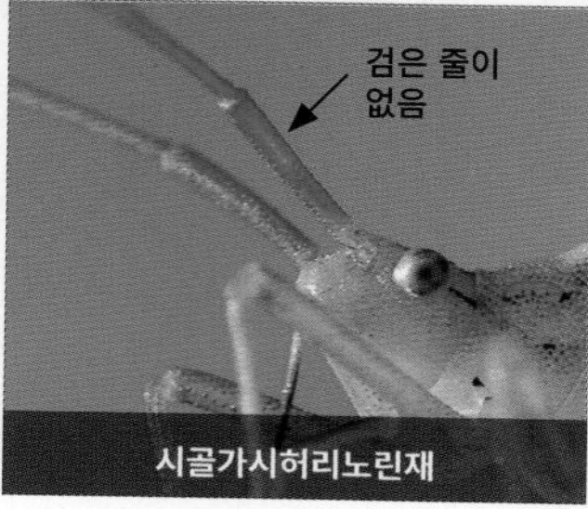

시골가시허리노린재

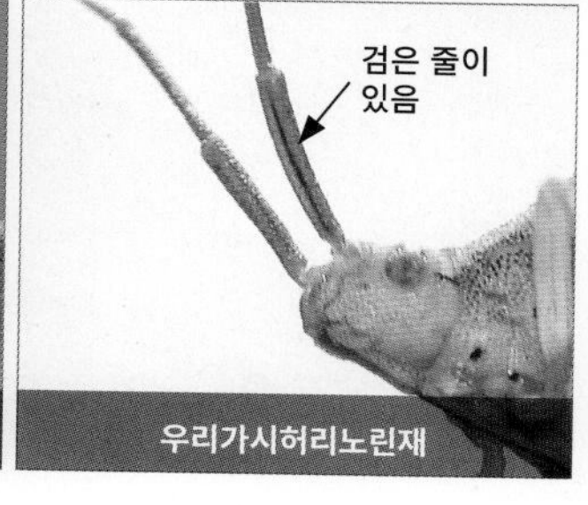

우리가시허리노린재

자귀나무허리노린재

***Homoeocerus* (*Anacanthocoris*) *striicornis* Scott, 1874**

국내 첫 기록 *Homoeocerus stricornis* : Masaki, 1934
(종소명 오기, 원기재문 확인 못 함)

크기 9~13mm | **출현 시기** 4~11월 | **분포** 전국

몸은 초록색이며 앞날개 혁질부는 연한 갈색이고, 호리호리하나 커서 다부져 보인다. 더듬이는 가늘고 길어 몸길이와 비슷하다. 앞가슴등판은 초록색이지만 양옆 테두리는 연한 갈색이다. 자귀나무(*Albizia julibrissin*)에서 발견되어 '자귀나무'라는 이름이 붙었으나 성충은 다른 나무에서도 종종 보이고 일본에서는 감(persimmon)이나 귤(tangerine) 등 과일 즙을 빨아 농업 해충으로 알려졌다. 이전 국내 학명은 *Anacanthocoris striicornis*이다.

성충 10.8

성충 10.8

약충 4령 6.26

녹두허리노린재

***Homoeocerus* (*Tliponius*) *marginiventris* Dohrn, 1860**

국내 첫 기록 *Anacanthocoris concoloratus* : Haku, 1937 (원기재문 확인 못 함)
크기 13~16mm | **출현 시기** 5~10월 | **분포** 충남, 전북, 전남, 제주

몸은 연한 황갈색이고 가늘고 길다. 머리는 작고 배 양옆가장자리는 거의 평행하다. 머리에서부터 앞가슴등판까지 검은색 세로줄이 이어지며 가운데 2줄은 작은방패판까지 연결된다. 배결합판 각 마디에 검은 반점이 몇 개 있는데 혁질부에는 없다. 팥(*Vigna angularis*)이나 콩(*Glycine max*) 등 콩과(Fabaceae) 식물 해충이며 밤에 불빛에 날아온다.

성충 9.3

성충 9.14

성충 9.14

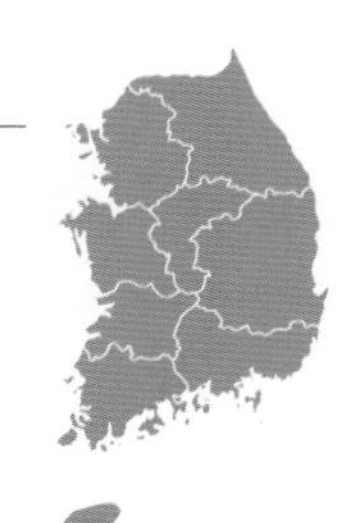

넓적배허리노린재

***Homoeocerus* (*Tiponius*) *dilatatus* Horváth, 1879**

국내 첫 기록 *Homoeocerus dilatatus* : Kiritshenko, 1916
크기 11~15mm | **출현 시기** 4~10월 | **분포** 전국

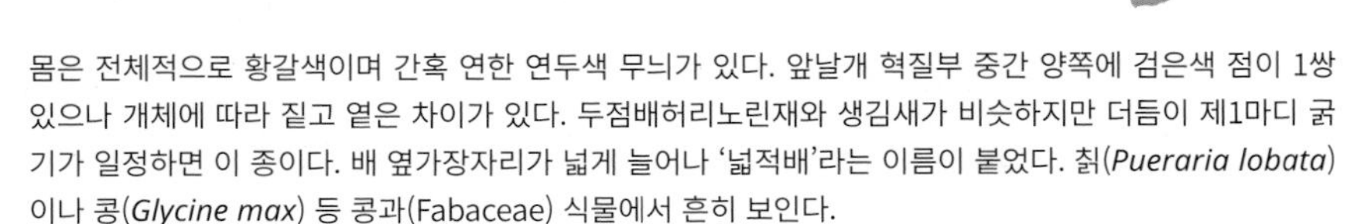

몸은 전체적으로 황갈색이며 간혹 연한 연두색 무늬가 있다. 앞날개 혁질부 중간 양쪽에 검은색 점이 1쌍 있으나 개체에 따라 짙고 옅은 차이가 있다. 두점배허리노린재와 생김새가 비슷하지만 더듬이 제1마디 굵기가 일정하면 이 종이다. 배 옆가장자리가 넓게 늘어나 '넓적배'라는 이름이 붙었다. 칡(*Pueraria lobata*)이나 콩(*Glycine max*) 등 콩과(Fabaceae) 식물에서 흔히 보인다.

암컷 7.20

수컷 5.14

성충 5.14
약충 4령 7.15
약충 5령 7.17
굵기가 일정
넓적배허리노린재
끝으로
갈수록
굵어짐
두점배허리노린재

두점배허리노린재

***Homoeocerus* (*Tiponius*) *unipunctatus* (Thunberg, 1873)**

국내 첫 기록 *Homoeocerus unipunctatus* : Doi, 1933
크기 12~16mm | **출현 시기** 4~10월 | **분포** 충북, 충남, 경북, 경남, 전북, 전남, 제주

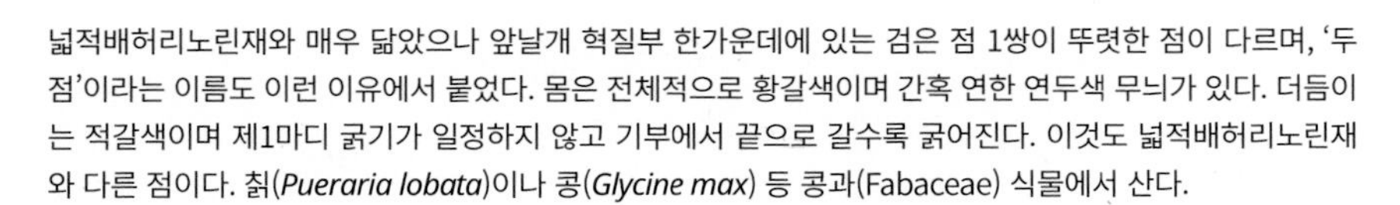

넓적배허리노린재와 매우 닮았으나 앞날개 혁질부 한가운데에 있는 검은 점 1쌍이 뚜렷한 점이 다르며, '두점'이라는 이름도 이런 이유에서 붙었다. 몸은 전체적으로 황갈색이며 간혹 연한 연두색 무늬가 있다. 더듬이는 적갈색이며 제1마디 굵기가 일정하지 않고 기부에서 끝으로 갈수록 굵어진다. 이것도 넓적배허리노린재와 다른 점이다. 칡(*Pueraria lobata*)이나 콩(*Glycine max*) 등 콩과(Fabaceae) 식물에서 산다.

암컷 9.1
수컷 9.22
약충 5령 8.20
짝짓기 7.23
넓적배허리노린재
두점배허리노린재

소나무허리노린재

***Leptoglossus occidentalis* Heidemann, 1910**

국내 첫 기록 *Leptoglossus occidentalis* : Yoon *et al*., 2012; Ahn *et al*., 2013
크기 15~20mm | **출현 시기** 5~11월 | **분포** 경기, 강원, 경북, 경남

몸은 편평하며 적갈색에서 회갈색이다. 머리 중엽에서 겹눈 사이로 갈색 세로줄이 있다. 앞날개 혁질부 가운데에 흰색 줄이 지그재그로 뚜렷하게 있지만 간혹 흐리거나 없기도 하다. 뒷다리 넓적마디에는 가시가 10개 정도 있으며 종아리마디에는 나뭇잎 모양으로 넓적하게 발달한 부분이 있다. 북아메리카 원산 침엽수 해충으로 현재 북아메리카와 유럽에서 소나무, 잣나무 등 구과에 심각한 피해를 주고 있다. 아시아에서는 일본에서 2008년에 처음 유입이 확인되었고, 한국에서는 저자가 2010년 경남 창원에서 발견했다. 2015년 외래해충 조사 결과 전국으로 펴져 피해가 우려된다.

성충 11.7

성충 11.7

성충 11.7

떼허리노린재

***Hygia* (*Colpura*) *lativentris* (Motschulsky, 1866)**

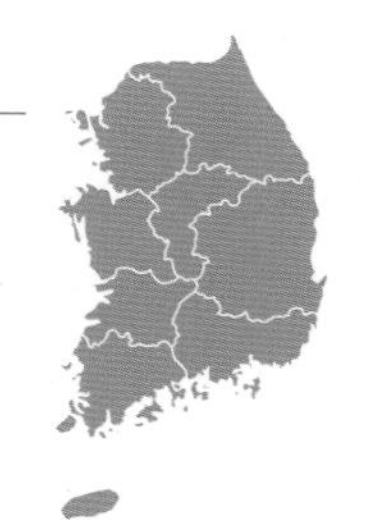

국내 첫 기록 *Colpura lativentris* : Kiritshenko, 1916
크기 8~12mm | **출현 시기** 3~10월 | **분포** 전국

몸은 어두운 갈색이고 광택이 없으며 짧은 털로 덮였다. 늘어난 배 옆가장자리에 황갈색 가로줄이 있고 수컷 생식절(배 끝마디)에는 돌기가 1쌍 있다. 식물 줄기에 떼로 모여 지내며 진흙을 뒤집어쓰기도 한다. 산과 들 풀밭이나 경작지에 살며 나무에서는 장미과(Rosaceae) 식물에, 초본에서는 국화과(Asteraceae), 마디풀과(Polygonaceae) 식물에서 주로 보인다. 애허리노린재와 매우 닮았으나 수컷 생식절 끝에 돌기가 1쌍 있으면 이 종, 없으면 애허리노린재다. 장시형과 단시형이 있다.

수컷 6.12

군집 6.16

애허리노린재

***Hygia* (*Hygia*) *opaca* (Uhler, 1860)**

국내 첫 기록 *Hygia opaca* : Doi, 1933
크기 8~11mm | **출현 시기** 3~10월 | **분포** 경기, 충북, 충남, 경북, 경남, 전북, 전남, 제주

몸은 광택 없는 어두운 갈색이고 짧은 황갈색 털로 덮였다. 떼허리노린재와 생김새가 비슷해 구별하기 어렵지만 수컷은 생식절 끝부분에 돌기가 있으면 떼허리노린재, 없으면 이 종이다. 장시형과 단시형이 있지만 주로 단시형이 많다. 움직임이 느리며 간혹 진흙을 뒤집어쓰기도 한다. 습성과 기주는 떼허리노린재와 비슷해 식물 줄기에서 무리 지어 생활하며 기주 범위도 비슷하다. 현재 강원도에서는 기록이 없고 경기도에서는 인천 기록만 있다.

수컷 5.31

암컷 7.3

떼허리노린재 수컷

떼허리노린재 암컷

애허리노린재 수컷

애허리노린재 암컷

노랑배허리노린재

***Plinachtus bicoloripes* Scott, 1874**

국내 첫 기록 *Plinachtus bicoloripes* : Kiritshenko, 1916
크기 10~16mm | **출현 시기** 4~12월 | **분포** 전국

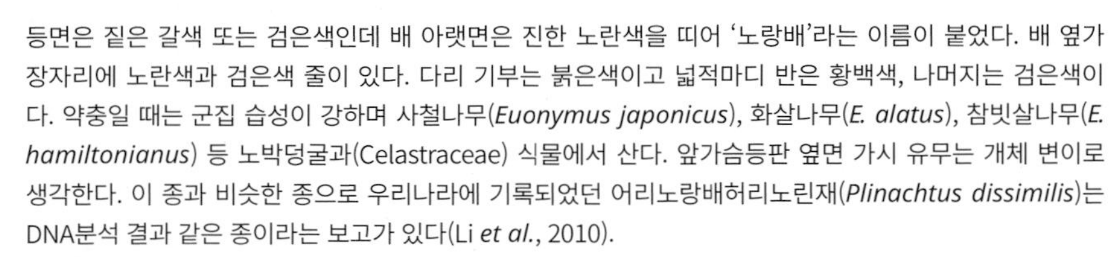

등면은 짙은 갈색 또는 검은색인데 배 아랫면은 진한 노란색을 띠어 '노랑배'라는 이름이 붙었다. 배 옆가장자리에 노란색과 검은색 줄이 있다. 다리 기부는 붉은색이고 넓적마디 반은 황백색, 나머지는 검은색이다. 약충일 때는 군집 습성이 강하며 사철나무(*Euonymus japonicus*), 화살나무(*E. alatus*), 참빗살나무(*E. hamiltonianus*) 등 노박덩굴과(Celastraceae) 식물에서 산다. 앞가슴등판 옆면 가시 유무는 개체 변이로 생각한다. 이 종과 비슷한 종으로 우리나라에 기록되었던 어리노랑배허리노린재(*Plinachtus dissimilis*)는 DNA분석 결과 같은 종이라는 보고가 있다(Li *et al.*, 2010).

성충 10.6

알 8.24

약충 2령 7.21
약충 3령 10.19
약충 4령 9.9
약충 5령 10.6
성충 11.1

남방가시허리노린재(신칭)

***Paradasynus spinosus* Hsiao, 1963**

국내 첫 기록 미기록

크기 14~20mm | **출현 시기** 8월 | **분포** 전남

등면은 검은색이 도는 갈색이고 앞날개 막질부는 검은색이다. 배 아랫면은 노란빛이 도는 연두색인데 건조 표본에서는 갈색이 된다. 앞가슴등판 둘레를 따라 검은색 테두리가 있다. 앞가슴등판 옆면은 뾰족하며 앞쪽을 향해 날카로운 가시가 튀어나온 것이 특징이다. 기주는 녹나무과(Lauraceae) 식물로 일본에서는 감귤류도 가해한다는 자료가 있다. 우리나라에서는 미기록종이며 전남 완도에서 발견했다. 녹나무과에서 사는 남방계열이고 튀어나온 가시가 특징이므로 남방가시허리노린재라는 국명을 추천한다.

성충 8.16

성충 8.16

호리허리노린재과

Alydidae (broad-headed bugs)

허리노린재과에서 분리되었으며 몸은 중형~대형으로 좁고 길다. 허리노린재과와 생김새가 비슷하지만 머리 폭이 앞가슴등판 폭과 거의 비슷하다. 식물 즙을 빨며 대부분 콩과 식물에서 생활하는 경향이 있지만 호리허리노린재아과(Leptocorisinae)와 막대허리노린재아과(Micrelytrinae)에 속하는 종은 벼과 식물을 선호한다. 전 세계에 분포하고 50속 200여 종이 알려졌으며 우리나라에는 6종이 기록되었다.

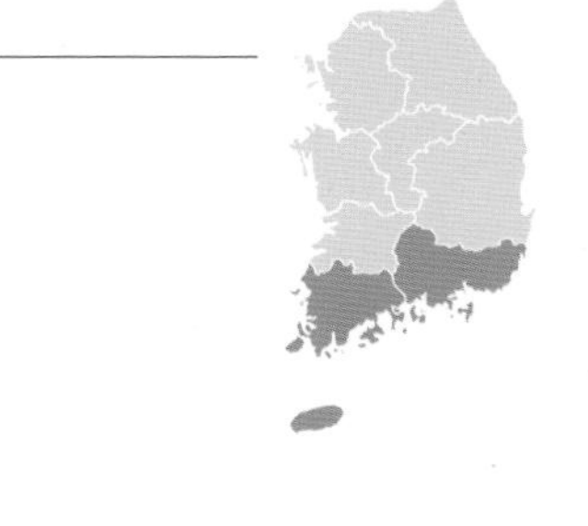

호리허리노린재

***Leptocorisa chinensis* Dallas, 1852**

국내 첫 기록 *Leptosorixa chinensis* : Lee, 1971 (속명 오기)
Leptocorisa varicornis : Esaki, 1932 (오동정)

크기 15~17mm | **출현 시기** 4~10월 | **분포** 경남, 전남, 제주

몸은 초록색이며 가늘고 길다. 더듬이도 매우 길고 가늘어 몸길이와 비슷하다. 앞날개 혁질부는 연한 갈색이며 막질부는 크고 투명하다. 기주는 벼과(Poaceae) 식물이고 남부와 제주도에서 살며 특히 제주도에 개체수가 많다.

성충 9.9

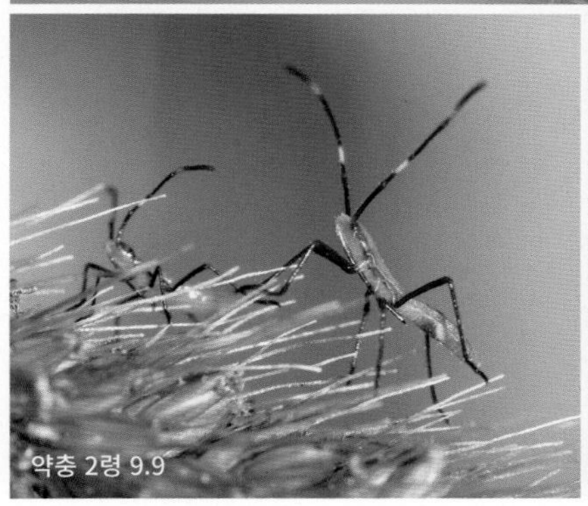

약충 2령 9.9

약충 5령 9.9

막대허리노린재

***Distachys unicolor* (Scott, 1874)**

국내 첫 기록 *Paraplesius unicolor* : Miyamoto & Lee, 1966
크기 12~14mm | **출현 시기** 4~10월 | **분포** 강원

전체적으로 매우 가늘고 길며 연한 갈색에 검은색 점각이 흩어져 있다. 머리 측엽은 중엽과 비슷한 길이로 위에서 보면 중엽이 직사각형으로 보인다. 배 아랫면에 있는 검은색 세로줄이 뚜렷하고 길어 비슷한 닮은막대허리노린재(신칭)와 구별된다. 대나무류(Bambuseae) 중 특히 조릿대(*Sasa borealis*)에서 종종 보인다.

성충 8.6

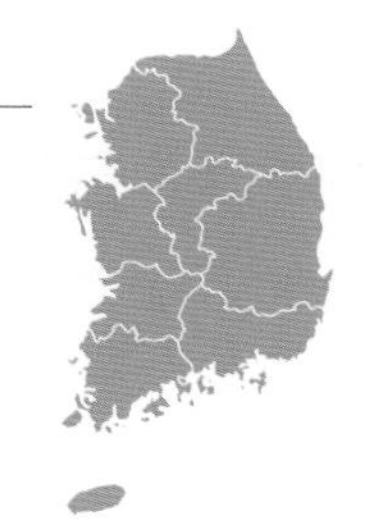

닮은막대허리노린재(신칭)

Distachys vulgaris **Hsiao, 1964**

국내 첫 기록 미기록

크기 12~15mm | **출현 시기** 6~9월 | **분포** 전국

모양과 색깔은 막대허리노린재와 매우 비슷하다. 머리 측엽이 중엽보다 앞쪽으로 길게 튀어나왔고 바깥쪽으로 약간 휘었으며 위에서 보면 중엽은 끝부분으로 수렴해 삼각형으로 보인다. 배 아랫면에 있는 검은색 세로줄은 막대허리노린재에 비해 짧다. 막대허리노린재처럼 대나무류(Bambuseae)인 조릿대(*Sasa borealis*)에서 보인다. 지금까지 우리나라에 막대허리노린재로 동정되었던 종 대부분이 이 종으로 생각되어 추후 재검토가 필요하다. 막대허리노린재와 생김새가 매우 비슷하므로 닮은막대허리노린재를 국명으로 추천한다.

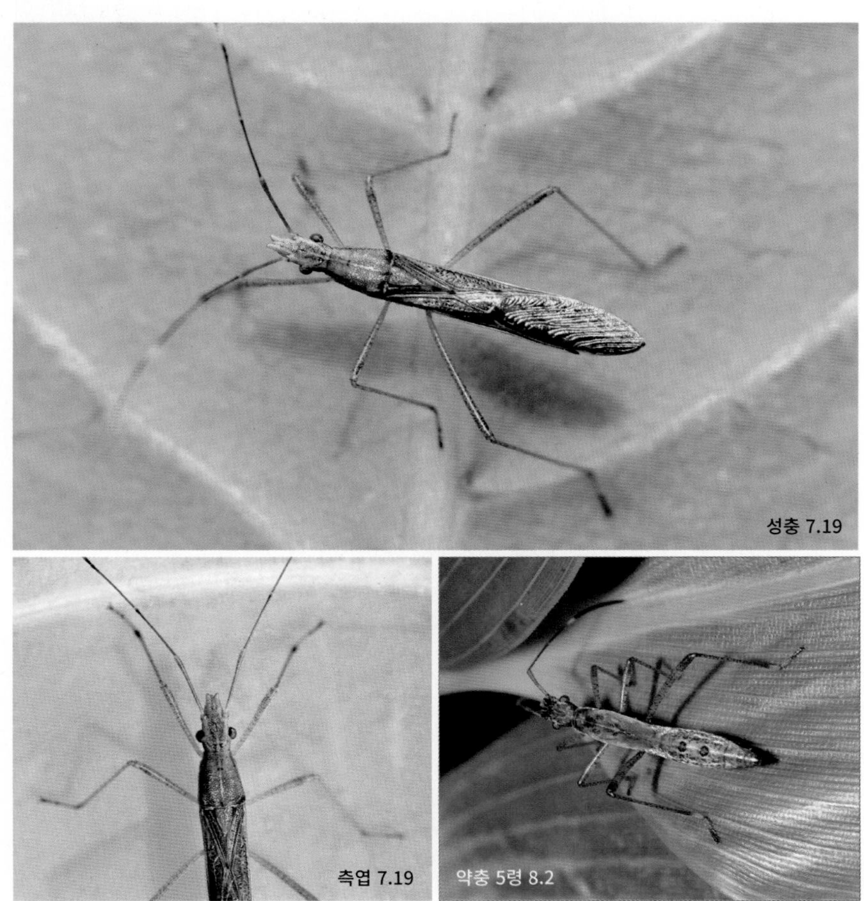

성충 7.19

측엽 7.19

약충 5령 8.2

호리좀허리노린재

Alydus calcaratus **(Linné, 1758)**

국내 첫 기록 *Coriscus calcaratus hirutus* : Doi, 1933
Alydus calcaratus : Josifov & Kerzhner, 1978

크기 11mm 내외 | **출현 시기** 7~11월 | **분포** 경기, 강원, 경남, 전남

몸은 전체적으로 검은색이며 짧은 털이 빽빽하다. 앞날개 막질부는 투명하지만 짙은 갈색 줄이 많다. 더듬이는 모두 4마디이며 제4마디가 가장 길다. 겹눈은 옆으로 튀어나왔으며 앞가슴등판은 긴 사다리꼴이다. 자세한 생태는 알려지지 않았고 드물게 보인다. 인기척에 매우 민감해 사진 촬영이 어렵다.

성충 11.8

성충 8.18

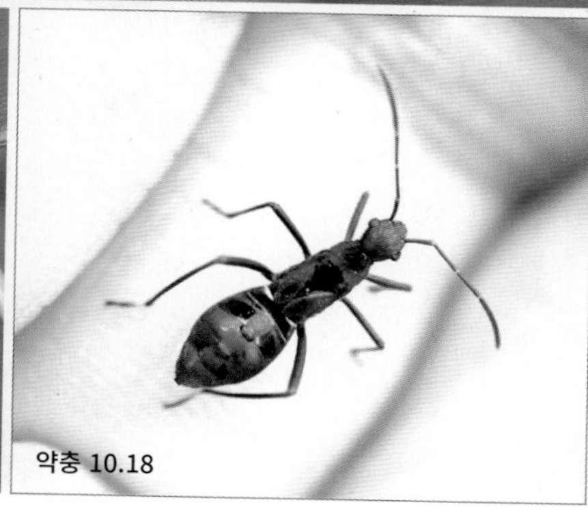

약충 10.18

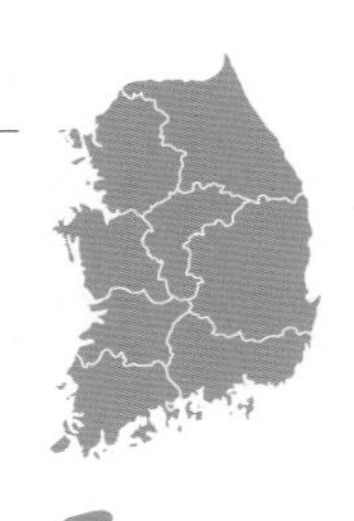

톱다리개미허리노린재

***Riptortus* (*Riptortus*) *pedestris* (Fabricius, 1775)**

국내 첫 기록 *Riptortus clavatus* : Okamoto, 1924
크기 14~17mm | **출현 시기** 1~12월 | **분포** 전국

전국에서 매우 흔히 보이는 종이다. 부푼 뒷다리 넓적마디에 가시가 톱니처럼 나 있어 '톱다리'라는 이름이 붙었다. 성충이 다리를 늘어뜨리고 나는 모습은 쌍살벌과 비슷하고 약충일 때는 개미와 모습이 비슷해 의태 전략을 쓴다. 과거에는 큰 피해가 없었으나 최근 전국적으로 많이 발생해 작물에 피해를 준다. 콩(*Glycine max*), 완두(*Pisum sativum*), 강낭콩(*Phaseolus vulgaris* var. *humilis*) 등 콩과(Fabaceae) 작물과 벼(*Oryza sativa*), 피(*Echinochloa utilis*), 조(*Setaria italica*) 등 벼과(Poaceae) 작물뿐만 아니라 단감 같은 과일나무에도 해를 끼친다.

성충 6.28

암컷 6.5

수컷 7.17

알 6.11

약충 1령 6.17
약충 2령 6.17
약충 3령 9.16
약충 4령 8.29
약충 5령 9.9

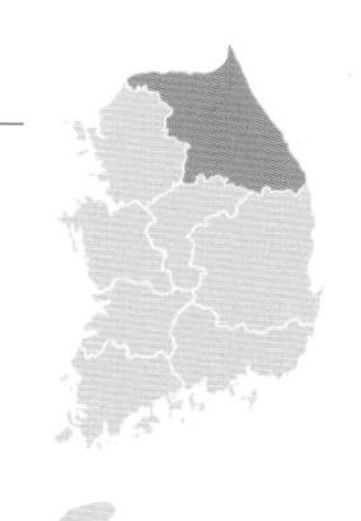

국명 미정

***Megalotomus* sp.**

국내 첫 기록 미기록

크기 14mm 내외 | **출현 시기** 7월 | **분포** 강원

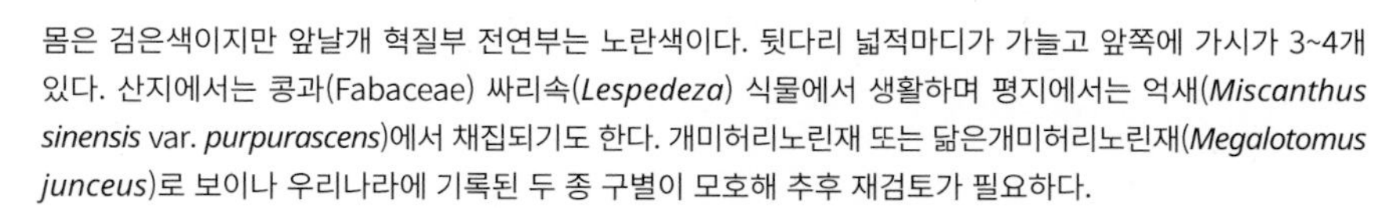

몸은 검은색이지만 앞날개 혁질부 전연부는 노란색이다. 뒷다리 넓적마디가 가늘고 앞쪽에 가시가 3~4개 있다. 산지에서는 콩과(Fabaceae) 싸리속(*Lespedeza*) 식물에서 생활하며 평지에서는 억새(*Miscanthus sinensis* var. *purpurascens*)에서 채집되기도 한다. 개미허리노린재 또는 닮은개미허리노린재(*Megalotomus junceus*)로 보이나 우리나라에 기록된 두 종 구별이 모호해 추후 재검토가 필요하다.

성충 7.18

성충 7.18

잡초노린재과
Rhopalidae (scentless plant bugs)

몸은 중형으로 조금 길다. 대개 뒷가슴에 냄새샘이 열리는 구멍이 없으나 간혹 뒷다리 끝마디 중간에 있기도 하다. 앞날개 막질부에는 날개맥이 많다. 주로 식물 씨앗 즙을 빨지만 농작물에 피해를 주지는 않는다. 전 세계에 분포하고 20속 210여 종이 알려졌으며 우리나라에는 13종이 기록되었다.

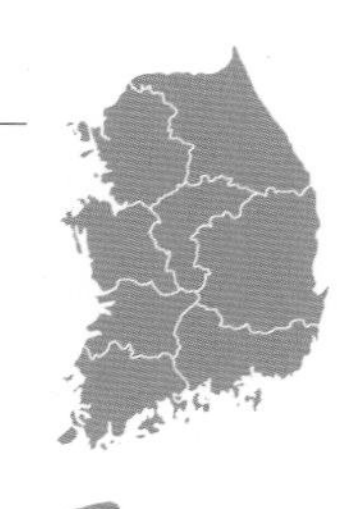

투명잡초노린재

***Liorhyssus hyalinus* (Fabricius, 1794)**

국내 첫 기록 *Liorhyssus hyalinus* : Koba, 1941 (원기재문 확인 못 함)
크기 5~7mm | **출현 시기** 4~10월 | **분포** 전국

몸은 적갈색 또는 짙은 갈색이다. 겹눈과 겹눈 사이에 'ㅗ' 모양 노란색 무늬가 있다. 온몸에 털이 있으며 더듬이는 모두 4마디이고 제4마디가 제일 길다. 앞날개 막질부는 투명해 배마디 윗면이 훤히 보이고 배끝을 넘는다. 벼과(Poaceae), 국화과(Asteraceae), 마디풀과(Polygonaceae) 등에서 자주 보이며 환삼덩굴(*Humulus japonicus*), 땅빈대(*Euphorbia humifusa*), 아욱(*Malva verticillata*)에서도 보인다. 특히 알은 왕고들빼기(*Lactuca indica*)에서 자주 보인다.

성충 7.14

성충 10.22

약충 5령 7.14

알 8.17

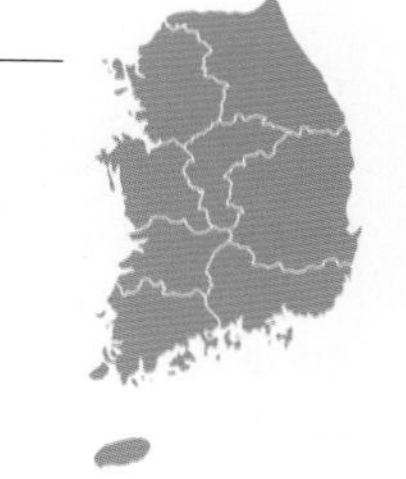

붉은잡초노린재

***Rhopalus* (*Aeschyntelus*) *maculatus* (Fieber, 1837)**

국내 첫 기록 *Rhopalus maculatus* : Yamada, 1936; Doi, 1936
크기 6~8mm | **출현 시기** 4~10월 | **분포** 전국

몸은 갈색 또는 적갈색이며 광택이 있다. 등면과 다리에 길고 미세한 털이 빽빽하다. 앞날개에는 흑갈색 점이 흩어져 있으며, 혁질부 바깥 부분으로 붉은색 무늬가 있다. 혁질부는 반투명해서 배마디 윗면이 훤히 비치고, 막질부는 투명하고 배끝을 넘는다. 벼과(Poaceae), 국화과(Asteraceae), 마디풀과(Polygonaceae) 식물에서 살며 때때로 벼(*Oryza sativa*) 이삭에 피해를 입히기도 한다. 초록색형 약충은 삿포로잡초노린재 약충과 구별하기 어렵다.

성충 4.19

성충 8.13

약충 5령 9.5

긴잡초노린재

***Rhopalus* (*Aeschyntelus*) *latus* (Jakovlev, 1883)**

국내 첫 기록 *Rhopalus* (*Aeschyntelus*) *latus* : Josifov & Kerzhner, 1978
크기 8~9mm | **출현 시기** 5~9월 | **분포** 강원

몸은 연한 노란색이고 등면은 적갈색이다. 더듬이는 갈색이고 제4마디는 검은색이다. 앞날개 혁질부 둘레는 붉은색이다. 다리는 갈색이나 각 다리 넓적마디에 검은색 반점이 매우 많아 검은색으로 보인다. 삿포로잡초노린재와 생김새가 비슷하지만 뒷다리에 검은 반점이 있고 앞가슴등판 점각이 작고 촘촘한 것이 다르다. 현재까지 강원도에서만 서식이 확인되었으나 온도가 낮은 곳이라면 서식할 가능성이 있다.

성충 6.6

약충 5령 7.9

샷포로잡초노린재

***Rhopalus* (*Aeschyntelus*) *sapporensis* (Matsumura, 1905)**

국내 첫 기록 *Corizus sapporensis* : Nagaoka, 1938 (원기재문 확인 못 함)
크기 6.5~8mm | **출현 시기** 4~10월 | **분포** 전국

몸은 갈색이며 전체에 미세한 털이 흩어져 있다. 더듬이 제4마디는 가운데가 불룩하며 다른 마디보다 색이 짙다. 앞날개 막질부는 반투명해서 배마디 윗면이 비치고 배마디 옆가장자리가 앞날개 옆으로 드러난다. 벼과(Poaceae), 국화과(Asteraceae), 마디풀과(Polygonaceae) 등에서 보이고 다른 과(family) 꽃에서도 종종 보인다.

성충 6.11

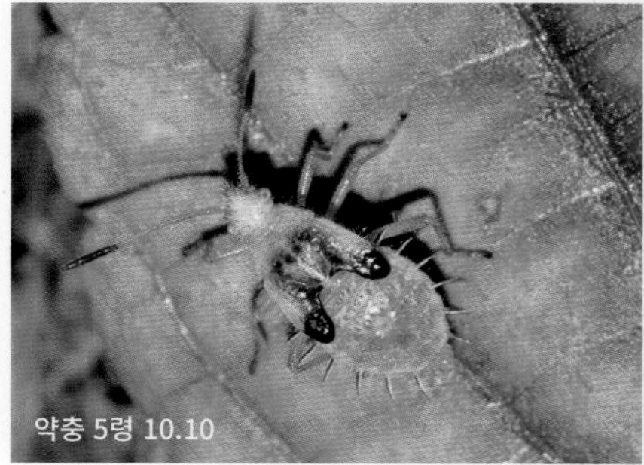

약충 5령 10.10

긴잡초노린재

샷포로잡초노린재

잡초노린재

***Rhopalus* (*Rhopalus*) *parumpunctatus* Schilling, 1829**

국내 첫 기록 *Rhopalus* (s. str.) *parumpunctatus* : Josifov & Kerzhner, 1978
크기 6~8mm | **출현 시기** 6~8월 | **분포** 강원, 충북

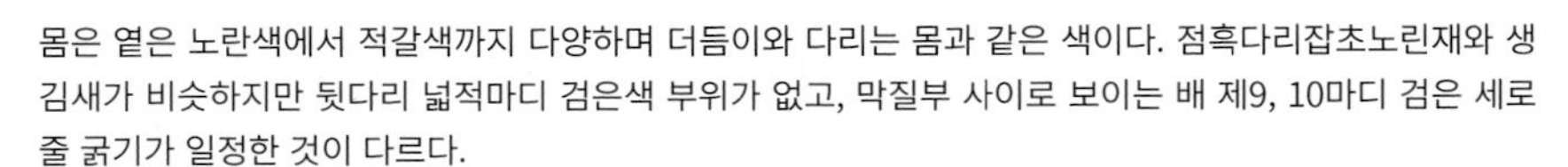

몸은 옅은 노란색에서 적갈색까지 다양하며 더듬이와 다리는 몸과 같은 색이다. 점흑다리잡초노린재와 생김새가 비슷하지만 뒷다리 넓적마디 검은색 부위가 없고, 막질부 사이로 보이는 배 제9, 10마디 검은 세로줄 굵기가 일정한 것이 다르다.

성충 7.30

성충 7.9

점흑다리잡초노린재

Stictopleurus minutus **Blöte, 1934**

국내 첫 기록 *Stictopleurus punctatonervosus minutus* : Josifov & Kerzhner, 1978
Corizus crassicornis : 권업모범장보고, 1922; Maruta, 1929 (오동정)

크기 6~8mm | **출현 시기** 4~10월 | **분포** 전국

몸은 짙은 갈색이다. 앞날개는 반투명해 배 윗면이 훤하게 비친다. 등면에는 검은 반점이 흩어져 있다. 뒷다리 넓적마디 안쪽이 검은색이다. 벼과(Poaceae), 국화과(Asteraceae), 마디풀과(Polygonaceae) 식물 등에서 보인다. 남한 흑다리잡초노린재(*S. crassicornis*) 기록은 이 종을 오동정한 것으로 보인다.

성충 5.15

성충 7.18

약충 5령 6.6

약충 5령 7.19

호리잡초노린재

***Brachycarenus tigrinus* (Schilling, 1829)**

국내 첫 기록 *Brachycarenus tigrinus* : Josifov & Kerzhner, 1978
크기 6~7mm | **출현 시기** 4~8월 | **분포** 경기, 충남, 전북, 전남

몸은 연한 노란색이며 앞가슴등판에는 옅은 검은색이 많다. 앞날개는 투명해 속이 다 비친다. 점흑다리잡초노린재와 생김새가 비슷하지만 뒷다리 넓적마디 안쪽에 있는 검은색 부분이 넓지 않고 검은색 반점만 있는 것이 다르다. 잡초노린재와는 배결합판이 좁은 것이 다르다. 십자화과(Brassicaceae), 국화과(Asteraceae), 명아주과(Chenopodiaceae), 콩과(Fabaceae) 식물에서 보이며 지금까지는 우리나라 서쪽 지역에서만 관찰되었다.

성충 6.18

잡초노린재

점흑다리잡초노린재

호리잡초노린재

옆소금쟁이잡초노린재

***Myrmus lateralis* Hsiao, 1964**

국내 첫 기록 *Myrmus lateralis* : Josifov & Kerzhner, 1978
크기 8~10mm | **출현 시기** 6~9월 | **분포** 강원

몸이 가늘고 길어 마치 소금쟁이처럼 보인다. 배 아랫면은 연한 노란색이거나 연두색이다. 더듬이와 다리는 갈색이며 더듬이 제4마디는 어두운 갈색이다. 겹눈은 튀어나왔으며 날개는 짧아 배끝에 이르지 못한다. 현재까지는 강원도에서만 확인되었다.

성충 9.11

성충 9.11

참나무노린재과

Urostylididae (chestnut-leaved oak bugs)

몸은 납작하고 긴 타원형이며 더듬이는 5마디로 겹눈 바로 앞에서 나온다. 홑눈이 서로 가까이 붙는 것이 특징이다. 다리는 비교적 길고 종아리마디에는 짧은 가시털이 있다. 식물 즙을 빨며 참나무과, 느릅나무과, 장미과 등 주로 활엽수에서 보인다. 대부분 열대와 아열대에 분포하고 7속 90여 종이 알려졌으며 우리나라에는 10종이 기록되었다.

두쌍무늬노린재

***Urochela* (*Urochela*) *quadrinotata* (Reuter, 1881)**

국내 첫 기록 *Urochela jozankeana* : Doi, 1932
크기 14~16mm | **출현 시기** 4~11월 | **분포** 전국(제주 제외)

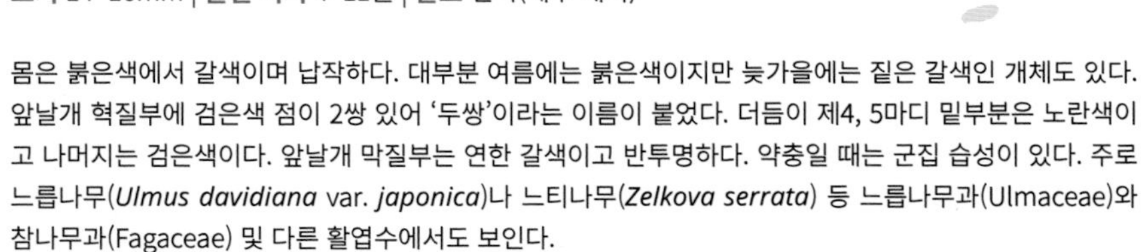
몸은 붉은색에서 갈색이며 납작하다. 대부분 여름에는 붉은색이지만 늦가을에는 짙은 갈색인 개체도 있다. 앞날개 혁질부에 검은색 점이 2쌍 있어 '두쌍'이라는 이름이 붙었다. 더듬이 제4, 5마디 밑부분은 노란색이고 나머지는 검은색이다. 앞날개 막질부는 연한 갈색이고 반투명하다. 약충일 때는 군집 습성이 있다. 주로 느릅나무(*Ulmus davidiana* var. *japonica*)나 느티나무(*Zelkova serrata*) 등 느릅나무과(Ulmaceae)와 참나무과(Fagaceae) 및 다른 활엽수에서도 보인다.

성충 5.15
성충 10.2
짝짓기 6.17
성충 8.6
약충 5령 8.30

애두쌍무늬노린재

***Urochela* (*Urochela*) *tunglingensis* Yang, 1939**

국내 첫 기록 *Urochela tunglingensis* : Lee, 1971
Urochela sp. : Doi, 1939
Urochela jozankeana : Doi, 1932 (일부 오동정)

크기 10~11mm | **출현 시기** 5~6월 | **분포** 강원, 충북, 경북

몸은 어두운 갈색이며 두쌍무늬노린재보다 작다. 앞날개 혁질부에 있는 검은색 점 2쌍이 두쌍무늬노린재보다 뚜렷하지 않고, 앞쪽 무늬는 뒤쪽 무늬보다 작고 색이 연하다. 약충일 때는 군집 습성이 있다. 사위질빵(*Clematis apiifolia*)에서 관찰되었으나 기주인지는 확인하지 못했으며 두쌍무늬노린재에 비해 매우 드물다.

성충 6.6

성충 6.6

짝짓기 6.6

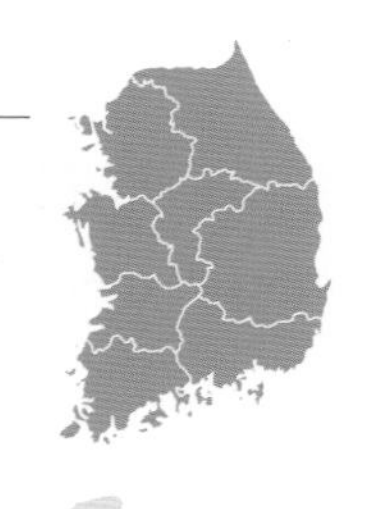

작은주걱참나무노린재

***Urostylis annulicornis* Scott, 1874**

국내 첫 기록 *Urostylis annulicornis* : Lee, 1962 (원기재문 확인 못 함)
크기 11~13mm | **출현 시기** 5~10월 | **분포** 전국(제주 제외)

몸은 초록색에서 황록색이며 등면 전체에 검은 점각이 흩어져 있다. 더듬이가 몸길이보다 길다. 수컷 생식절에 긴 막대 모양 돌기가 있다. 이 종은 기문이 배와 같은 초록색인데, 참나무노린재는 배 기문 색깔이 검어 구별된다. 배 기문 색깔로 구별되지 않는 갈참나무노린재와는 날개와 작은방패판 점각 형태로 구별되고, 큰주걱참나무노린재와는 수컷 생식기 모양으로 구별된다. 이 네 종류 참나무노린재 중에서 이 종이 비교적 자주 보인다.

암컷 6.15

성충 7.13

수컷 생식기 6.15

작은주걱참나무노린재

갈참나무노린재

큰주걱참나무노린재

***Urostylis striicornis* Scott, 1874**

국내 첫 기록 *Urostylus striicornis* : Saito, 1931 (속명 오기)
크기 10~13mm | **출현 시기** 11월 | **분포** 경기

몸은 초록색에서 황록색이며 등면 전체에 검은 점각이 흩어져 있다. 작은주걱참나무노린재와 생김새가 매우 비슷해 구별이 어렵다. 단, 수컷 생식절 돌기가 매우 길게 뻗어 배 위쪽으로 휘었고 돌기 끝이 넓어져서 주걱 모양이 된다. 개체에 따라 다리가 붉기도 하다. 참나무과(Fagaceae) 나무가 기주이며, *Urostylis* 중에서 매우 드물게 보인다.

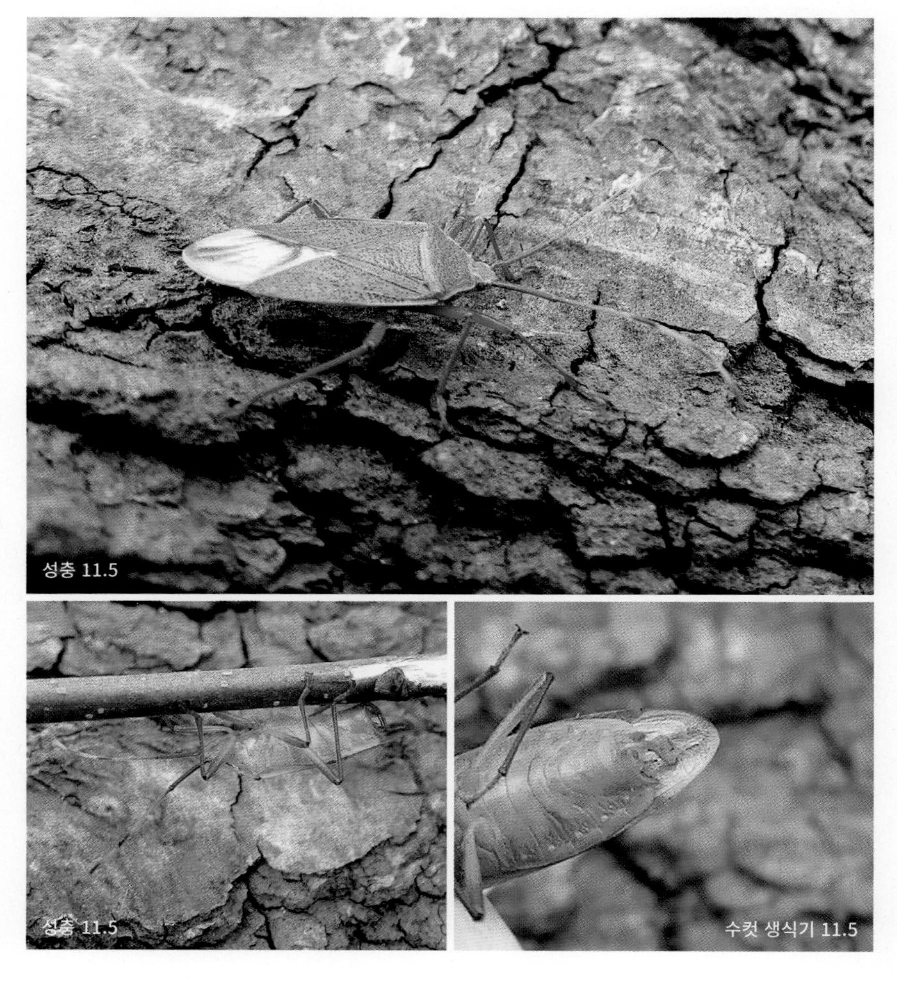

성충 11.5

성충 11.5

수컷 생식기 11.5

참나무노린재

***Urostylis westwoodi* Scott, 1874**

국내 첫 기록 *Urostylis westwoodi* : 권업모범장보고, 1922; Maruta, 1929
크기 12mm 내외 | **출현 시기** 5~10월 | **분포** 경기

몸은 초록색에서 황록색이며 등면 전체에 검은 점각이 흩어져 있다. 큰주걱참나무노린재 및 작은주걱참나무노린재와 생김새가 매우 비슷하지만 배 기문 색깔이 검은 것으로 구별한다. 앞가슴등판과 앞날개 둘레를 따라 흰색 테두리가 끊이지 않고 일정하게 뻗었으며 앞가슴등판 양옆 끝에 검은색 점이 있는 것도 특징이다. 앞날개 막질부에는 연한 검은색 무늬가 있고, 수컷 생식절은 돌기 3개가 위로 튀어나와서 삼지창 모양이다. 참나무과(Fagaceae) 나무가 기주다.

성충 10.1

성충 10.1

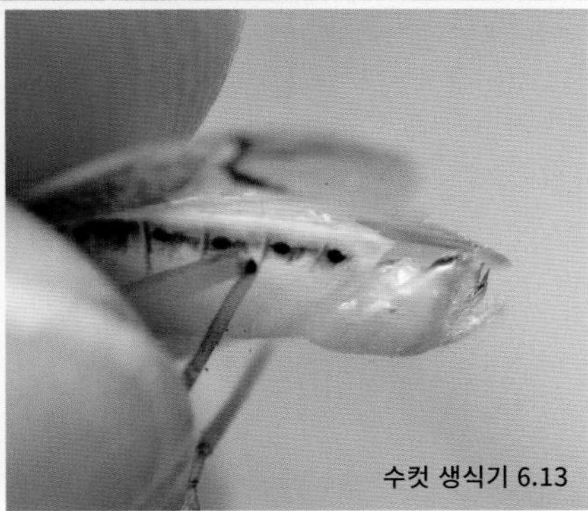
수컷 생식기 6.13

갈참나무노린재

***Urostylis trullata* Kerzhner, 1966**

국내 첫 기록 *Urostylis trullata* : Josifov & Kerzhner, 1978
크기 10.5~14mm | **출현 시기** 6~9월 | **분포** 경기

몸은 초록색에서 황록색이며 다리는 초록색이다. 앞가슴등판과 작은방패판에 검은 점각이 없거나 드물게 보이는 것이 뒷창참나무노린재와 비슷하지만, 앞날개 혁질부에 검은 점각이 넓게 퍼진 것과 막질부에 검은색 V자 무늬가 옅게 보이는 것이 다르다. 수컷 생식절 돌기 끝부분은 삼각형이며 배 위쪽으로 휘었다.

암컷 8.19

수컷 6.21

성충 8.19

수컷 생식기 6.21

뒷창참나무노린재

***Urostylis lateralis* Walker, 1867**

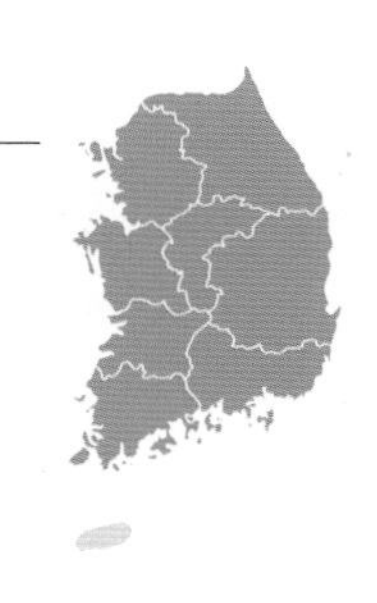

국내 첫 기록 *Urostylis lateralis* : Doi, 1939
Urostylis striicornies : Doi, 1933 (일부 오동정)
크기 12~15mm | **출현 시기** 5~11월 | **분포** 전국(제주 제외)

몸은 초록색에서 황갈색, 때로는 흰색이며 다리는 종종 붉은빛을 띤다. 앞가슴등판과 작은방패판에는 검은 점각이 없으며, 앞날개 혁질부 양쪽 가장자리에만 성기게 분포한다. 수컷 생식절 중앙돌기가 창 모양으로 길게 튀어나와 위쪽으로 휘었다. 참나무과(Fagaceae) 나무에서 보인다.

성충 11.10

짝짓기 10.10

수컷 생식기 11.10

알노린재과

Plataspididae

몸은 달걀 모양 또는 약간 타원형으로, 배 위쪽이 볼록하고 배 아래쪽은 납작하며 대개 광택이 있다. 작은방패판이 확장되어 배를 완전히 덮으며 앞날개 길이가 배 길이 약 2배로 쉴 때는 작은방패판 아래로 접힌다. 식물 즙을 빨며 일부는 곰팡이를 먹고 일부는 콩과 작물에 피해를 준다. 전 세계에 분포하고 59속 530여 종이 알려졌으며 우리나라에는 9종이 기록되었다.

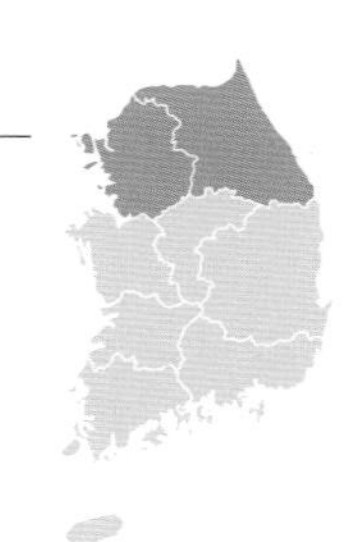

큰알노린재

Coptosoma capitatum **Jakovlev, 1880**

국내 첫 기록 *Coptosoma capitatum* : Tanaka, 1941
크기 4mm 내외 | **출현 시기** 5~6월 | **분포** 경기, 강원

몸은 광택 있는 검은색이다. 작은방패판 둘레에 황백색 줄이 없으며 가로 홈 사이에 황백색 무늬가 있다. 작은방패판은 배 전체를 덮으며 가로 홈 사이 무늬는 노란색이다. 다리는 모두 흑갈색이다. 암수 머리 모양이 다르며, 수컷은 머리 측엽이 넓어져 앞으로 튀어나왔으며 사각형이다.

수컷 6.11

암컷 5.27

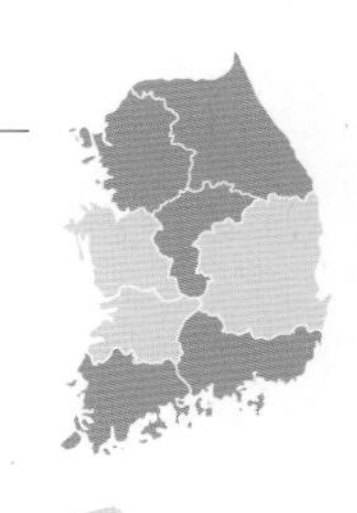

노랑무늬알노린재

***Coptosoma japonicum* Matsumura, 1913**

국내 첫 기록 *Coptosoma japonicum* : Lee, 1971
크기 2~3mm | **출현 시기** 6~10월 | **분포** 경기, 강원, 충북, 경남, 전남

몸은 검은색이며 광택이 있다. 머리에 세로줄이 1쌍 있고, 앞가슴등판 앞쪽에 노란색 가로줄이 2쌍 있으나 없는 개체도 있다. 앞가슴등판 둘레와 작은방패판 둘레에 뚜렷하고 굵은 노란 줄이 이어져 다른 알노린재와 구별된다. 작은방패판 가로 홈 사이에 있는 노란색 무늬는 크고 긴 직사각형이다. 비수리(*Lespedeza cuneata*)나 싸리(*Lespedeza bicolor*) 등 콩과(Fabaceae) 식물에 무리 지어 산다.

성충 10.9

성충 7.4

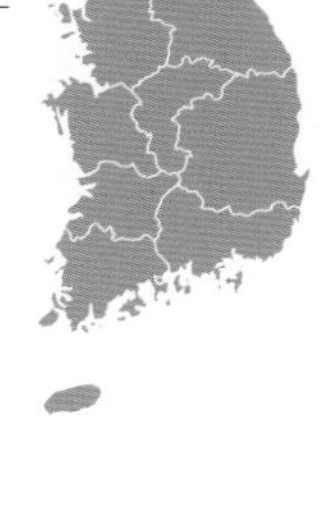

알노린재

***Coptosoma bifarium* Montandon, 1897**

국내 첫 기록 *Coptosoma bifarium* : Tanaka, 1941
Coptosoma biguttulum : Doi, 1932 (일부 오동정)
크기 3~4mm | **출현 시기** 6~8월 | **분포** 전국

몸은 검은색이며 광택이 있다. 눈박이알노린재와 생김새가 비슷하며 생식기와 수컷 머리 모양으로 구별한다. 이 종은 암수 머리 모양이 다르나 눈박이알노린재는 같다. 수컷은 측엽이 중엽보다 길어 서로 겹쳐져 전체가 사각형으로 보이고, 눈박이알노린재 수컷은 둥근 모양이다. 쑥(*Artemisia princeps*)에 무리 지어 산다.

성충 6.14

성충 7.9

눈박이알노린재

***Coptosoma biguttulum* Motschulsky, 1860**

국내 첫 기록 *Coptosoma biguttulum* : Doi, 1932
크기 3~4mm | **출현 시기** 5~10월 | **분포** 경기, 강원, 경남, 전남

몸은 검은색이며 광택이 있다. 앞가슴등판 앞쪽 가장자리는 노란색이고 작은방패판 둘레에는 황백색 줄이 없지만 드물게 붉은색 줄이 있는 개체도 있다. 작은방패판 가로 홈 사이에 황백색 무늬가 있으며, 콩과(Fabaceae) 식물에 무리 지어 산다. 다른 알노린재와 달리 암수 머리 모양이 비슷하지만, 암컷은 알노린재와 구별하기가 어렵다. 추후 생식기로 구별되는 중국알노린재와 정확히 비교해 볼 필요가 있다.

성충 8.15

성충 8.15

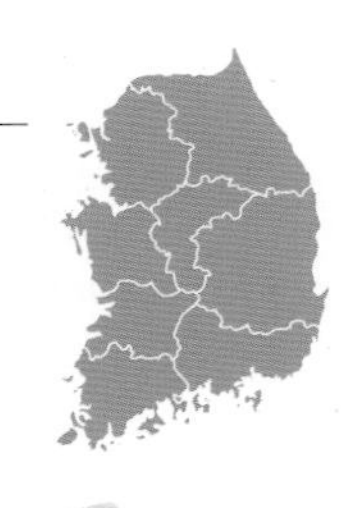

동쪽알노린재

***Coptosoma semiflavum* Jakovlev, 1890**

국내 첫 기록 *Coptosma semiflavum* : Lee *et al*., 1994
크기 3~4mm | **출현 시기** 7~10월 | **분포** 전국(제주 제외)

몸은 검은색이며 광택이 있다. 눈박이알노린재와 생김새가 비슷하지만 이 종 머리에는 황백색 세로줄이 2개 있고, 앞가슴등판 앞쪽에는 황백색 가로줄이 2개 있다. 작은방패판 둘레에 노란색 줄이 있으며 가로 홈 사이에 있는 노란색 점은 긴 삼각형으로 크다. 작은방패판 끝부분에 황갈색 점이 있는 개체가 많다.

성충 7.6

성충 7.3

성충 7.3

희미무늬알노린재

***Coptosoma parvipictum* Montandon, 1892**

국내 첫 기록 *Coptosoma parvipictum* : Miyamoto & Lee, 1966
크기 3~4mm | **출현 시기** 4~10월 | **분포** 전국(제주 제외)

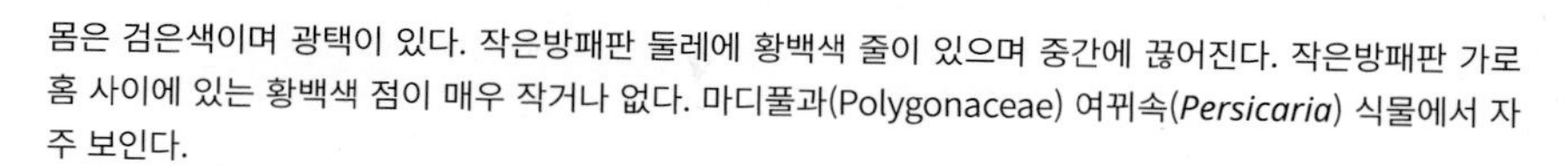

몸은 검은색이며 광택이 있다. 작은방패판 둘레에 황백색 줄이 있으며 중간에 끊어진다. 작은방패판 가로 홈 사이에 있는 황백색 점이 매우 작거나 없다. 마디풀과(Polygonaceae) 여뀌속(*Persicaria*) 식물에서 자주 보인다.

성충 6.30

짝짓기 5.30

군집 6.17

방패알노린재

Coptosoma scutellatum **(Geoffroy, 1785)**

국내 첫 기록 *Coptosoma scutullatum* : Josifov & Kerzhner 1978
크기 4~5mm | **출현 시기** 8월 | **분포** 경기

몸은 대체로 광택 있는 검은색이고 작은방패판 둘레에 황백색 줄이 없다. 작은방패판 가로 홈은 같은 속 다른 종보다 넓고 가로 홈 사이에 황백색 점이 없다. 토끼풀 같은 콩과(Fabaceae) 식물이 기주로 알려졌다.

성충 8.11

성충 8.11

무당알노린재

Megacopta cribraria **(Fabricius, 1798)**

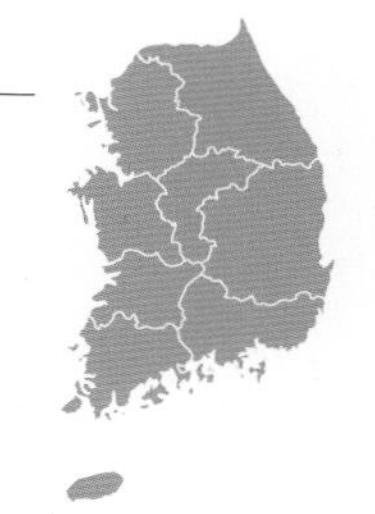

국내 첫 기록 *Coptosoma punctatisimum* : Doi, 1936
크기 4~6mm | **출현 시기** 4~10월 | **분포** 전국

등면은 노란색 또는 황록색 바탕에 흑갈색 점각이 빽빽하다. 알노린재류 중에서 가장 흔하게 보이고 콩과(Fabaceae) 식물에 무리 지어 살며, 특히 칡(*Pueraria lobata*)에서 많이 보인다. 간혹 콩과 식물이 아닌 식물에서 관찰되기도 한다. 여기에서는 무당알노린재 이전 학명인 *M. punctatissimum*을 이명으로 취급하나 서로 다른 종으로 보는 견해도 있다.

성충 5.11
짝짓기 5.9
약충 5령 9.9
알 5.11

뿔노린재과

Acanthosomatidae (shield bugs)

몸은 중형~대형으로 방패 모양이다. 앞가슴등판 양옆 모서리가 뿔처럼 튀어나오는 종이 많으며 수컷 생식기가 가위 모양인 종도 있다. 나무 위에서 생활하며 열매 즙을 빤다. *Elasmucha*와 *Sastragala* 암컷은 모성애가 강해 알과 약충을 보호한다. 전 세계에 분포하지만 열대 고지대와 온대에 많고 180여 종이 알려졌으며 우리나라에는 21종이 기록되었다.

굵은가위뿔노린재

***Acanthosoma crassicaudum* Jakovlev, 1880**

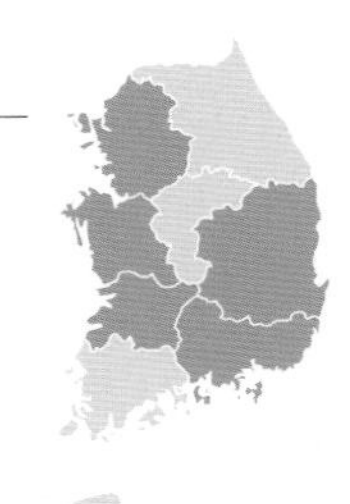

국내 첫 기록 *Acanthosoma crassicaudum* : Doi, 1935
Acanthosoma labiduloides : Doi, 1932 (오동정)

크기 17~18mm | **출현 시기** 4~9월 | **분포** 경기, 충남, 경북, 경남, 전북

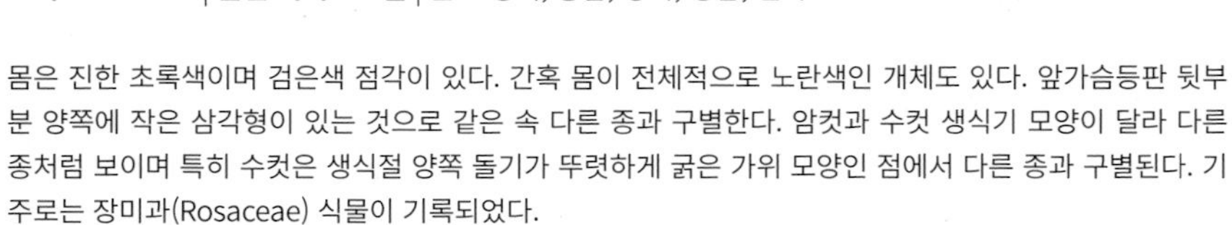

몸은 진한 초록색이며 검은색 점각이 있다. 간혹 몸이 전체적으로 노란색인 개체도 있다. 앞가슴등판 뒷부분 양쪽에 작은 삼각형이 있는 것으로 같은 속 다른 종과 구별한다. 암컷과 수컷 생식기 모양이 달라 다른 종처럼 보이며 특히 수컷은 생식절 양쪽 돌기가 뚜렷하게 굵은 가위 모양인 점에서 다른 종과 구별된다. 기주로는 장미과(Rosaceae) 식물이 기록되었다.

수컷 5.14

암컷 6.22

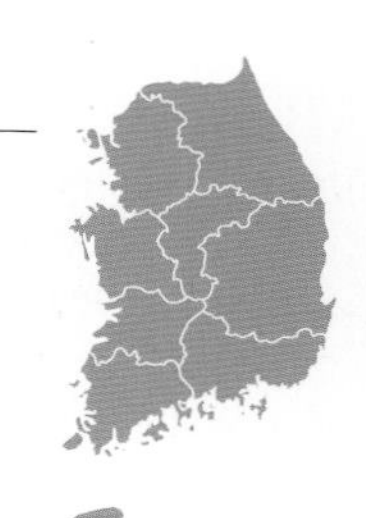

등빨간뿔노린재

***Acanthosoma denticaudum* Jakovlev, 1880**

국내 첫 기록 *Acanthosoma denticaudum* : Doi, 1935
Acanthosoma forficula : Doi, 1934 (오동정)
크기 14~19mm | **출현 시기** 4~10월 | **분포** 전국

몸은 청록색 또는 초록색이며 광택이 있다. 앞가슴등판 가운데 부분이 붉은색 또는 적갈색을 띠어 '등빨간'이라는 이름이 붙었다. 색이 바랜 표본은 동정할 때 주의해야 한다. 어깨 돌기 끝이 검은색이어서 다른 비슷한 종과 구별된다. 다리는 연두색이거나 황갈색이고, 투명한 앞날개 막질부 아래로 검은 줄이 보인다. 수컷 생식절 돌기는 붉은색 가위 모양이며 막질부 밖으로 약간 튀어나오는데 굵은뿔노린재에 비해 확실히 작고 가늘다. 다양한 활엽수에서 보인다.

수컷 5.14

암컷 5.27

녹색가위뿔노린재

***Acanthosoma forficula* Jakovlev, 1880**

국내 첫 기록 *Acanthosoma forficula* : Haku, 1937
크기 14~17mm | **출현 시기** 3~10월 | **분포** 경기, 경북, 경남, 전남

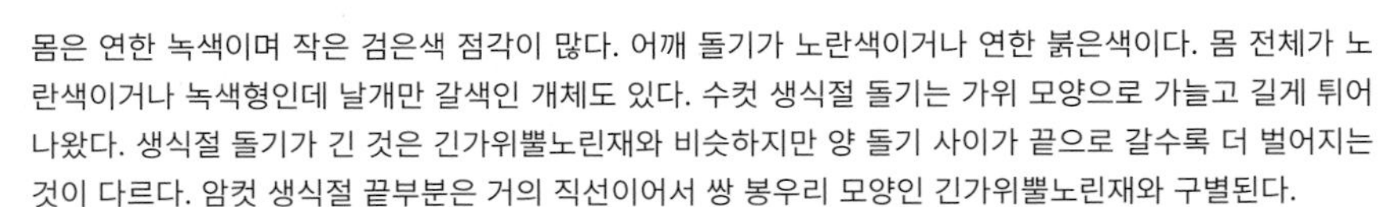
몸은 연한 녹색이며 작은 검은색 점각이 많다. 어깨 돌기가 노란색이거나 연한 붉은색이다. 몸 전체가 노란색이거나 녹색형인데 날개만 갈색인 개체도 있다. 수컷 생식절 돌기는 가위 모양으로 가늘고 길게 튀어나왔다. 생식절 돌기가 긴 것은 긴가위뿔노린재와 비슷하지만 양 돌기 사이가 끝으로 갈수록 더 벌어지는 것이 다르다. 암컷 생식절 끝부분은 거의 직선이어서 쌍 봉우리 모양인 긴가위뿔노린재와 구별된다.

수컷 녹색형 7.12

암컷 8.29

수컷. 날개만 갈색 8.21

긴가위뿔노린재

Acanthosoma labiduroides **Jakovlev, 1880**

국내 첫 기록 *Acanthosoma labiduroides* : Haku, 1937
크기 18mm 내외 | **출현 시기** 4~10월 | **분포** 전국

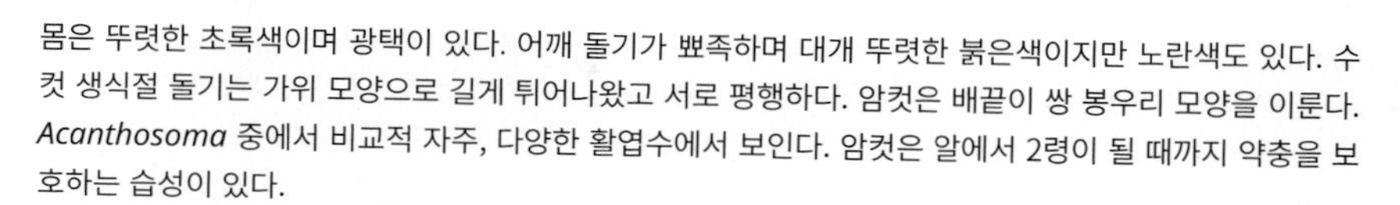

몸은 뚜렷한 초록색이며 광택이 있다. 어깨 돌기가 뾰족하며 대개 뚜렷한 붉은색이지만 노란색도 있다. 수컷 생식절 돌기는 가위 모양으로 길게 튀어나왔고 서로 평행하다. 암컷은 배끝이 쌍 봉우리 모양을 이룬다. *Acanthosoma* 중에서 비교적 자주, 다양한 활엽수에서 보인다. 암컷은 알에서 2령이 될 때까지 약충을 보호하는 습성이 있다.

수컷 7.6

암컷 6.25

약충 4령 7.20

약충 5령 9.8

뿔노린재

***Acanthosoma haemorrhoidale angulatum* Jakovlev, 1880**

국내 첫 기록 *Acanthosoma haemorrhoidale*∶Josifov & Kerzhner, 1978
크기 15~18mm | **출현 시기** 6~8월 | **분포** 경기, 강원

*Acanthosoma haemorrhoidale*에는 3아종이 있으며 동아시아에 분포하는 *angulatum*과 *ouchii*는 유럽과 그 인근 아시아에 분포하는 *haemorrhoidale*에 비해 어깨 돌기가 더 튀어나온 것이 특징이다. 몸은 뚜렷한 녹색이며 앞날개 혁질부 반은 붉은색 또는 적갈색이다. 다른 종에 비해 어깨 돌기가 길게 튀어나왔으며 튀어나온 정도는 개체마다 차이가 있다. 수컷 생식절 돌기는 가위 모양이지만 짧다. 장미과(Rosaceae) 식물이 기주로 기록되었다.

성충 7.9

약충 5령 8.16

붉은가위뿔노린재

***Acanthosoma spinicolle* Jakovlev, 1880**

국내 첫 기록 *Acanthosoma spinicolle* : Lee, 1971
크기 13~16mm | **출현 시기** 8~11월 | **분포** 경기, 강원, 경북

몸은 초록색이며 작은방패판을 둘러싸는 앞가슴등판 뒷부분과 앞날개 안쪽 부분이 적갈색이다. 작은방패판은 초록색이며 앞날개 막질부는 갈색이고 배끝을 훨씬 넘는다. 뿔노린재와 생김새가 비슷하지만 몸 폭이 더 좁으며 어깨 돌기가 다른 뿔노린재보다 튀어나오지 않았다. 비교적 기온이 낮은 지역, 특히 설악산에 많이 사는 것으로 보인다.

수컷 10.30

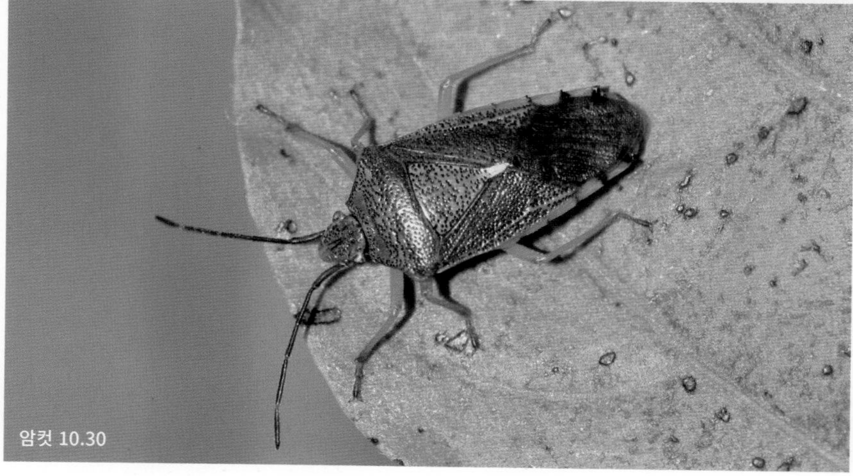
암컷 10.30

황소홍뿔노린재

***Acanthosoma firmatum* (Walker, 1868)**

국내 첫 기록 *Anaxandra gigantea* : Doi, 1933
크기 16~18mm | **출현 시기** 9월 | **분포** 전남

몸은 초록색이며 앞가슴등판 양옆 모서리가 황소 뿔 모양으로 크게 튀어나와서 다른 종과 구별된다. 앞가슴등판에서 튀어나온 부분만 붉은색이며, 앞가슴등판과 작은방패판에는 검은색 점각이 있다. 수컷 생식기는 가위 모양이며 돌기는 짧다. 일부 매우 드물게 헛개나무에서 관찰된다. 알에서 2령이 될 때까지 약충을 보호하는 습성이 있다.

성충 9.11

가시얼룩뿔노린재(신칭)

Elasmostethus yunnanus **Hsiao & S.L. Liu, 1977**

국내 첫 기록 *Elasmostethus yunnanus* : WG. Kim *et al*., 2016
크기 10~12mm | **출현 시기** 8~10월 | **분포** 경기, 강원, 충북, 경북, 전북

몸은 황록색 또는 초록색이며 어깨 돌기는 약간 튀어나왔고 끝부분은 검은색이다. 얼룩뿔노린재와 마찬가지로 배 아랫면에는 기문 근처에 검은 점이 하나씩 있으며, 배 윗면은 붉은색이지만 앞날개 막질부 검은 무늬 탓에 배 붉은색이 잘 보이지 않는다. 작은방패판 기부 가운데와 양옆에 짙은 갈색 무늬가 있으며, 가운데에 있는 삼각형 또는 쐐기 무늬는 끝이 뾰족하다. 이 무늬들은 개체에 따라 흔적만 있을 수 있다. 수컷 생식절 끝부분에 털 뭉치가 하나 있고 그 안쪽에 검은 돌기가 있으며, 암컷 생식절 끝부분이 깊이 파인 쌍 봉우리 모양인 것으로 다른 종과 구별한다. 두릅나무과(Araliaceae) 독활(*Aralia cordata* var. *continentalis*), 오갈피나무(*Eleutherococcus sessiliflorus*), 팔손이(*Fatsia japonica*)와 미나리과(Apiaceae) 시호(*Bupleurum falcatum*), 기름나물(*Peucedanum terebinthaceum*)에서 서식을 확인했다. 기존 비단얼룩뿔노린재는 국내 분포 기록 근거가 불분명하고, 이 종의 동종이명일 가능성이 크다.

수컷 10.16

암컷 9.21

약충 5령 9.26

얼룩뿔노린재

***Elasmostethus humeralis* Jakovlev, 1883**

국내 첫 기록 *Elasmostethus matsumurae* : Furukawa, 1930
크기 10~12mm | **출현 시기** 7~10월 | **분포** 경기, 강원, 경북

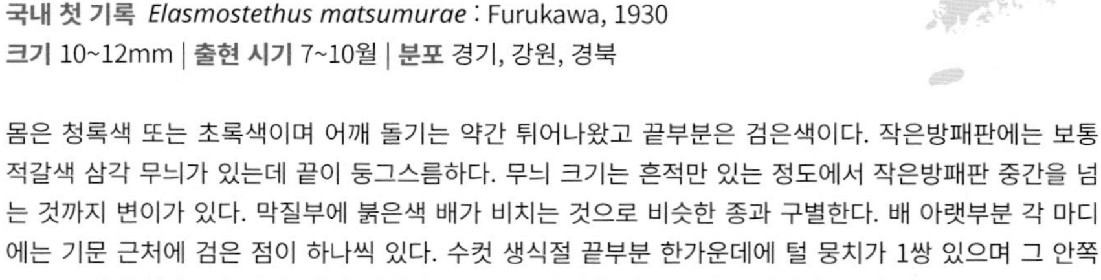

몸은 청록색 또는 초록색이며 어깨 돌기는 약간 튀어나왔고 끝부분은 검은색이다. 작은방패판에는 보통 적갈색 삼각 무늬가 있는데 끝이 둥그스름하다. 무늬 크기는 흔적만 있는 정도에서 작은방패판 중간을 넘는 것까지 변이가 있다. 막질부에 붉은색 배가 비치는 것으로 비슷한 종과 구별한다. 배 아랫부분 각 마디에는 기문 근처에 검은 점이 하나씩 있다. 수컷 생식절 끝부분 한가운데에 털 뭉치가 1쌍 있으며 그 안쪽으로도 털 뭉치가 1쌍 있다. 암컷 생식절 끝부분은 완만한 쌍 봉우리 모양이다. 꽃과 열매에서 무리 지어 살며 두릅나무과(Araliaceae) 독활(*Aralia cordata* var. *continentalis*), 오갈피나무(*Eleutherococcus sessiliflorus*), 미나리과(Apiaceae) 어수리(*Heracleum moellendorffii*)에서 관찰했고, 인동과(Caprifoliaceae) 괴불나무(*Lonicera maackii*)에서도 확인했다.

수컷 9.6

암컷 9.6

성충 5.7

진얼룩뿔노린재

***Elasmostethus interstinctus* (Linné, 1758)**

국내 첫 기록 *Elasmostethus interstinctus* : Josifov & Kerzhner, 1978
크기 11mm 내외 | **출현 시기** 8월 | **분포** 강원

몸은 초록색 또는 황록색이며 앞날개 혁질부에 있는 선명한 적갈색 무늬가 좌우로 합쳐져 X자로 보인다. 작은방패판에 뚜렷한 적갈색 반원 무늬가 있다. 막질부를 통해 비치는 배 윗면은 검은색이다. 배 아랫부분 각 마디에는 기문 근처에 검은 점이 하나씩 있다. 수컷 생식절 끝부분 한가운데에 털 뭉치가 1쌍 있고 그 안쪽으로 또 털 뭉치가 1쌍 있으며, 그 좌우에 작고 검은 돌기가 1쌍 있다. 암컷 생식절 끝부분은 완만한 쌍 봉우리 모양이다. 자작나무과(Betulaceae)가 기주로 알려졌으며 사진도 자작나무(*Betula platyphylla* var. *japonica*)에서 촬영했다.

수컷 8.15

암컷 8.16

약충 5령 8.16

남방뿔노린재

***Elasmostethus nubilus* (Dallas, 1851)**

국내 첫 기록 *Dichobothrium nubilum* : Lee, 1971 (일부 오동정)
크기 7~9mm | **출현 시기** 8~11월 | **분포** 경기, 경북, 경남, 전남

이 종과 넓은남방뿔노린재는 크기가 작고 배 윗면이 부분적으로 검으며 아랫면에는 검은 점이 없다. 이들은 또한 수컷 생식절 끝부분에 털 뭉치가 없고 암컷 생식절 끝부분이 대체로 한 봉우리를 이룬다. 이 종은 어깨 돌기와 배 제7마디 양 끝이 다소 뾰족하게 튀어나왔다. 작은방패판은 전체적으로 어두운 붉은색인데 그 정도는 개체마다 차이가 있다. 수컷 생식절 끝부분은 둥글며 긴 털이 빽빽하고, 암컷 생식절 끝부분은 가운데가 약간 오목하다. 두릅나무과(Araliaceae) 식물이 기주로 알려졌으며 사진은 독활(*Aralia cordata* var. *continentalis*)에서 촬영했다. 국내 첫 기록은 Lee(1971)인데 해당 사진은 가시얼룩뿔노린재 암컷 오동정이다. 2010년 『노린재 도감』에 실린 남방뿔노린재도 이전 기록을 토대로 했기에 오동정한 이 종이다.

수컷 9.22

암컷 11.27

약충 5령 11.27

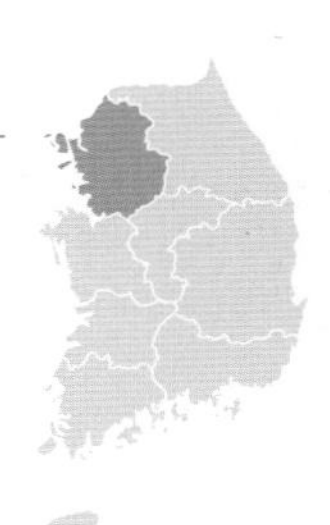

넓은남방뿔노린재(신칭)

Elasmostethus rotundus **Yamamoto, 2003**

국내 첫 기록 *Elasmostethus rotundus* : WG. Kim *et al*., 2016
크기 8~10mm | **출현 시기** 9월 | **분포** 경기

남방뿔노린재와 생김새가 매우 비슷하지만 몸이 남방뿔노린재보다 넓고 둥글며 어깨 돌기와 배 제7마디 양 끝이 남방뿔노린재보다 완만하다. 작은방패판 가운데 짙은 무늬가 대개 남방뿔노린재보다 밝지만 개체별로 달라 어두운 개체는 색상으로 남방뿔노린재와 구별하기 어렵다. 수컷 생식절 끝부분은 거의 직선을 이루며 짧은 털이 띄엄띄엄 있다. 암컷 생식절은 끝부분 가운데가 오목하지 않고 거의 직선이다. 기주는 남방뿔노린재와 같은 두릅나무과(Araliaceae)와 미나리과(Apiaceae)로 보이며 독활(*Aralia cordata* var. *continentalis*)과 시호(*Bupleurum falcatum*)에서 서식을 확인했다.

수컷 9.6

암컷 9.6

닮은얼룩뿔노린재

***Elasmostethus brevis* Lindberg, 1934**

국내 첫 기록 *Elasmostethus brevis* : Josifov & Kerzhner, 1978
크기 10~12mm | **출현 시기** 5월 | **분포** 강원

진얼룩뿔노린재와 생김새가 매우 비슷하나, 작은방패판 가운데에 짙은 무늬가 더 연하고 경계가 불분명하다. 수컷 생식절 끝부분 한가운데에 있는 털 뭉치 2쌍과 거리를 두고서 작고 검은 돌기가 1쌍 있는 것과, 암컷 생식절 끝부분 가운데가 다소 튀어나온 것으로 진얼룩뿔노린재와 구별한다. 배 아랫면 각 마디 기문 근처에 검은 점이 있는 것으로 알려졌으나 아예 없거나 일부 마디에만 있는 개체가 많은 것을 확인했다. 북한에서만 기록되었으나 2015년 강원도에서 많은 개체를 확인했다.

수컷 5.23

암컷 5.23

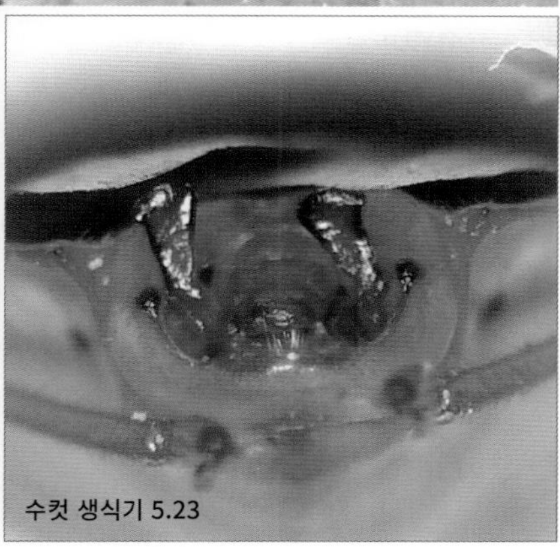
수컷 생식기 5.23

얼룩뿔노린재
가운데
짙은 무늬가
뾰족하지 않고
무디며
무늬 길이는
흔적만 있는 것에서
중간을 넘어가는
것까지 다양함
닮은얼룩뿔노린재
연하고 경계가
불분명함
비치는 배 색이
어두움

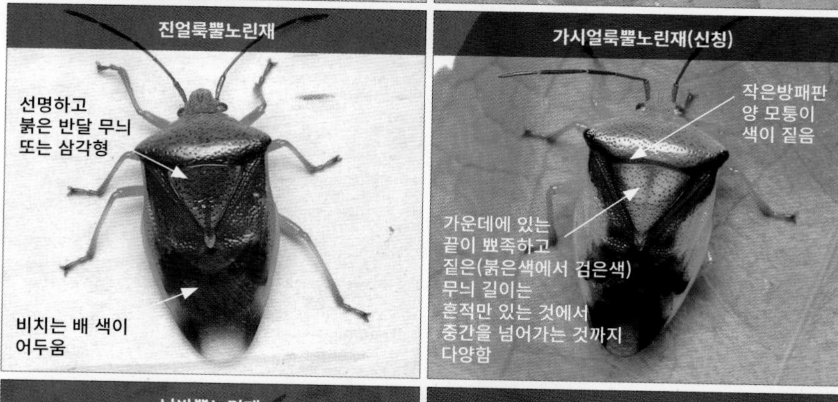
진얼룩뿔노린재
선명하고
붉은 반달 무늬
또는 삼각형
비치는 배 색이
어두움
가시얼룩뿔노린재(신칭)
작은방패판
양 모퉁이
색이 짙음
가운데에 있는
끝이 뾰족하고
짙은(붉은색에서 검은색)
무늬 길이는
흔적만 있는 것에서
중간을 넘어가는 것까지
다양함

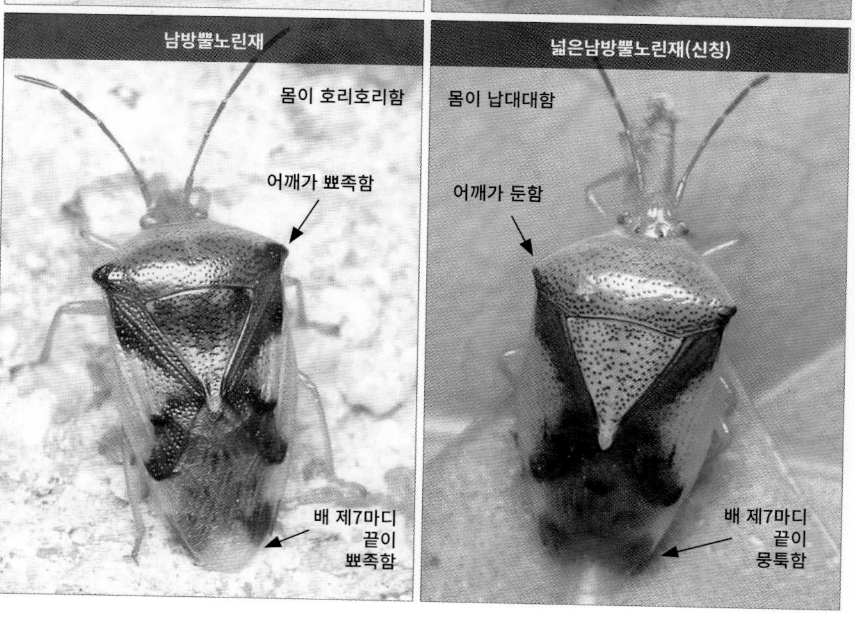
남방뿔노린재
몸이 호리호리함
어깨가 뾰족함
배 제7마디
끝이
뾰족함
넓은남방뿔노린재(신칭)
몸이 납대대함
어깨가 둔함
배 제7마디
끝이
뭉툭함

꼬마뿔노린재

***Elasmucha dorsalis* (Jakovlev, 1876)**

국내 첫 기록 *Elasmucha dorsalis* : Lee, 1971
Elasmucha signoreti : Doi, 1933 (오동정)
크기 6~8mm | **출현 시기** 7~8월 | **분포** 강원

뿔노린재 종류 중 몸이 작고 황갈색이고 광택이 있다. 어깨 돌기는 튀어나왔고 검은색이다. 배 아랫면에 점각이 있으며 배결합판 제6마디가 좁아지는 것이 특징이다. 알에서 종령이 될 때까지 약충을 보호한다는 보고가 있다. 사진은 쉬땅나무(*Sorbaria sorbifolia* var. *stellipila*)와 조팝나무속(*Spiraea*) 식물에서 촬영했다.

성충 8.9

성충 8.9

약충 5령 8.9

알락꼬마뿔노린재

***Elasmucha fieberi* (Jakovlev, 1865)**

국내 첫 기록 *Elasmucha fieberi* : Kerzhner, 1972 (원기재문 확인 못 함)
크기 7~9mm | **출현 시기** 5월 | **분포** 강원

푸토니뿔노린재와 생김새가 비슷하며 몸은 어두운 갈색이다. 다리가 밝은 연두색이거나 미색인 푸토니뿔노린재와 달리 적갈색이다. 푸토니뿔노린재는 배 아랫면 각 마디에 검은 점이 1쌍씩 있으나, 이 종은 각 마디에 크고 검은 점 1쌍 외에도 작고 검은 점이 빽빽한 것이 다르다.

수컷 5.23

암컷 5.28

성충 5.23

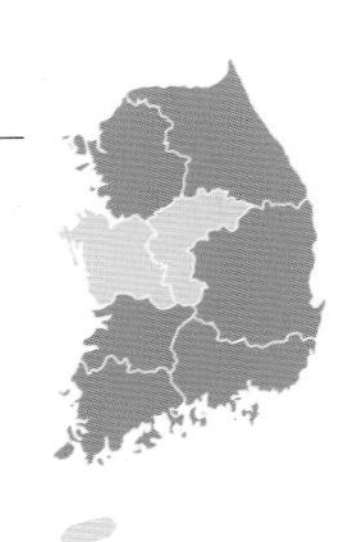

뾰족침뿔노린재

Elasmucha ferrugata **(Fabricius, 1787)**

국내 첫 기록 *Elasmucha ferrugata* : Doi, 1935
Elasmucha graminea : Doi, 1933 (오동정)
크기 7~10mm | **출현 시기** 5~8월 | **분포** 경기, 강원, 경북, 경남, 전북, 전남

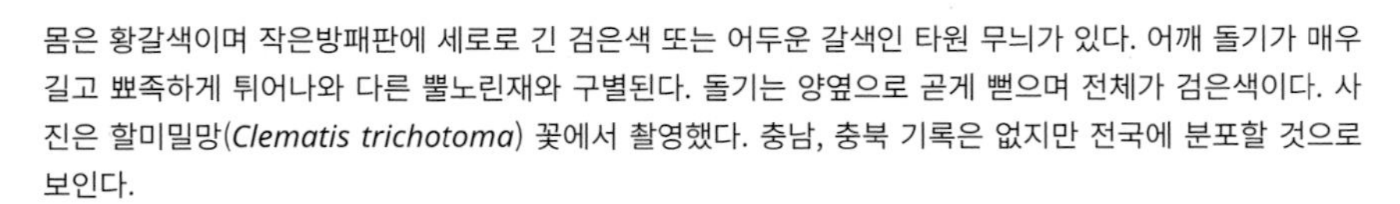

몸은 황갈색이며 작은방패판에 세로로 긴 검은색 또는 어두운 갈색인 타원 무늬가 있다. 어깨 돌기가 매우 길고 뾰족하게 튀어나와 다른 뿔노린재와 구별된다. 돌기는 양옆으로 곧게 뻗으며 전체가 검은색이다. 사진은 할미밀망(*Clematis trichotoma*) 꽃에서 촬영했다. 충남, 충북 기록은 없지만 전국에 분포할 것으로 보인다.

성충 6.14

성충 6.14

푸토니뿔노린재

***Elasmucha putoni* Scott , 1874**

국내 첫 기록 *Elasmucha putoni* : Doi, 1933
크기 7~10mm | **출현 시기** 5~10월 | **분포** 전국

몸은 연한 갈색이고 광택이 있다. 수컷은 대부분 적갈색이지만 암컷은 황갈색에서 적갈색까지 색 변이가 심하다. 어깨 돌기는 뚜렷하지 않고 작은방패판 가운데에 적갈색이나 암갈색인 부분이 있다. 암컷은 알에서 2령이 될 때까지 약충을 보호하는 것으로 알려졌다. 다양한 활엽수에서 생활하며 특히 뽕나무(*Morus alba*)에서 자주 보인다.

성충 5.29

짝짓기 5.3

약충 4령 8.23

약충 5령 6.22

약충 보호 5.25

에사키뿔노린재

Sastragala esakii **Hasegawa, 1959**

국내 첫 기록 *Sastragala esakii* : Lee, 1971
크기 11~13mm | **출현 시기** 4~11월 | **분포** 전국(제주 제외)

몸은 황록색 바탕에 초록색 및 적갈색 무늬가 있다. 앞가슴등판 앞부분은 노란색이고 뒷부분은 짙은 갈색이다. 작은방패판에 흰색이나 연한 노란색 하트 무늬가 있다. 하트 무늬는 간혹 가운데가 세로로 갈라진 것도 보인다. 알에서 2령이 될 때까지 약충을 보호한다. 뿔노린재과에서는 푸토니뿔노린재와 함께 가장 흔히 보인다. 성충은 다양한 식물에서 보이지만 산초나무와 초피나무에서는 약충과 함께 자주 보인다.

성충 6.2

짝짓기 8.13

약충 5령 9.10

성충 무늬 변이 10.9

약충 5령 9.10

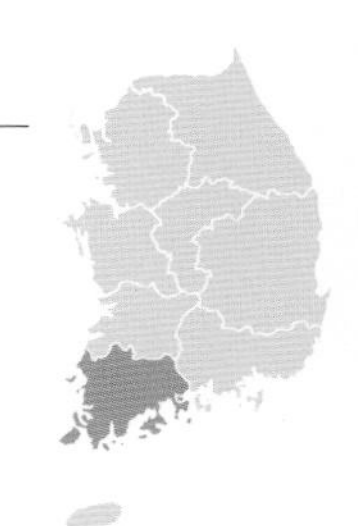

노랑무늬뿔노린재

***Sastragala scutellata* (Scott, 1874)**

국내 첫 기록 *Sastragala scutellata* : Doi, 1935; Yamada, 1936
(두 기록 모두 에사키뿔노린재일 가능성이 높음)

크기 11~14mm | **출현 시기** 7~9월 | **분포** 전남

에사키뿔노린재와 생김새가 비슷하지만 작은방패판에 있는 무늬 가운데가 하트 모양처럼 파이지 않고 밋밋하다. 앞가슴등판 뒤쪽 반이 갈색인 에사키뿔노린재와 달리 초록색이다. 에사키뿔노린재처럼 알과 약충을 보호하는 습성이 있다. 전국 각지에서 기록이 있으나 전남을 제외하고는 대부분 에사키뿔노린재 오동정인 것으로 보인다.

성충 8.23

알 보호 9.5

땅노린재과

Cydnidae (burrower bugs)

몸은 대부분 광택 있는 검은색이나 갈색이고 흰색이나 노란색인 점이 있다. 앞다리와 가운데다리는 흙을 파헤치기 알맞으며 종아리마디에는 가시털이 많다. 흙 속이나 식물 뿌리 근처에서 살며 뿌리나 씨앗 등에서 즙을 빨아 피해를 준다. 삼점땅노린재아과(Sehirinae)와 Parastrachiinae에 속하는 종에서는 암컷이 약충을 보호하는 아사회성이 확인되었다. 전 세계에 분포하고 100속 930여 종이 알려졌으며 우리나라에는 15종이 기록되었다.

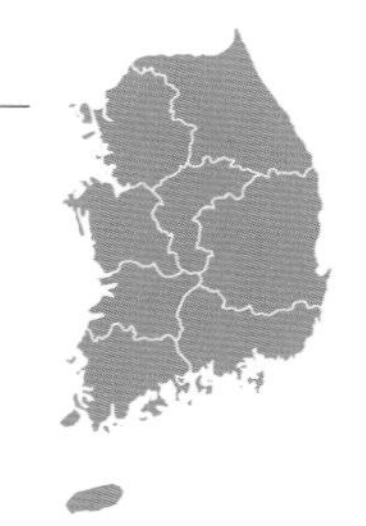

애땅노린재

Fromundus pygmaeus **(Dallas, 1851)**

국내 첫 기록 *Geotomus pygmaeus* : Miyamoto & Lee, 1966
크기 3~4mm | **출현 시기** 7~8월 | **분포** 전국

몸은 검은색 또는 흑갈색이며 광택이 있다. 앞가슴등판은 가운데 부분을 제외하고 얕은 점각이 있으며 작은방패판은 폭보다 길이가 길다. 포아풀 등 잡초 뿌리 부근에 많으며 밤에 불빛에 날아온다. 생김새가 비슷한 북쪽애땅노린재와는 머리 앞쪽에 있는 짧은 털 유무와 작은방패판 점각으로 구별한다.

성충 8.16

북쪽애땅노린재

***Geotomus convexus* Hsiao, 1977**

국내 첫 기록 *Geotomus (Geotomus) convexus* : Lis, 1994
Geotomus palliditarsus : Josifov & Kerzhner, 1978 (오동정)
크기 4~5mm | **출현 시기** 7~10월 | **분포** 경기, 전남, 제주

애땅노린재와 매우 비슷하지만 머리 앞쪽 가운데에 짧은 털이 1쌍 있는 것으로 구별하고 작은방패판 점각이 상대적으로 촘촘하다. 꼬마땅노린재류, 둥근땅노린재, 우리둥근땅노린재와는 머리 앞쪽에 짧은 가시가 없는 것으로 구별한다. 기존에 동아시아에서 *G. palliditarsis*라고 알려졌으나 *G. convexus* 오동정으로 확인되었다(Lis, 1994).

성충 10.6

애땅노린재

북쪽애땅노린재

땅노린재

***Macroscytus japonensis* Scott, 1874**

국내 첫 기록 *Macroscytus japonicus* : Doi, 1933 (종소명 오기)
Macroscytus javanus : 권업모범장보고, 1922; Maruta, 1929 (오동정)
크기 7~10mm | **출현 시기** 5~9월 | **분포** 경기, 강원, 충북, 전남

몸은 검은색 또는 갈색이며 광택이 있다. 앞가슴등판은 폭이 넓고 앞날개 막질부는 연한 갈색이다. 닮은땅노린재(신칭)와 생김새가 비슷하지만 앞가슴등판과 작은방패판 점각으로 구별된다. 이 종은 닮은땅노린재(신칭)에 비해 점각 수가 적다. 흙 속에서 생활하고 녹나무(*Cinnamomum camphora*) 등에서 떨어진 열매를 즐겨 먹는다. 기존 땅노린재 기록은 닮은땅노린재(신칭)와 섞여 있을 가능성이 있으므로 재검토가 필요하다. 전국에 분포할 것으로 예상하나 이 두 종 기록이 구분되지 않아 여기서는 표본이나 사진이 구분된 자료를 기준으로 작성했다.

성충 8.11

땅노린재

닮은땅노린재(신칭)

닮은땅노린재(신칭)

***Macroscytus fracterculus* Horváth, 1919**

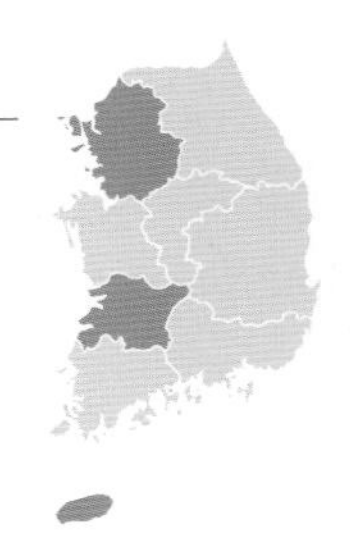

국내 첫 기록 미기록
크기 7~9mm | **출현 시기** 5~8월 | **분포** 경기, 전북, 제주

몸은 어두운 갈색에서 검은색이다. 땅노린재와 생김새가 비슷하지만 앞가슴등판과 작은방패판 점각이 땅노린재에 비해 촘촘하고 양 옆면으로 넓게 퍼진 것으로 구별한다. 이 종은 1978년에 땅노린재 동종이명으로 처리되었다가 2000년에 다시 독립된 종으로 회복되었다. 땅노린재와 생김새가 매우 비슷하므로 닮은땅노린재를 국명으로 추천한다.

성충 8.1

장수땅노린재

***Adrisa magna* (Uhler, 1860)**

국내 첫 기록 *Adrisa magna* : 권업모범장보고, 1922; Maruta, 1929
크기 14~20mm | **출현 시기** 4~10월 | **분포** 경기, 강원, 충북, 충남, 경북, 경남, 전남, 제주

몸은 검은색이며 광택이 있다. 땅노린재 중 가장 크며 몸 전체에 미세한 점각이 많다. 앞날개 막질부는 연한 갈색이며 다리 종아리마디에 가시 모양 센털이 빽빽하다. 흙 속에서 활동하며 땅에 떨어진 씨앗에서 즙을 빤다. 썩은 나무껍질이나 껍질 아래에서 성충으로 월동한다. 전북 기록은 없지만 분포할 것으로 예상한다.

성충 10.6

성충 8.19

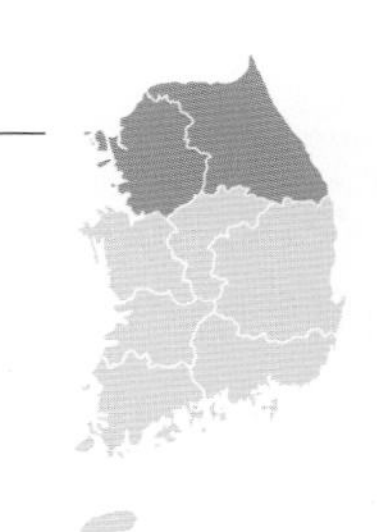

검정꼬마땅노린재

***Chilocoris nigricans* Josifov & Kerzhner, 1978**

국내 첫 기록 *Chilocoris nigricans* Josifov & Kerzhner, 1978
크기 4mm 내외 | **출현 시기** 4~7월 | **분포** 경기, 강원

머리 앞쪽에 짧고 굵은 가시가 6개 있고 앞가슴등판 옆면에는 긴 털이 4~6개 있다. 앞가슴등판 한가운데에는 점각이 가로로 줄지어 있고 그 아래쪽으로 약간 불규칙한 점각 줄이 하나 더 있다.

성충 7.11

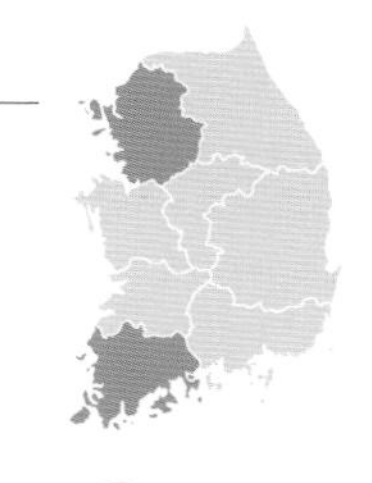

둥근땅노린재

***Microporus nigrita* (Fabricius, 1794)**

국내 첫 기록 *Microporus nigrita* : Tanaka, 1939 (원기재문 확인 못 함)
크기 4~6mm | **출현 시기** 3~9월 | **분포** 경기, 전남

몸은 흑갈색이며 광택이 있고 다른 종에 비해 둥그스름하다. 등면은 약간 볼록하고 적갈색 센털이 있다. 잡초 사이 땅속에 살며 밤에 불빛에 날아온다.

성충 4.19

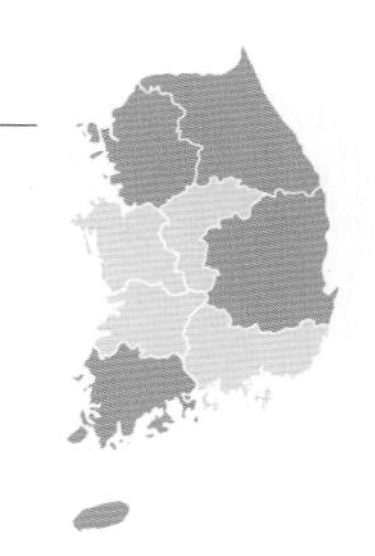

흰테두리땅노린재

***Canthophorus niveimarginatus* Scott, 1874**

국내 첫 기록 *Sehirus niveimarginatus* : Doi, 1936
크기 6~8mm | **출현 시기** 5~7월 | **분포** 경기, 강원, 경북, 전남, 제주

몸은 검은색이고 광택이 있으며 작고 가는 점각이 흩어져 있다. 앞가슴등판에서부터 앞날개를 따라 둘레에 흰색 줄이 있어서 '흰테두리'라는 이름이 붙었다. 삼점땅노린재와 생김새가 비슷하지만 등면에 점이 없는 것이 다르다. 포아풀(*Poa sphondylodes*) 같은 벼과(Poaceae) 식물에서 보이고 암컷은 알을 보호하는 습성이 있다.

성충 6.4

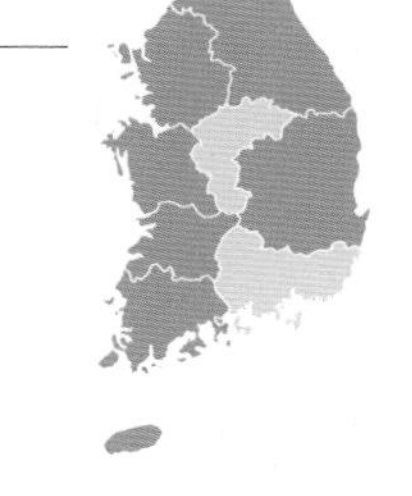

참점땅노린재

***Adomerus rotundus* (Hsiao, 1977)**

국내 첫 기록 *Adomerus rotundus* : Lee *et al.*, 1994
크기 3~6mm | **출현 시기** 6~10월 | **분포** 경기, 강원, 충남, 경북, 전북, 전남, 제주

암컷과 수컷 혁질부 무늬와 크기가 다르다. 암컷은 혁질부 양쪽에 흰색 무늬가 하나씩 있지만 수컷은 없다. 크기도 암컷이 5.1~6.3mm인 것에 비해 수컷은 3.4~4.2mm로 작다. 암컷은 몸 둘레를 따라 흰색 줄이 있으며 삼점땅노린재와 비슷하지만 작은방패판에 흰색 점이 없어 구별된다. 경남과 충북 기록이 없지만 분포할 것으로 예상한다.

암컷 8.11

약충 5령 8.6

삼점땅노린재

***Adomerus triguttulus* (Motschulsky, 1866)**

국내 첫 기록 *Gnathoconus tryguttulus* : 권업모범장보고, 1922 (종소명 오기)
크기 4~6mm | **출현 시기** 5~9월 | **분포** 경기, 충남, 경북, 전남, 제주

몸은 검은색이며 광택이 있다. 몸 둘레를 따라 흰색 줄이 있다. 앞날개 혁질부에 있는 황백색 점 2개와 작은 방패판에 있는 황백색 점 1개를 합쳐 점이 모두 3개 있어 '삼점'이라는 이름이 붙었다. 성충은 이른 봄에 땅 위에서 생활하나 짝짓기 후 암컷은 땅속으로 들어가 알을 낳는다. 암컷은 알을 보호하는 습성이 있다.

성충 9.8

성충 9.8

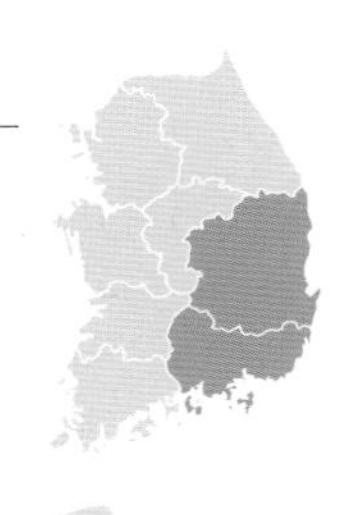

알락땅노린재(신칭)

***Adomerus variegatus* (Signoret, 1884)**

국내 첫 기록 미기록
크기 5~7mm | **출현 시기** 5월 | **분포** 경북, 경남

몸은 기본적으로 검은색이지만 적동색에서 녹동색까지 다양하며 금속성 광택이 있다. 삼점땅노린재와 비슷하게 황백색 점이 앞날개 혁질부에 2개, 작은방패판에 1개 있다. 활엽수에서 살며 느릅나무 씨앗에서 즙을 빤다. 최근에 삼점땅노린재, 흰테두리땅노린재와 함께 아사회성인 것으로 보고되었다. 여러 가지 색이 어우러진 금속성 광택이 특징이므로 알락땅노린재를 국명으로 추천한다.

성충 5.16

광대노린재과

Scutelleridae (shield-backed bugs)

몸은 중형~대형이며 일부 종은 색이 화려하다. 작은방패판이 매우 넓어 배 전체를 덮는 것이 특징이며 몸이 조금 굵어 허리가 둥글게 높아지는 종이 많다. 키 작은 나무가 무성한 숲이나 풀숲 등에서 살며 식물 즙을 빨고 간혹 작물 해충도 있다. 일부 종은 알과 약충을 보호하는 아사회성을 보이기도 한다. 전 세계에 분포하고 80속 450여 종이 알려졌으며 우리나라에는 6종이 기록되었다.

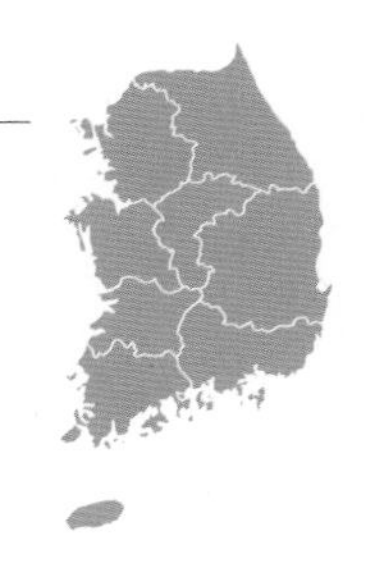

도토리노린재

Eurygaster testudinaria **(Geoffroy, 1785)**

국내 첫 기록 *Eurygaster sinica* : Doi, 1933
Eurygaster maurus : Doi, 1932 (오동정)
크기 10mm 내외 | **출현 시기** 5~10월 | **분포** 전국

몸은 갈색에서 적갈색, 짙은 갈색까지 색 변이가 심하다. 앞가슴등판은 가로로 긴 육각형이고 작은방패판이 눈에 띄게 늘어나 배 전체를 덮는다. 앞가슴등판과 작은방패판이 연결되는 부분에 반달 무늬가 있다. 배마디 가장자리는 둥글게 드러나며, 마디마다 흑갈색 줄이 있다. 억새(*Miscanthus sinensis* var. *purpurascens*), 개밀(*Agropyron tsukushiense* var. *transiens*) 등 벼과(Poaceae) 식물을 먹으며 때때로 벼(*Oryza sativa*)에 피해를 주기도 한다.

성충 6.22

성충 5.27

약충 5령 7.24

방패광대노린재

***Cantao ocellatus* (Thunberg, 1851)**

국내 첫 기록 *Cantao ocellatus* : Lee *et al.*, 1993
크기 17~26mm | **출현 시기** 5~10월 | **분포** 경기, 충남, 경남, 전남, 제주

몸은 노란색 또는 주황색 바탕에 검은색 반점이 있으며, 반점 주위가 바탕색보다 연한 색으로 둘러싸였다. 일본에서는 흔히 관찰되나 현재 우리나라에서는 제주도와 남해안, 서해안 일부 지역에서만 매우 드물게 보인다. 내륙인 광주에서 발견 기록이 있어 추가 관찰이 필요하다. 예덕나무(*Mallotus japonicus*)가 기주이며 군집생활을 하고 알을 낳으면 부화할 때까지 알 주위를 떠나지 않는다. 앞가슴등판 양옆에 있는 가시는 일장 조건에 따라 결정되는 것으로 약충 기간에 빛을 충분히 쐬면 성충일 때 가시가 생기는 것으로 알려졌다.

성충 1(가시 없음) 9.4
성충 2(가시 있음) 9.6
약충 5령 9.6
알 보호 8.20

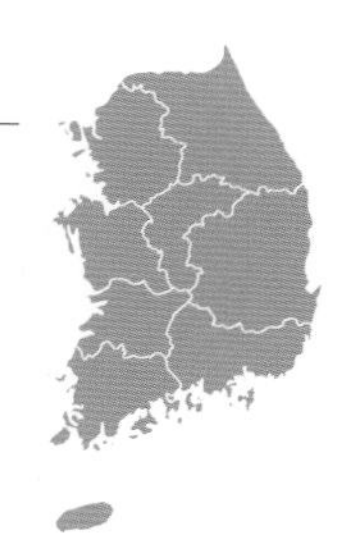

광대노린재

***Poecilocoris* (*Poecilocoris*) *lewisi* (Distant, 1883)**

국내 첫 기록 *Poecilocoris lewisi* : Doi, 1932
크기 16~20mm | **출현 시기** 5~11월 | **분포** 전국

몸은 황록색 바탕에 주황색 줄이 있고 광택 있는 광택형과 파란색이나 검은색 바탕에 붉은색 줄이 있고 광택이 없는 무광택형 2가지가 있다. 앞가슴등판에 가장자리와 가운데를 가로지르는 붉은색 줄이 있어 막힌 방이 2개 생긴다. 작은방패판이 없는 것처럼 보이지만 확장되어 배와 날개 전체를 덮은 것이다. 낙엽 밑이나 나무껍질 속에서 모여서 종령(5령) 약충으로 겨울을 나고 이듬해 5월에 성충이 된다.

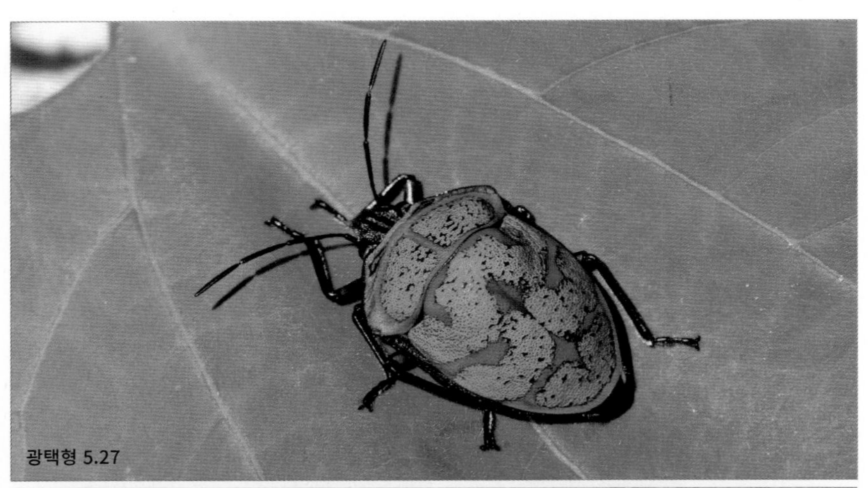

광택형 5.27

무광택형 7.20

짝짓기 6.9

약충 1령 8.19

약충 3령 9.9

약충 4령 11.3

약충 5령 10.6

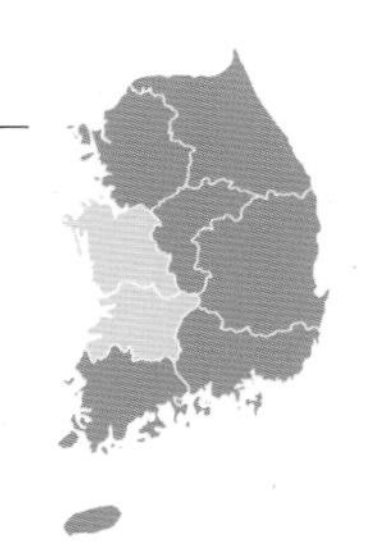

큰광대노린재

***Poecilocoris* (*Poecilocoris*) *splendidulus* Esaki, 1935**

국내 첫 기록 *Poecilocoris splendidus* : Doi, 1937
Poecilocoris druraei : Doi, 1935 (오동정)

크기 16~20mm | **출현 시기** 5~11월 | **분포** 경기, 강원, 충북, 경북, 경남, 전남, 제주

몸은 황록색 바탕에 붉은색 줄이 있으며 금속성 광택이 있다. 금속성 광택은 햇빛 각도에 따라 여러 가지 색으로 보인다. 광대노린재와 생김새가 비슷하지만 몸이 더 크고 광택도 훨씬 강하다. 앞가슴등판 둘레 줄이 완전히 이어지지 않아 방이 막히지 않는다. 주로 회양목에서 보이지만 간혹 다른 나무에서도 보이며 약충일 때는 군집생활을 한다. 현재까지 충남과 전북 기록이 없지만 전국에 분포할 것으로 예상한다.

성충 6.5

성충 5.7

성충 6.5

약충 3령 7.11

약충 4령 7.11

약충 5령 9.7

톱날노린재과

Dinidoridae

몸은 중형~대형이며 배마디 가장자리가 톱날처럼 튀어나온 것이 특징이다. 더듬이는 4~5마디이며 끝 2마디는 편평하다. 앞날개 막질부에 그물 모양 날개맥이 있다. 전세계에 분포하고 100여 종이 알려졌으며 우리나라에는 1종이 기록되었다.

톱날노린재

***Megymenum gracilicorne* Dallas, 1851**

국내 첫 기록 *Megymenum gracilicorne* : Haku, 1937 (원기재문 확인 못 함)
크기 12~16mm | **출현 시기** 6~10월 | **분포** 경기, 충북, 충남, 경남, 전북, 전남, 제주

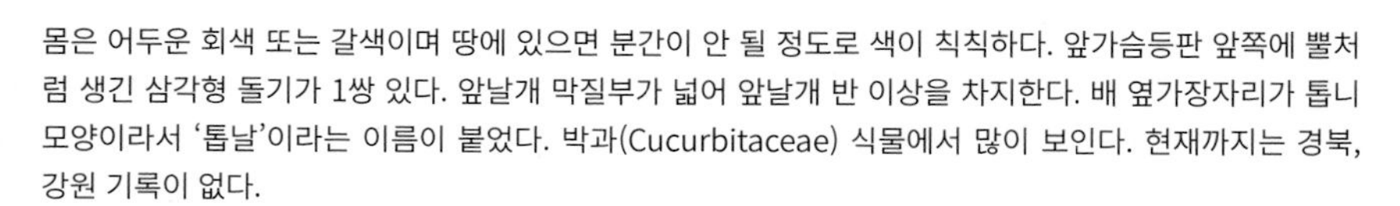

몸은 어두운 회색 또는 갈색이며 땅에 있으면 분간이 안 될 정도로 색이 칙칙하다. 앞가슴등판 앞쪽에 뿔처럼 생긴 삼각형 돌기가 1쌍 있다. 앞날개 막질부가 넓어 앞날개 반 이상을 차지한다. 배 옆가장자리가 톱니 모양이라서 '톱날'이라는 이름이 붙었다. 박과(Cucurbitaceae) 식물에서 많이 보인다. 현재까지는 경북, 강원 기록이 없다.

성충 7.12

성충 9.27

약충 10.2

노린재과

Pentatomidae (stink bugs)

몸은 중형~대형으로 대부분 달걀 모양 또는 타원형이며 간혹 방패 모양도 있다. 더듬이는 5마디다. 작은방패판이 크고 삼각형이며 앞날개 혁질부보다 길지 않아 배끝까지 이르지 않는다. 대부분 식물 즙을 빨아 농작물에 피해를 주며 월동 개체가 실내에 들어와 불쾌곤충(nuisance)으로 인식되기도 한다. 주둥이노린재아과(Asopinae)에 속하는 종은 작은 절지동물을 잡아먹는 포식성이다. 전 세계에 분포하고 900속 4,700여 종이 알려졌으며 우리나라에는 70여 종이 기록되었다.

갈색주둥이노린재

***Arma custos* (Fabricius, 1794)**

국내 첫 기록 *Arma custos* : Doi, 1933
크기 11~14mm | **출현 시기** 4~10월 | **분포** 경기, 충남, 경남

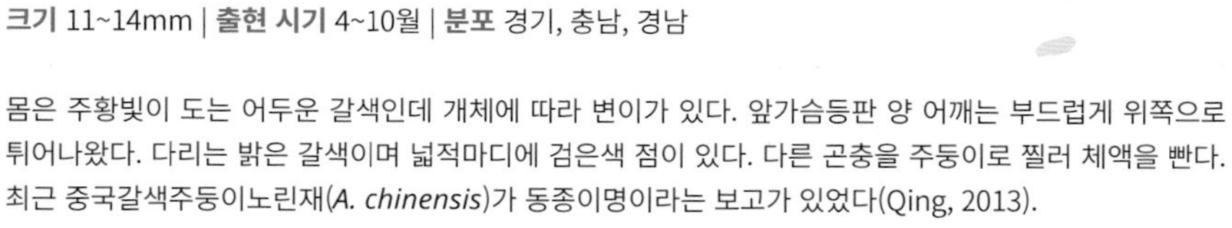

몸은 주황빛이 도는 어두운 갈색인데 개체에 따라 변이가 있다. 앞가슴등판 양 어깨는 부드럽게 위쪽으로 튀어나왔다. 다리는 밝은 갈색이며 넓적마디에 검은색 점이 있다. 다른 곤충을 주둥이로 찔러 체액을 빤다. 최근 중국갈색주둥이노린재(*A. chinensis*)가 동종이명이라는 보고가 있었다(Qing, 2013).

성충 5.17

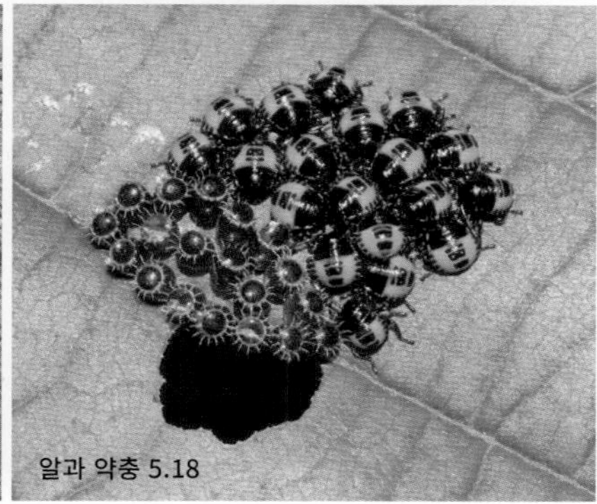

알과 약충 5.18

우리갈색주둥이노린재

***Arma koreana* Josifov & Kerzhner, 1978**

국내 첫 기록 *Arma koreana* : Josifov & Kerzhner, 1978
Arma chinensis : Lee, 1971 (오동정)

크기 13~14mm | **출현 시기** 4~11월 | **분포** 전국(제주 제외)

몸은 밝은 갈색이며 앞가슴등판 양 어깨는 거의 튀어나오지 않았다. 다리는 노란색이고 마디마다 점이나 무늬가 전혀 없다. 그동안 우리나라에서는 중국갈색주둥이노린재로 동정되어 왔으나 <곤충나라 식물나라>에서 오동정으로 밝혀냈다. 제주도를 제외한 전국에 분포한다. 주로 애벌레를 사냥하지만 작은 곤충을 잡아먹기도 한다. 2010년 『노린재 도감』에 실린 중국갈색주둥이노린재 사진은 이 종이다.

성충 8.18

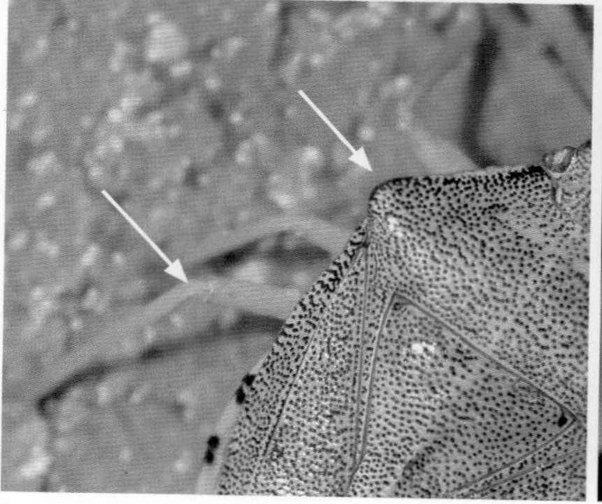

산란 5.20

흰테주둥이노린재

***Andrallus spinidens* (Fabricius, 1787)**

국내 첫 기록 미기록

크기 12~16mm | **출현 시기** 7~12월 | **분포** 경남, 제주

몸은 광택 있는 갈색이다. 앞가슴등판 양옆은 뾰족하게 튀어나왔고 검은색이다. 앞날개 옆면을 따라 황백색 줄이 있어 '흰테'라는 이름이 붙었다. 작은방패판 끝부분에도 황백색 무늬가 있다. 센서스에서는 2012년 경남에서 관찰된 기록이 있다.

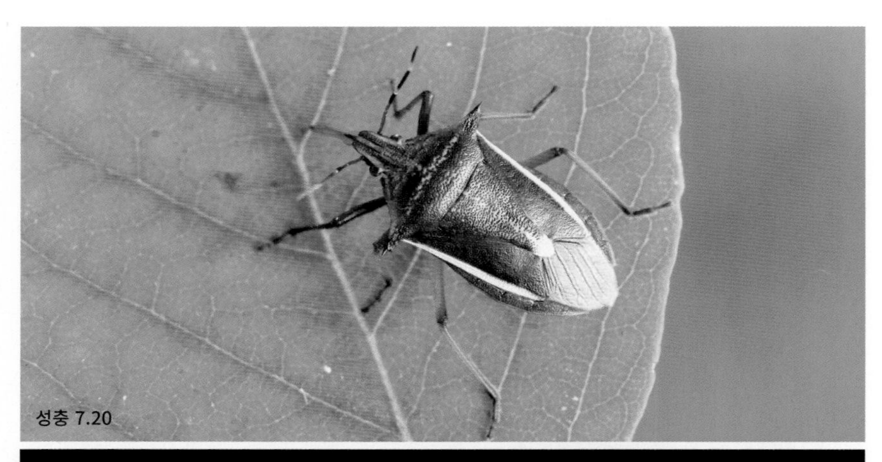

성충 7.20

포식 7.15

얼룩주둥이노린재

Eocanthecona japonicola **(Esaki & Ishihara, 1950)**

국내 첫 기록 *Cantheconidea japonicola* : H.D. Lee *et al*., 2015
크기 11~17mm | **출현 시기** 5~11월 | **분포** 충남, 전북, 전남

몸은 광택 있는 갈색 또는 흑갈색이며 일부에 청록색 광택이 있다. 앞날개 혁질부가 얼룩덜룩한 것이 특징이라 '얼룩'이라는 이름이 붙었다. 작은방패판 양옆에 황백색 점이 있고, 끝 일부도 황백색이어서 홍다리주둥이노린재와 생김새가 비슷해 보이지만 머리 측엽이 중엽 길이와 비슷한 것이 다르다. 국내 미기록종이었으나 2015년에 발표되었다(Lee, 2015).

성충 10.9

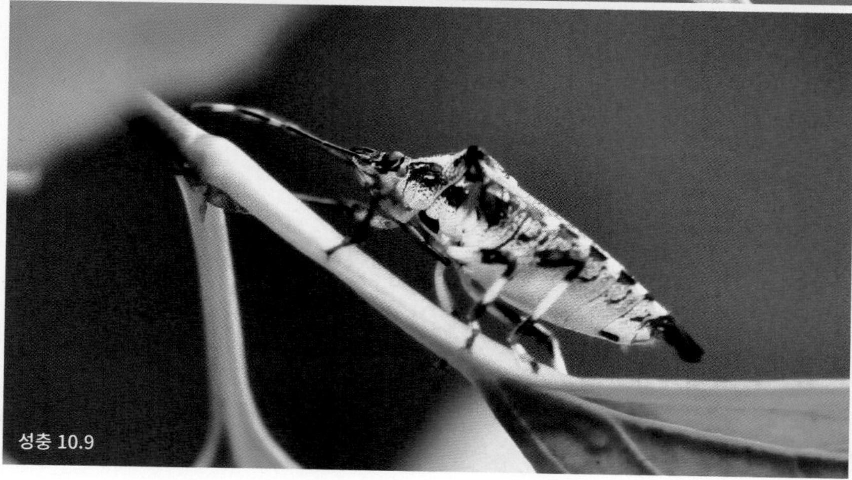

성충 10.9

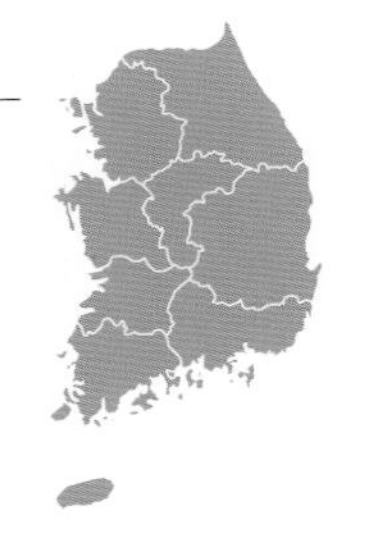

왕주둥이노린재

***Dinorhynchus dybowskyi* Jakovlev, 1876**

국내 첫 기록 *Dinorhynchus dybowskyi* : Okamoto, 1924
크기 18~23mm | **출현 시기** 4~10월 | **분포** 전국

몸은 녹색 또는 갈색이며 금속성 광택이 있고 주둥이노린재류 중 큰 편이어서 '왕'이라는 이름이 붙었다. 개체에 따라 초록색 광택이 강한 것과 적갈색 광택이 강한 것 등 변이가 있다. 약충도 마찬가지다. 앞가슴등판 양옆은 뾰족하게 튀어나왔고 그 앞쪽 옆가장자리는 톱니 모양이다. 작은방패판은 길게 늘어났으며 앞날개 막질부가 배끝을 넘는다. 주둥이가 매우 굵으며 보통 나비목 유충을 찔러 체액을 빨아 먹는다.

성충 6.6

약충 4령 5.10

약충 5령 6.5

알 4.16

홍다리주둥이노린재

***Pinthaeus sanguinipes* (Fabricius, 1781)**

국내 첫 기록 *Pinthaeus sanguinipes* : Hasegawa, 1942 (원기재문 확인 못 함)
크기 14~18mm | **출현 시기** 4~10월 | **분포** 전국

몸은 어두운 갈색이거나 적갈색이며 검은색 점각이 흩어져 있고 금속성 광택이 있다. 작은방패판 위쪽 양옆에 연한 노란색 점이 있고 끝부분에도 연한 노란색 무늬가 뚜렷하다. 앞날개 막질부는 갈색이지만 투명하고 배끝을 넘는다.

성충 6.20

성충 6.20

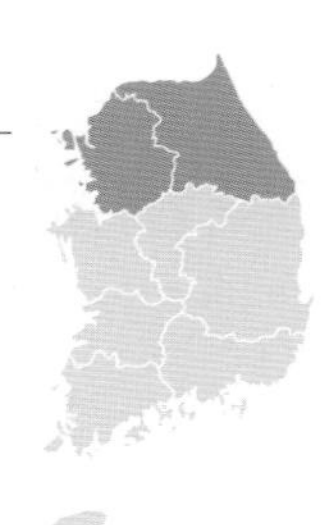

알락주둥이노린재

Picromerus bidens **(Linné, 1758)**

국내 첫 기록 *Picromerus bidens* Josifov & Kerzhner, 1978

크기 13~16mm | **출현 시기** 6~9월 | **분포** 경기, 강원

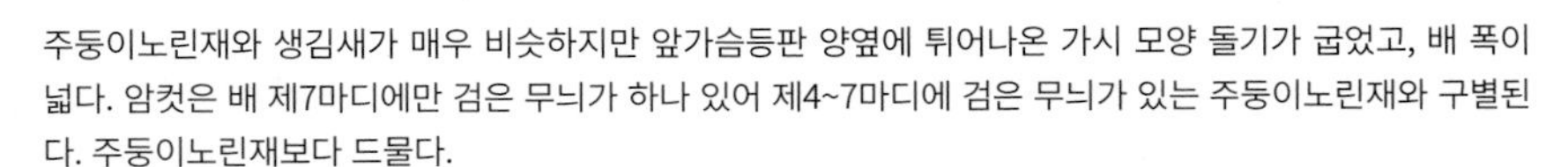

주둥이노린재와 생김새가 매우 비슷하지만 앞가슴등판 양옆에 튀어나온 가시 모양 돌기가 굽었고, 배 폭이 넓다. 암컷은 배 제7마디에만 검은 무늬가 하나 있어 제4~7마디에 검은 무늬가 있는 주둥이노린재와 구별된다. 주둥이노린재보다 드물다.

성충 6.21

성충 6.21

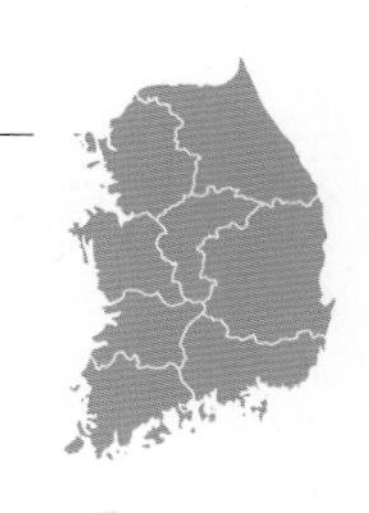

주둥이노린재

***Picromerus lewisi* Scott, 1874**

국내 첫 기록 *Picromerus lewisi* : Doi, 1934
크기 12~16mm | **출현 시기** 3~11월 | **분포** 전국(제주 제외)

몸 바탕은 갈색이며 어두운 갈색이나 검은색 점각이 흩어져 있다. 주둥이노린재류답게 머리가 앞쪽으로 크게 튀어나왔다. 앞가슴등판 양옆이 뾰족하게 튀어나왔고 개체에 따라 튀어나온 정도가 다르다. 주둥이로 작은 곤충을 찔러 체액을 빨며 나비목(Lepidoptera) 유충을 선호한다.

성충 11.3

약충 포식 8.27

애주둥이노린재

Rhacognathus corniger **Hsiao & Cheng, 1977**

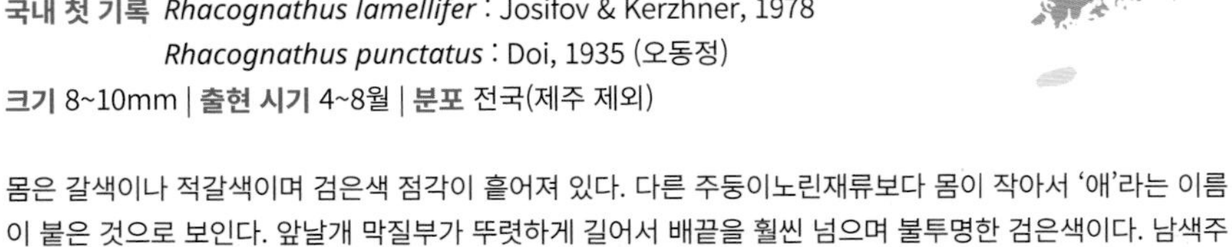

국내 첫 기록 *Rhacognathus lamellifer* : Josifov & Kerzhner, 1978
Rhacognathus punctatus : Doi, 1935 (오동정)

크기 8~10mm | **출현 시기** 4~8월 | **분포** 전국(제주 제외)

몸은 갈색이나 적갈색이며 검은색 점각이 흩어져 있다. 다른 주둥이노린재류보다 몸이 작아서 '애'라는 이름이 붙은 것으로 보인다. 앞날개 막질부가 뚜렷하게 길어서 배끝을 훨씬 넘으며 불투명한 검은색이다. 남색주둥이노린재와 같이 습지 환경을 선호하는 것으로 보인다. 작은 곤충을 주둥이로 찔러 체액을 빨아 먹는다.

성충 6.8

성충 6.8

약충 5령 5.25

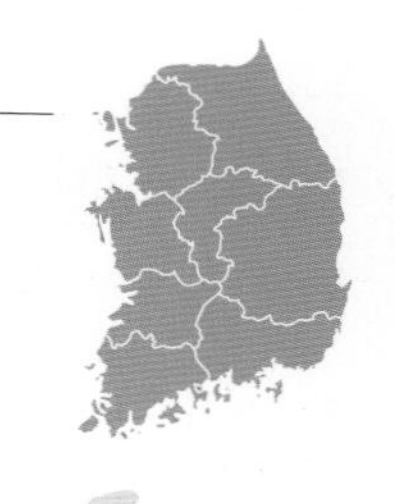

남색주둥이노린재

***Zicrona caerulea* (Linné, 1758)**

국내 첫 기록 *Zicrona caerulea* : Okamoto, 1924
크기 6~8mm | **출현 시기** 3~9월 | **분포** 전국(제주 제외)

몸은 청람색인데 광택이 강해 햇빛에 반사되면 밝은 색으로, 햇빛이 없으면 어두운 남색으로 보인다. 주둥이노린재류 중에서 몸이 작고, 습지나 축축한 논밭에서 보인다. 나방 유충뿐만 아니라 작은 잎벌레류 유충도 잡아먹는다. 종령 약충은 애주둥이노린재 약충과 비슷하지만 앞가슴등판 앞쪽에 붉은색 무늬 없이 모두 남색인 점이 다르다.

성충 7.5

포식 5.4

약충 5령 7.18

알락수염노린재

Dolycoris baccarum **(Linnaeus, 1758)**

국내 첫 기록 *Dolycoris baccarum* : 권업모범장 목포지장보고, 1916
크기 10~14mm | **출현 시기** 3~11월 | **분포** 전국

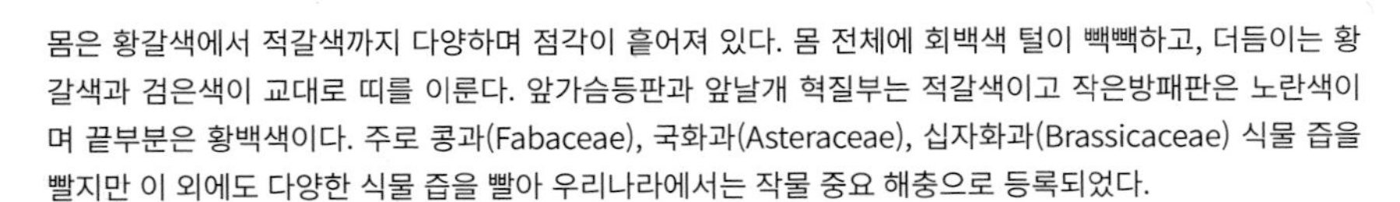
몸은 황갈색에서 적갈색까지 다양하며 점각이 흩어져 있다. 몸 전체에 회백색 털이 빽빽하고, 더듬이는 황갈색과 검은색이 교대로 띠를 이룬다. 앞가슴등판과 앞날개 혁질부는 적갈색이고 작은방패판은 노란색이며 끝부분은 황백색이다. 주로 콩과(Fabaceae), 국화과(Asteraceae), 십자화과(Brassicaceae) 식물 즙을 빨지만 이 외에도 다양한 식물 즙을 빨아 우리나라에서는 작물 중요 해충으로 등록되었다.

성충 6.22

성충 10.11

약충 4령 5.24

약충 5령 8.19

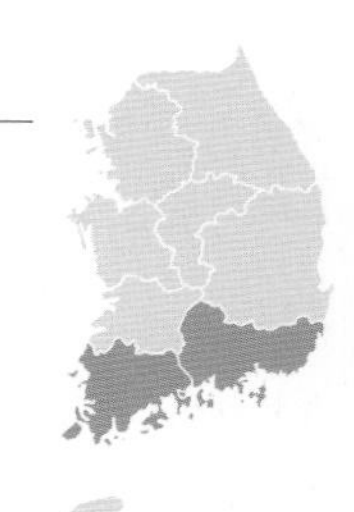

구름무늬노린재(신칭)

Agonoscelis femoralis **Walker, 1868**

국내 첫 기록 미기록
크기 8~12mm | **출현 시기** 7~8월 | **분포** 경남, 전남

몸은 연한 노란색에 검은색 점각이 흩어져 있다. 물결 모양 검은색 무늬가 얼룩덜룩하게 보이며 배 위쪽에는 긴 털이 빽빽하다. 앞가슴등판과 앞날개 바깥 둘레를 따라 주황색 테두리가 있고, 앞가슴등판에서부터 작은방패판까지 주황색 세로줄이 이어졌다. 작은방패판 끝부분에도 주황색 무늬가 있다. 꿀풀과(Lamiaceae)인 익모초(*Leonurus japonicus*), 꽃범의꼬리(*Physostegia virginiana*)와 국화과(Asteraceae)인 개망초(*Erigeron annuus*) 등에서 관찰했다. 센서스에서는 남부 기록만 있다.

성충 7.6

짝짓기 8.12

나비노린재

***Antheminia varicornis* (Jakovlev, 1874)**

국내 첫 기록 *Antheminia varicornis* : Josifov & Kerzhner, 1978
크기 8mm 내외 | **출현 시기** 4~10월 | **분포** 경기, 충남, 전북

몸은 갈색과 적갈색이다. 머리에서부터 앞가슴등판과 작은방패판에 이르기까지 한가운데에 연한 노란색 세로줄이 있다. 작은방패판 끝부분이 길게 튀어나왔고 연한 노란색이다. 앞날개 혁질부는 적갈색이며 막질부는 불투명한 갈색이다. 드물다.

성충 6.17

성충 6.17

약충 5령 10.6

홍보라노린재

***Carpocoris (Carpocoris) purpureipennis* (De Geer, 1773)**

국내 첫 기록 *Carpocoris purpureipennis* Okamoto, 1924
크기 11~14mm | **출현 시기** 9월 | **분포** 강원

몸은 노란색에서 갈색, 적갈색까지 다양하다. 앞가슴등판 양옆이 강하게 튀어나왔으며 끝부분은 검은색이다. 앞가슴등판과 작은방패판은 노란색이고 앞날개 혁질부는 갈색이다. 막질부는 어두운 갈색이며 길어서 배끝을 넘는다. 유충일 때는 다양한 식물에서 즙을 빨지만 성충일 때는 주로 미나리과(Apiaceae)와 국화과(Asteracea) 식물 즙을 빤다.

성충 9.11

성충 9.11

참가시노린재

***Carbula abbreviata* (Motschulsky, 1866)**

국내 첫 기록 *Carbula abbreviata* : Rider *et al.*, 2002
Carbula humigera : Furukawa, 1930 (오동정, 오기)

크기 7~12mm | **출현 시기** 5~8월 | **분포** 경기, 강원, 경북

몸은 어두운 갈색에 구릿빛 광택이 있다. 앞가슴등판 양옆 돌기가 크게 튀어나왔고 끝은 날카로운 가시 모양이라 둥글게 튀어나온 가시노린재와 구별된다. 작은방패판 끝부분에 노란색 무늬가 있다. 센서스 기록으로는 주로 강원도에서만 보이며 경기도에서는 화악산에서 관찰되었다. 이전 학명이었던 *Carbula humerigera* (Uhler, 1860)는 오동정으로 확인되어 최근 *C. abbreviata*로 정정되었다(Rider *et al.*, 2002).

성충 6.7

성충 6.7

약충 5령 6.7

가시노린재

***Carbula putoni* (Jakovlev, 1876)**

국내 첫 기록 *Carbula putoni* : Doi, 1935
Carbula saishuensis : Matsumura, 1906; Ichikawa, 1906 (무효 학명)
Carbula humerigera : Doi, 1932 (오동정)
Carbula crassiventris : Doi, 1933 (오동정)

크기 8~10mm | **출현 시기** 5~10월 | **분포** 전국

몸 바탕은 갈색이며 구릿빛 광택이 약간 있다. 갈색 또는 검은색 점각이 온몸에 흩어져 있고 흑갈색 무늬가 불규칙하게 있다. 앞가슴등판 양옆은 참가시노린재보다 덜 튀어나왔고 뾰족하지 않아 구별된다. 숲 속에서 가장 흔하게 보이는 종 중 하나로 봄에는 약충이, 가을에는 성충이 많이 보인다. 특히 가을에는 성충이 열매에서 즙을 빠는 모습이 자주 보인다. 국화과(Asteracea), 장미과(Rosaceae), 미나리과(Apiaceae), 마디풀과(Polygonaceae) 등 다양한 식물에서 보인다.

성충 6.10

짝짓기 9.27

약충 5령 5.9

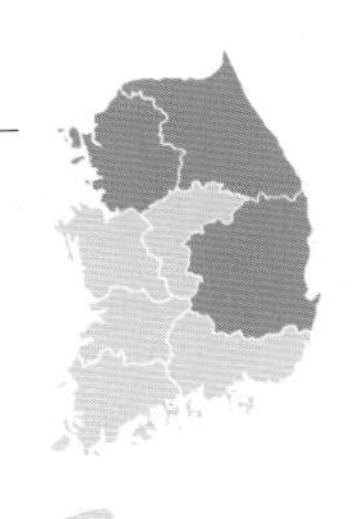

청동노린재

***Acrocorisellus serraticollis* (Jakovlev, 1876)**

국내 첫 기록 *Acrocorisellus serraticollis* : Doi, 1935
크기 15~20mm | **출현 시기** 7~8월 | **분포** 경기, 강원, 경북

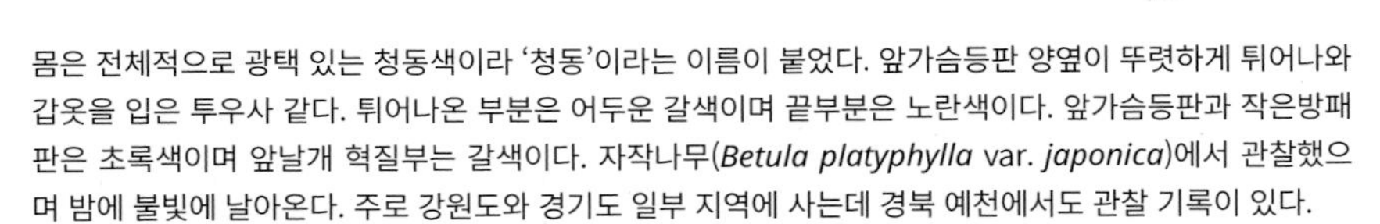

몸은 전체적으로 광택 있는 청동색이라 '청동'이라는 이름이 붙었다. 앞가슴등판 양옆이 뚜렷하게 튀어나와 갑옷을 입은 투우사 같다. 튀어나온 부분은 어두운 갈색이며 끝부분은 노란색이다. 앞가슴등판과 작은방패판은 초록색이며 앞날개 혁질부는 갈색이다. 자작나무(*Betula platyphylla* var. *japonica*)에서 관찰했으며 밤에 불빛에 날아온다. 주로 강원도와 경기도 일부 지역에 사는데 경북 예천에서도 관찰 기록이 있다.

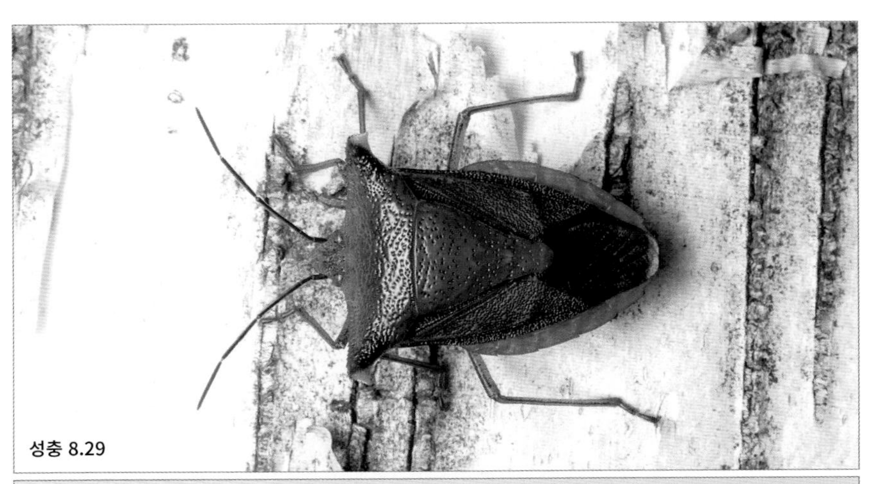

성충 8.29

성충 8.29

황소노린재

***Alcimocoris japonensis* (Scott, 1880)**

국내 첫 기록 *Alcimocoris japonensis* : Seok, 1970 (원기재문 확인 못 함)
크기 8~9mm | **출현 시기** 3~10월 | **분포** 강원, 경남, 제주

몸은 어두운 황갈색이며 검은 점각이 많다. 앞가슴등판 양 끝이 심하게 튀어나왔고 아래로 급하게 휘어 황소 뿔처럼 보인다. 작은방패판은 넓고 길게 늘어나 거의 배끝에 닿으며 위쪽 양옆에 커다란 흰색 점이 2개 있다. 일본에는 흔한 종이지만 우리나라에서는 매우 드물다. 마취목(*Pieris japonica*), 붓순나무(*Illicium anisatum*), 왕벚나무(*Prunus yedoensis*), 향나무(*Juniperus chinensis*) 등이 기주로 알려졌다. 남부 분포종으로 예상했으나 최근 강원도에서 서식이 확인되었다.

성충 10.23

성충 10.23

약충 5령 7.31

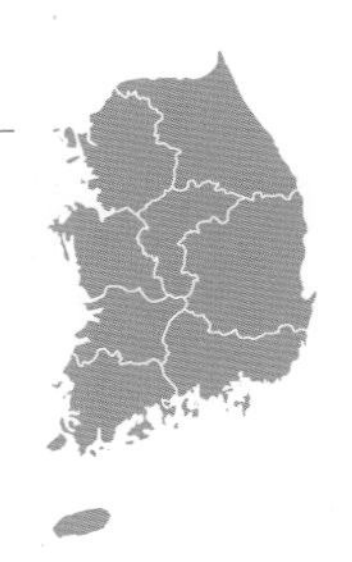

메추리노린재

***Aelia fieberi* Scott, 1874**

국내 첫 기록 *Aelia fieberi* : Okamoto, 1924
크기 8~10mm | **출현 시기** 3~11월 | **분포** 전국

광택 있는 연한 갈색과 짙은 갈색이 세로줄을 이룬다. 머리가 삼각형이며 아래로 굽었다. 더듬이 끝 3마디가 붉은색이다. 머리에서부터 앞가슴등판에 이르기까지 연한 노란색과 갈색이 세로 줄을 이룬다. 작은방패판은 크고 끝부분은 둥글다. 벼과(Poaceae) 식물을 먹으며 경작지와 산과 들 풀밭에서 흔히 보인다.

성충 6.1

성충 5.2

약충 4령 6.20

약충 5령 6.20

이시하라노린재

***Chalazonotum ishiharai* (Linnavuori, 1961)**

국내 첫 기록 *Brachynema ishiharai* : Lee, 1971
크기 9~11mm | **출현 시기** 7~10월 | **분포** 강원, 경남, 전남

몸은 약간 길쭉하며 녹색, 노란색, 적갈색 등 여러 가지다. 광택이 있으며 몸 전체에 검은색 점각이 흩어져 있다. 작은방패판은 밝은 녹색이고 끝부분에는 황백색 무늬가 있다. 앞날개 혁질부는 적갈색이고 바깥쪽 둘레는 녹색이다. 막질부는 투명한 갈색으로 배끝을 약간 넘는다. 고추나무(*Staphylea bumalda*)가 기주로 알려졌으며 특히 열매를 좋아한다. 한국과 일본에만 분포한다.

성충 7.3

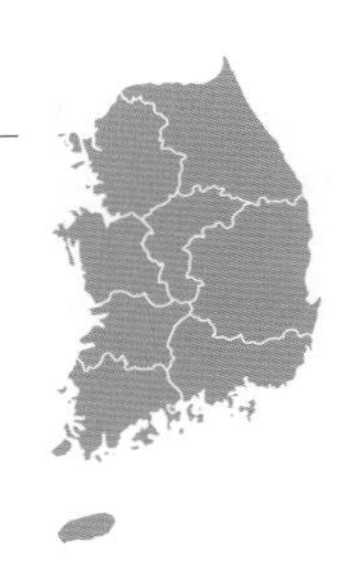

다리무늬두흰점노린재

***Dalpada cinctipes* Walker, 1867**

국내 첫 기록 *Dalpada cinctipes* : Lee, 1991
Dalpada oculata : Doi, 1934 (오동정)
Dalpada nigricollis : Lee, 1971 (오동정)

크기 16~17mm | **출현 시기** 3~9월 | **분포** 전국

몸은 황갈색에서 흑갈색까지 다양하며 광택은 없다. 각 다리 종아리마디 중간에 황백색 띠가 있고 작은방패판 양옆에 황백색 점이 있다. 앞가슴등판 양옆은 약간 뾰족하게 튀어나왔으며 배 가장자리도 앞날개 바깥으로 늘어난다. 성충은 산림 활엽수에서 관찰되나 자세한 습성은 잘 알려지지 않았다.

성충 6.9

성충 7.22

성충 6.9

약충 4령 9.13

약충 5령 5.23

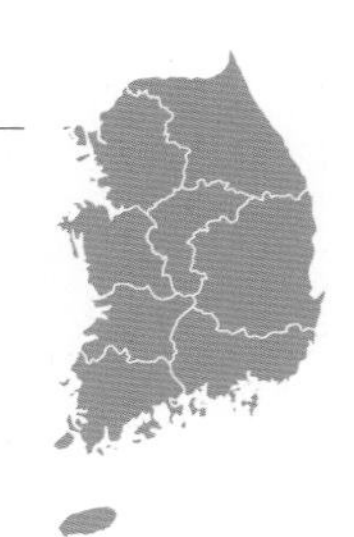

북쪽비단노린재

***Eurydema* (*Eurydema*) *gebleri* Kolenati, 1846**

국내 첫 기록 *Eurydema rugosum* : Okamoto, 1924
크기 6~9mm | **출현 시기** 3~10월 | **분포** 전국

몸은 광택 있는 검은색 바탕에 주황색 무늬가 있으며 색 변이가 있다. 앞가슴등판 주황색 줄 때문에 검은색 방이 2~4개 생긴다. 홍비단노린재와 달리 앞날개 혁질부에 삼각 무늬가 없는 것으로 구별한다. 십자화과(Brassicaceae) 작물 중요 해충이다. 이름은 북쪽비단노린재이지만 전국 경작지에서 흔히 보인다. 이전에는 비단노린재(*E. rugosa*)와 북쪽비단노린재(*E. gebleri*)를 별개 종으로 보았으나 Jung (2011)은 비단노린재를 아종 수준으로 낮추고 국명을 북쪽비단노린재로 통일했다(일본에서는 *E. rugosa*를 별개 종으로 취급한다).

성충 9.13

짝짓기 4.20

약충 4령 6.24

약충 5령 6.24

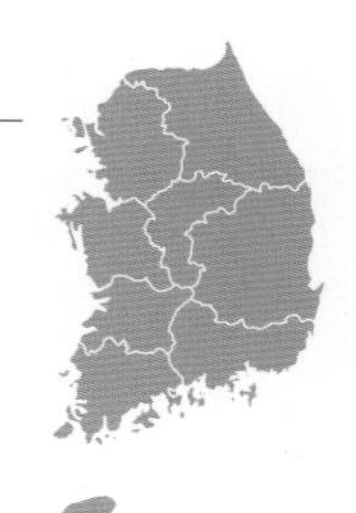

홍비단노린재

Eurydema (Rubrodorsalium) dominulus **(Scopoli, 1763)**

국내 첫 기록 *Eurydema dominulus* : Doi, 1935
크기 6~9mm | **출현 시기** 3~10월 | **분포** 전국

몸은 주황색과 검은색이 서로 어울려 무늬를 이루며 광택이 있다. 더듬이와 머리, 다리까지 모두 검은색이며 북쪽비단노린재보다 주황색 줄이 더 많다. 앞가슴등판 검은색 무늬는 보통 6개이며 4, 5개인 것도 있다. 앞날개 혁질부에 작은 삼각 무늬가 2개 있는 것이 특징이며, 위 것은 작고 아래 것은 크고 확실하다. 북쪽비단노린재와 같은 십자화과(Brassicaceae) 식물에서 생활한다. 약충은 북쪽비단노린재와 구별이 어렵다.

성충 6.18

성충 6.16

약충 5령 6.26

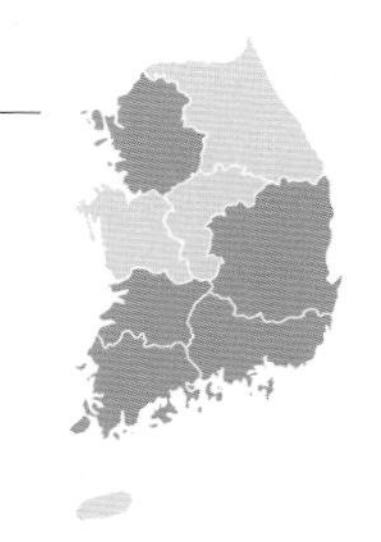

보라흰점둥글노린재

***Eysarcoris annamita* Breddin, 1909**

국내 첫 기록 *Eysarcoris annamita* : Josifov & Kerzhner, 1978
Eysarcoris fallax : Miyamoto & Lee, 1966 (오동정)
크기 4~6mm | **출현 시기** 5~11월 | **분포** 경기, 경북, 경남, 전북, 전남

몸은 짙은 보랏빛을 띤 어두운 갈색이며 구릿빛 광택이 강하다. 작은방패판은 매우 커서 배 2/3를 넘으며 기부 양쪽에 있는 황백색 무늬는 동그랗고 크다. 점박이둥글노린재와 생김새가 비슷해 구별이 어렵지만 보랏빛이 강하게 도는 것과 작은방패판에 있는 황백색 무늬가 큰 것으로 구별된다. 국화과(Asteraceae), 콩과(Fabaceae), 벼과(Poaceae) 식물 즙을 빨며 벼(*Oryza sativa*) 이삭을 가해해 반점미를 발생시키기도 한다.

성충 7.4

짝짓기 7.17

약충 5령 8.30

알 5.11

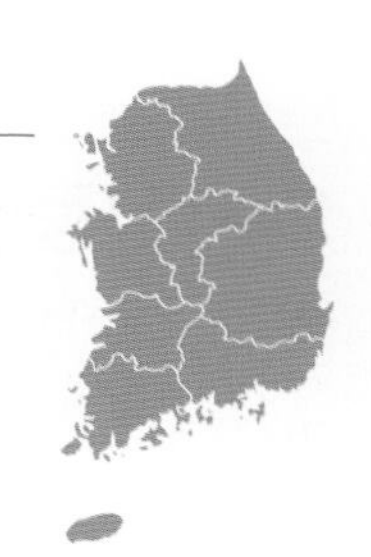

점박이둥글노린재

***Eysarcoris guttigerus* (Thunberg, 1783)**

국내 첫 기록 *Eusarcoris breviusculus* : Jakovlev, 1902
크기 4~6mm | **출현 시기** 4~10월 | **분포** 전국

몸 바탕은 갈색이며 어두운 갈색 점각이 흩어져 있고 약한 광택이 있다. 작은방패판은 넓게 늘어나 배 2/3를 넘고 작은방패판 양옆에 황백색 무늬가 있다. 배둥글노린재와 닮았으나 몸이 비교적 짧고 넓은데다 작은방패판이 넓고 길게 늘어난 것이 다르다. 보라흰점둥글노린재와는 보랏빛 광택이 없는 것과 작은방패판 양옆에 있는 노란색 점 크기가 작은 것으로 구별하지만 점 크기가 중간인 것도 있어 구별이 쉽지는 않다. 주로 벼과(Poaceae) 식물 즙을 빨며 벼(*Oryza sativa*) 이삭을 가해해 반점미를 발생시키기도 한다. 마디풀과(Polygonaceae)인 여뀌속(*Persicaria*)에서도 종종 보인다.

성충 6.21

성충 4.14

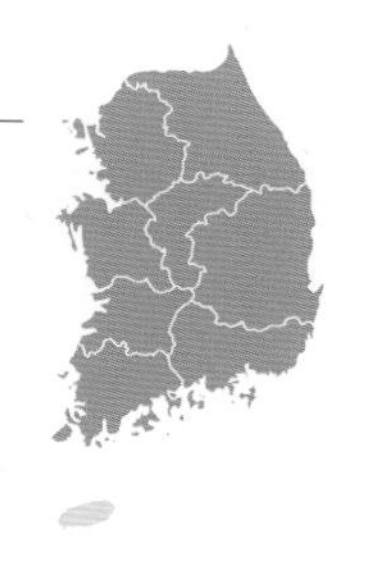

가시점둥글노린재

***Eysarcoris aeneus* (Scopoli, 1763)**

국내 첫 기록 *Eysarcoris aeneus* : Lee, 1994
Eysarcoris lewisi : Doi, 1932 (오동정)
크기 4~7mm | **출현 시기** 3~10월 | **분포** 전국(제주 제외)

몸 바탕은 갈색이며 흑갈색 점각이 흩어져 있고 보랏빛이나 구릿빛 광택이 약하게 있다. 앞가슴등판 양옆은 가시처럼 뾰족하게 튀어나왔지만 간혹 그렇지 않은 개체도 있다. 작은방패판 양옆에 연한 노란색 점이 있다. 막질부는 투명하고 배끝을 넘는다. 주로 강아지풀(*Setaria viridis*)이나 뚝새풀(*Alopecurus aequalis*) 등 벼과(Poaceae) 식물에서 보이며 종종 벼(*Oryza sativa*)를 가해해 반점미를 발생시킨다. 마디풀과(Polygonaceae)인 여뀌속(*Persicaria*)에서도 종종 보인다.

성충 7.10

성충 7.30

약충 5령 9.8

알 6.5

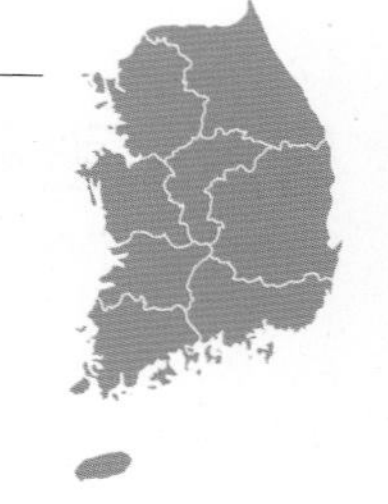

배둥글노린재

***Eysarcoris ventralis* (Westwood, 1837)**

국내 첫 기록 *Eusarcoris schmidti* : Jakovlev, 1902
크기 5~7mm | **출현 시기** 4~10월 | **분포** 전국

몸은 연한 갈색에 검은색 점각이 흩어져 있으며 광택이 약간 있다. 앞가슴등판 양옆은 둥글고 튀어나오지 않았다. 작은방패판 양옆에 있는 황백색 점은 작다. 또한 작은방패판 끝이 앞날개 혁질부 끝보다 짧아 비슷한 점박이둥글노린재나 보라흰점둥글노린재와 구별된다. 주로 벼과(Poaceae) 식물 즙을 빨고 벼(*Oryza sativa*) 이삭을 가해해 반점미를 발생시키며 콩과(Fabaceae)나 국화과(Asteraceae) 식물에서도 보인다.

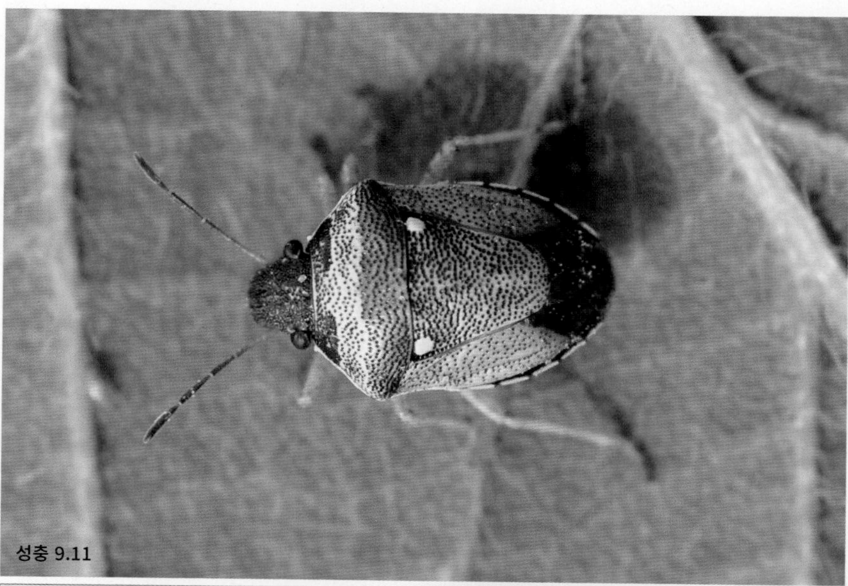
성충 9.11

성충 8.21

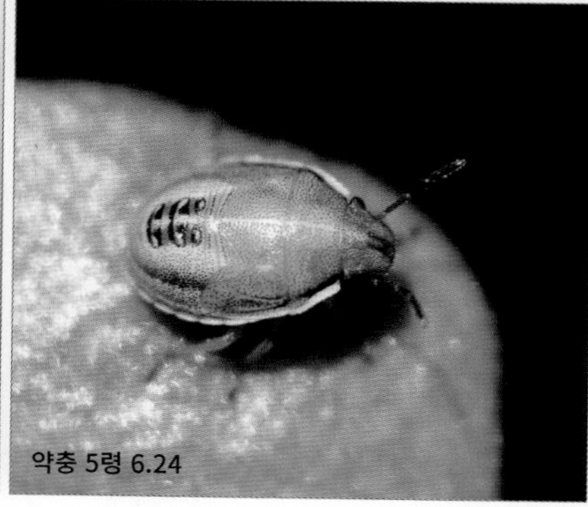
약충 5령 6.24

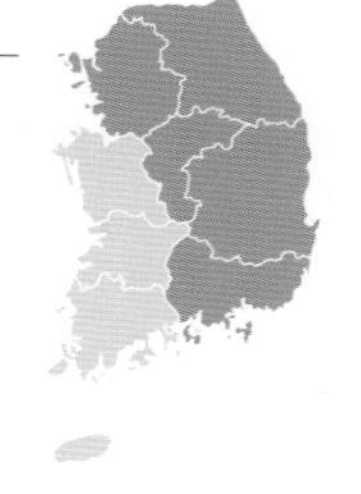

둥글노린재

***Eysarcoris gibbosus* Jakovlev, 1904**

국내 첫 기록 *Eusarcoris gibbosus* Jakovlev, 1904
크기 5~6mm | **출현 시기** 3~10월 | **분포** 경기, 강원, 충북, 경북, 경남

몸은 연한 황갈색이며 흑갈색 점각이 흩어져 있고 광택이 강하다. 머리와 앞가슴등판 앞쪽에 있는 무늬 2개는 검은색이다. 작은방패판 위쪽에는 보랏빛이 도는 크고 검은 삼각 무늬가 있으며 끝부분에도 같은 색 무늬가 있다. 익모초(*Leonurus japonicus*)에서 보인다.

성충 8.31

약충 5령 10.8

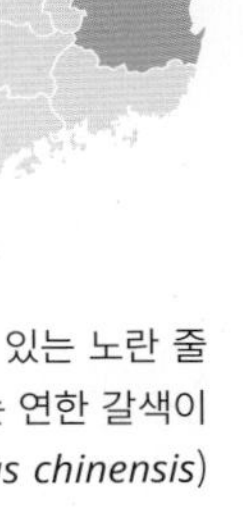

향노린재

***Chlorochroa* (*Rhytidolomia*) *juniperina juniperina* (Linnaeus, 1758)**

국내 첫 기록 *Pitedia juniperina* : Josifov & Kerzhner, 1978
크기 15~18mm | **출현 시기** 5~11월 | **분포** 경기, 강원, 경북

몸은 초록색이며 광택이 강해 반질반질해 보인다. 앞가슴등판 가장자리와 앞날개 가장자리에 있는 노란 줄이 특징이다. 작은방패판은 넓게 늘어났으며 끝부분에는 황백색 무늬가 있다. 앞날개 막질부는 연한 갈색이며, 다리는 초록색이다. 기주는 노간주나무(*Juniperus rigida*)로 알려졌으나 향나무(*Juniperus chinensis*)에서도 관찰했다.

성충 11.16

썩덩나무노린재

Halyomorpha halys **(Stål, 1855)**

국내 첫 기록 *Halyomorpha brevis* : Miyamoto & Lee, 1966
Halyomorpha picus : 권업모범장보고, 1922 (오동정)
크기 13~18mm | **출현 시기** 3~11월 | **분포** 전국

몸은 짙은 갈색 바탕에 불규칙하게 황백색, 적갈색, 검은색 무늬가 있고 색은 개체별로 변이가 있다. 더듬이 제4마디 양 끝과 제5마디 아랫부분은 황갈색이다. '썩덩'은 썩은 나무를 일컫는 말로 보이며, 실제로 나무껍질에 앉아 있으면 잘 구별되지 않는다. 배 옆가장자리는 앞날개 바깥으로 늘어나고, 각 마디마다 검은색과 황갈색 무늬가 교대로 나타난다. 숲에서 가장 흔히 보이는 종이며, 미국에는 1998년 외래해충으로 유입된 뒤 최근 급격한 개체수 증가와 함께 과일에 심각한 피해를 주고 있다(Darryl Fears, 2013).

성충 7.12

성충 9.5

약충 1령 6.18

약충 2령 6.2
약충 3령 6.16
약충 4령 7.3
약충 5령 9.18

멋쟁이노린재

Hermolaus amurensis **Horváth, 1903**

국내 첫 기록 *Hermolaus amurensis* : Miyamoto & Lee, 1966
크기 6mm 내외 | **출현 시기** 4~11월 | **분포** 경기, 경북, 경남, 전북, 전남

몸 바탕은 갈색이며 짙은 갈색 점각이 흩어져 있고 광택이 있다. 앞가슴등판 앞쪽에 검은색 가로 무늬가 2개 있다. 작은방패판 끝부분은 넓고 둥글게 늘어졌으며, 위쪽 양쪽에는 황백색 눈썹 무늬가 있다. 산지 활엽수에서 생활하며 나무껍질 안에서 성충으로 월동한다.

성충 11.3

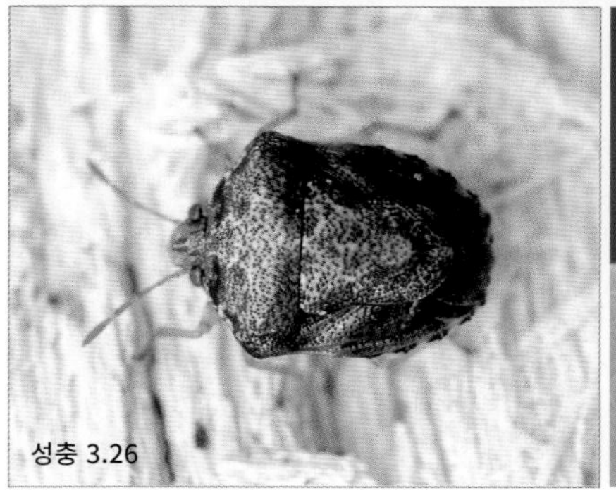
성충 3.26

성충 9.3

느티나무노린재

***Homalogonia grisea* Josifov & Kerzhner, 1978**

국내 첫 기록 *Homalogonia grisea* Josifov & Kerzhner, 1978
크기 11mm 내외 | **출현 시기** 5~10월 | **분포** 경기, 충남, 경북, 경남, 전남

몸은 갈색이나 회갈색으로 색 변이가 있다. 앞가슴등판 앞쪽에 황백색 점이 4개 있지만 희미한 개체도 있다. 작은방패판 위쪽 양옆에 있는 황갈색 점이 특징이다. 배 옆가장자리는 앞날개 바깥으로 늘어나고, 마디마다 회색과 짙은 갈색 무늬가 교대로 띠를 이룬다. 느티나무(*Zelkova serrata*)와 느릅나무(*Ulmus davidiana* var. *japonica*)가 기주로 등록되었으나 다양한 나무에서 보인다.

성충 4.27

성충 4.27

산란 7.23

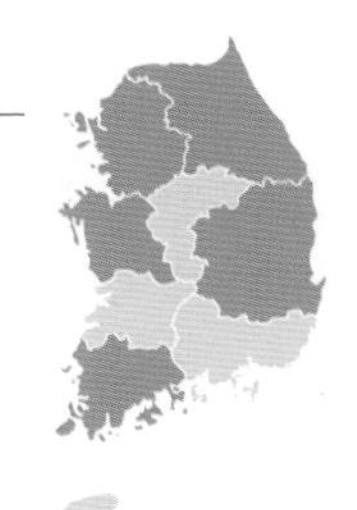

산느티나무노린재

Homalogonia confusa **Kerzhner, 1973**

국내 첫 기록 *Homalogonia confusa* : Josifov & Kerzhner, 1978
크기 13mm 내외 | **출현 시기** 5~9월 | **분포** 경기, 강원, 충남, 경북, 전남

네점박이노린재와 생김새가 매우 비슷해 몸 색깔로는 구별이 어렵다. 앞가슴등판 양옆이 네점박이노린재보다 덜 튀어나왔지만 차이는 적다. 작은방패판 가운데가 Y자 모양으로 도드라지고 머리부 측엽과 중엽 길이가 거의 같은 것으로 네점박이노린재와 구별한다. *Homalogonia*에 속하는 종은 알을 4×4 배열로 16개씩 낳는 게 특징이다. 확인되지 않은 지역이 있으나 전국에 분포할 것으로 예상한다.

성충 6.13

성충 6.13

알 6.13

네점박이노린재

Homalogonia obtusa obtusa **(Walker, 1868)**

국내 첫 기록 *Homalogonia obtusa* : Doi, 1933
Carpocoris fuscipennis : 권업모범장보고, 1923 (오기, 오동정)
Carpocoris fuscispinus : Okamoto, 1924 (오동정)
크기 12~14mm | **출현 시기** 4~11월 | **분포** 전국

몸 바탕은 갈색 또는 노란색이며 짙은 갈색 또는 검은색 점각이 불규칙하게 흩어져 있다. 다른 노린재에 비해 몸 균형이 잘 잡혔다. 앞가슴등판 앞쪽에 연한 노란색 점이 4개 있어 '네점'이라는 이름이 붙었다. 작은 방패판에 Y자로 도드라진 부분이 없거나 희미하고, 머리 측엽이 중엽보다 긴 것으로 산느티나무노린재와 구별한다. 네점박이노린재는 2아종이 있으며 국내와 일본에 있는 종은 *obtusa*이고 중국에 있는 종은 *yunnana*(Zheng & Liu, 1987)이다.

성충 3.26

성충 9.18

약충 5령 7.3

알 6.13

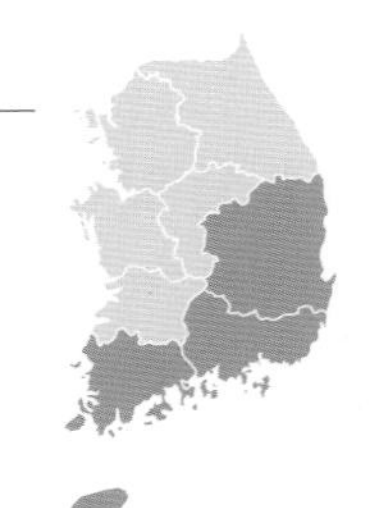

두점박이노린재

***Laprius gastricus* (Thunberg, 1882)**

국내 첫 기록 *Laprius gastricus* : Lee & Kwon, 1991
Laprius varicornis : Lee, 1971 (오동정)

크기 11~14mm | **출현 시기** 5~8월 | **분포** 경북, 경남, 전남, 제주

몸은 갈색 또는 짙은 갈색에 검은색 점각이 흩어져 있지만 개체에 따라 검은색에 가까운 짙은 파란색도 있다. 더듬이 제1~3마디는 밝은 갈색이지만 제4, 5마디는 대부분 어두운 갈색이다. 작은방패판 위쪽 양 끝에 작은 황백색 무늬가 있다. 가운데다리와 뒷다리 종아리마디는 대부분 몸 색깔과 달리 황백색이다. 억새(*Miscanthus sinensis* var. *purpurascens*) 같은 벼과(Poaceae) 식물에서 살며, 현재까지 드물게 관찰된다.

성충 8.6

성충 5.12

열점박이노린재

***Lelia decempunctata* (Motschulsky, 1860)**

국내 첫 기록 *Lelia decempunctata* : Doi, 1932
크기 16~23mm | **출현 시기** 4~10월 | **분포** 전국

몸은 황갈색 또는 갈색 바탕에 검은색 점각이 흩어져 있다. 앞가슴등판 양옆이 앞쪽으로 크게 휘며 튀어나왔고 가장자리는 작은 톱니 모양이다. 점이 앞가슴등판 한가운데에 4개, 작은방패판에 4개, 앞날개 혁질부에 2개 있으며 모두 합쳐 10개라 '열점박이'라는 이름이 붙었다. 산지 활엽수에서 살고 밤에 불빛에 날아온다.

성충 6.22

성충 7.4

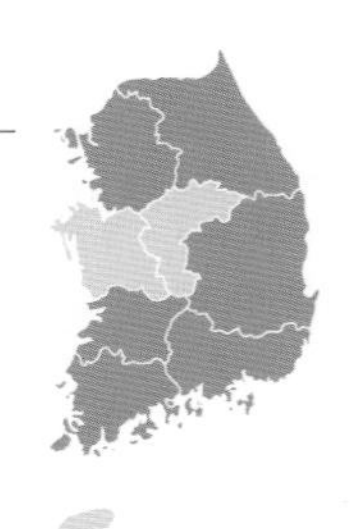

스코트노린재

***Menida* (*Menida*) *disjecta* (Uhler, 1860)**

국내 첫 기록 *Menida scotti* : Matsumura, 1932 (분포기록만 있음)
크기 9~11mm | **출현 시기** 5~11월 | **분포** 경기, 강원, 경북, 경남, 전북, 전남

몸은 어두운 갈색 또는 파란색, 적동색 등이고 금속성 광택이 있어 빛 각도에 따라 다양한 색으로 보인다. 전체적으로 긴 편이며 특히 앞날개 막질부가 길어 배끝을 훨씬 넘는다. 작은방패판 끝부분에 황백색 점이 있다. 다양한 활엽수에서 살며, 늦가을에는 산지 절이나 암자 등 특정 장소에서 무리 지어 지내다가 성충으로 월동한다. 국명 '스코트'는 종소명에서 따왔으나 *Menida scotti* Puton, 1886은 이명처리되었다 (Derzhansky *et al.*, 2002).

성충 6.6

성충 8.15

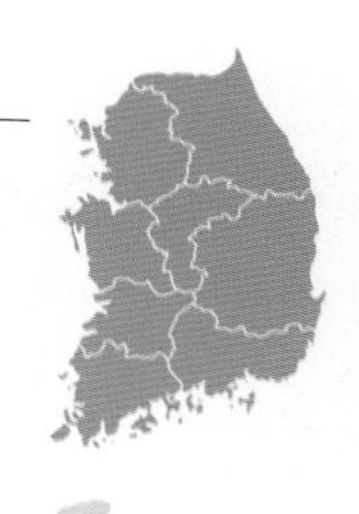

무시바노린재

***Menida* (*Menida*) *musiva* (Jakovlev, 1876)**

국내 첫 기록 *Menida musiva* : Lee, 1971
크기 8~9mm | **출현 시기** 5~11월 | **분포** 전국(제주 제외)

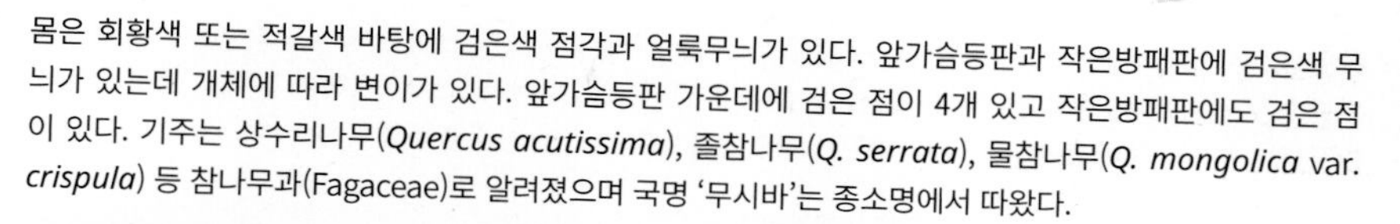

몸은 회황색 또는 적갈색 바탕에 검은색 점각과 얼룩무늬가 있다. 앞가슴등판과 작은방패판에 검은색 무늬가 있는데 개체에 따라 변이가 있다. 앞가슴등판 가운데에 검은 점이 4개 있고 작은방패판에도 검은 점이 있다. 기주는 상수리나무(*Quercus acutissima*), 졸참나무(*Q. serrata*), 물참나무(*Q. mongolica* var. *crispula*) 등 참나무과(Fagaceae)로 알려졌으며 국명 '무시바'는 종소명에서 따왔다.

성충 6.13

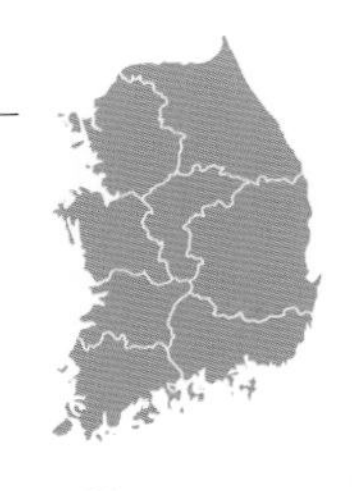

깜보라노린재

***Menida* (*Menida*) *violacea* Motschulsky, 1861**

국내 첫 기록 *Menida violacea* : Furukawa, 1930
크기 7~10mm | **출현 시기** 4~11월 | **분포** 전국(제주 제외)

몸은 검은색 또는 파란색이지만 광택이 있어 햇빛에 반사되면 보랏빛이 돈다. 전체적으로 어두운데 작은방패판 끝부분만 흰 것이 특징이다. 앞가슴등판 뒤쪽에 흰색 가로 무늬가 있으나 희미한 개체도 있다. 앞날개 막질부는 투명하며 배끝을 넘는다. 다양한 활엽수에서 살며 늦가을 산지에서 많이 보인다.

성충 9.13

성충 4.25

성충 4.15

약충 5령 8.31

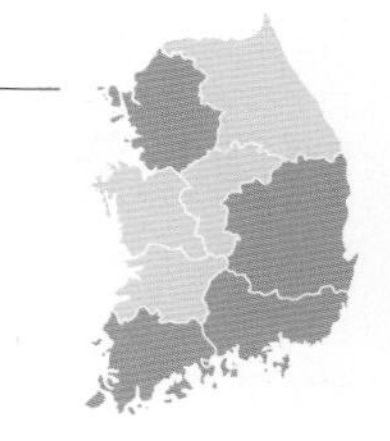

구슬노린재

***Sepontiella aenea* (Distant, 1883)**

국내 첫 기록 *Sepontia aenea* : Miyamoto & Lee, 1966
크기 3~4mm | **출현 시기** 5~8월 | **분포** 경기, 경북, 경남, 전남

몸은 어두운 갈색이며 광택이 있고 우리나라 노린재과 중에서 가장 작다. 몸이 알노린재처럼 둥글어 '구슬'이라는 이름이 붙었다. 작은방패판 위쪽에 황백색 점이 3개 있다. 작은방패판이 넓게 늘어나 배 전체를 덮는다. 갈퀴덩굴(*Galium spurium* var. *echinospermon*)과 광대수염(*Lamium album* var. *barbatum*)이 기주로 알려졌다.

성충 8.11

성충 8.11

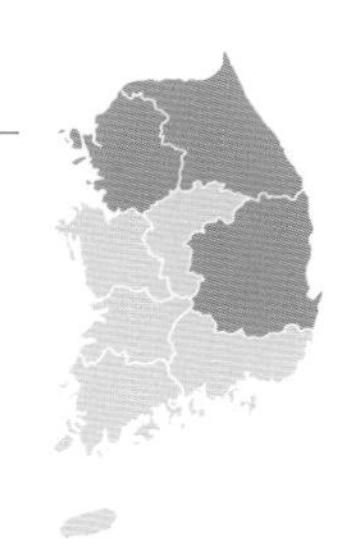

민풀노린재

***Palomena viridissima* (Poda, 1761)**

국내 첫 기록 *Palomena viridissima* : Doi, 1935
Nezara viridula : Doi, 1932 (오동정)
크기 11~14mm | **출현 시기** 5~8월 | **분포** 경기, 강원, 경북

몸은 광택 있는 초록색이며 간혹 갈색인 개체도 보인다. 북방풀노린재와 생김새가 비슷하지만 앞가슴등판 양옆이 완만하게 튀어나왔고 더듬이 제3, 4마디가 황갈색인 것이 다르다. 현재까지는 경북 위쪽에서만 관찰되었다.

성충 7.2

기름빛풀색노린재

Glaucias subpunctatus **(Walker, 1867)**

국내 첫 기록 *Glaucias subpunctatus* : Miyamoto & Lee, 1966
크기 14~17mm | **출현 시기** 8~11월 | **분포** 경남, 전남, 제주

몸은 광택이 강한 초록색인데 드물게 황갈색인 개체도 있다. 앞가슴등판 양옆과 앞날개 혁질부 가장자리를 따라 노란색 또는 연한 녹색 테두리가 있다. 작은방패판 끝부분 양쪽에 검은색 점이 1쌍 있다. 앞날개 막질부는 투명하고 배끝을 넘는다. 오동나무(*Paulownia coreana*), 뽕나무(*Morus alba*)뿐만 아니라 귤나무(*Citrus unshiu*), 배나무(*Pyrus pyrifolia* var. *culta*), 복사나무(*Prunus persica*) 등에서 과일 즙을 빨아 피해를 입힌다. 현재 남부에서만 관찰 기록이 있다.

성충 8.23

성충 8.8

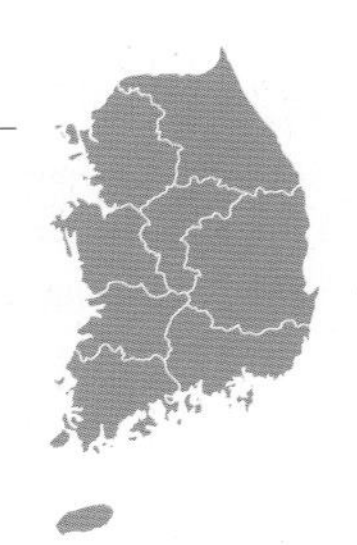

풀색노린재

***Nezara antennata* Scott, 1874**

국내 첫 기록 *Nezara antennata* : Doi, 1934
크기 12~16mm | **출현 시기** 3~11월 | **분포** 전국

몸이 전체적으로 초록색이라 '풀색'이라는 이름이 붙었지만 노란색이거나 갈색인 개체도 있고 머리와 앞가슴등판 앞쪽에 노란색 띠가 있는 개체도 있다. 또한 이들 간 교잡으로 초록색과 노란색이 무늬를 이루기도 한다. 경작지나 풀밭에서 흔히 보이며 다양한 식물을 먹는 잡식성이고 특히 콩(*Glycine max*)이나 팥(*Vigna angularis*) 등 콩과(Fabaceae) 식물과 과일 즙을 빨아 피해를 입히는 중요 해충으로 등록되었다.

성충 6.12

성충 변이 9.24

성충 변이 5.9

짝짓기 4.25
짝짓기 5.9
약충 3령 10.9
약충 4령 9.24
약충 5령 9.30
약충 5령 11.3

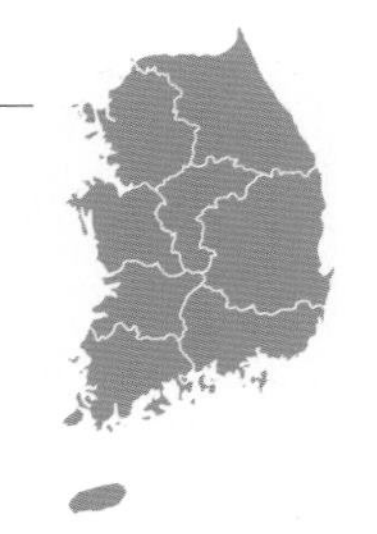

북방풀노린재

***Palomena angulosa* (Motschulsky, 1861)**

국내 첫 기록 *Palomena angulosa* : Ichikawa, 1906
크기 12~16mm | **출현 시기** 5~11월 | **분포** 전국

전체적으로 진한 녹색이며 검은색 점각이 흩어져 있고 광택이 있다. 가끔 몸 색이 황갈색인 개체도 보인다. 풀색노린재와 생김새가 비슷하지만 앞날개 막질부가 투명한 풀색노린재와 달리 이 종은 어두운 갈색이다. 앞가슴등판 양옆 모서리가 크게 튀어나왔다. 이름에 '북방'이라는 말이 붙었지만 남부 및 제주도에서도 보인다. 다양한 식물 즙을 빨며 들과 산에 산다.

성충 7.20

성충 11.10

성충 5.16

약충 3령 8.15

약충 4령 9.3

약충 5령 9.18

약충 5령 8.31

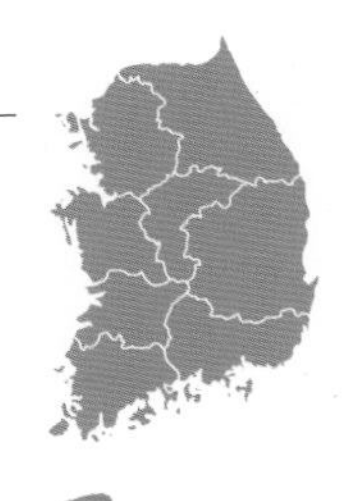

제주노린재

Okeanos quelpartensis **Distant, 1911**

국내 첫 기록 *Okeanos quelpartensis* Distant, 1911
크기 17~19mm | **출현 시기** 5~10월 | **분포** 전국

몸 윗부분은 어두운 적갈색이며 앞가슴등판 앞쪽과 늘어난 배 양옆만 초록색이다. 몸은 길고 앞가슴등판 양 어깨가 튀어나오며 위쪽으로 들려 늠름한 장수처럼 보인다. 또한 전체적으로 광택이 강하며 작은방패판 끝부분이 뾰족하고 황백색이다. 산지 활엽수에서 살고 특히 참나무과(Fagaceae) 식물에서 종종 보이며 밤에 불빛에 날아온다.

성충 9.2

성충 9.2

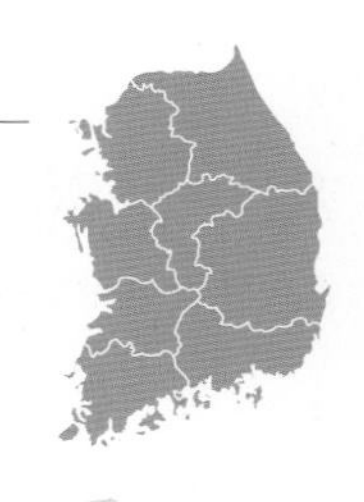

분홍다리노린재

***Pentatoma* (*Pentatoma*) *japonica* (Distant, 1882)**

국내 첫 기록 *Tropicoris japonicus* : 권업모범장보고, 1922
크기 17~24mm | **출현 시기** 5~10월 | **분포** 전국(제주 제외)

몸은 전체적으로 초록색이며 금속성 광택이 있고 크다. 앞가슴등판 양쪽 어깨가 크고 넓게 튀어나왔으며 위쪽으로 휜다. 앞가슴등판 둘레를 따라 붉은색 테두리가 있고 다리는 분홍색이다. 느릅나무(*Ulmus davidiana* var. *japonica*), 느티나무(*Zelkova serrata*), 층층나무(*Cornus controversa*)와 참나무속(*Quercus*) 등 활엽수에서 보인다.

성충 7.3

성충 7.3

약충 5령 5.24

왕노린재

***Pentatoma* (*Pentatoma*) *metallifera* (Motschulsky, 1860)**

국내 첫 기록 *Pentatoma metallifera* : Kamijo, 1933 (팔공산, 대왕노린재의 오동정일 가능성이 높음); Doi, 1933 (삼방, 회령, 무산령)
크기 22~24mm | **출현 시기** 6~8월 | **분포** 강원

몸은 초록색 또는 청록색이지만 구릿빛과 보랏빛 금속성 광택이 강해 빛 반사에 따라 다양한 색깔을 띤다. 앞가슴등판 양쪽 어깨가 크고 넓게 튀어나왔으며 위쪽으로 휘었다. 대왕노린재와 생김새가 비슷하지만 양쪽 어깨가 덜 튀어나왔다. 대왕노린재보다 드물게 보이며, 지금까지 남부 관찰 기록은 대왕노린재 오동정일 가능성이 크다.

성충 8.15

약충 5령 6.6

대왕노린재

Pentatoma (Pentatoma) parametallifera **L.Y. Zheng & Li, 1991**

국내 첫 기록 *Pentatoma parametalifera* : Belousova 1992
Pentatoma metalifera : Lee 1971 (오동정)

크기 23~25mm | **출현 시기** 5~8월 | **분포** 경기, 강원, 경북, 경남, 전북

몸은 초록색, 청록색 바탕에 구릿빛과 보랏빛 금속성 광택이 있으며, 앞날개 초록색 광택은 왕노린재보다 훨씬 강하다. 왕노린재와 생김새가 비슷하지만 앞가슴등판 양쪽이 훨씬 더 튀어나왔고 위쪽으로도 활처럼 많이 휘었다. 앞가슴등판과 작은방패판 둘레를 따라 흑갈색 부분이 있다. 왕노린재와 달리 널리 분포한다.

성충 6.5

성충 7.20

약충 5령 5.24

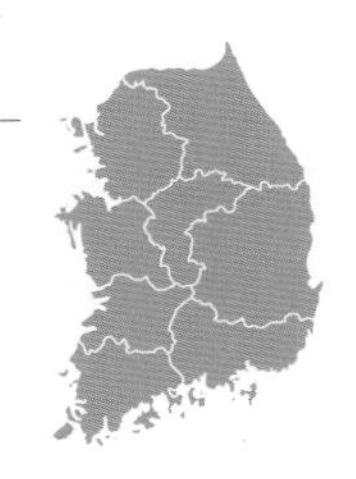

홍다리노린재

***Pentatoma* (*Pentatoma*) *rufipes* (Linnaeus, 1758)**

국내 첫 기록 *Pentatoma rufipes* : Furukawa, 1930
크기 12~18mm | **출현 시기** 6~9월 | **분포** 전국(제주 제외)

몸은 어두운 갈색에 구릿빛 금속성 광택이 있다. 앞가슴등판 양옆 돌기가 크고 넓게 튀어나왔으며 위쪽으로 들린다. 작은방패판 끝부분에 황갈색 무늬가 있다. 다리가 모두 적갈색이어서 '홍다리'라는 이름이 붙었고 밤에 불빛에 날아온다. 느릅나무(*Ulmus davidiana* var. *japonica*)와 참나무속(*Quercus*) 등 활엽수에서 살며 성충은 나비목 유충을 잡아먹기도 한다.

성충 9.22

성충 8.9

짝짓기 6.14

약충 5령 6.15

약충 5령 6.14

장흙노린재

***Pentatoma* (*Pentatoma*) *semiannulata* (Motschulsky, 1860)**

국내 첫 기록 *Gudea ichikawana* Distant, 1911
크기 20~23mm | **출현 시기** 7~10월 | **분포** 전국

몸은 전체적으로 노란색 또는 황갈색이며 검은색 점각이 흩어져 있다. 앞가슴등판 양쪽 돌기가 크고 넓게 튀어나왔다. 더듬이와 다리는 연한 노란색이고 작은방패판 위쪽 양옆에는 작고 검은 점이 1쌍 있다. 배 옆가장자리는 앞날개 바깥으로 늘어나고, 마디마다 연한 노란색과 검은색 줄이 교대로 나타난다. 산지 활엽수에서 산다.

성충 10.12

성충 7.20

약충 5령 6.15

얼룩대장노린재

Placosternum esakii **Miyamoto, 1990**

국내 첫 기록 *Placosternum esakii* Miyamoto, 1990
Placosternum alces : Kamijo, 1933 (오동정)
크기 21mm 내외 | **출현 시기** 4~10월 | **분포** 전국(제주 제외)

몸은 회갈색 또는 회황색 바탕에 흑갈색이나 검은색이 어우러진 불규칙한 얼룩무늬가 있다. 이 무늬는 지의류와 구별하기 어려운 보호색 역할을 한다. 앞가슴등판 양쪽 돌기는 넓고 뭉툭하게 위쪽으로 튀어나왔으며, 끝부분은 물결 모양으로 굴곡진다. 다리에도 얼룩덜룩한 무늬가 있다. 산지 참나무과(Fagaceae) 나무에서 보이며 움직임이 둔해 잘 도망가지 않는다.

성충 5.15

성충 6.10

약충 5령 8.19

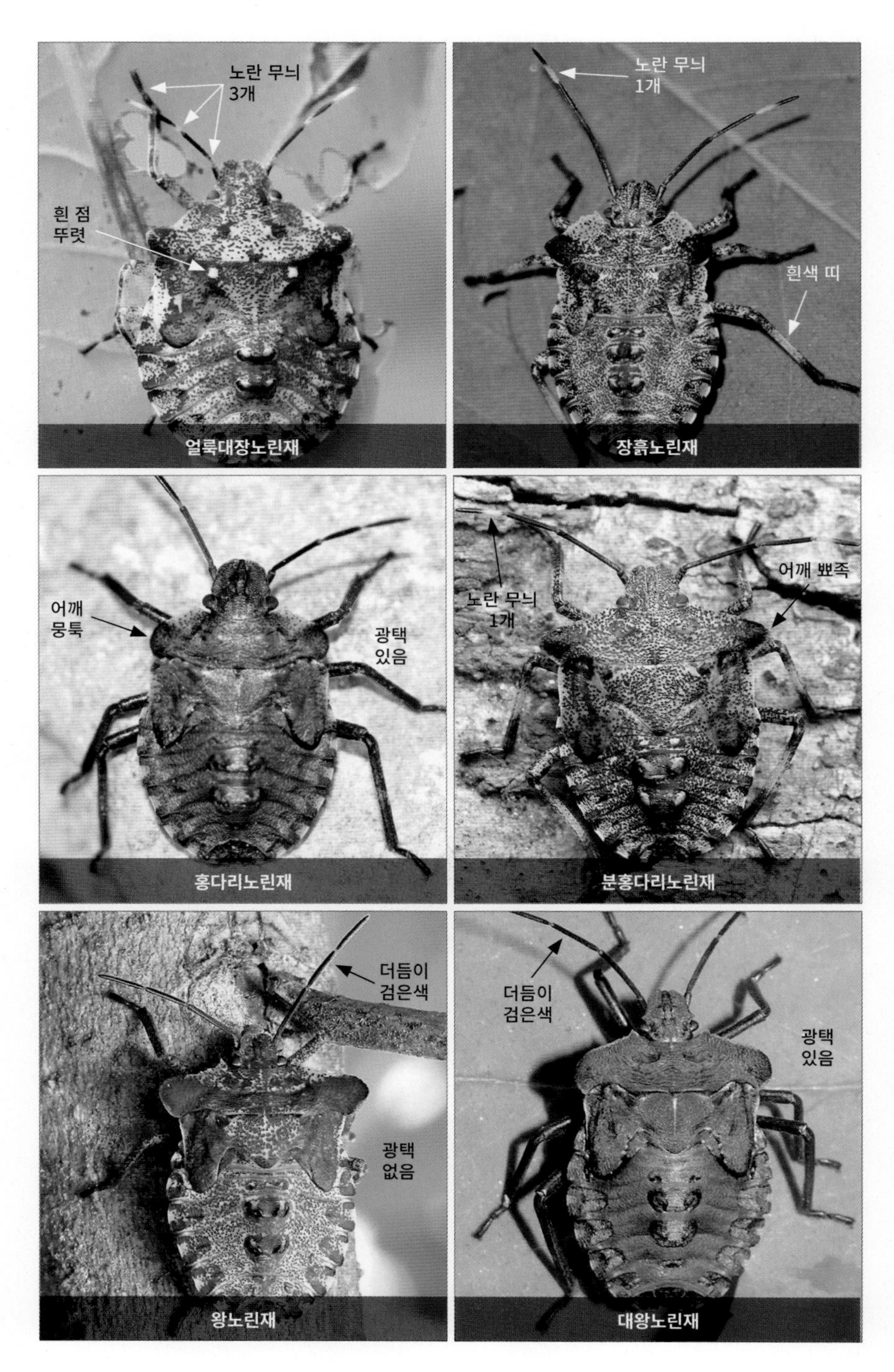
노란 무늬
3개
흰 점
뚜렷
얼룩대장노린재
노란 무늬
1개
흰색 띠
장흙노린재
어깨
뭉툭
광택
있음
홍다리노린재
노란 무늬
1개
어깨 뾰족
분홍다리노린재
더듬이
검은색
광택
없음
왕노린재
더듬이
검은색
광택
있음
대왕노린재

가로줄노린재

***Piezodorus hybneri* (Gmelin, 1790)**

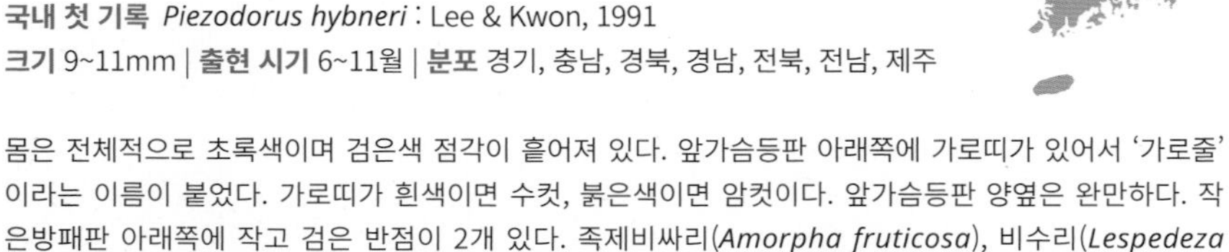

국내 첫 기록 *Piezodorus hybneri* : Lee & Kwon, 1991

크기 9~11mm | **출현 시기** 6~11월 | **분포** 경기, 충남, 경북, 경남, 전북, 전남, 제주

몸은 전체적으로 초록색이며 검은색 점각이 흩어져 있다. 앞가슴등판 아래쪽에 가로띠가 있어서 '가로줄'이라는 이름이 붙었다. 가로띠가 흰색이면 수컷, 붉은색이면 암컷이다. 앞가슴등판 양옆은 완만하다. 작은방패판 아래쪽에 작고 검은 반점이 2개 있다. 족제비싸리(*Amorpha fruticosa*), 비수리(*Lespedeza cuneata*) 등 콩과(Fabaceae) 식물에서 살며 콩(*Glycine max*), 팥(*Vigna angularis*) 등의 해충으로 등록되었다.

수컷 6.25

암컷 9.10

짝짓기 9.10

약충 4령 10.15
약충 5령 9.9
약충 5령 7.8
알 9.15

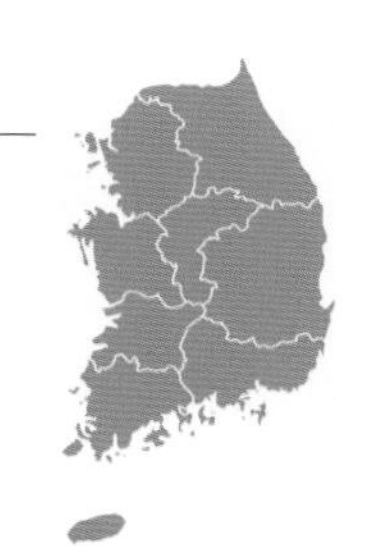

갈색날개노린재

***Plautia stali* Scott, 1874**

국내 첫 기록 *Plautia stali* : Doi, 1932
Plautia fimbriata : Okamoto, 1924 (오동정)
크기 10~12mm | **출현 시기** 3~11월 | **분포** 전국

몸은 초록색이며 광택이 있고 검은색 점각이 흩어져 있다. 앞날개만 갈색이어서 '갈색날개'라는 이름이 붙었다. 단, 월동할 때 온몸이 갈색인 개체도 있다. 작은방패판은 크게 늘어나 앞날개 2/3에 이르며 가운데가 볼록하다. 약충은 주로 기주식물 잎 뒷면에 살며 즙을 빨고, 성충은 과일 즙을 빨아 떨어트리거나 검은 반점을 발생시킨다. 따라서 과수원에서는 방제 대상 해충이다.

성충 5.7

성충 3.30

약충 4령 6.30

약충 4령 8.20

약충 5령 6.29

약충 5령 9.5

알 6.30

알 6.30

애기노린재

Rubiconia intermedia **(Wolff, 1811)**

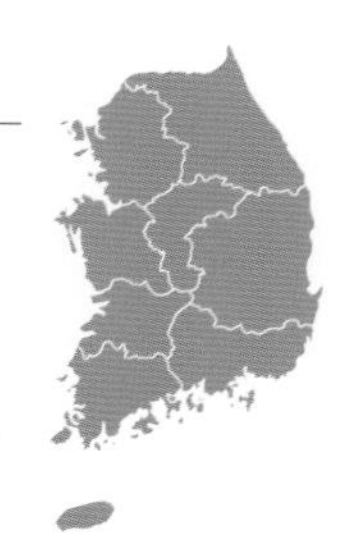

국내 첫 기록 *Rubiconia intermedia* : Doi, 1933
크기 6~8mm | **출현 시기** 5~10월 | **분포** 전국

몸은 황갈색 또는 어두운 갈색 바탕에 검은색 또는 짙은 갈색 점각이 흩어져 있으며 광택이 있다. 머리는 크고 점각이 많아 전체가 어두운 갈색으로 보인다. 앞가슴등판 앞쪽에는 짙은 갈색 무늬가 2개 있고, 양쪽 둘레를 따라 황백색 줄이 있다. 머리에 점각이 없는 노란 줄이 있으며 측엽 사이가 멀어 벌어져 보인다. 일본 자료에 따르면 기주는 솔나물(*Galium verum* var. *asiaticum*), 달맞이꽃(*Oenothera biennis*), 당근(*Daucus carota*), 뚝사초(*Carex thunbergii* var. *appendiculata*) 등이다.

성충 7.9

성충 7.9

극동애기노린재

***Rubiconia peltata* Jakovlev, 1890**

국내 첫 기록 *Rubiconia peltata* : Josifov & Kerzhner, 1978
크기 7~9mm | **출현 시기** 5~10월 | **분포** 경기, 강원, 경남

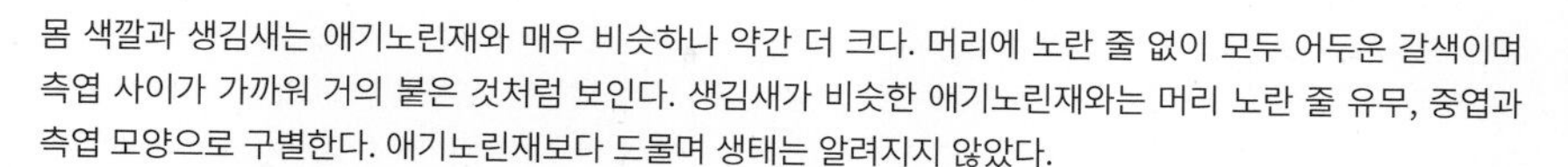

몸 색깔과 생김새는 애기노린재와 매우 비슷하나 약간 더 크다. 머리에 노란 줄 없이 모두 어두운 갈색이며 측엽 사이가 가까워 거의 붙은 것처럼 보인다. 생김새가 비슷한 애기노린재와는 머리 노란 줄 유무, 중엽과 측엽 모양으로 구별한다. 애기노린재보다 드물며 생태는 알려지지 않았다.

성충 10.12

애기노린재

극동애기노린재

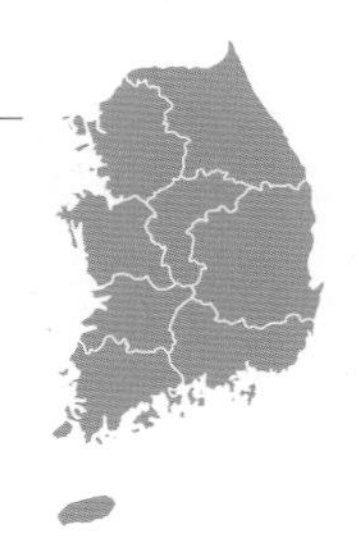

억새노린재

***Gonopsis affinis* (Uhler, 1860)**

국내 첫 기록 *Gonopsis affinis* : Doi, 1932
크기 14~19mm | **출현 시기** 4~10월 | **분포** 전국

몸은 황갈색 또는 주황색이며 전체에 점각이 주름 모양으로 퍼져 있다. 머리는 삼각형으로 뾰족하게 앞으로 튀어나왔다. 작은방패판은 긴 이등변삼각형이고 앞날개 절반을 넘는다. 억새(*Miscanthus sinensis* var. *purpurascens*)에 살기 때문에 '억새'라는 이름이 붙었고, 기주는 벼과(Poaceae) 식물이다. 전국에 분포하나 경남, 전남, 제주 등 남부에 특히 많다. 이전에는 억새노린재과를 따로 분리했는데 최근에는 노린재과에 포함한다.

성충 6.21

성충 6.10

약충 5령 8.30

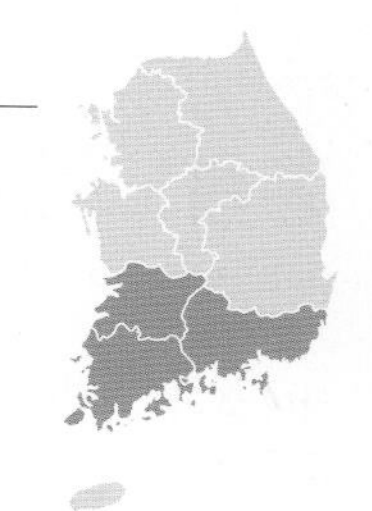

빈대붙이

***Dybowskyia reticulata* (Dallas, 1851)**

국내 첫 기록 *Dybowskyia reticulata* : Doi, 1934
크기 5~6mm | **출현 시기** 5~7월 | **분포** 경남, 전북, 전남

몸은 어두운 갈색이며 광택이 없고 검은 점각이 흩어져 있다. 작은방패판은 넓게 늘어나 배끝에 이르고 윗부분은 반달 모양으로 약간 솟았다. 사상자(*Torilis japonica*) 같은 미나리과(Apiaceae) 식물 꽃과 열매에서 보인다.

성충 7.1

성충 6.22

알 6.29

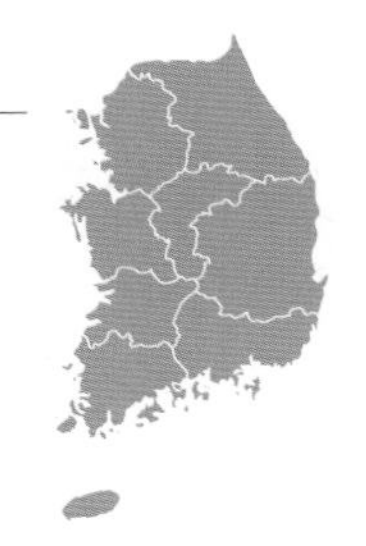

홍줄노린재

Graphosoma rubrolineatum **(Westwood, 1837)**

국내 첫 기록 *Graphosoma rubrolineatum* : Dallas, 1851
크기 9~12mm | **출현 시기** 5~10월 | **분포** 전국

몸은 광택 있는 검은색 바탕에 주홍색 세로줄이 있다. 개체에 따라서는 줄이 적갈색 또는 황갈색이기도 하다. 앞가슴등판은 폭이 넓고 가운데 부분이 완만하게 볼록하며, 작은방패판은 넓고 늘어나서 배끝에 닿는다. 왜당귀(*Angelica acutiloba*), 궁궁이(*Angelica polymorpha*), 땅두릅(*Aralia cordata*) 등 미나리과(Apiaceae) 식물 꽃과 열매에 잘 모이며 특히 미나리과 약용식물과 당근(*Daucus carota*) 해충으로 등록되었다.

성충 6.29
짝짓기 6.25
약충 5령 9.5
약충 5령 8.26

먹노린재

Scotinophara lurida **(Burmeister, 1834)**

국내 첫 기록 *Scotinophara lurida* : Masaki, 1936
크기 8~10mm | **출현 시기** 6~10월 | **분포** 경기, 충남, 경남, 전남, 제주

몸 전체가 광택이 없는 검은색이며 빛이 비치면 어두운 청람색으로 보이기도 한다. 가끔 흙을 뒤집어쓰고 다니기도 한다. 앞가슴등판 양옆에는 가시 모양 돌기가 있다. 작은방패판이 늘어나 배끝을 넘으며 다리는 검은색이다. 벼(*Oryza sativa*), 줄(*Zizania latifolia*), 갈대(*Phragmites communis*) 등 벼과(Poaceae) 식물에서 생활하며 우리나라에서는 벼(*Oryza sativa*) 해충으로 등록되었다.

성충 9.16

성충 6.14

약충 1령 8.7

약충 5령 8.31

약충 5령 8.31

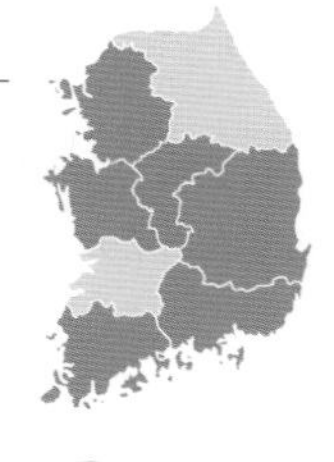

갈색큰먹노린재

***Scotinophara horvathi* Distant, 1883**

국내 첫 기록 *Scotinophara horvathi* : Lee, 1971
크기 8~10mm | **출현 시기** 5~11월 | **분포** 경기, 충북, 충남, 경북, 경남, 전남

몸은 어두운 갈색이고 광택이 없으며 흙을 많이 묻히고 다녀 황토색으로 보이기도 한다. 앞가슴등판 양쪽 돌기 끝부분은 침 모양으로 뾰족하게 튀어나왔다. 수컷 생식절은 양쪽 뒤로 크게 튀어나왔다. 하천 갈대숲에 살며 낙엽 밑이나 땅 표면 가까이에서 그루터기나 뿌리를 가해한다.

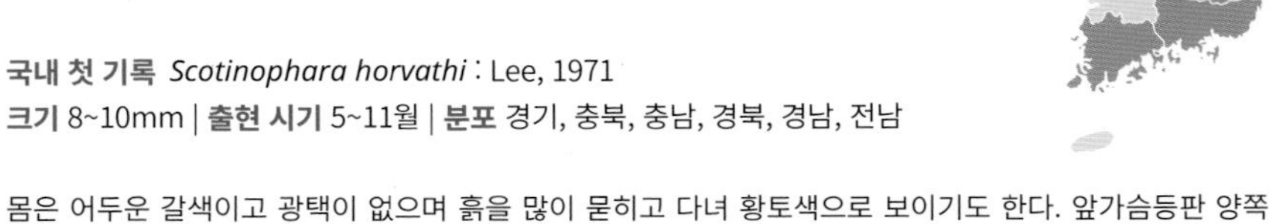

성충 8.11

성충 8.27

흙 묻은 개체 5.20

꼬마먹노린재

***Scotinophara scottii* Horváth, 1879**

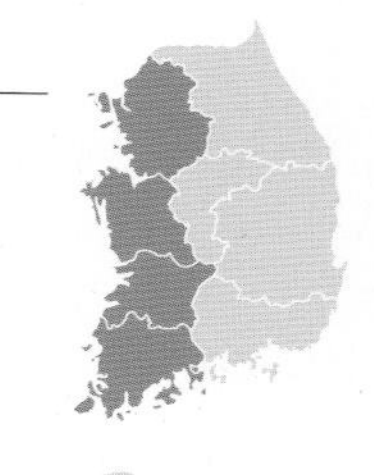

국내 첫 기록 *Scotinophara scottii* : Distant, 1883
크기 6~7mm | **출현 시기** 3~11월 | **분포** 경기, 충남, 전북, 전남

몸은 어두운 갈색 또는 검은색이며 표면은 거칠고 광택이 약하다. 먹노린재와 생김새가 매우 비슷하지만 먹노린재에 비해 크기가 작고 앞가슴등판 위쪽 양 끝에 가시처럼 뾰족한 돌기가 있다. 작은방패판은 넓게 늘어나 배끝에 이른다. 주로 건조한 땅에서 생활하고 포아풀(*Poa sphondylodes*), 띠(*Imperata cylindrica* var. *koenigii*), 바랭이(*Digitaria ciliaris*) 등 벼과(Poaceae) 식물 뿌리 근처에서 산다. 이전 종소명인 *scotti*는 *scottii*의 잘못된 표기였다.

성충 6.17

성충 월동형 1.16(월동 개체)

장님노린재과

Miridae (plant bugs, leaf bugs)

크기는 대부분 2~5mm로 작으며, 길거나 달걀 모양이고 몸이 연약하다. 더듬이와 주둥이는 4마디이고 홑눈이 없으나 예외로 홑눈장님노린재아과(Isometopinae)는 홑눈이 있다. 앞날개에는 설상부가 있으며 막질부에는 막힌 방이 2개 있다. 노린재목 중에서 종이 가장 많은 과이며, 비슷한 종이 많아 분류가 매우 어렵다. 보통 식물에서 즙을 빨지만 오로지 식물 즙만 먹는 종은 적고 대부분 동물성 먹이도 필요로 한다는 것이 최근 알려졌다. 특히 암컷은 난소 발달에 동물성 먹이가 필요하다. 한편 거의 완전 포식성인 일부 종은 천적방제용으로 가치가 높다. 전 세계에 분포하고 10,000여 종이 알려졌으며 우리나라에는 220여 종이 기록되었다.

홑눈장님노린재아과 Isometopinae

다른 아과에 비해 작은 그룹으로 전 세계에 분포한다. 장님노린재과에서 유일하게 홑눈이 있는 종류로 발마디(tarsi)는 2마디이고 몸은 둥글납작하다. 나무줄기나 가지 위에 살면서 버섯을 먹거나 깍지벌레 같은 작은 절지동물을 잡아먹으며 수피나 껍질 속에서 생활하는 것으로 알려졌다. 국내에서는 최근에 홑눈장님노린재속(*Isometopus*) 3종이 기록되었고 여기에서는 기록종 2종과 미기록종 1종을 실었다.

원장님노린재아과 Cylapinae

주로 열대와 아열대에 분포하며, 발톱이 길고 가늘며 발톱받침(pulvillus)이 없는 것이 특징이다. 대부분 곰팡이로 덮인 썩은 통나무나 죽은 나무껍질에서 생활하며 균류를 먹는 것으로 알려졌지만 간혹 난초나 꽃에서 채집되기도 한다. 현재 국내에는 원장님노린재 1종이 기록되었고, 여기에서는 기록종 1종과 미기록종 2종을 실었다.

고사리장님노린재아과 Bryocorinae

생김새가 다른 다양한 종이 속하며, 5개 족으로 이루어졌다(Namyatova *et al*. 2016). 생태가 매우 다양해 주로 속씨식물을 기주로 하지만 고사리가 기주인 종도 있고 이끼를 먹는 종도 있다. 담배장님노린재족(Dicyphini)은 잡식성이어서 기주식물 외에 다른 노린재류 알과 약충 따위를 먹기도 한다. 또한 카카오 같은 작물을 가해하는 주요 해충으로 알려진 종도 있다. 국내에는 4족 7속 9종이 기록되었으며 여기에서는 모두 실었다.

무늬장님노린재아과 Deraeocorinae

발톱사이부속기(parempodium)가 털 모양이고 발톱 기부에 큰 돌기가 있는 것이 특징이다. 이 아과 종은 모두 총채벌레, 진딧물, 깍지벌레 등을 먹는 포식성이어서 천적곤충으로 유용하다. 국내에는 3족 6속 23종이 기록되었으며, 여기에서는 기록종 20종과 미기록종 3종을 실었다.

장님노린재아과 Mirinae

발톱사이부속기(parempodium)가 두껍고 끝으로 갈수록 벌어지는 것이 특징이며, 몸집이 큰 종이 많다. 또한 앞가슴등판 앞깃이 볼록하고, 앞깃 경계를 따라 옆가장자리에 이르는 홈이 있는 것이 보통이나, 없는 종도 있다. 대부분 초식성이며 일부 종은 심각한 해충으로 알려졌다. 현재 7개 족으로 나뉘고 국내에는 3족이 기록되었다. 여기에서는 기록종 70종과 미기록종 4종을 실었다.

들장님노린재아과 Orthotylinae

발톱사이부속기(parempodium)가 다소 부풀었고 끝이 한 곳으로 모이는 형태이며, 대개 수컷 생식기가 매우 크다. 기주 의존성이 강하고 포식하는 종이 많다. 현재 6개 족으로 나뉘고 국내에는 3족이 기록되어 있다. 여기에서는 기록종 22종과 미기록종 5종을 실었다.

애장님노린재아과 Phylinae

앞가슴등판 앞깃이 살짝 위로 향하고(꼬마장님노린재족은 평평함), 발톱사이부속기(parempodium)가 털 모양이며(단, 표주박장님노린재족은 제외), 발톱받침(pulvillus)이 두툼하고, 발톱 기부와 끝에 돌기가 없는 것이 특징이다. 현재 전 세계에서 매우 활발하고 체계적인 연구가 진행되며 2013년에는 새로운 분류 체계가 제시되었다(Menard *et al*. 2013, Schuh & Menard 2013). 국내에서도 Duwal R.K. 등이 많은 연구를 진행해 2016년에 88종을 포함하는 한반도 애장님노린재아과 목록이 발표되었다(Duwal *et al*. 2016). 그러나 아직도 많은 미기록종이 남아 있을 것으로 보인다. 여기에서는 기록종 45종과 미기록 4종을 실었다.

느티나무홑눈장님노린재

Isometopus japonicus **Hasegawa, 1946**

국내 첫 기록 *Isometopus japonicus* : Kim & Jung, 2016
크기 2~3mm | **출현 시기** 5~6월 | **분포** 경기, 충북, 전북

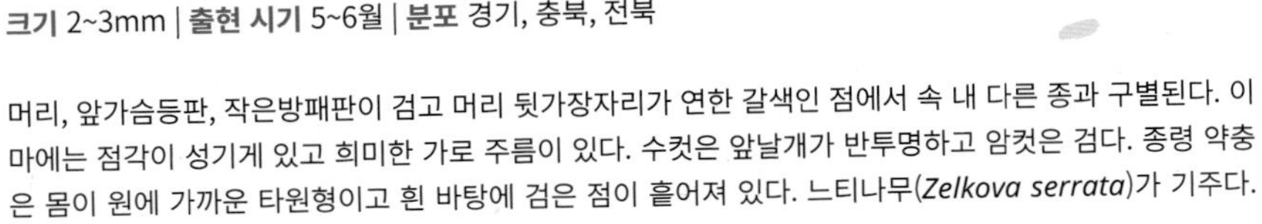

머리, 앞가슴등판, 작은방패판이 검고 머리 뒷가장자리가 연한 갈색인 점에서 속 내 다른 종과 구별된다. 이마에는 점각이 성기게 있고 희미한 가로 주름이 있다. 수컷은 앞날개가 반투명하고 암컷은 검다. 종령 약충은 몸이 원에 가까운 타원형이고 흰 바탕에 검은 점이 흩어져 있다. 느티나무(*Zelkova serrata*)가 기주다. 일본에 분포한다.

수컷 5.29

암컷 5.31

약충 5.17

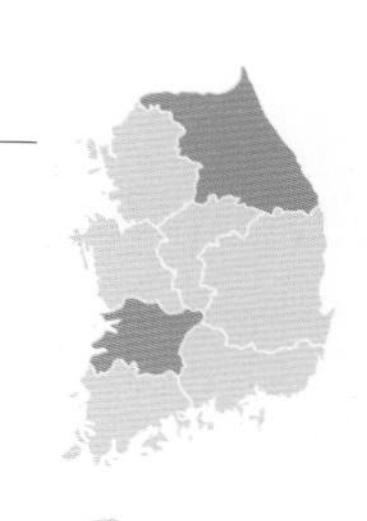

무늬홑눈장님노린재(신칭)

***Isometopus amurensis* Kerzhner, 1988**

국내 첫 기록 *Isometopus amurensis* : Jung *et al*., 2015
크기 2~3mm | **출현 시기** 7~8월 | **분포** 강원, 전북

등면은 대부분 검고 머리는 황갈색이다. 앞가슴등판 옆가장자리 색이 옅고 작은방패판 끝에 큰 흰색 점이 있다. 수컷은 앞날개가 전체적으로 반투명하고 희며, 암컷은 혁질부 앞쪽 반과 설상부 대부분이 희고 혁질부 뒤쪽 반은 검다. 제주눈장님노린재(*Isometopus jejuensis*)와 생김새가 비슷하지만 더듬이 제2마디 기부가 옅은 것으로 구별한다. 참나무속(*Quercus*) 식물과 주목(*Taxus cuspidata*) 등이 기주로 기록되었다. 러시아 극동에 분포한다.

암컷 8.6

이마흰줄홑눈장님노린재(신칭)

Isometopus rugiceps **Kerzhner, 1988**

국내 첫 기록 미기록
크기 3mm 내외 | **출현 시기** 6~7월 | **분포** 강원

몸은 둥글납작하며, 등면은 전체적으로 검고 금빛 털이 빽빽하다. 머리는 다른 부분보다 색이 밝다. 이마에 돌출된 흰색 가로줄이 5개 있다. 강원도 춘천과 정선에서 불빛에 날아온 암컷들을 발견했으며 러시아 극동에 분포한다.

암컷 6.23

암컷 6.23

원장님노린재

***Punctifulvius kerzhneri* Schmitz, 1978**

국내 첫 기록 *Punctifulvius kerzhneri* : Lee *et al.*, 1994
크기 3~4mm | **출현 시기** 7~8월 | **분포** 경기, 충북, 전남

등면은 전체적으로 약한 광택이 있는 검은색이며 짧은 흰색 털이 빽빽하다. 앞가슴등판 뒷가장자리가 거의 직선인 것이 특징이며 국내 *Punctifulvius*에는 1종만 기록되었다. 나무껍질 속이나 썩은 나무에서 발견할 수 있으며 진균(fungus)을 먹는 것으로 알려졌다. 러시아 극동 및 일본에 분포한다.

성충 7.21

약충 8.23

버섯장님노린재(신칭)

***Peritropis advena* Kerzhner, 1973**

국내 첫 기록 미기록

크기 3~4mm | **출현 시기** 7~8월 | **분포** 강원, 충남, 전북, 전남

등면은 갈색에서 검은색이고 연한 노란색 점이 흩어져 있으며 작은방패판 끝에 흰색 점이 있다. 더듬이는 대부분 검고 제2마디 한가운데에 작은 흰색 점이 있다. 다리는 검거나 흑갈색이고 종아리마디에 흰색에 가까운 고리 무늬가 있다. 원장님노린재속과 비슷하지만 등면이 평평하고 앞가슴등판 뒷가장자리가 물결 모양인 것이 다르다. 활엽수림 구름버섯에서 발견할 수 있으며 불빛에 날아온다. 러시아 극동과 일본에 분포한다.

성충 7.18

흰다리버섯장님노린재(신칭)

***Peritropis* sp. nov.**

국내 첫 기록 미기록
크기 4mm 내외 | **출현 시기** 8월 | **분포** 충북

버섯장님노린재와 생김새가 비슷하지만 전체적으로 색이 연하다. 특히 다리 넓적마디는 연한 노란색이고 끝부분은 갈색이다. 더듬이 제2마디 가운데 흰색 고리 무늬가 있다. 작은방패판은 전체적으로 어두운 갈색이다. 밤에 불빛에 날아온 것을 발견했으며 신종으로 추정한다.

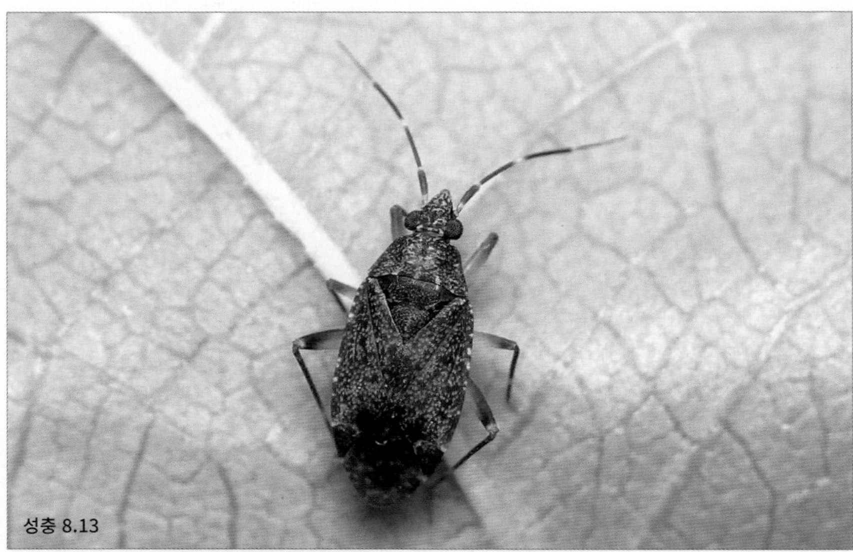

성충 8.13

성충 8.13

참고사리장님노린재

***Bryocoris* (*Bryocoris*) *montanus* Kerzhner, 1973**

국내 첫 기록 *Bryocoris montanus* : Kwon *et al.*, 2001
크기 2~3mm | **출현 시기** 7~9월 | **분포** 강원

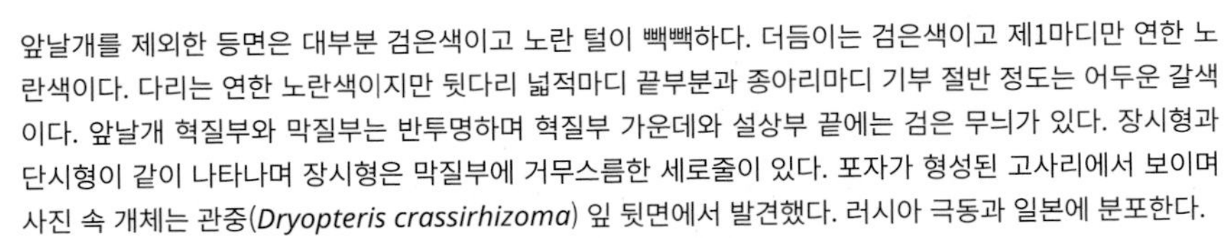

앞날개를 제외한 등면은 대부분 검은색이고 노란 털이 빽빽하다. 더듬이는 검은색이고 제1마디만 연한 노란색이다. 다리는 연한 노란색이지만 뒷다리 넓적마디 끝부분과 종아리마디 기부 절반 정도는 어두운 갈색이다. 앞날개 혁질부와 막질부는 반투명하며 혁질부 가운데와 설상부 끝에는 검은 무늬가 있다. 장시형과 단시형이 같이 나타나며 장시형은 막질부에 거무스름한 세로줄이 있다. 포자가 형성된 고사리에서 보이며 사진 속 개체는 관중(*Dryopteris crassirhizoma*) 잎 뒷면에서 발견했다. 러시아 극동과 일본에 분포한다.

장시형 7.31

단시형 7.31

단시형 7.31

노랑무늬고사리장님노린재

***Bryocoris* (*Bryocoris*) *gracilis* Linnavuori, 1962**

국내 첫 기록 *Bryocoris gracilis* : Cho *et al*., 2010
크기 3mm 내외 | **출현 시기** 6~8월 | **분포** 경기

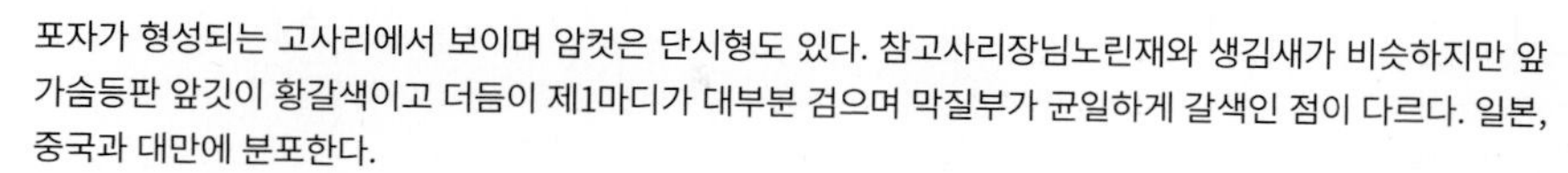

포자가 형성되는 고사리에서 보이며 암컷은 단시형도 있다. 참고사리장님노린재와 생김새가 비슷하지만 앞가슴등판 앞깃이 황갈색이고 더듬이 제1마디가 대부분 검으며 막질부가 균일하게 갈색인 점이 다르다. 일본, 중국과 대만에 분포한다.

성충 7.5

성충 7.5

고사리장님노린재

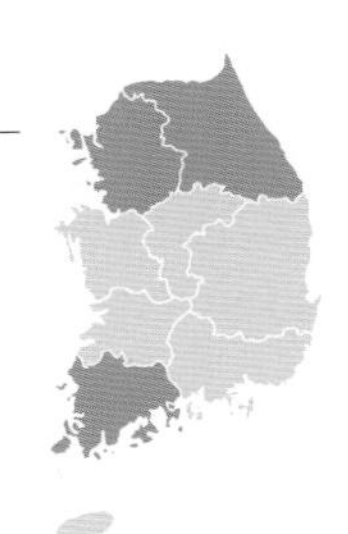

***Monalocoris* (*Monalocoris*) *filicis* (Linné, 1758)**

국내 첫 기록 *Monalocoris japonensis* : Miyamoto & Lee, 1966
크기 2~3mm | **출현 시기** 5~10월 | **분포** 경기, 강원, 전남

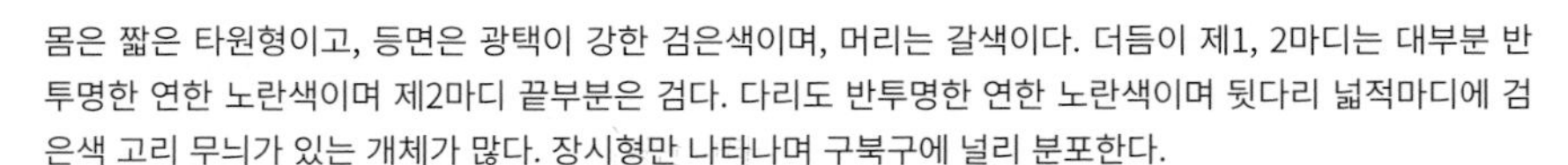

몸은 짧은 타원형이고, 등면은 광택이 강한 검은색이며, 머리는 갈색이다. 더듬이 제1, 2마디는 대부분 반투명한 연한 노란색이며 제2마디 끝부분은 검다. 다리도 반투명한 연한 노란색이며 뒷다리 넓적마디에 검은색 고리 무늬가 있는 개체가 많다. 장시형만 나타나며 구북구에 널리 분포한다.

성충 7.5

약충 9.13

고구려장님노린재

***Michailocoris josifovi* Štys, 1985**

국내 첫 기록 *Michailocoris josifovi koreanus* Štys, 1985
크기 3mm 내외 | **출현 시기** 7~9월 | **분포** 충남, 경남, 전남

등면과 더듬이, 다리는 대부분 밝은 노란색이다. 앞날개 기부와 끝부분에 붉거나 검붉은 삼각 무늬가 있다. 작은방패판은 희고 설상부 중간은 무색투명하다. 수컷은 앞가슴등판 양쪽과 앞날개 조상부 대부분이 붉고 암컷은 조상부 중간에 붉은 점이 있다. 나뭇가지에서 발견한 기록이 있으나 자세한 생태는 알려지지 않았고, 불빛에 날아온다. 러시아 극동에 분포하며 북한에 기록이 있으나 남한에서는 처음으로 확인했다.

수컷 9.10

암컷 7.10

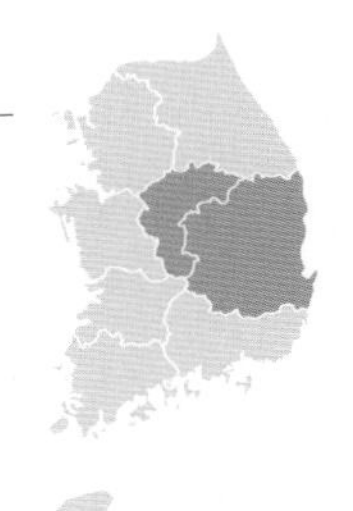

긴털장님노린재

***Dimia inexspectata* Kerzhner, 1988**

국내 첫 기록 *Dimia inexspectata* : Kim & Jung, 2015
크기 8~10mm | **출현 시기** 8월 | **분포** 충북, 경북

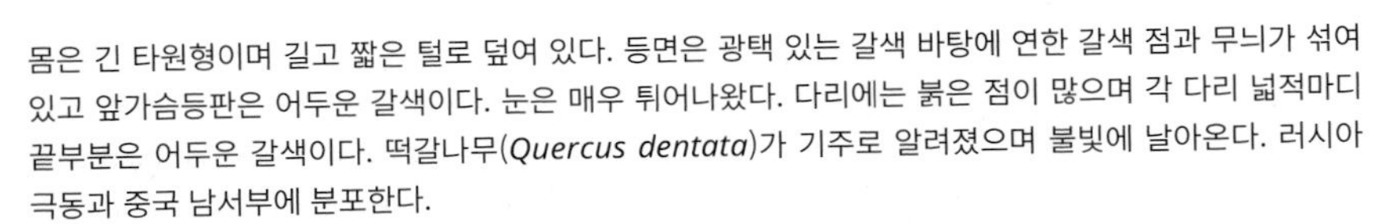

몸은 긴 타원형이며 길고 짧은 털로 덮여 있다. 등면은 광택 있는 갈색 바탕에 연한 갈색 점과 무늬가 섞여 있고 앞가슴등판은 어두운 갈색이다. 눈은 매우 튀어나왔다. 다리에는 붉은 점이 많으며 각 다리 넓적마디 끝부분은 어두운 갈색이다. 떡갈나무(*Quercus dentata*)가 기주로 알려졌으며 불빛에 날아온다. 러시아 극동과 중국 남서부에 분포한다.

수컷 8.7

담배장님노린재

***Nesidiocoris tenuis* (Reuter, 1895)**

국내 첫 기록 *Cyrtopeltis tenuis* : Miyamoto & Lee, 1966
크기 3mm 내외 | **출현 시기** 8~11월 | **분포** 경기, 충남, 경북, 경남, 전북, 전남

몸은 가늘고 길며 전체적으로 연두색이다. 앞가슴등판 앞깃과 작은방패판 양쪽은 연하다. 앞날개는 연한 연두색이며 혁질부 끝과 설상부 끝에 흑갈색 무늬가 있다. 다리는 연한 노란색이고 마디 부분은 검다. 전 세계에 분포하며 가루이, 나방 알, 작은 유충 따위를 포식하기 때문에 천적 곤충으로 연구되고 있으나 담배(*Nicotiana tabacum*)나 토마토(*Solanum lycopersicum*) 같은 가지과(Solanaceae) 식물을 가해하기도 한다. 우리나라에서는 박과(Cucurbitaceae) 식물인 박(*Lagenaria leucantha*)에서 자주 보인다.

성충 9.23

약충 11.6

찔레담배장님노린재

***Cyrtopeltis* (*Cyrtopeltis*) *miyamotoi* (Yasunaga, 2000)**

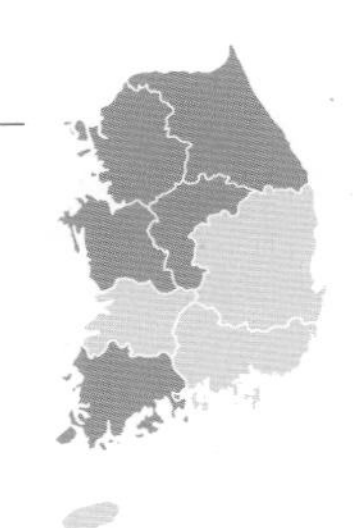

국내 첫 기록 *Dicyphus miyamotoi* : Jung *et al*., 2012
크기 3~4mm | **출현 시기** 5~7월 | **분포** 경기, 강원, 충북, 충남, 전남

등면은 전체적으로 노란빛이 도는 연두색이고 앞가슴등판 앞부분과 머리는 초록빛이 강하다. 담배장님노린재와 생김새가 비슷하지만 몸이 크고 앞날개에 노란빛이 강하며 검은 무늬가 없는 것이 다르다. 종령 약충은 더듬이 제2, 3마디 기부 쪽 절반 이상이 검고 무릎이 뚜렷하게 검은 점으로 구별한다. 장미속(*Rosa*) 식물에서 생활하며 진딧물(aphid)을 잡아먹는 것으로 알려졌으며 불빛에도 날아온다. 일본에 분포한다.

성충 6.30

짝짓기 5.31

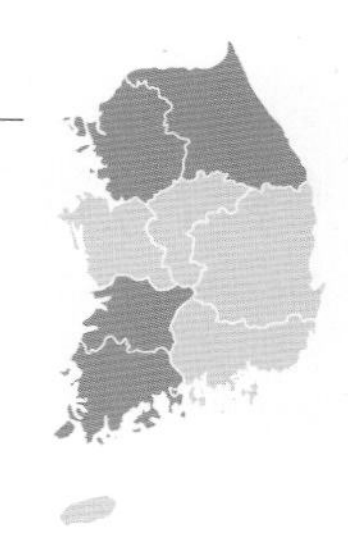

우리담배장님노린재

***Cyrtopeltis* (*Cyrtopeltis*) *rufobrunnea* Lee & Kerzhner, 1995**

국내 첫 기록 *Cyrtopeltis rufobrunnea* Lee & Kerzhner, 1995
크기 4mm 내외 | **출현 시기** 5~7월 | **분포** 경기, 강원, 전북, 전남

머리와 앞가슴등판, 작은방패판은 적갈색이고 앞날개는 반투명한 갈색이다. 더듬이는 검고 다리는 연한 갈색이다. 종령 약충은 몸이 붉은색이고 더듬이는 어두운 갈색, 다리는 연한 노란색이다. 주로 곰딸기(*Rubus phoenicolasius*)에서 보이며 깍지벌레(coccid)를 잡아먹는다. 남한에서 채집한 개체가 기준 표본이며 원기재 후 처음으로 확인했다. 일본에도 분포한다.

성충 7.5

성충 7.5

약충 5.30

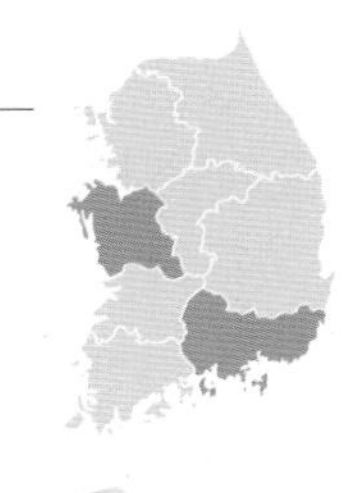

어리담배장님노린재

***Dicyphus parkheoni* Lee & Kerzhner, 1995**

국내 첫 기록 *Dicyphus parkheoni* Lee & Kerzhner, 1995
크기 2mm 내외 | **출현 시기** 7월 | **분포** 충남, 경남

담배장님노린재와 생김새가 비슷하지만 정수리 가운데에 검은색 세로줄이 있고 겹눈이 앞가슴등판에서 상대적으로 멀리 떨어진 것이 다르다. 더듬이 제1, 4마디는 검고 제2마디는 끝부분이 검으며 제3마디는 반은 연한 노란색이고 반은 검은색이다. 앞가슴등판은 세 부분으로 나뉘고 냄새샘이 잘 발달했다. 배풍등에서 채집한 기준 표본을 근거로 우리나라에서 신종으로 기재된 고유종이며 원기재 후 처음으로 확인했다. 오동나무(*Paulownia coreana*)에서 발견했다.

성충 7.14

방패장님노린재

Stethoconus japonicus Schumacher, 1917

국내 첫 기록 *Stethoconus japonicus* : Lee, 1971
크기 3~4mm | **출현 시기** 6~9월 | **분포** 경기, 충남, 전북, 전남, 제주

등면은 흰색에서 연한 노란색이며 앞날개 중간에 흑갈색 가로띠를 비롯한 검은 무늬가 흩어져 있다. 멋방패벌레속(*Stephanitis*)에 속하는 진달래방패벌레, 생강나무방패벌레, 배나무방패벌레 등을 잡아먹는 것으로 알려졌으며 간혹 불빛에도 날아온다. 동북아시아 토착종이며 북아메리카에도 유입되었다.

성충 6.25

성충 6.25

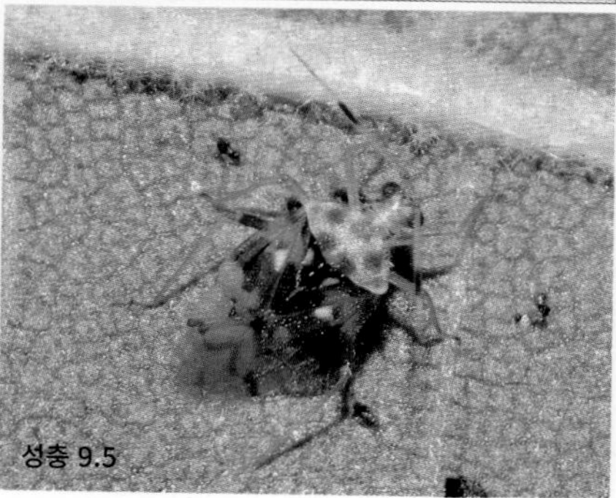

성충 9.5

멋무늬장님노린재

***Bothynotus pilosus* (Boheman, 1852)**

국내 첫 기록 *Bothynotus pilosus* : Josifov & Kerzhner, 1972
크기 수컷 5~7mm, 암컷 3~4mm | **출현 시기** 6월 | **분포** 경기, 전북

몸 전체에 긴 털이 빽빽하다. 다리를 제외한 부분은 모두 검지만 머리와 더듬이 일부가 노랗거나 붉은 개체도 있다. 더듬이 제3마디는 제4마디보다 매우 길며 겹눈은 머리보다 앞으로 더 튀어나오거나 약간 못 미친다. 다리는 대부분 노란색이지만 넓적마디 끝부분은 검고 종아리마디는 약간 거무스름하다. 수컷은 장시형이고 암컷은 대부분 단시형이며 날개는 뒤쪽으로 갈수록 급격하게 넓어진다. 구북구에 널리 분포하고 주로 산지 침엽수림에 살며 불빛에도 날아온다.

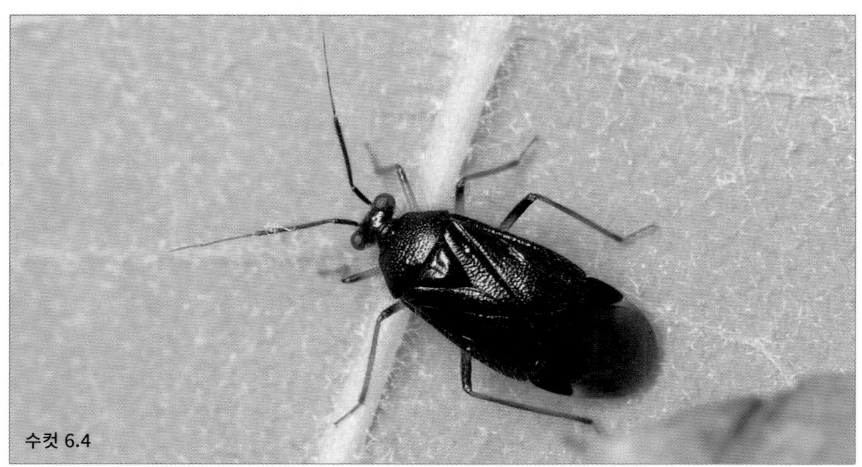
수컷 6.4

수컷 6.4

어리멋무늬장님노린재(신칭)

Bothynotus morimotoi **Miyamoto, 1966**

국내 첫 기록 미기록
크기 4~5mm | **출현 시기** 5월 | **분포** 경기, 전남

멋무늬장님노린재와 생김새가 비슷하지만 다리가 검고 더듬이 제3마디와 제4마디 길이가 거의 같은 점이 다르다. 암컷만 확인했으며 일본 쓰시마 섬 등지에 분포한다. 2010년 『노린재 도감』에 실린 멋무늬장님노린재 사진은 이 종이다.

암컷 5.27

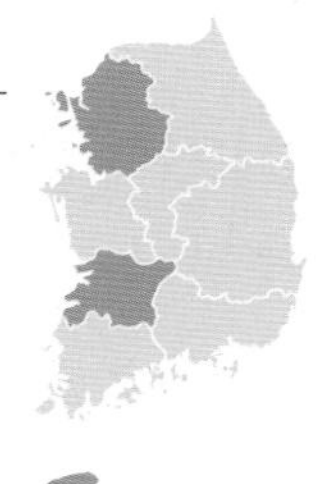

무늬장님노린재

***Cimicicapsus koreanus* (Linnavuori, 1963)**

국내 첫 기록 *Deraeocoris koreanus* Linnavuori, 1963
크기 수컷 5~6mm | **출현 시기** 7~9월 | **분포** 경기, 전북, 제주

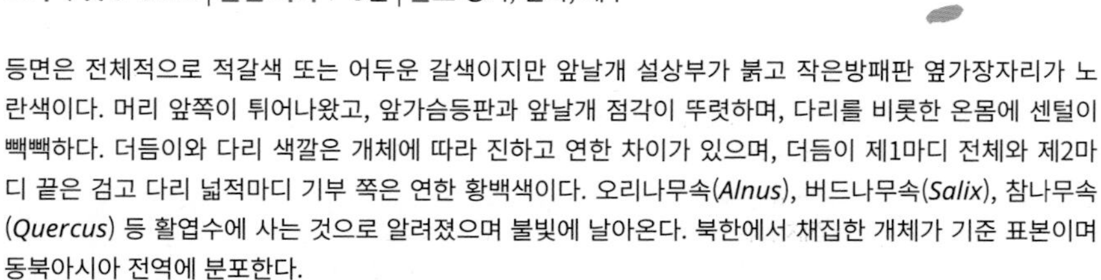

등면은 전체적으로 적갈색 또는 어두운 갈색이지만 앞날개 설상부가 붉고 작은방패판 옆가장자리가 노란색이다. 머리 앞쪽이 튀어나왔고, 앞가슴등판과 앞날개 점각이 뚜렷하며, 다리를 비롯한 온몸에 센털이 빽빽하다. 더듬이와 다리 색깔은 개체에 따라 진하고 연한 차이가 있으며, 더듬이 제1마디 전체와 제2마디 끝은 검고 다리 넓적마디 기부 쪽은 연한 황백색이다. 오리나무속(*Alnus*), 버드나무속(*Salix*), 참나무속(*Quercus*) 등 활엽수에 사는 것으로 알려졌으며 불빛에 날아온다. 북한에서 채집한 개체가 기준 표본이며 동북아시아 전역에 분포한다.

성충 7.28

성충 7.28

털보장님노린재(신칭)

Cimidaeorus hasegawai **Nakatani, Yasunaga & Takai, 2000**

국내 첫 기록 *Cimidaeorus hasegawai* : Duwal *et al*., 2015
크기 6~8mm | **출현 시기** 4~6월 | **분포** 경기, 경북

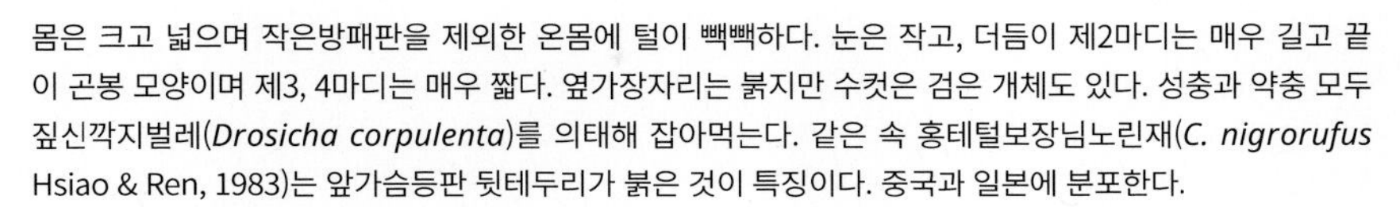

몸은 크고 넓으며 작은방패판을 제외한 온몸에 털이 빽빽하다. 눈은 작고, 더듬이 제2마디는 매우 길고 끝이 곤봉 모양이며 제3, 4마디는 매우 짧다. 옆가장자리는 붉지만 수컷은 검은 개체도 있다. 성충과 약충 모두 짚신깍지벌레(*Drosicha corpulenta*)를 의태해 잡아먹는다. 같은 속 홍테털보장님노린재(*C. nigrorufus* Hsiao & Ren, 1983)는 앞가슴등판 뒷테두리가 붉은 것이 특징이다. 중국과 일본에 분포한다.

성충 5.24

성충 5.24

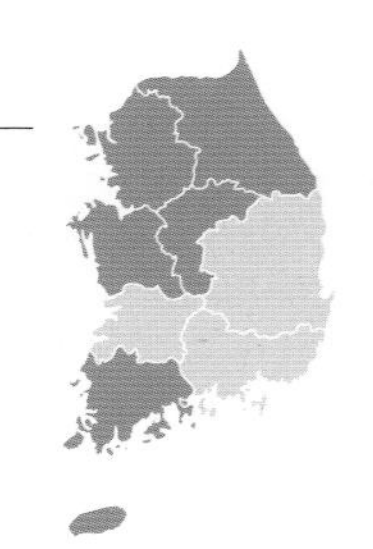

소나무장님노린재

Alloeotomus chinensis **Reuter, 1903**

국내 첫 기록 *Alloeotomus chinensis* : Lee & Kwon, 1991
크기 4~5mm | **출현 시기** 6~9월 | **분포** 경기, 강원, 충북, 충남, 전남, 제주

등면은 대부분 적갈색이며 전체에 검은 점각이 흩어져 있다. 앞날개 조상부는 검은 갈색이며 어두운 개체는 작은방패판과 앞가슴등판 뒷부분까지 검다. 앞가슴등판 둘레에 흰색 테두리가 있으며 종아리마디에는 검은 세로줄이 2개 있다. 발마디 제1마디가 제2마디보다 2배 정도 길고 발톱 기부에 큰 돌기가 있는 것이 특징이다. 불빛에 날아오며, 동북아시아에 분포한다. 우리나라에서는 1971년에 처음 기록되었으나 해당 기록은 닮은소나무장님노린재 오동정이고, 1980년대 후반 또는 1990년대에 와서야 두 종을 구별해 기록하기 시작한 것으로 보인다.

성충 8.8

성충 8.1

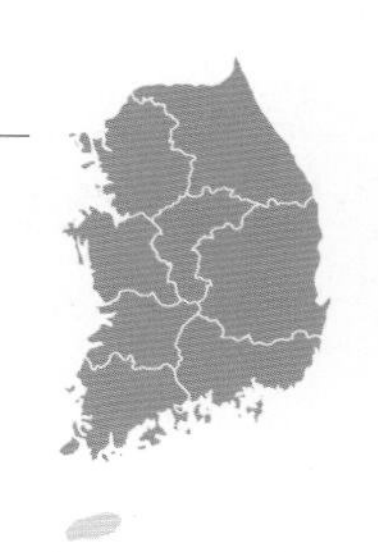

닮은소나무장님노린재

***Alloeotomus simplus* (Uhler, 1896)**

국내 첫 기록 *Alloeotomus linnavuorii* : Josifov & Kerzhner, 1972
Alloeotomus chinensis : Lee, 1971 (오동정)
크기 5~6mm | **출현 시기** 3~12월 | **분포** 전국(제주 제외)

소나무장님노린재와 생김새가 비슷하지만 몸이 약간 더 크고 길며 앞날개 앞부분에 넓은 흰색 가로띠가 연하게 있다. 앞가슴등판 옆가장자리에 흰 테두리가 없고 종아리마디에 세로줄이 없는 것으로 소나무장님노린재와 구별한다. 앞가슴등판 일부 또는 전체가 검은 개체도 있다. 깍지벌레(coccid)를 잡아먹는 것으로 알려졌고 소나무속(*Pinus*) 나무껍질 속에서 성충으로 월동하며 불빛에 날아온다. 소나무장님노린재보다 흔하며 동북아시아에 분포한다.

성충 6.25

성충 6.25

성충 6.25

밀감무늬검정장님노린재

***Deraeocoris* (*Deraeocoris*) *ater* (Jakovlev, 1889)**

국내 첫 기록 *Capsus ater* : Doi, 1932
Deraeocoris (s. str.) *sibiricus* : Josifov & Kerzhner, 1972

크기 7~9mm | **출현 시기** 5~8월 | **분포** 전국(제주 제외)

등면은 대부분 광택 있는 검은색이지만 설상부 기부만 희거나 붉은 개체도 있고, 설상부를 포함한 등면 전체가 검은 개체에서부터 앞가슴등판 앞과 옆, 앞날개 옆가장자리까지 붉거나 흰 개체도 있다. 약충은 등면이 대부분 검은색이지만 밀가루 같은 물질로 덮여 있다. 무늬장님노린재속에서 가장 흔하며 다양한 식물에서 보인다. 동북아시아와 중앙아시아 일부에 분포한다.

성충 6.14
성충 7.4
성충 6.15
약충 5령 5.29

알락무늬장님노린재

Deraeocoris (Deraeocoris) sanghonami **Lee & Kerzhner, 1995**

국내 첫 기록 *Deraeocoris* (*Deraeocoris*) *sanghonami* Lee & Kerzhner, 1995
크기 9~12mm | **출현 시기** 5~6월 | **분포** 전국(제주 제외)

등면은 검고 광택이 있으며 작은방패판 가운데 황백색 하트 무늬가 있다. 앞날개 설상부는 희거나 노란색이다. 앞가슴등판에 희거나 노란 반원 무늬가 있으나 거의 없는 개체도 있다. 종아리마디에는 흰 띠가 2개 있다. 종령 약충은 등면에 검은 점이 빽빽하며 작은방패판에 노란 삼각 무늬가 있다. 한국 고유종으로 알려졌으나 최근 중국에서도 기록되었다.

성충 5.21

성충 5.21

약충 5.13

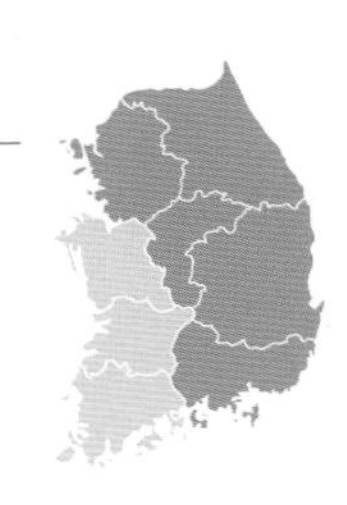

대륙무늬장님노린재

***Deraeocoris* (*Deraeocoris*) *olivaceus* (Fabricius, 1777)**

국내 첫 기록 *Deraeocoris* (s. str.) *olivaceus* : Josifov, 1992
크기 9~13mm | **출현 시기** 5~7월 | **분포** 경기, 강원, 충북, 경북, 경남

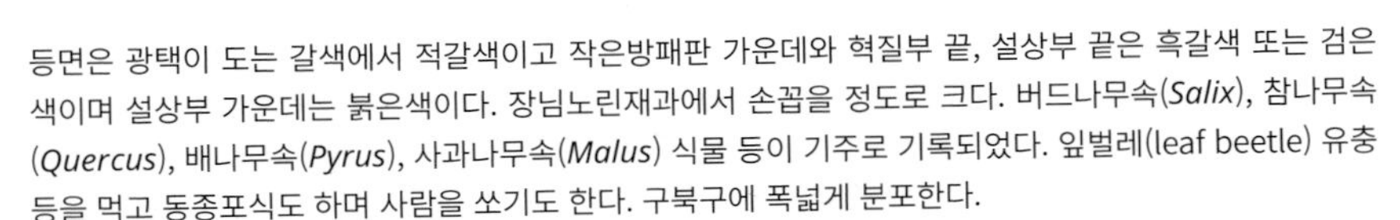

등면은 광택이 도는 갈색에서 적갈색이고 작은방패판 가운데와 혁질부 끝, 설상부 끝은 흑갈색 또는 검은색이며 설상부 가운데는 붉은색이다. 장님노린재과에서 손꼽을 정도로 크다. 버드나무속(*Salix*), 참나무속(*Quercus*), 배나무속(*Pyrus*), 사과나무속(*Malus*) 식물 등이 기주로 기록되었다. 잎벌레(leaf beetle) 유충 등을 먹고 동종포식도 하며 사람을 쏘기도 한다. 구북구에 폭넓게 분포한다.

성충 6.6

성충 6.13

성충 6.13

꼭지무늬장님노린재

***Deraeocoris (Plexaris) claspericapilatus* Kulik, 1965**

국내 첫 기록 *Deraeocoris* (*Phaeocapsus*) *claspericapilatus* : Josifov & Kerzhner, 1972
크기 4~5mm | **출현 시기** 5~10월 | **분포** 전국(제주 제외)

온포무늬장님노린재와 생김새가 비슷하지만 등면 색이 대부분 연하고 앞날개에 검은 무늬가 없다. 머리는 황갈색이며 작은방패판 옆가장자리를 따라 뚜렷한 흰색 V자 무늬가 있다. 버드나무속(*Salix*) 식물이 기주로 기록되었고 갯버들(*Salix gracilistyla*)에서 자주 보이며 불빛에 날아온다. 러시아 극동과 일본에 분포한다.

성충 10.10

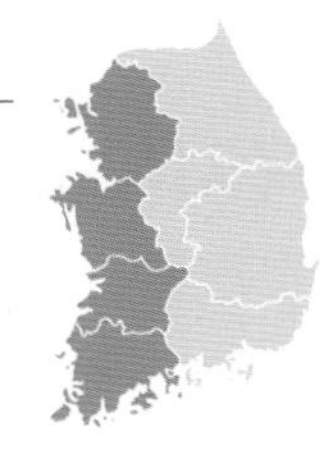

새꼭지무늬장님노린재

***Deraeocoris* (*Knightocapsus*) *ulmi* Josifov, 1983**

국내 첫 기록 *Deraeocoris (Knightocapus) ulmi* Josifov, 1983
크기 4mm 내외 | **출현 시기** 1~12월 | **분포** 경기, 충남, 전북, 전남

온포무늬장님노린재와 생김새가 비슷하지만 머리가 갈색이고 작은방패판 가운데에 넓고 흰 세로줄이 있으며, 흰 부분이 많은 개체도 있다. 더듬이가 황갈색인 점과 작은방패판에 점각이 거의 없는 것도 다르다. 느릅나무속(*Ulmus*) 식물이 기주로 기록되었으며 느티나무(*Zelkova serrata*) 껍질 밑에서 성충으로 월동한다. 온포무늬장님노린재와 더불어 비교적 흔하게 보이지만 낮에는 잘 보이지 않고, 주로 밤에 불빛에 날아오거나 나무껍질에서 활동한다. 일본에도 분포하며 북한에서 채집한 개체가 기준 표본이다.

성충 8.5

온포무늬장님노린재

***Deraeocoris* (*Camptobrochis*) *pulchellus* (Reuter, 1906)**

국내 첫 기록 *Deraeocris* (*Camptobrochis*) *onphoriensis* : Josifov, 1992
Deraeocris (*Camptobrochis*) *punctulatus* : Josifov & Kerzhner, 1972 (오동정)
크기 4mm 내외 | **출현 시기** 3~8월 | **분포** 전국

등면은 갈색과 검은색이 섞여 있으며 검은 점각이 빽빽하다. 머리는 대부분 검고 가운데 황백색 세로줄이 있다. 앞가슴등판은 검은색이나 가장자리 테두리는 황백색이다. 작은방패판 옆가장자리를 따라 뚜렷한 황백색 V자 무늬가 있다. 앞날개는 갈색 바탕에 검은 무늬가 있다. 더듬이 제1, 2마디가 제3, 4마디보다 검고 굵다. 다리는 황갈색이고 종아리마디에 검은 고리 무늬가 2개 있다. 쑥(*Artemisia princeps*)이나 개망초(*Erigeron annuus*) 등에서 보이며 느티나무(*Zelkova serrata*) 껍질 등에서 성충으로 월동한다. 동북아시아에 분포하며 우리나라에서는 함경북도 온포리에서 처음 채집되어 *Deraeocris onphoriensis*라는 학명으로 신종 기록되었으나 나중에 이명 처리되었다.

성충 4.25

성충 4.25

밤무늬장님노린재

***Deraeocoris* (*Deraeocoris*) *castaneae* Josifov, 1983**

국내 첫 기록 *Deraeocoris* (*Deraeocoris*) *castaneae* Josifov, 1983
크기 4~5mm | **출현 시기** 7~9월 | **분포** 경기, 경북, 전북, 전남

등면은 전체적으로 밝은 갈색이다. 앞날개는 반투명하며 혁질부 가운데에 붉은빛이 도는 세로줄이 있다. 더듬이와 다리는 연한 노란색이며 뒷다리 넓적마디에 붉은 고리 무늬가 있다. 흰다리무늬장님노린재(신칭), 어리무늬장님노린재(*D. pallidicornis*), 버들무늬장님노린재(*D. salicis*) 등과 몸 색깔이 비슷하지만 이들에 비해 매우 작다. 밤나무속(*Castanea*) 식물이 기주로 기록되었지만 참나무속(*Quercus*) 식물에서도 많이 발견되며 불빛에 날아온다. 일본에도 분포하며 북한에서 채집한 개체가 기준 표본이다. 남한에서는 처음으로 확인했다.

성충 8.7

흰다리무늬장님노린재(신칭)

***Deraeocoris* (*Deraeocoris*) *josifovi* Kerzhner, 1988**

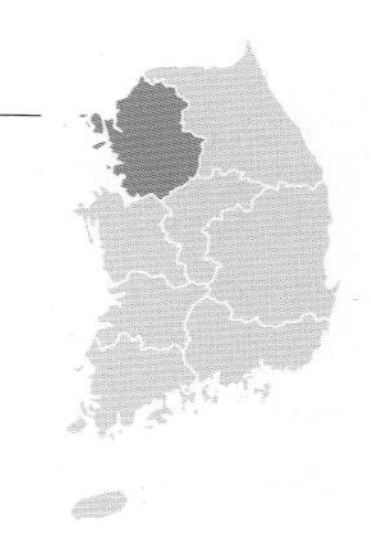

국내 첫 기록 미기록
크기 6~7mm | **출현 시기** 7월 | **분포** 경기

밤무늬장님노린재와 비슷하지만 몸이 더 크고 더듬이와 다리에 흰 빛이 강하다. 참나무속(*Quercus*) 식물이 기주로 알려졌으며 졸참나무(*Quercus serrata*)에서 촬영했다. 러시아 극동과 일본에 분포하며 우리나라에서는 처음으로 확인했다.

성충 7.5

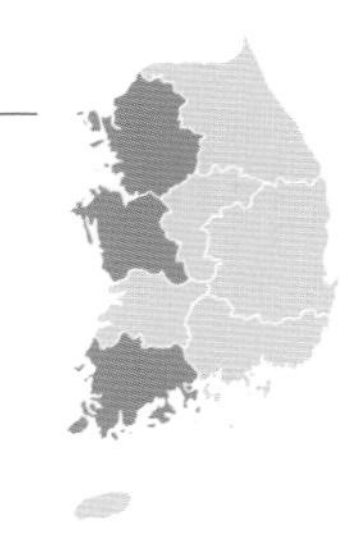

검정줄무늬장님노린재

***Deraeocoris* (*Deraeocoris*) *yasunagai* Nakatani, 1995**

국내 첫 기록 *Deraeocoris yasunagai* : Seong *et al*., 2009

크기 4~5mm | **출현 시기** 7~8월 | **분포** 경기, 충남, 전남

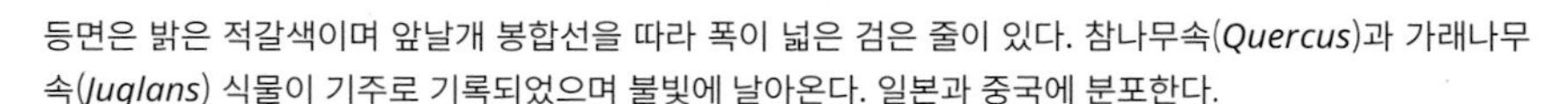

등면은 밝은 적갈색이며 앞날개 봉합선을 따라 폭이 넓은 검은 줄이 있다. 참나무속(*Quercus*)과 가래나무속(*Juglans*) 식물이 기주로 기록되었으며 불빛에 날아온다. 일본과 중국에 분포한다.

성충 8.7

산무늬장님노린재

***Deraeocoris* (*Deraeocoris*) *kerzhneri* Josifov, 1983**

국내 첫 기록 *Deraeocoris* (*Deraeocoris*) *kerzhneri* : Kwon *et al*., 2001
크기 5~6mm | **출현 시기** 7~9월 | **분포** 경기, 강원

등면은 회갈색에서 갈색으로 개체에 따라 연하고 진한 차이가 있으며 앞날개 혁질부 뒷부분에 넓은 흑갈색 부분이 있다. 기주로 기록된 느릅나무(*Ulmus davidiana* var. *japonica*)에서 많은 개체를 발견했으며 불빛에 날아온다. 동북아시아와 몽골에 분포한다.

성충 8.22

성충 9.3

성충 8.22

애꼭지무늬장님노린재

***Deraeocoris* (*Knightocapsus*) *elegantulus* Horváth, 1905**

국내 첫 기록 *Deraeocoris elegantulus* : Kerzhner, 1988 (목록)
크기 3~4mm | **출현 시기** 5~8월 | **분포** 강원, 경남

등면은 광택이 있는 검은색이고 더듬이와 다리는 밝은 황갈색이다. 수컷은 작은방패판 전체가 검지만 암컷은 작은방패판 한가운데에 붉은 무늬가 있는 경우가 많다. 버드나무속(*Salix*), 오리나무속(*Alnus*), 참나무속(*Quercus*), 가래나무속(*Juglans*) 등에서 생활하며 성충으로 월동한다. 불빛에 날아오며 동북아시아에 분포한다.

성충 8.8

성충 8.8

참무늬장님노린재

***Deraeocoris* (*Deraeocoris*) *brevicornis* Linnavuori, 1961**

국내 첫 기록 *Deraeocoris* (*Deraeocoris*) *brevicornis* : Lee *et al*., 1994
크기 7mm 내외 | **출현 시기** 6월 | **분포** 강원

등면, 더듬이 및 다리는 모두 광택이 있는 검은색이며 작은방패판 전체가 붉은 것이 특징이다. 개체수는 적고 자세한 생태도 알려지지 않았다. 밤에 불빛에 날아온 것을 촬영했다. 일본에도 분포한다.

성충 6.13

애무늬장님노린재

***Deraeocoris (Deraeocoris) ainoicus* Kerzhner, 1979**

국내 첫 기록 *Deraeocoris* (*Deraeocoris*) *ainoicus* : Lee & Kwon, 1991
(표본 정보 없이 북한에 분포하는 것으로 기재됨)

크기 5~6mm | **출현 시기** 7~8월 | **분포** 강원

등면은 광택이 있는 적갈색 또는 흑갈색이다. 작은방패판 한가운데에 둥글고 큰 흰 무늬가 있으며 앞가슴등판 한가운데에도 흰 점이 자주 보인다. 오리나무속(*Alnus*) 낙엽활엽수에서 생활하는 것으로 알려졌으며 불빛에 날아온다. 동북아시아에 분포한다.

성충 7.31

성충 8.1

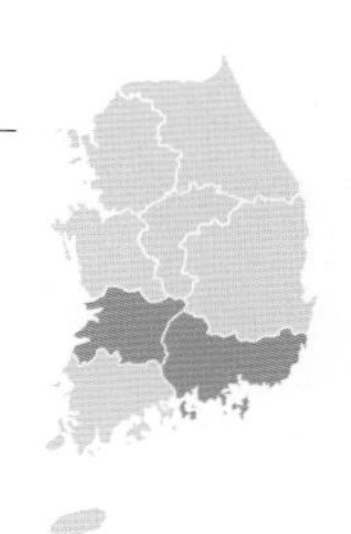

볼록무늬장님노린재(신칭)

***Apoderaeocoris decolatus* Nakatani, Yasunaga & Takai, 2000**

국내 첫 기록 미기록

크기 4mm 내외 | **출현 시기** 8~9월 | **분포** 경남, 전북

앞가슴등판과 앞날개에 점각이 빽빽하고 광택이 강하다. 앞가슴등판은 어두운 갈색이고 작은방패판 안에는 황백색 하트 무늬가 있으며 가운데에 갈색 세로줄이 있다. 앞날개 앞부분은 황갈색이고 뒷부분은 어두운 갈색이다. 더듬이와 다리는 황갈색이고 밤에 불빛에 날아온 것을 촬영했다. 참나무속(*Quercus*) 식물에서 생활하는 것으로 알려졌다. 일본에도 분포한다.

성충 9.2

성충 9.2

뾰족머리장님노린재

Fingulus longicornis **Miyamoto, 1965**

국내 첫 기록 *Fingulus longicornis* : Kim *et al*., 2017
크기 3~4mm | **출현 시기** 6월 | **분포** 충북, 전남

전체적으로 광택 있는 검은색이다. 머리가 앞으로 길게 튀어나왔고 앞가슴이 앞쪽으로 급격히 좁아지는 것이 특징이다. 더듬이는 제1마디만 검고 나머지는 연한 노란색이며 다리는 넓적마디와 종아리마디 2/5는 검고 나머지는 연한 노란색이다. 일본에서는 총채벌레(mulberry thrips)를 잡아먹는 것으로 알려졌고 불빛에 날아온다. 남방 계열로 일본, 대만 및 동양구에 분포한다.

성충 6.25

성충 6.25

꽃무늬장님노린재

Termatophylum hikosanum **Miyamoto, 1965**

국내 첫 기록 *Termatophylum hikosanum* : Kim *et al.*, 2017
크기 2~3mm | **출현 시기** 4월 | **분포** 전남

등면은 갈색에서 검은색으로 변이가 있으며 머리는 흑갈색이고 앞날개 바깥쪽은 갈색 또는 적갈색이다. 꽃노린재와 생김새가 매우 비슷해 혼동하기 쉬우나 주둥이 제1마디 길이가 짧은 것으로 구별한다. 머리는 앞으로 뾰족하게 튀어나왔으며, 겹눈이 커서 앞가슴등판 앞부분과 거의 붙어 있다. 수컷 더듬이 제2마디가 같은 속 다른 종에 비해 가늘다. 수컷은 활엽수 꽃에서 주로 보인다. 야행성이며 불빛에 날아오고 우리나라에서는 처음 확인했다. 일본과 중국에 분포한다.

성충 4.8

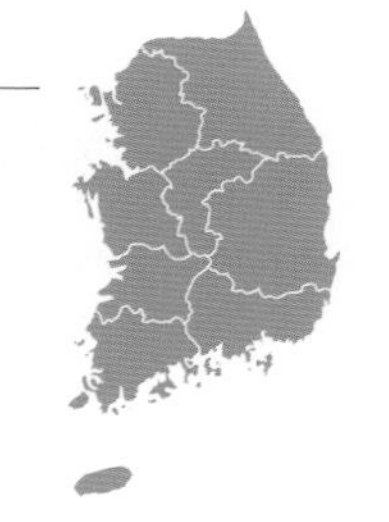

설상무늬장님노린재

***Adelphocoris triannulatus* (Stål, 1858)**

국내 첫 기록 *Adelphocoris funebris* : Reuter, 1904
크기 6~9mm | **출현 시기** 6~10월 | **분포** 전국

등면은 전체적으로 갈색에서 흑갈색이고 설상부 가운데는 황백색이지만 색상과 크기에 변이가 많다. 더듬이 제2마디 반은 노란색, 반은 검은색으로 대비가 뚜렷하다. 약충은 등면이 초록색이고 더듬이 제2~4마디는 흰색과 검은색이 교대로 띠를 이룬다. 변색장님노린재속에서 가장 흔한 종으로 국화과(Asteraceae), 콩과(Fabaceae), 벼과(Poaceae) 등 다양한 식물에서 보이고 불빛에도 날아온다. 동북아시아와 몽골에 분포한다.

성충 8.30 / 성충 9.10 / 성충 7.17 / 약충 9.22

목도리장님노린재

***Adelphocoris demissus* Horváth, 1905**

국내 첫 기록 *Adelphocoris demisus* : Doi, 1933 (종소명 오기)
크기 6~8mm | **출현 시기** 7~10월 | **분포** 경기, 충북, 충남, 경남, 전남

설상무늬장님노린재와 생김새가 비슷해 구별이 어렵다. 설상부에 있는 황백색 무늬 둘레가 붉은 것으로 구별하지만 개체에 따라 꼼꼼히 살펴야 한다. 또한 앞날개 털이 설상무늬장님노린재보다 성긴 것도 다른 점이다. 싸리속(*Lespedeza*)이 기주로 알려졌으나 쑥(*Artemisia princeps*)이나 개망초(*Erigeron annuus*), 꽃향유(*Elsholtzia splendens*) 등 다른 식물에서도 보인다. 한때 설상무늬장님노린재 이명으로 취급하기도 했으나 1990년 다시 별개 종으로 회복되었다. 일본에 분포하며 1938년 우리나라에 기록되었으나 설상무늬장님노린재 오동정일 가능성이 있다.

성충 9.9

성충 10.6

성충 9.9

닮은변색장님노린재

***Adelphocoris tenebrosus* (Reuter, 1875)**

국내 첫 기록 *Adelphocoris tenebrosus* : Josifov & Kerzhner, 1972
크기 7~8mm | **출현 시기** 5~9월 | **분포** 강원, 경북, 경남

등면은 대부분 검지만 앞날개 설상부가 밝은 개체도 있다. 더듬이 제1마디는 황갈색, 제2마디는 흑갈색, 제3, 4마디는 노란색이다. 각 다리 넓적마디는 보통 검지만 밝은 개체도 있다. 설상부가 밝은 개체는 설상무늬장님노린재와 생김새가 비슷하지만 더듬이 제2마디가 균일하게 흑갈색인 점이 다르다. 약충은 머리와 앞날개가 흑갈색, 배는 적갈색, 앞가슴등판과 작은방패판은 갈색이다. 기주로 기록된 등갈퀴나물(*Vicia cracca*) 꽃에서 많이 보이며 불빛에 날아온다. 동북아시아에 분포한다.

성충 6.6

성충 7.9

약충 9.12

애변색장님노린재

Adelphocoris piceosetosus **Kulik, 1965**

국내 첫 기록 *Adelphocoris piceosetosus* : Josifov & Kerzhner, 1972
크기 7~8mm | **출현 시기** 7~9월 | **분포** 경기, 강원, 충남, 경남

등면은 노란색에서 밝은 갈색이고 설상부는 전체가 흰색이다. 더듬이는 대부분 황갈색이고 보통 수컷이 암컷에 비해 붉은빛이 강하다. 대개 앞가슴등판에 짙은 점이 가로로 2개 또는 4개 있지만 흐리거나 없는 개체도 있다. 설상무늬장님노린재 색이 옅은 개체와 생김새가 비슷하지만 설상부 전체가 희고 더듬이 제2마디가 황갈색이어서 구별된다. 기주로 기록된 싸리(*Lespedeza bicolor*)에서 주로 보이며 불빛에 날아온다. 동북아시아에 분포한다.

암컷 8.6

연리초장님노린재

***Adelphocoris lineolatus* (Goeze, 1778)**

국내 첫 기록 *Adelphocoris lineolatus* : Lee, 1971
크기 7~9mm | **출현 시기** 6~9월 | **분포** 강원

머리, 앞가슴등판, 작은방패판은 황갈색이며 머리와 앞가슴등판이 초록빛을 띠는 개체도 있다. 앞가슴등판에 검은 점이 1쌍 또는 2쌍 있는데 2쌍인 경우에는 앞쪽 점이 더 작다. 작은방패판 가운데 어두운 갈색 세로줄이 1쌍 있다. 앞날개는 황갈색에서 어두운 갈색이고 앞날개 혁질부 가장자리를 따라서 색이 연한 띠가 있어 전체적으로 M자 무늬를 이룬다. 다양한 식물이 기주로 기록되었으며 불빛에 날아온다. 구북구와 신북구에 널리 분포하며 미국에서는 알팔파(자주개자리, *Medicago sativa*) 해충으로 알려졌다. 우리나라에서는 현재 강원도 고산 지대에서만 보인다.

성충 7.9

성충 7.9

나도변색장님노린재

***Adelphocoris reichelii* (Fieber, 1836)**

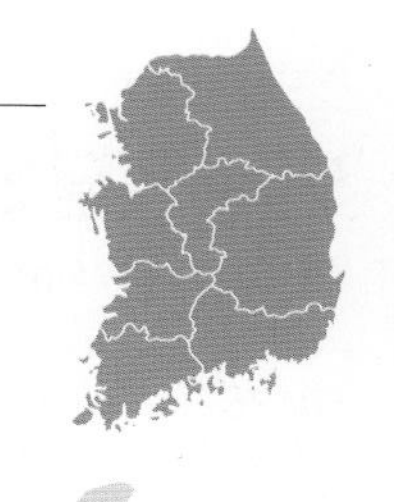

국내 첫 기록 *Adelphocoris reicheli* : Josifov & Kerzhner, 1972 (종소명 오기)
크기 7~9mm | **출현 시기** 6~9월 | **분포** 전국(제주 제외)

등면은 광택 있는 검은색이며 앞날개 혁질부 가장자리를 따라 황백색 M자 무늬가 있다. 앞가슴등판 앞깃과 설상부는 대부분 흰색이며, 더듬이와 다리는 노란색에서 밝은 갈색이다. 연리초장님노린재 색이 짙은 개체와 생김새가 비슷하지만 앞가슴등판이 검은 것으로 구별한다. 약충은 머리, 앞가슴등판, 배는 붉고 작은방패판과 앞날개 앞부분은 희며 뒷부분은 검다. 토끼풀(*Trifolium repens*)이나 싸리(*Lespedeza bicolor*) 등 콩과(Fabaceae) 식물에서 생활하지만 다른 꽃에서도 보이며 불빛에 날아온다. 구북구에 널리 분포한다.

성충 7.9

성충 7.9

약충 6.12

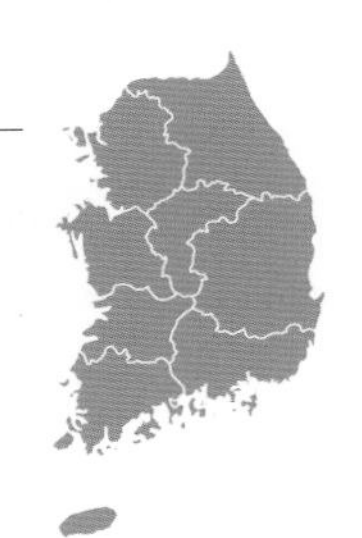

변색장님노린재

***Adelphocoris suturalis* (Jakovlev, 1882)**

국내 첫 기록 *Adelphocoris suturalis* : 권업모범장보고, 1922; Maruta, 1929
크기 6~9mm | **출현 시기** 5~11월 | **분포** 전국

등면은 연한 노란색 또는 연한 연두색이며 작은방패판부터 세로 중앙선을 따라 넓은 흑갈색 줄이 있다. 앞가슴등판에 대부분 검은 점이 1쌍 있다. 다리는 황갈색이며 넓적마디에 갈색 점이 흩어져 있는데 간혹 뒷다리 넓적마디 일부가 어두운 갈색인 개체도 있다. 약충은 등면이 초록색이며 머리는 흑갈색이고 배 세로 중앙선을 따라 넓은 갈색 줄이 있다. 국화과(Asteraceae), 콩과(Fabaceae), 벼과(Poaceae) 등 다양한 식물에서 생활하며 특히 쑥(*Artemisia princeps*)에서 자주 보인다. 벼(*Oryza sativa*) 이삭을 가해해 반점미를 발생시키기도 하며 불빛에도 날아온다. 설상무늬장님노린재와 더불어 흔하게 보인다. 동북아시아에 분포한다.

성충 6.5

성충 10.19

약충 5.13

빨강반점장님노린재

Adelphocorisella lespedezae **Miyamoto & Yasunaga, 1993**

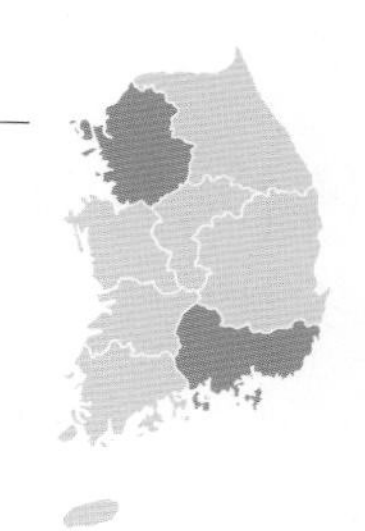

국내 첫 기록 *Adelphocorisella lespedezae* : Cho *et al.*, 2008
크기 4~6mm | **출현 시기** 9월 | **분포** 경기, 경남

등면은 전체적으로 갈색이며 앞날개 혁질부 끝부분에 흑갈색 얼룩이 있다. 더듬이와 다리는 황갈색이고 뒷다리 넓적마디는 검다. 설상무늬장님노린재 및 닮은변색장님노린재와 생김새가 비슷하지만 더듬이 제2마디가 균일한 황갈색이고 앞날개 설상부가 반투명한 바탕에 붉은색 또는 갈색 점들이 있어 구별된다. 칡(*Pueraria lobata*)과 싸리(*Lespedeza bicolor*) 등이 기주로 기록되었으며 불빛에도 날아온다. 일본에도 분포한다.

성충 9.10

날개홍선장님노린재

***Creontiades coloripes* Hsiao, 1963**

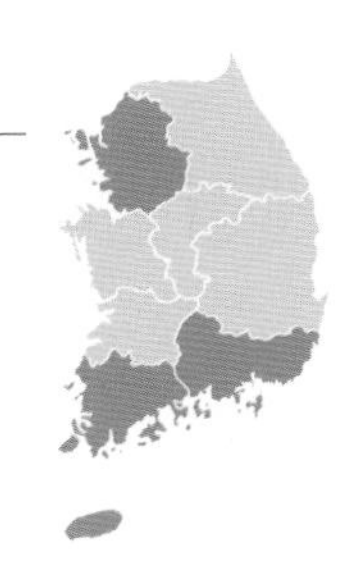

국내 첫 기록 *Creotiades coloripes* : Yasunaga, 1997
Creontiades bipunctuatus : Yamada, 1936 (오동정)
Creontiades pallidifer : Miyamoto & Lee, 1966 (오동정)

크기 5~7mm | **출현 시기** 4~10월 | **분포** 경기, 경남, 전남, 제주

등면은 약간 광택 있는 연두색이고 앞날개 조상부 안쪽 가장자리와 봉합선 및 혁질부 안쪽 뒷가장자리를 따라 빨간색에서 적갈색 줄이 있다. 뒷다리 넓적마디 뒷부분은 적갈색이고 작은방패판은 흑갈색이다. 매듭풀(*Kummerowia striata*)이나 싸리(*Lespedeza bicolor*) 등 콩과(Fabaceae) 식물을 좋아하며 불빛에도 날아온다. 일본, 중국, 대만에도 분포한다. 일본과 함께 일제 강점기부터 잘못된 학명으로 기록해 왔으나 1990년대 후반에 바로잡았다.

성충 6.21

성충 6.21

홍색얼룩장님노린재

Stenotus rubrovittatus **(Matsumura, 1913)**

국내 첫 기록 *Stenotus rubrobittatus* : Lee & Kwon, 1991 (목록)
Stenotus rebrobittatus : Josifov, 1992 (종소명 오기)

크기 4~6mm | **출현 시기** 5~10월 | **분포** 전국

등면은 연한 노란색이거나 연둣빛이 도는 노란색이고 앞날개 조상부 안쪽 가장자리와 봉합선 및 혁질부 안쪽 뒷가장자리를 따라 주황색에서 적갈색 줄이 있다. 개체에 따라 띠 너비가 달라서 작은방패판과 앞가슴등판이 모두 붉은 개체도 있다. 더듬이와 다리는 대부분 붉고 넓적마디도 붉지만 종아리마디는 연한 노란색이다. 언뜻 보기에 날개홍선장님노린재와 생김새가 비슷하지만 크기가 작고 앞가슴등판과 작은방패판에 붉은 띠가 있으며 더듬이가 붉어서 구별된다. 주로 벼과(Poaceae) 식물에서 생활하며 벼(*Oryza sativa*) 이삭을 가해해 반점미가 생기게 한다. 불빛에 날아오며 동북아시아에 분포한다.

성충 9.9

성충 9.20

성충 9.20

약충 5.13

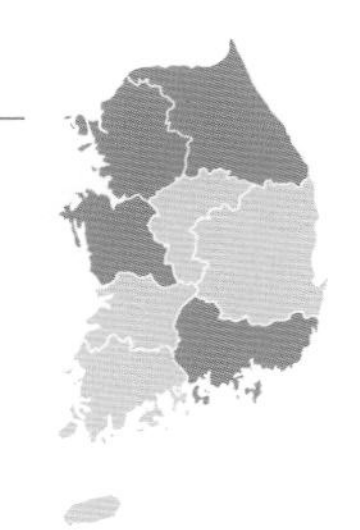

두점박이장님노린재

***Stenotus binotatus* (Fabricius, 1974)**

국내 첫 기록 *Stenotus binotatus* : Kim & Jung, 2016
크기 5~7mm | **출현 시기** 4~6월 | **분포** 경기, 강원, 충남, 경남

등면은 노란색이며 연하고 진한 정도는 개체에 따라 변이가 있다. 앞가슴등판과 앞날개 혁질부에 흑갈색 세로줄이 1쌍 있는데 수컷은 줄이 넓으며 암컷은 좁거나 갈라지고 때에 따라서는 없다. 벼과(Poaceae) 식물이 기주이고 오리새(*Dactylis glomerata*)나 붉은토끼풀(*Trifolium pratense*)에서도 보이며 불빛에도 날아온다. 전 세계에 폭넓게 분포한다.

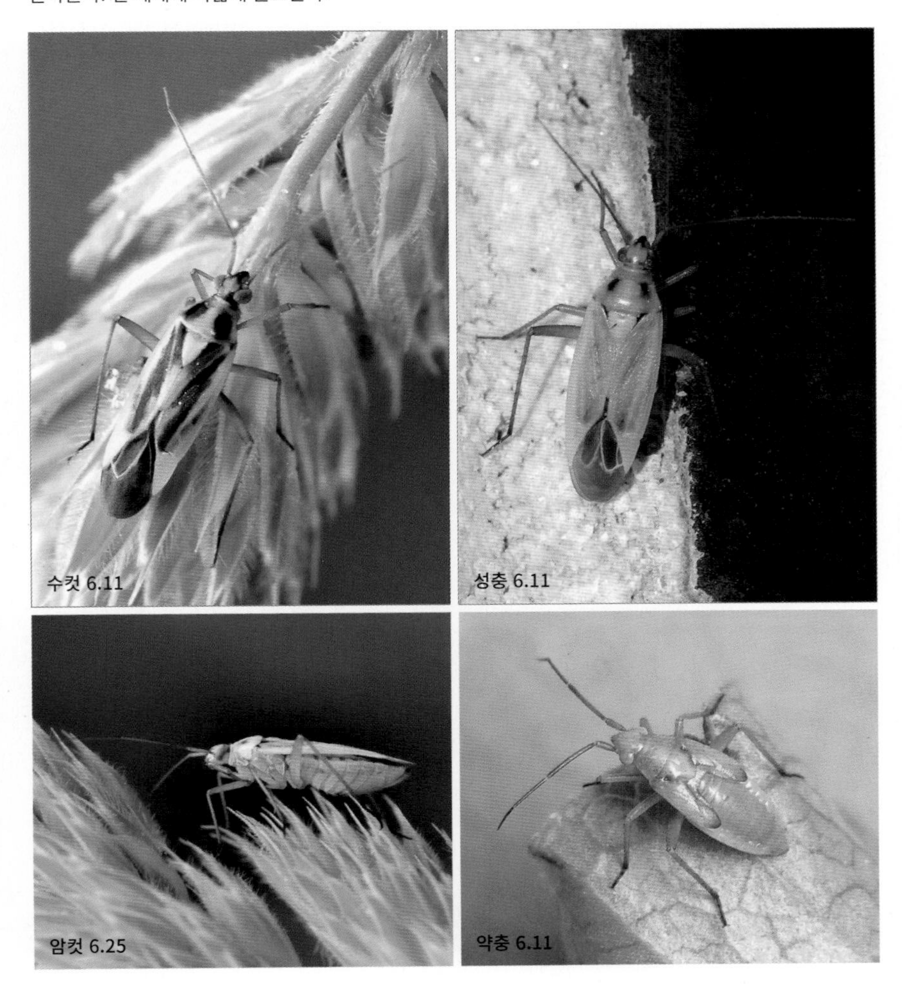

수컷 6.11
성충 6.11
암컷 6.25
약충 6.11

홍색유리날개장님노린재

Neomegacoelum vitreum **(Kerzhner, 1988)**

국내 첫 기록 *Neomegacoelum vitreum* : Kim & Jung, 2015
크기 5~6mm | **출현 시기** 6~9월 | **분포** 경기, 충남, 경남, 전북, 전남, 제주

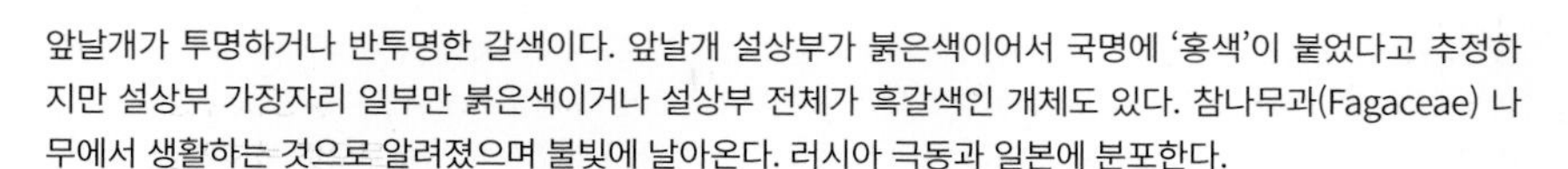
앞날개가 투명하거나 반투명한 갈색이다. 앞날개 설상부가 붉은색이어서 국명에 '홍색'이 붙었다고 추정하지만 설상부 가장자리 일부만 붉은색이거나 설상부 전체가 흑갈색인 개체도 있다. 참나무과(Fagaceae) 나무에서 생활하는 것으로 알려졌으며 불빛에 날아온다. 러시아 극동과 일본에 분포한다.

성충 9.13

성충 7.29

성충 7.29

산장님노린재

***Polymerias opacipennis* (Lindberg, 1934)**

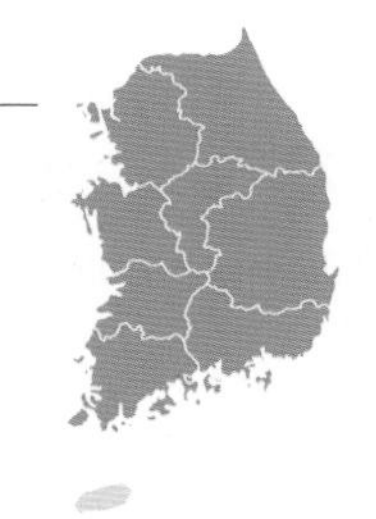

국내 첫 기록 *Calocoris opacipennis* : Kerzhner, 1988 (목록)
크기 6~7mm | **출현 시기** 5~6월 | **분포** 전국(제주 제외)

등면은 광택이 약한 검은색이고 납작한 은색 털이 흩어져 있다. 검은 바탕에 갈색 무늬가 있거나 전체에 갈색 빛이 강한 개체도 간혹 보인다. 더듬이와 다리는 전체적으로 검고 더듬이는 몸길이보다 짧다. 기주로 기록된 고추나무(*Staphylea bumalda*)에 무리 지어 살며 불빛에도 날아온다. 산장님노린재, 참산장님노린재, 북쪽산장님노린재(*Closterotomus fulvomaculatus* (De Geer, 1773))는 *Calocoris*에 함께 속했다가 분리되어 국명이 비슷하다. 러시아 극동과 일본에 분포한다.

성충 5.10

성충 5.10

참산장님노린재

***Rhabdomiris pulcherrimus* (Lindberg, 1934)**

국내 첫 기록 *Calocoris* (s. str.) *pulcherrimus* : Josifov, 1992
크기 7~8mm | **출현 시기** 5~6월 | **분포** 경기, 강원, 충북, 경북, 경남, 전북, 전남

등면에 있는 노란색과 어두운 갈색 줄이 대비되어 눈에 잘 띈다. 머리는 검고 앞가슴등판은 털이나 점각 없이 매끈하며 넓은 세로줄이 1쌍 있다. 작은방패판 가운데는 노란색 무늬가 대부분을 차지한다. 다리는 연한 갈색이며 뒷다리 넓적마디 대부분은 짙은 갈색이다. 대개 수컷이 암컷보다 검은 부분이 더 많다. 단풍나무속(*Acer*) 식물이 기주로 알려졌으며 불빛에 날아온다. 동북아시아에 분포한다.

수컷 6.6

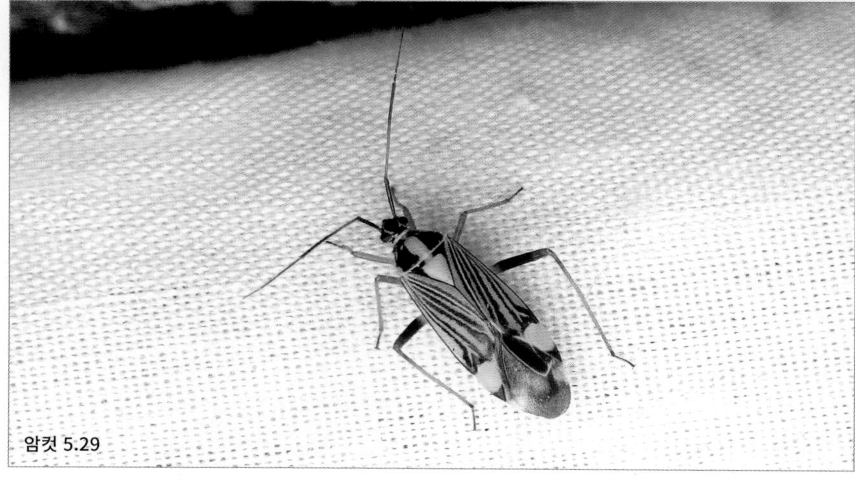
암컷 5.29

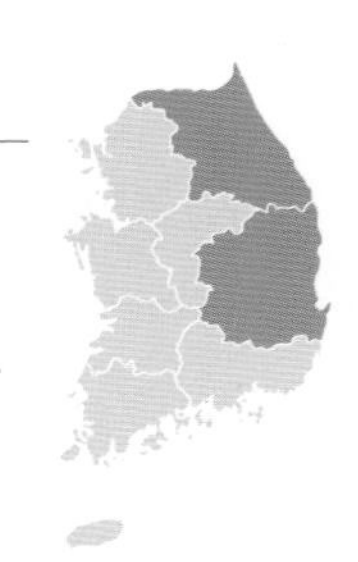

등줄장님노린재(신칭)

***Rhabdomiris* sp.**

국내 첫 기록 미기록

크기 7~8mm | **출현 시기** 5~6월 | **분포** 강원, 경북

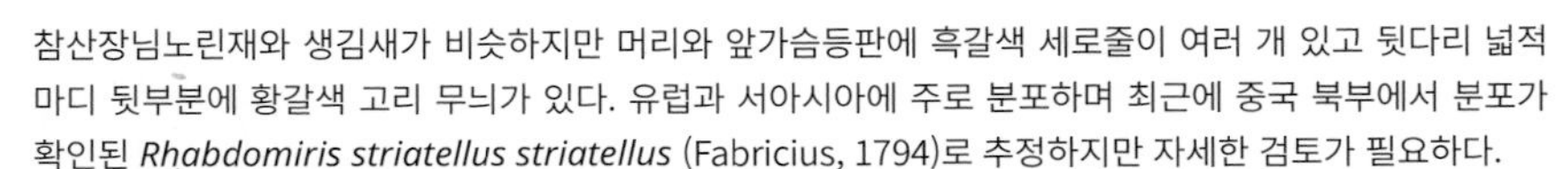

참산장님노린재와 생김새가 비슷하지만 머리와 앞가슴등판에 흑갈색 세로줄이 여러 개 있고 뒷다리 넓적마디 뒷부분에 황갈색 고리 무늬가 있다. 유럽과 서아시아에 주로 분포하며 최근에 중국 북부에서 분포가 확인된 *Rhabdomiris striatellus striatellus* (Fabricius, 1794)로 추정하지만 자세한 검토가 필요하다.

성충 5.23

성충 5.23

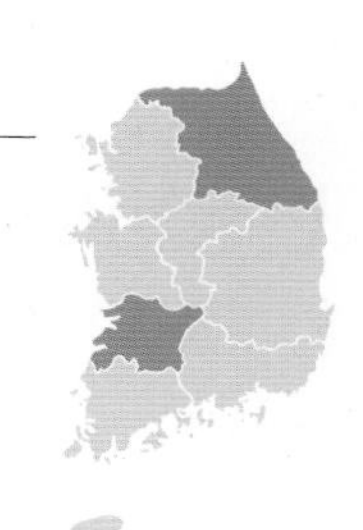

가시고리장님노린재

***Mermitelocerus annulipes annulipes* Reuter, 1908**

국내 첫 기록 *Mermitelocerus annulipes annulipes* : Lee *et al.*, 1994
크기 7mm 내외 | **출현 시기** 5~6월 | **분포** 강원, 전북

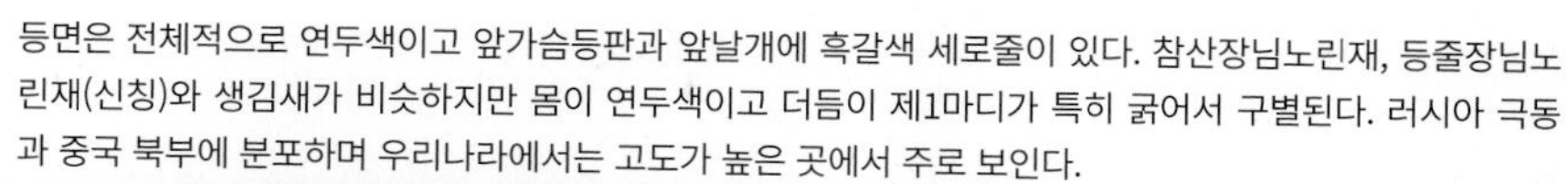

등면은 전체적으로 연두색이고 앞가슴등판과 앞날개에 흑갈색 세로줄이 있다. 참산장님노린재, 등줄장님노린재(신칭)와 생김새가 비슷하지만 몸이 연두색이고 더듬이 제1마디가 특히 굵어서 구별된다. 러시아 극동과 중국 북부에 분포하며 우리나라에서는 고도가 높은 곳에서 주로 보인다.

성충 6.19

성충 6.19

민장님노린재

***Loristes decoratus* (Reuter, 1908)**

국내 첫 기록 *Loristes decoratus* : Josifov & Kerzhner, 1972
크기 8~9mm | **출현 시기** 5~6월 | **분포** 전국(제주 제외)

흑갈색이며 앞날개 혁질부에 세로로 노란 무늬가 2쌍 있고 설상부 대부분이 노란색이다. 앞가슴등판 앞깃과 어깨, 작은방패판 끝부분도 연한 노란색이다. 작은방패판 일부가 위로 약간 튀어나왔다. 기주는 인동속(*Lonicera*) 식물로 알려졌으나 다양한 활엽수, 특히 꽃에서 자주 보인다. 러시아 극동과 중국 북동부에 분포한다.

성충 5.29

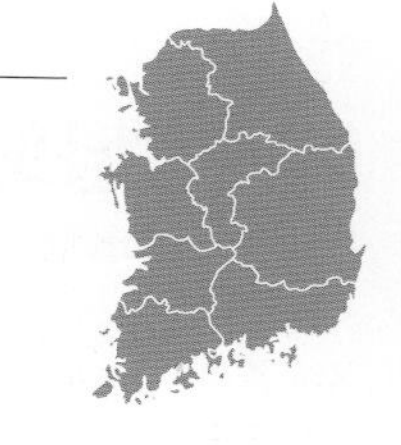

큰장님노린재

***Gigantomiris jupiter* Miyamoto & Yasunaga, 1988**

국내 첫 기록 *Gigantomiris jupiter* : Lee & Kwon, 1991 (목록)
크기 13~15mm | **출현 시기** 4~6월 | **분포** 전국(제주 제외)

장님노린재과 중에서 몸이 가장 크고 길다. 대개 진한 붉은색 바탕에 검은 무늬가 있지만 전체가 검거나 검은 바탕에 적갈색이 있는 등 변이도 있다. 약충은 개미를 닮았다. 다양한 활엽수에서 생활하며 다른 곤충을 잡아먹고 불빛에 날아온다. *Gigantomiris*에 이 종만 있으며 러시아 극동 및 일본에도 분포한다.

성충 5.29

성충 5.29

성충 5.29

약충 5령 5.11

어깨장님노린재

Pantilius (Coreidomiris) hayashii **Miyamoto & Yasunaga, 1989**

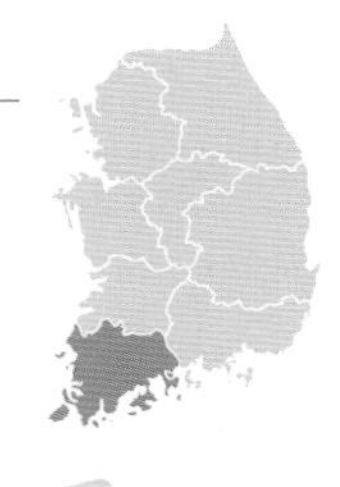

국내 첫 기록 *Pantilius hayashii* : Kim *et al*., 2016
크기 10mm 내외 | **출현 시기** 10월 | **분포** 전남

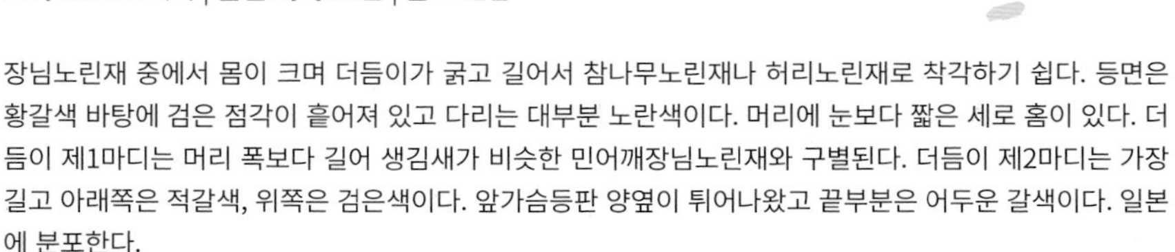

장님노린재 중에서 몸이 크며 더듬이가 굵고 길어서 참나무노린재나 허리노린재로 착각하기 쉽다. 등면은 황갈색 바탕에 검은 점각이 흩어져 있고 다리는 대부분 노란색이다. 머리에 눈보다 짧은 세로 홈이 있다. 더듬이 제1마디는 머리 폭보다 길어 생김새가 비슷한 민어깨장님노린재와 구별된다. 더듬이 제2마디는 가장 길고 아래쪽은 적갈색, 위쪽은 검은색이다. 앞가슴등판 양옆이 튀어나왔고 끝부분은 어두운 갈색이다. 일본에 분포한다.

성충 10.7

민어깨장님노린재(신칭)

***Pantilius* (*Pantilius*) *tunicatus* (Fabricius, 1781)**

국내 첫 기록 미기록
크기 8~9mm | **출현 시기** 9월 | **분포** 강원

어깨장님노린재와 생김새가 비슷하지만 앞가슴등판 양옆이 덜 튀어나왔고 정수리에 있는 세로 홈이 눈보다 길며 더듬이 제1마디가 머리 폭과 거의 같다. 오리나무속(*Alnus*), 개암나무속(*Corylus*), 자작나무속(*Betula*) 식물 등이 기주로 기록되었다. 구북구에 폭넓게 분포하며 우리나라에서는 강원도 영월에서 처음 발견했다.

성충 9.15

성충 9.15

무늬털장님노린재

***Tinginotum perlatum* Linnavuori, 1961**

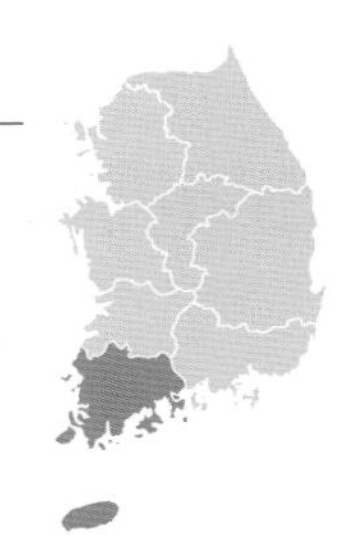

국내 첫 기록 *Tinginotum perlatum* : Lee & Kwon, 1991 (목록)
크기 5~6mm | **출현 시기** 7~12월 | **분포** 전남, 제주

등면은 연하거나 어두운 갈색 계열이 뒤섞여서 얼룩덜룩하고 긴 털로 덮여 있다. 앞가슴등판에 어두운 갈색 세로줄이 1쌍 있으며 앞날개 혁질부 끝부분에 어두운 적갈색 가로띠가 있다. 성충으로 월동하며 불빛에 날아온다. 우리나라에서는 제주도, 전남 바닷가 및 섬에 살며, 일본, 중국, 대만에 분포한다.

성충 10.9

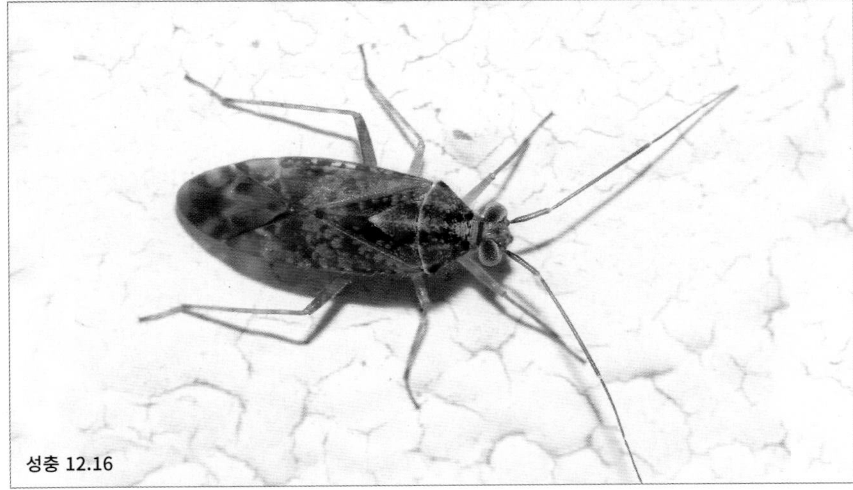

성충 12.16

다리무늬털장님노린재

Tinginotum pini **Kulik, 1965**

국내 첫 기록 *Tinginotum distinctum* : Miyamoto & Lee, 1966
크기 4~5mm | **출현 시기** 7~9월 | **분포** 경기, 강원, 경남

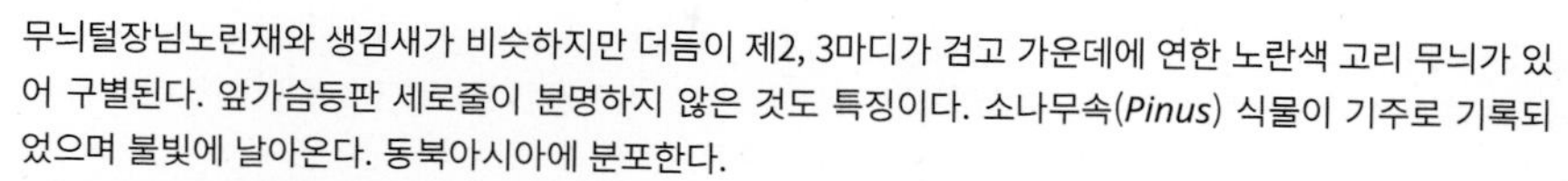

무늬털장님노린재와 생김새가 비슷하지만 더듬이 제2, 3마디가 검고 가운데에 연한 노란색 고리 무늬가 있어 구별된다. 앞가슴등판 세로줄이 분명하지 않은 것도 특징이다. 소나무속(*Pinus*) 식물이 기주로 기록되었으며 불빛에 날아온다. 동북아시아에 분포한다.

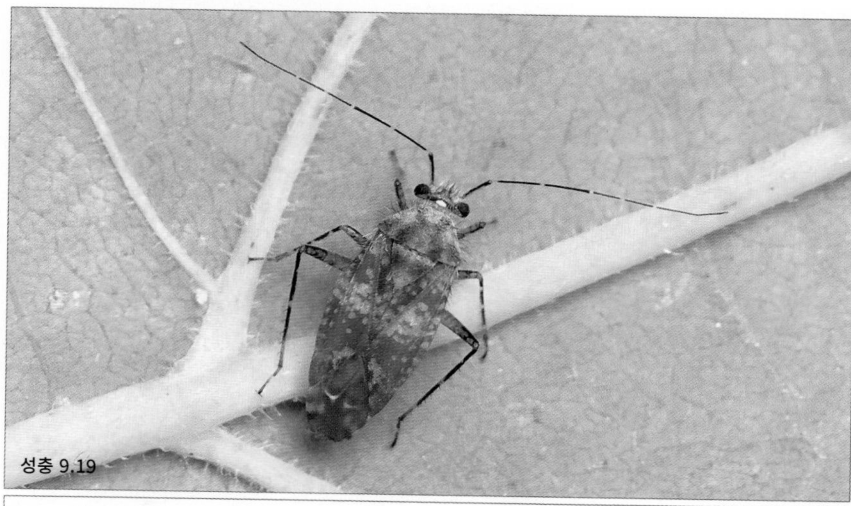

성충 9.19

성충 9.19

긴수염갈색장님노린재(신칭)

***Tolongia* sp.**

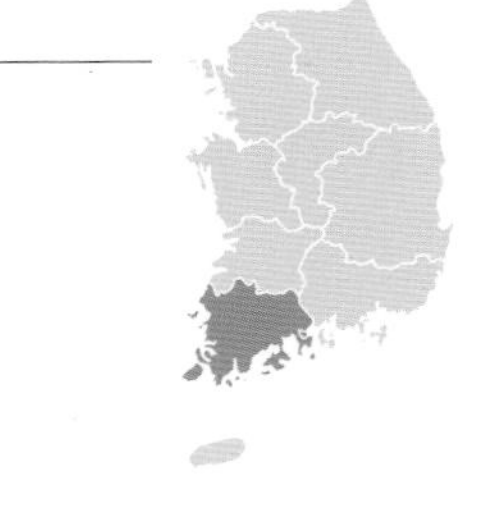

국내 첫 기록 미기록

크기 8mm 내외 | **출현 시기** 9월 | **분포** 전남

등면이 전체적으로 갈색이고 다리는 황갈색이다. 더듬이 제1, 2마디는 대부분이 갈색이고 제2마디 끝부분과 제3마디 반은 황백색이다. 앞날개 조상부에 평행하고 굵은 점각열이 1쌍 있다. 동백나무속(*Camellia*) 식물이 기주로 기록된 *Tolongia pilosa* (Yasunaga)로 추정하지만 자세한 검토가 필요하다. 전남 완도에서 밤에 불빛에 날아온 것을 촬영했다. 일본과 중국에 분포한다.

수컷 9.4

산알락장님노린재

***Phytocoris* (*Phytocoris*) *shabliovskii* Kerzhner, 1988**

국내 첫 기록 *Phytocoris shabliovskii* : Josifov, 1992
크기 5~6mm | **출현 시기** 6~11월 | **분포** 경기, 강원, 경북, 경남, 전남

등면은 전체적으로 갈색이고 앞가슴등판, 앞날개 조상부와 혁질부 안쪽 및 설상부 뒷부분은 흑갈색이다. 작은방패판, 혁질부 바깥쪽과 설상부 앞쪽은 황갈색이다. 앞날개 혁질부 끝부분에 검은 사선(/) 무늬가 뚜렷하며 옆면에서 보면 가슴에 검은 세로줄이 2개 있다. 더듬이 제3마디는 앞가슴등판 기부 폭보다 짧다. 앞다리와 가운데다리 종아리마디 끝은 하얗고 뒷다리 넓적마디 기부를 제외한 부분에는 흑갈색 점이 빽빽하다. 활엽수에 사는 것으로 알려졌으나 침엽수에서도 발견했다. 국내 알락장님노린재속에서 가장 흔하며 애알락장님노린재(*P. scotinus*)로 오동정한 기록이 다수 있고, 2010년 『노린재 도감』에 실린 애알락장님노린재 사진도 이 종이다. 러시아 극동과 중국에 분포한다.

성충 10.17

성충 10.17

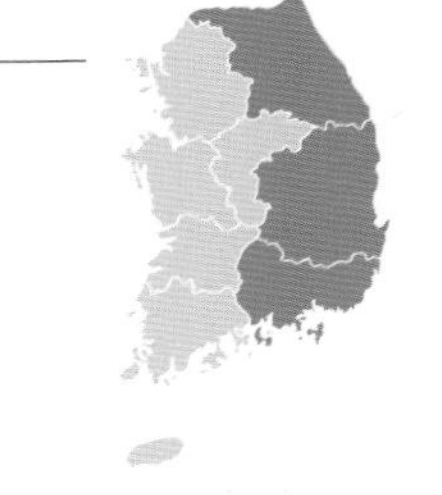

길쭉알락장님노린재

***Phytocoris* (*Phytocoris*) *longipennis* Flor, 1861**

국내 첫 기록 *Phytocoris longipennis* : Lee *et al*., 1994
크기 5~8mm | **출현 시기** 6~8월 | **분포** 강원, 경북, 경남

몸은 길고 등면이 얼룩덜룩하다. 산알락장님노린재와 생김새가 비슷하지만 가슴 옆면에 넓고 검은 세로줄이 하나만 있고, 더듬이 제3마디가 앞가슴등판 기부 폭을 넘을 정도로 매우 길다. 또한 다른 종에 비해 다리와 더듬이가 길다. 다양한 활엽수에 사는 것으로 알려졌으며 구북구와 신북구에 널리 분포한다.

성충 8.16

알락장님노린재

***Phytocoris* (*Phytocoris*) *intricatus* Flor, 1861**

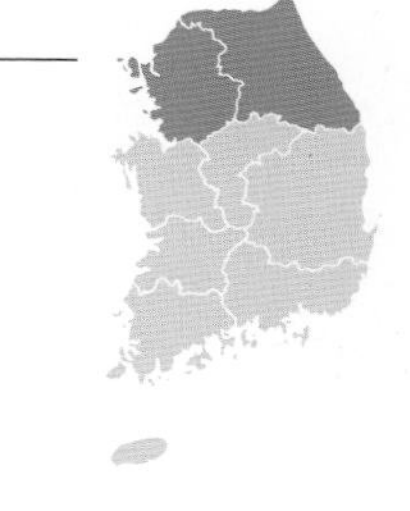

국내 첫 기록 *Phytocoris* (s. str.) *intricatus* : Josifov & Kerzhner, 1972
크기 6~7mm | **출현 시기** 6~8월 | **분포** 경기, 강원

산알락장님노린재와 생김새가 비슷하지만 앞다리와 가운데다리 종아리마디 끝이 흑갈색인 것이 다르다. 앞날개에 흑갈색이 차지하는 부분이 많아서 산알락장님노린재보다 어두워 보이고 검은 사선(/) 무늬도 두드러지지 않는다. 앞날개 설상부에 붉은빛이 도는 개체도 있다. 침엽수와 활엽수에서 모두 보인다. 러시아 극동, 중국 및 유럽에 분포하며 우리나라에서는 1972년 북한에서 처음 기록되었고(Josifov & Kerzhner, 1972), 1994년에 이 기록이 산알락장님노린재 오동정이라고 했으나(Lee *et al*., 1994) 2017년에 국내 분포를 재확인했다(Oh *et al*., 2017).

성충 7.1

고려알락장님노린재(신칭)

***Phytocoris* (*Phytocoris*) *goryeonus* Oh, Yasunaga & Lee, 2017**

국내 첫 기록 *Phytocoris* (*Phytocoris*) *goryeonus* Oh, Yasunaga & Lee, 2017
크기 6~7mm | **출현 시기** 5~6월 | **분포** 경기, 강원

등면은 여러 가지 색깔이 섞여 얼룩덜룩하지만 검은색에 더 가까우며 특히 앞가슴등판은 거의 균일하게 검다. 알락장님노린재와 생김새가 비슷하지만 가운데다리 종아리마디 끝에서 1/4 정도가 검어 끝만 약간 검은 알락장님노린재와 구별된다. 또한 알락장님노린재는 더듬이 제1마디에 흰색과 흑갈색이 뒤섞였지만 이 종은 검은 바탕에 작은 흰색 점이 드문드문 있어서 얼핏 보면 제1마디 전체가 검은 것처럼 보인다. 2017년 우리나라에서 신종으로 기록되었다(Oh *et al.*, 2017).

성충 5.16

큰알락장님노린재

***Phytocoris* (*Phytocoris*) *ohataensis* Linnavuori, 1963**

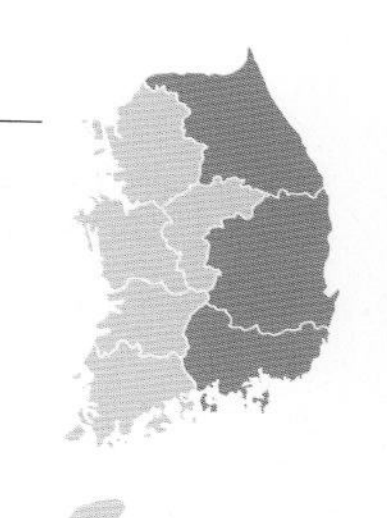

국내 첫 기록 *Phytocoris ohataensis* : Lee & Kwon, 1991 (목록)
Phytocoris scotinus : Lee & Kwon, 1991 (목록)
크기 5~8mm | **출현 시기** 6~8월 | **분포** 강원, 경북, 경남

등면은 전체적으로 흑갈색이고 작은방패판은 연한 초록색 또는 노란색으로 어두운 바탕색과 뚜렷하게 대비된다. 뒷다리 넓적마디 전체에 흑갈색 점이 빽빽하며 더듬이 제3마디 길이가 앞가슴등판 기부 폭과 거의 같다. 기주는 소나무과(Pinaceae), 장미과(Rosaceae), 버드나무과(Salicaceae) 식물로 다양하다. 애알락장님노린재(*P. scotinus*)는 이명으로 밝혀졌다(Yasunaga & Schwartz, 2015). 러시아 극동과 일본에 분포한다.

성충 8.29

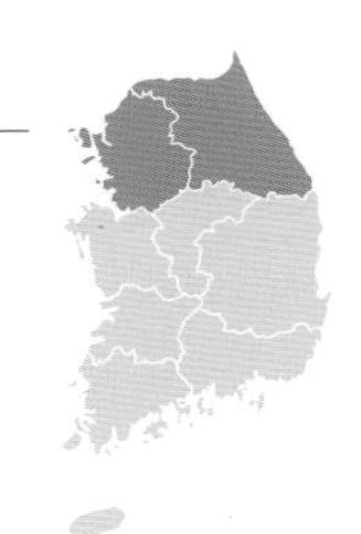

흰가슴알락장님노린재(신칭)

***Phytocoris* (*Phytocoris*) *pallidicollis* Kerzhner, 1977**

국내 첫 기록 *Phytocoris pallidicollis* : Yasunaga & Schwartz, 2016
크기 6~7mm | **출현 시기** 8월 | **분포** 경기, 강원

등면은 얼룩덜룩하지만 전체적으로 흰빛이며 초록빛이 돌기도 한다. 앞날개 혁질부 안쪽에 흑갈색 무늬가 있다. 자작나무 등 활엽수에서 생활하는 것으로 알려졌다. 러시아 극동과 일본에 분포한다.

성충 8.1

진알락장님노린재

***Phytocoris* (*Ktenocoris*) *nowickyi* Fieber, 1870**

국내 첫 기록 *Phytocoris (Ktenocoris) nowickyi* : Josifov & Kerzhner, 1972
크기 5~7mm | **출현 시기** 8~9월 | **분포** 강원

등면은 전체적으로 붉은색이며 암컷은 단시형만 나타난다. 국화과(Asteraceae), 콩과(Fabaceae) 등 풀에서 주로 생활하지만 버드나무속(*Salix*) 같은 나무에서도 보인다. 구북구에 널리 분포하며 남한에서는 처음으로 확인했다.

수컷 8.15

암컷 9.17

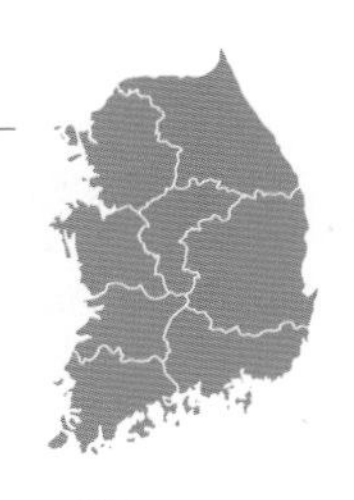

각시장님노린재

***Polymerus* (*Poeciloscytus*) *cognatus* (Fieber, 1858)**

국내 첫 기록 *Polymerus* (*Poeciloscytus*) *cognatus* : Miyamoto & Lee, 1966
크기 3~5mm | **출현 시기** 5~10월 | **분포** 전국

등면은 전체적으로 흑갈색이나 암컷은 대부분 색이 연하다. 작은방패판 끝과 앞날개 옆가장자리는 연한 노란색이며 설상부에는 붉은빛이 돈다. 같은 아속(*Poeciloscytus*) 다른 종에 비해 색이 어둡고 탁하다. 명아주과(Chenopodicaceae) 식물이 기주이며 사탕무 해충으로 알려졌고 불빛에도 날아온다. 구북구와 신북구에 널리 분포한다.

성충 9.8

성충 7.9

노란수염장님노린재

***Polymerus* (*Polymerus*) *amurensis* Kerzhner, 1988**

국내 첫 기록 *Polymerus amurensis* : Kim & Jung, 2018
크기 4~5mm | **출현 시기** 5월 | **분포** 경남

등면은 검은색이고 앞가슴등판 뒷가장자리, 설상부 기부와 끝부분은 노란색이다. 더듬이는 대체로 노란색이지만 제2마디 끝이 거무스름한 개체도 있다. 각 다리 넓적마디는 어두운 갈색이나 끝부분에 노란색 고리 무늬가 있다. 종아리마디는 기부를 제외하면 노란색이다. *Polymerus*와 *Pachycentrum*에 속하는 다른 종과는 더듬이 색깔로 구별한다. 러시아 극동에 분포한다.

성충 5.23

성충 5.23

페킨장님노린재

***Polymerus* (*Polymerus*) *pekinensis* Horváth, 1901**

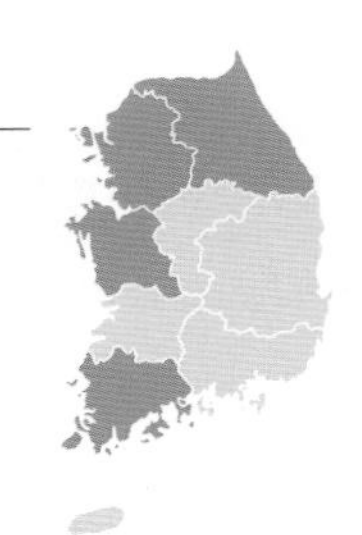

국내 첫 기록 *Polymerus pekinensis* : Miyamoto & Lee, 1966
크기 5~6mm | **출현 시기** 5~7월 | **분포** 경기, 강원, 충남, 전남

등면은 검은색이고 흰색 납작털 뭉치가 흩어져 점처럼 보인다. 더듬이 제2마디는 갈색인데 끝으로 갈수록 색이 짙어지기도 하며 암컷은 중간에 연한 노란색 고리 무늬가 있는 개체도 있다. 각 다리 넓적마디는 흑갈색에서 검은색이고 끝부분에 노란색 고리 무늬가 한두 개 있다. 종아리마디 중간은 황갈색이고 양 끝은 흑갈색이며 기부 흑갈색 부분 중간에 옅은 고리 무늬가 있다. 큰흰솜털검정장님노린재 및 흰솜털검정장님노린재와 생김새가 비슷하지만 종아리마디 기부 흑갈색 부분이 중간 지점에 약간 못 미치고, 흑갈색 부분 중간에 흰 고리 무늬가 있는 것으로 구별한다. 불빛에 날아오며 동북아시아에 분포한다.

성충 6.29

성충 6.29

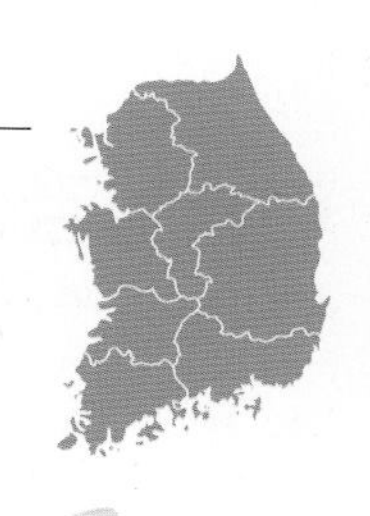

큰흰솜털검정장님노린재

***Proboscidocoris* (*Proboscidocoris*) *varicornis* (Jakovlev, 1904)**

국내 첫 기록 *Polymerus varicornis* Jakovlev, 1904
크기 4~5mm | **출현 시기** 5~10월 | **분포** 전국(제주 제외)

검은색이고 흰 털 뭉치가 있는 점에서 페킨장님노린재 및 흰솜털검정장님노린재와 생김새가 비슷하지만, 뒷다리 종아리다리 기부 흑갈색 부분이 적고(전체 길이의 약 1/4 이하) 중간에 연한 노란색 고리 무늬가 없는 점으로 구별한다. 다리가 길어서 뒷다리를 옆으로 쩍 벌리고 앉는 것이 특징이다. 닭의장풀(*Commelina communis*)에서 종종 보인다. 부산에서 채집한 개체가 기준 표본이며 일본에도 분포한다.

성충 8.7

성충 8.19

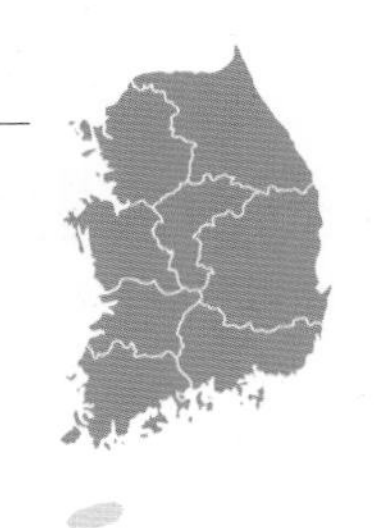

흰솜털검정장님노린재

***Charagocchilus* (*Charagochilus*) *angusticollis* Linnavuori, 1961**

국내 첫 기록 *Charagochilus angusticollis* : Miyamoto & Lee, 1966
크기 3~4mm | **출현 시기** 4~10월 | **분포** 전국(제주 제외)

몸은 흑갈색에서 검은색이고 흰 털 뭉치가 있어 큰흰솜털검정장님노린재 및 페킨장님노린재와 비슷하지만 작은방패판 끝부분에 노란색 또는 주황색 점이 뚜렷한 것이 다르다. 뒷다리 종아리마디 기부 흑갈색 부분이 매우 길고(전체 길이의 약 4/5) 중간에 고리 무늬가 없는 것으로 구별한다. 앞날개는 설상부와 막질부 기부에서 아래쪽으로 갑자기 굽어서 위에서 보면 앞날개 뒷부분이 잘려 없어진 것처럼 보인다. 들과 산 잡초에서 생활하며 전국에 분포한다.

성충 5.22

성충 8.15

예덕장님노린재

***Bertsa lankana* (Kirby, 1891)**

국내 첫 기록 *Bertsa lankana* : Kwon *et al*., 2001
크기 4mm 내외 | **출현 시기** 8~9월 | **분포** 경남, 전남, 제주

몸은 볼록하고 광택 있는 검은색이며 앞날개 혁질부에 흰색 무늬가 1쌍 있고 설상부 기부도 하얗다. 머리 폭은 넓고 더듬이 제2마디는 길며 끝으로 갈수록 굵어진다. 예덕나무(*Mallotus japonicus*) 꽃에서 성충을 발견했다는 기록이 있으나 계요등(*Paederia scandens*)에서 주로 보이며 불빛에 날아오기도 한다. 일본, 중국, 대만 및 동양구에 분포한다. 남방계로 전 세계에 5종이 있으며 우리나라에 1종이 기록되었다.

성충 8.15

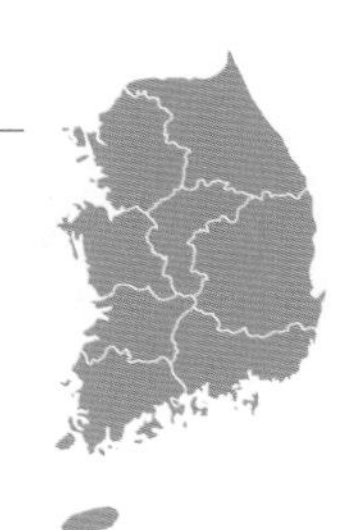

탈장님노린재

Eurystylus coelestialium **(Kirkaldy, 1902)**

국내 첫 기록 *Eurystylus coelestialium* : Lee, 1971
크기 5~8mm | **출현 시기** 5~11월 | **분포** 전국

등면은 흑갈색 바탕에 불규칙한 황갈색 또는 황록색 무늬가 흩어져 있으며 앞가슴등판에는 흰 테두리가 있는 검은 점이 1쌍 있다. 작은방패판은 길고 위로 솟았다. 각 다리 넓적마디 반은 흰색이고 반은 어두운 갈색이다. 다양한 활엽수나 꽃에서 꿀이나 꽃가루를 주로 먹지만 꽃봉오리나 꽃잎, 꽃자루 즙을 빨기도 한다. 종령 약충 몸 색은 대부분 연두색이고 더듬이 제2, 4마디 끝은 뚜렷한 흑갈색이다. 흰 테두리로 싸인 둥글고 검은 점이 앞가슴등판에 1쌍, 등면에 4쌍 또는 5쌍 있다. 동북아시아에 분포한다.

성충 6.27

성충 10.13

성충 10.13

약충 5령 5.31

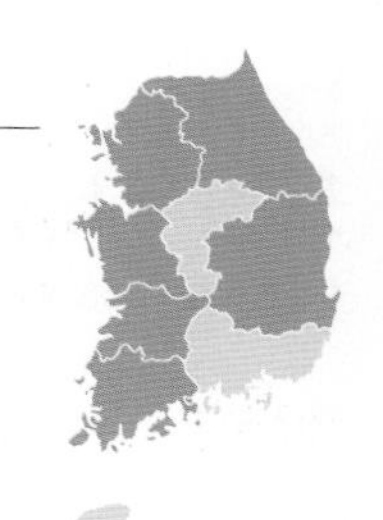

동쪽탈장님노린재

***Eurystylus sauteri* Poppius, 1915**

국내 첫 기록 *Eurystylus* sp. prope *luteus* : Josifov & Kerzhner, 1972
크기 4~6mm | **출현 시기** 5~9월 | **분포** 경기, 강원, 충남, 경북, 전북, 전남

탈장님노린재와 생김새가 비슷하지만 크기가 작고 몸이 전체적으로 균일한 황갈색이다. 앞가슴등판에 있는 점 1쌍은 희미하고 세로줄 모양이어서 탈장님노린재와 구별한다. 종령 약충은 몸 색이 붉으며 배 윗면에 있는 점이 2쌍인 것으로 탈장님노린재와 구별한다. 또한 더듬이 제2마디 끝부분은 갈색이다. 다양한 쌍떡잎식물이 기주로 기록되었으나 주로 싸리속(*Lespedeza*) 식물 꽃과 잎에서 보이며 불빛에도 날아온다. 중국, 일본, 대만에 분포한다. 기존에는 이 종 학명으로 *E. luteus* Hsiao, 1941을 써 왔으나 *E. sauteri* Poppius, 1915의 동종이명이라는 의견이 제시되었다(Yasunaga *et al*., 2017).

성충 8.15

성충 9.3

약충 5령 8.25

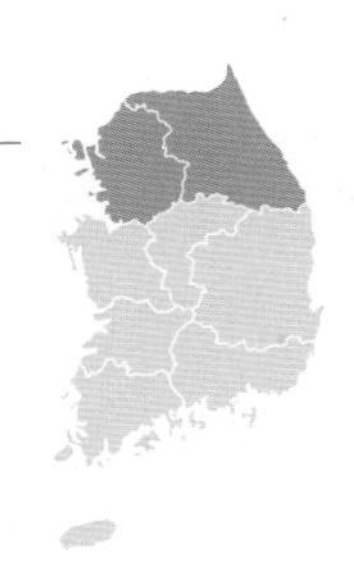

노랑무늬장님노린재

Capsodes gothicus graeseri **(Autran & Reuter, 1888)**

국내 첫 기록 *Horistus gothicus* : Doi, 1935
Capsus gothicus graeseri : Josifov, 1992
크기 5~8mm | **출현 시기** 5~6월 | **분포** 경기, 강원

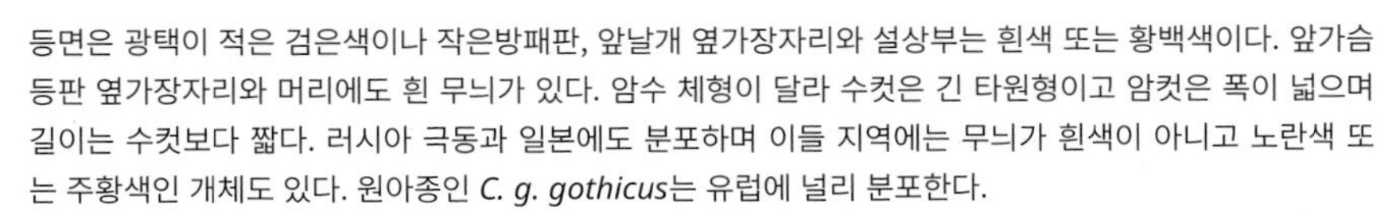

등면은 광택이 적은 검은색이나 작은방패판, 앞날개 옆가장자리와 설상부는 흰색 또는 황백색이다. 앞가슴등판 옆가장자리와 머리에도 흰 무늬가 있다. 암수 체형이 달라 수컷은 긴 타원형이고 암컷은 폭이 넓으며 길이는 수컷보다 짧다. 러시아 극동과 일본에도 분포하며 이들 지역에는 무늬가 흰색이 아니고 노란색 또는 주황색인 개체도 있다. 원아종인 *C. g. gothicus*는 유럽에 널리 분포한다.

수컷 5.29

암컷 5.29

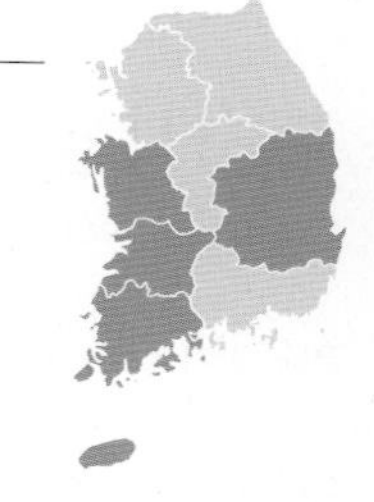

두색장님노린재(신칭)

***Koreocoris bicoloratus* Cho & Kwon, 2008**

국내 첫 기록 *Koreocoris bicoloratus* Cho & Kwon, 2008
크기 4~5mm | **출현 시기** 7월 | **분포** 충남, 경북, 전북, 전남, 제주

몸은 타원형이고 앞가슴등판은 점각이 없어 매끈하며 주황색이다. 작은방패판과 앞날개는 검은색이나 기부는 주황색이다. 앞날개에 얕은 점각과 짧고 검은 털이 있다. 다리는 연한 황갈색이고 넓적마디 끝에 좁은 갈색 고리 무늬가 2개 있으며 중간에는 넓은 갈색 고리 무늬가 하나 있다. 불빛에 날아온다. 2008년 우리나라에 신속 신종으로 기록된 한국 고유종이며(Cho & Kwon, 2008), 국명도 학명처럼 두 가지 색이 대비된다는 뜻이다.

성충 7.10

북방장님노린재

***Capsus pilifer* (Remane, 1950)**

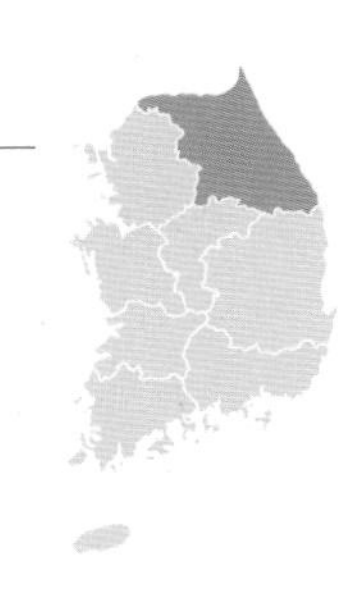

국내 첫 기록 *Capsus pilifer* : Kerzhner, 1988 (목록)
Capsus ater : Doi, 1935 (오동정)

크기 5~6mm | **출현 시기** 6월 | **분포** 강원

등면은 전체적으로 광택 있는 검은색이나 머리 뒷가장자리는 붉은색이며 다리는 흑갈색이다. 더듬이 제2마디는 끝으로 갈수록 굵어진다. 하천이나 해안, 산지 벼과(Poaceae) 식물에서 생활한다. 구북구 북쪽에 분포하며, 우리나라에는 일제 강점기부터 *Capsus ater*라는 학명으로 알려져 왔으나 오동정으로 밝혀졌다.

성충 6.27

홍테북방장님노린재(신칭)

***Capsus koreanus* Kim & Jung, 2015**

국내 첫 기록 *Capsus koreanus* Kim & Jung, 2015
크기 5~6mm | **출현 시기** 5~8월 | **분포** 경기, 강원, 충북, 충남, 경남

머리와 더듬이, 앞날개는 검은색이고 앞가슴등판과 작은방패판, 다리는 주황색 또는 노란색이다. 참북방장님노린재 붉은색 개체와 생김새가 비슷하지만 작은방패판이 붉은 것이 다르다. 왕바랭이(*Eleusine indica*)가 기주로 알려졌다. 기존에는 참북방장님노린재(*C. cinctus*)로 동정했으나 2015년에 신종으로 기록된 한국 고유종이다(Kim & Jung, 2015). 2010년 『노린재 도감』에 실린 참북방노린재 사진도 이 종이다.

성충 6.16

성충 6.16

풀밭장님노린재

Lygus rugulipennis **Poppius, 1911**

국내 첫 기록 *Lygus* (*Orthops*) *disponsi* : Lee, 1971
Lygus kalmi : Doi, 1932 (오동정)
크기 5~6mm | **출현 시기** 5~8월 | **분포** 경기, 강원, 충북, 충남, 경남, 전북

몸은 볼록한 타원형이며 등면은 초록빛이 도는 황갈색이지만 색 변이가 있다. 수컷은 앞가슴등판과 앞날개에 갈색 또는 검은색 무늬가 있고 작은방패판에 황백색 V자 무늬가 있다. 암컷은 등면에 진한 무늬가 거의 없고 작은방패판에는 황백색 하트 무늬가 있다. 같은 속 극동얼룩장님노린재(*L. sibiricus*) 및 새얼룩장님노린재(*L. wagneri*)와 구별이 어려우나 현재 남한에서는 이 두 종을 거의 볼 수 없다. 풀밭 다양한 식물을 기주로 삼는데 특히 곡물과 채소에 주로 해를 입혀 북미에서는 중요 해충으로 알려졌다. 불빛에도 날아온다. 구북구와 신북구에 널리 분포한다.

수컷 7.1

암컷 6.19

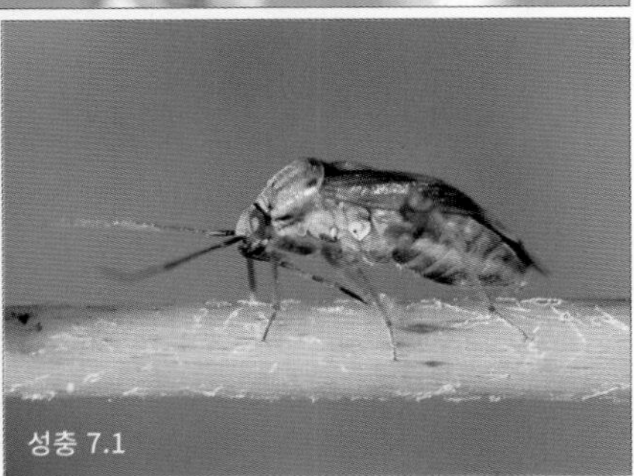
성충 7.1

바른장님노린재

***Orthops* (*Orthops*) *scutellatus* Uhler, 1877**

국내 첫 기록 *Orthops sachalinus* : Kerzhner, 1988 (목록)
Orthops kalmi : Josifov & Kerzhner, 1972 (오기, 오동정)

크기 4~5mm | **출현 시기** 5~9월 | **분포** 경기, 강원, 충북, 경북, 제주

등면은 연한 연두색에서 황갈색 또는 흑갈색으로 색 변이가 심하며 보통 수컷이 암컷보다 색이 진하다. 작은방패판과 앞가슴등판 색은 변이가 있으며 작은방패판에는 하트 모양 또는 역삼각형 황백색 무늬가 있다. 당귀(*Angelica gigas*)나 시호(*Bupleurum falcatum*) 등 미나리과(Apiaceae)나 두릅나무(*Aralia elata*), 인삼(*Panax ginseng*) 등 두릅나무과(Araliaceae) 식물에서 잘 보이며 인삼 꽃과 열매에서 성충과 약충이 무리 지어 산다. 불빛에 날아오며 동북아시아에 분포한다.

성충 6.27

성충 6.6

약충 9.13

극동꼭지장님노린재

Pinalitus nigriceps **Kerzhner, 1988**

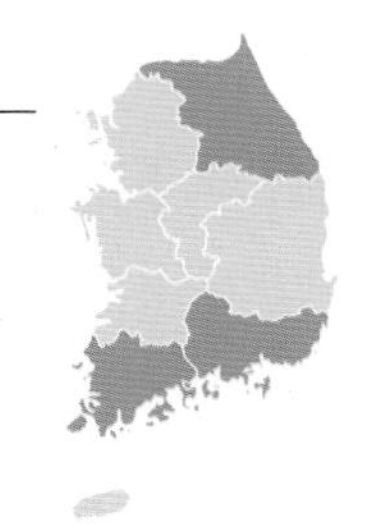

국내 첫 기록 *Pinalitus nigriceps* : Josifov, 1992
크기 4~5mm | **출현 시기** 6~8월 | **분포** 강원, 경남, 전남

머리와 앞가슴등판은 흑갈색이고 작은방패판과 앞날개는 갈색 또는 적갈색이다. 더듬이는 황갈색이고 다리는 황갈색 또는 붉은색인데 특히 뒷다리 넓적마디는 항상 붉다. 종아리마디 가시는 노란색 또는 황갈색이다. 바른장님노린재 색이 짙은 개체와 비슷하지만 뒷다리 넓적마디가 붉은 점이 다르고, 꼭지장님노린재와도 비슷하지만 머리와 앞가슴등판이 검은 점이 다르다. 소나무나 잣나무에서 보이며 불빛에 날아온다. 동북아시아에 분포한다.

성충 6.14

꼭지장님노린재

***Pinalitus rubeolus* (Kulik, 1965)**

국내 첫 기록 *Orthops rubeolus* : Josifov & Kerzhner, 1972
크기 5mm 내외 | **출현 시기** 6~8월 | **분포** 강원

극동꼭지장님노린재와 생김새가 비슷하지만 머리와 앞가슴등판이 검지 않고 등면이 적갈색이다. 소나무(*Pinus densiflora*)나 잣나무(*Pinus koraiensis*)에서 생활하며 불빛에 날아온다. 동북아시아에 분포한다.

성충 8.15

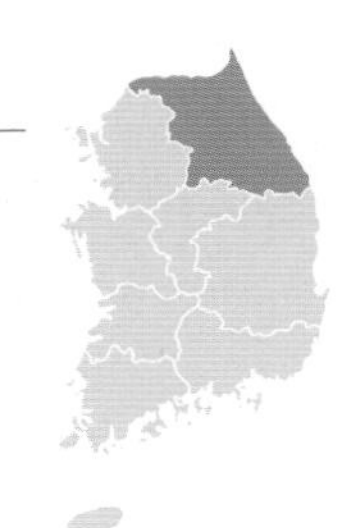

얼룩장님노린재

***Cyphodemidea saundersi* (Reuter, 1896)**

국내 첫 기록 *Lygus* (*Orthops*) *saundersi* : Lee, 1971
크기 4~5mm | **출현 시기** 5~7월 | **분포** 강원

등면은 광택이 강하고 갈색과 검은색, 흰색 등이 뒤섞여 얼룩덜룩하다. 앞가슴등판 앞쪽은 검은색, 뒤쪽은 갈색이고 작은방패판은 매우 볼록하며 흰색 세로줄이 뚜렷하다. 앞날개 혁질부 끝에 넓고 검은 가로띠가 있으며 설상부 중간은 흰색이다. 외떡잎식물에서 생활하는 것으로 알려졌으며 동북아시아에 분포한다. 얼룩장님노린재속에 속했다가 참얼룩장님노린재속으로 옮겨졌으며 1속 1종이다.

성충 7.30

솟은등장님노린재

***Peltidolygus scutellatus* (Yasunaga & Lu, 1994)**

국내 첫 기록 *Peltidolygus scutellatus* : Kim, 2018
크기 4~5mm | **출현 시기** 7월 | **분포** 제주

작은방패판과 앞날개에 검은 무늬가 있으며 은색인 누운털 뭉치가 흩어져 있다. 작은방패판이 위로 솟았으며 앞날개 점각이 뚜렷하다. 얼룩장님노린재와 생김새가 비슷하지만 앞가슴등판이 균일하게 갈색이고 설상부가 흰색이 아닌 점으로 구별한다. 자세한 생태는 알려지지 않았으며 2016년 불빛에 날아온 개체들을 확인했고, 2018년 우리나라에 공식 기록되었다(Kim, 2018). 일본과 중국에 분포한다.

성충 7.29

성충 7.29

고리장님노린재

***Lygocoris* (*Lygocoris*) *pabulinus* (Linnaeus, 1761)**

국내 첫 기록 *Lygocoris* (s. str.) *pabulinus* : Josifov & Kerzhner, 1972
크기 5~7mm | **출현 시기** 6~9월 | **분포** 경기, 강원, 충북, 전남

등면은 전체적으로 광택 있는 초록색이며 긴 타원형이다. 더듬이 제4마디는 제3마디보다 짧고 머리 폭보다 길며 주둥이는 뒷다리 밑마디 끝에 이른다. 같은 속 다른 종과 생김새만으로 정확하게 구별하기가 어렵다. 무늬고리장님노린재속(*Apolygus*), 고운고리장님노린재속(*Castanopsides*), 광택장님노린재속(*Philostephanus* = *Arbolygus*) 등 많은 속이 고리장님노린재속(*Lygocoris*)에서 분화했다. 다양한 식물을 기주로 삼으며 불빛에도 날아온다. 구북구 전역과 신북구, 인도 등지에 폭넓게 분포한다.

성충 7.9

성충 6.11

밝은색장님노린재

***Taylorilygus apicalis* (Fieber, 1861)**

국내 첫 기록 *Lygus* (*Taylorilygus*) *pallidulus* : Miyamoto & Lee, 1966
크기 4~6mm | **출현 시기** 9~11월 | **분포** 전국(제주 제외)

등면은 연한 연두색에서 황갈색까지 색 변이가 심하다. 앞날개 조상부 봉합선 부근에 어두운 무늬가 있고, 혁질부 중앙에도 갈색 사선 무늬가 있으나 개체에 따라 연하고 진한 정도, 크기에 차이가 있다. 전체적으로 연두색이고 갈색 줄이 없거나 연한 개체도 있고 연두색 또는 황갈색에 갈색 줄이 뚜렷한 개체도 있다. 고리장님노린재와 비슷하지만 정수리 기부 가로 돌출선이 전체적으로 뚜렷하다. 뒷다리 종아리마디 가시가 노란색이거나 황갈색 또는 갈색이고 가시 기부에 검은 점이 있다. 약충은 노란색 또는 연두색 바탕에 복잡한 붉은 무늬가 있다. 다양한 식물을 기주로 삼지만 국화과(Asteraceae) 식물에서 주로 보이며 불빛에도 날아온다. 아프리카에서 전 세계로 퍼져 나갔다.

성충 10.25

성충 10.31

약충 10.25

애무늬고리장님노린재

***Apolygus spinolae* (Meyer-Dür, 1841)**

국내 첫 기록 *Lygocoris* (*Apolygus*) *spinolai* : Josifov & Kerzhner, 1972 (학명 오기)
크기 4~6mm | **출현 시기** 5~12월 | **분포** 전국(제주 제외)

몸은 전체가 연두색으로 초록장님노린재, 닮은초록장님노린재와 비슷하지만 앞날개 설상부 끝에 검은 점이 있고 주둥이가 뒷다리 밑마디에 미치지 못해 구별된다. 머리방패 검은 점이 짧거나 없는 개체가 많다. 연두색 계열 무늬장님노린재속에서 개체수가 가장 많으며 기주가 매우 다양하고 작물에도 해를 끼친다. 불빛에 날아오며 구북구에 널리 분포한다.

성충 9.20

성충 7.9

머리방패 9.17

초록장님노린재

Apolygus lucorum **(Meyer-Dür, 1843)**

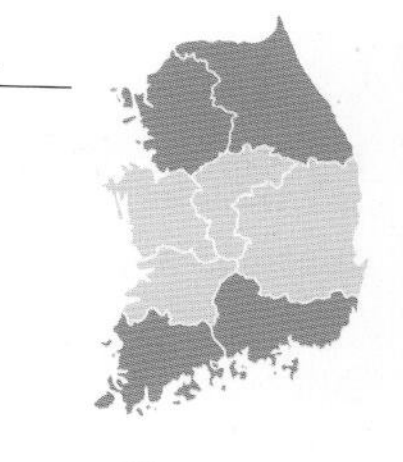

국내 첫 기록 *Lygocoris* (*Apolygus*) *locorum* : Josifov & Kerzhner, 1972
크기 4~6mm | **출현 시기** 5~10월 | **분포** 경기, 강원, 경남, 전남

앞날개 설상부 끝에 검은 점이 없으며 더듬이 제2마디 끝부분이 검지 않고 연두색이거나 갈색인 점에서 연두색 계열 다른 장님노린재들과 구별된다. 몸 전체가 진한 초록색인 개체도 보인다. 머리방패 검은 부분이 길며 앞날개 혁질부 안쪽에 작고 검은 무늬가 있는 개체가 많다. 쑥(*Artemisia princeps*)에서 주로 보이며 작물에 피해를 주기도 한다. 불빛에 날아오며 구북구와 신북구에 널리 분포한다.

성충 10.25

성충 5.29

성충 8.15

닮은초록장님노린재

***Apolygus watajii* Yasunaga & Yasunaga, 2000**

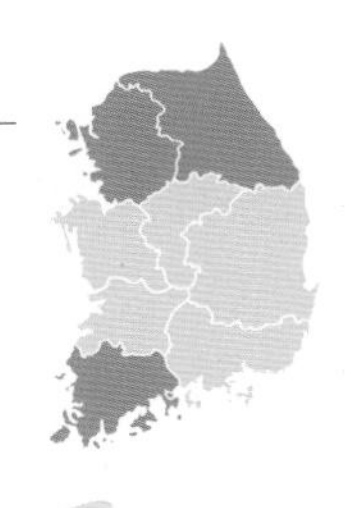

국내 첫 기록 *Apolygus watajii* : Seong & Lee, 2007
크기 4~5mm | **출현 시기** 6~8월 | **분포** 경기, 강원, 전남

앞날개 설상부 끝에 검은 점이 없고 더듬이 제2마디 끝부분이 검은 것으로 연두색 계열 장님노린재들과 구별한다. 머리방패 검은 부분이 길며 앞날개 혁질부 안쪽에 긴 타원형 또는 직사각형인 검은 무늬가 있는 경우가 많다. 여뀌(*Polygonum hydropiper*), 메밀(*Fagopyrum esculentum*) 등 마디풀과(Polygonaceae) 식물에서 생활하는 것으로 알려졌다. 러시아 극동과 일본에 분포한다.

성충 6.7

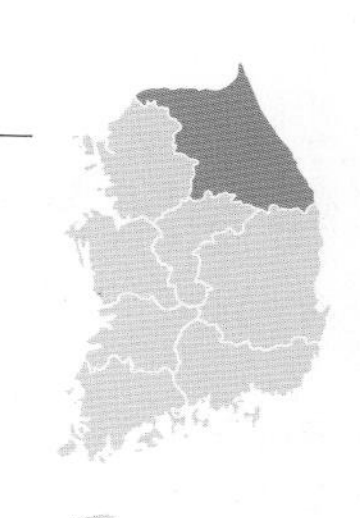

검은깃장님노린재

***Apolygus atriclavus* Kim & Jung, 2016**

국내 첫 기록 *Apolygus atriclavus* Kim & Jung, 2016
크기 5mm 내외 | **출현 시기** 9월 | **분포** 강원

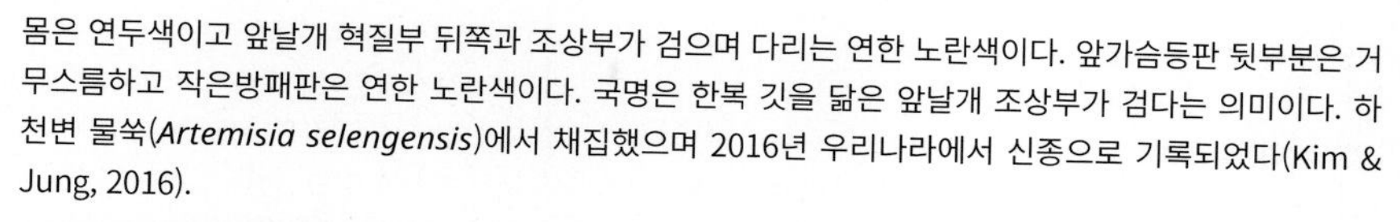

몸은 연두색이고 앞날개 혁질부 뒤쪽과 조상부가 검으며 다리는 연한 노란색이다. 앞가슴등판 뒷부분은 거무스름하고 작은방패판은 연한 노란색이다. 국명은 한복 깃을 닮은 앞날개 조상부가 검다는 의미이다. 하천변 물쑥(*Artemisia selengensis*)에서 채집했으며 2016년 우리나라에서 신종으로 기록되었다(Kim & Jung, 2016).

성충 9.19

성충 9.19

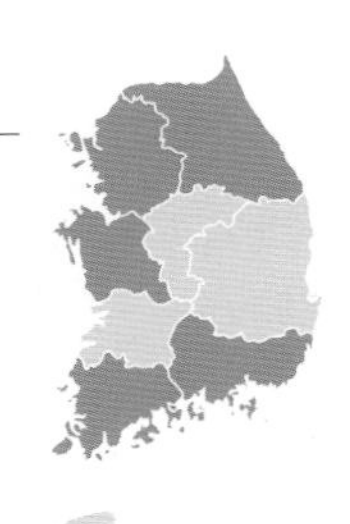

두무늬장님노린재

***Apolygus hilaris* (Horváth, 1905)**

국내 첫 기록 *Lygus adustus hilaris* : Miyamoto & Lee, 1966
크기 4~6mm | **출현 시기** 5~9월 | **분포** 경기, 강원, 충남, 경남, 전남

등면은 주황빛이 도는 밝은 갈색이고 앞날개 혁질부 끝부분에 넓고 검은 가로띠가 있으며 설상부 끝에 검은 점이 있다. 이러한 특징이 있는 갈색 계열 종으로는 싸리두무늬장님노린재, 새무늬고리장님노린재, 맵시무늬고리장님노린재, 붉은다리장님노린재, 북쪽무늬고리장님노린재, 붉은무늬장님노린재(*A. rubrifasciatus*), 물푸레장님노린재가 있다. 작은방패판 색은 주변 색상과 거의 같고, 더듬이 제2마디 기부 짧은 부분과 후반부 3/5 정도는 흑갈색이지만 그 사이는 뚜렷하게 밝아서 색이 대비된다. 머리방패 검은 부분이 길어 다른 종과 구별된다. 색이 짙은 개체는 작은방패판, 앞날개 조상부 전체, 혁질부 기부까지 검으며 혁질부 끝에 있는 검은색 가로띠도 매우 넓다. 다양한 식물에서 보이며 비교적 흔하고 불빛에 날아온다. 동북아시아에 분포한다.

성충 9.19

성충 6.4

성충 9.19

성충 9.17

싸리두무늬장님노린재

Apolygus subhilaris **(Yasunaga, 1992)**

국내 첫 기록 *Apolygus subhilaris* : Seong & Lee, 2007
크기 3~4mm | **출현 시기** 6~9월 | **분포** 경기, 강원, 경북, 전남

두무늬장님노린재와 생김새가 매우 비슷하지만 더듬이 제2마디가 전체적으로 검고 머리방패는 끝부분만 검은 것이 다르다. 더듬이 제2마디 일부가 약간 옅은 개체도 있지만 두무늬장님노린재처럼 뚜렷하게 대비되지 않는다. 싸리속(*Lespedeza*) 식물에서 보인다. 일본에 분포한다.

성충 8.10

새무늬고리장님노린재

Apolygus pulchellus **(Reuter, 1906)**

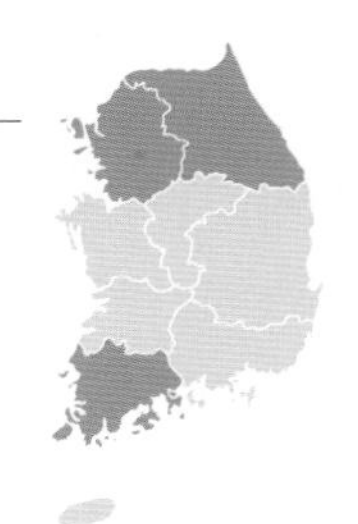

국내 첫 기록 *Lygocoris* (*Apolygus*) *pulchellus* : Lee & Kwon, 1991
크기 4mm 내외 | **출현 시기** 5~10월 | **분포** 경기, 강원, 전남

등면은 주황색 빛이 도는 갈색이다. 작은방패판은 주변과 뚜렷하게 대비되는 연한 황백색이고 더듬이 제2마디 끝부분만 검어 비슷한 두무늬장님노린재 및 싸리두무늬장님노린재와 구별된다. 머리와 앞가슴등판 앞쪽에 초록빛을 띠는 개체도 있다. 싸리속(*Lespedeza*) 식물이 기주로 기록되었으며 일본과 중국에 분포한다.

성충 7.22

성충 7.22

붉은다리장님노린재

Apolygus roseofemoralis **(Yasunaga, 1992)**

국내 첫 기록 *Apolygus roseofemoralis* : Kim & Jung, 2016
크기 4~5mm | **출현 시기** 7~9월 | **분포** 경기, 경남, 제주

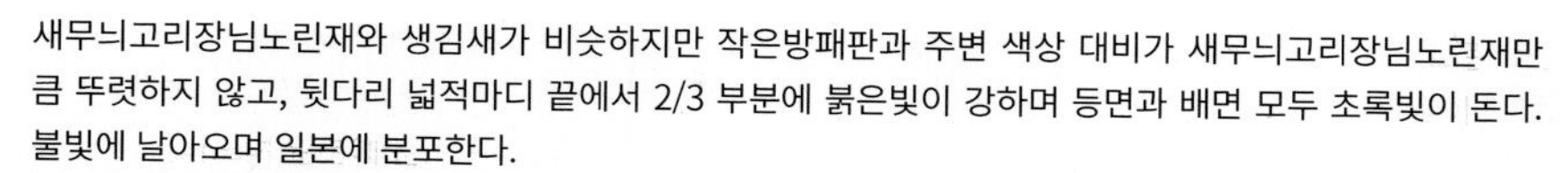

새무늬고리장님노린재와 생김새가 비슷하지만 작은방패판과 주변 색상 대비가 새무늬고리장님노린재만큼 뚜렷하지 않고, 뒷다리 넓적마디 끝에서 2/3 부분에 붉은빛이 강하며 등면과 배면 모두 초록빛이 돈다. 불빛에 날아오며 일본에 분포한다.

성충 7.20

코(tylus) 7.20

북쪽무늬고리장님노린재

***Apolygus josifovi* Kim & Jung, 2016**

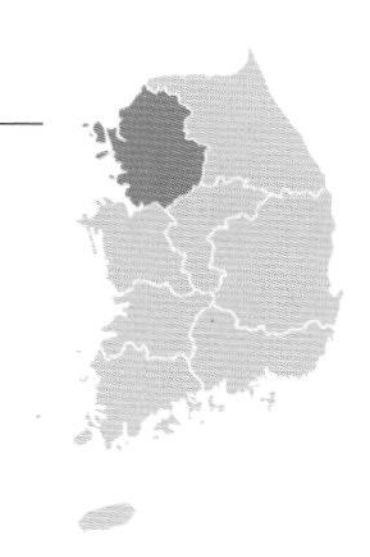

국내 첫 기록 *Apolygus josifovi* Kim & Jung, 2016
크기 4mm 내외 | **출현 시기** 6월 | **분포** 경기

새무늬고리장님노린재와 생김새가 비슷하지만 작은방패판 한가운데에 갈색 무늬가 있으며 앞가슴등판 앞쪽에 검은색 무늬가 있는 것이 다르다. 북한 황해도 해주에서 채집된 개체를 기준 표본으로 2016년에 신종 기록했으며(Kim & Jung, 2016), 경기도에서 불빛에 날아온 개체를 확인했다.

성충 6.4

물푸레장님노린재

***Apolygus fraxinicola* (Kerzhner, 1988)**

국내 첫 기록 *Apolygus fraxinicola* : Kim & Jung, 2018
크기 5~6mm | **출현 시기** 6~7월 | **분포** 강원, 경남, 전남

암수 이형으로 알려졌으며 수컷은 머리와 앞가슴등판은 갈색이고 작은방패판 및 앞날개는 흑갈색에서 검은색이다. 작은방패판 끝과 앞날개 설상부 중간은 갈색이고 설상부 안쪽 가장자리는 붉은색이다. 두무늬장님노린재 짙은 개체 및 검은빛장님노린재와 비슷하지만 더듬이 제2마디 기부 색이 밝고, 넓적마디가 폭넓게 어두운 갈색인 점이 다르다. 암컷은 대부분 초록빛이 도는 황갈색이고 앞날개 혁질부 끝부분에 검은색 점이 있으며 작은방패판과 설상부는 대부분 황백색이다. 더듬이 제2마디 기부와 끝부분은 검고 뒷다리 넓적마디 뒷부분에 검은색 고리 무늬가 있다. 새무늬고리장님노린재, 붉은다리장님노린재 등과 비슷하지만 더듬이 제2마디 기부가 검은 점이 다르다. 기주는 물푸레나무(*Fraxinus rhynchophylla*)이며 불빛에 날아온다. 러시아 극동 및 일본에 분포한다.

수컷 7.30

암컷 6.11

검은빛장님노린재

***Apolygopsis nigritulus* (Linnavuori, 1963)**

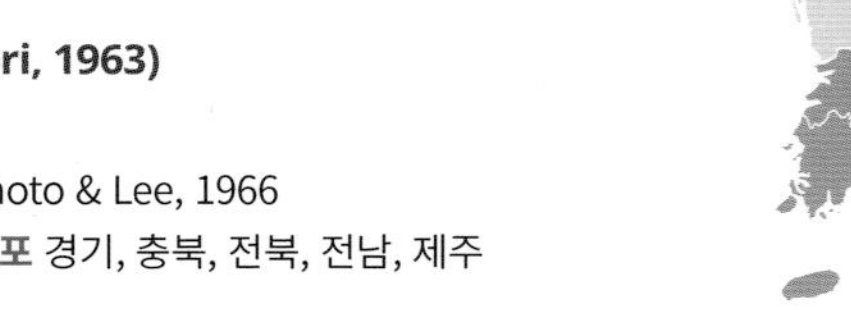

국내 첫 기록 *Lygus nigritulus* : Miyamoto & Lee, 1966
크기 4mm 내외 | **출현 시기** 6~10월 | **분포** 경기, 충북, 전북, 전남, 제주

머리와 앞가슴등판은 갈색이고 앞가슴등판 앞쪽에 검은색 점이 1쌍 있다. 앞날개와 작은방패판은 갈색 또는 검은색으로 발생 시기에 따라 색이 다르다. 가을에 나타나 월동하는 개체는 작은방패판과 앞날개가 낙엽과 비슷한 갈색이고, 여름에 나타나는 개체는 흑갈색에서 검은색이다. 더듬이 제2마디 기부와 후반부는 검고 그 사이는 밝으며 길이가 짧다. 앞날개 설상부나 앞날개 옆가장자리 색이 옅은 개체도 있다. 물푸레장님노린재 수컷과 생김새가 비슷하지만 더듬이 제2마디 색깔과 길이로 구별한다. 쐐기풀과(Urticaceae) 식물이 기주로 알려졌지만 꿀풀과(Lamiaceae) 식물에서도 발견했으며 불빛에 날아온다. 일본과 중국에 분포한다.

여름형 8.9

가을형 10.31

코장님노린재

***Lygocorides* (*Lygocorides*) *rubronasutus* (Linnavuori, 1961)**

국내 첫 기록 *Lygocorides* (*Lygocorides*) *rubronasutus* : Kwon *et al*., 2001
크기 6~7mm | **출현 시기** 5~8월 | **분포** 경기, 강원, 충남, 전북, 전남

등면은 밝은 주황색이며 앞날개 혁질부의 안쪽 모퉁이와 설상부 뒷부분은 검다. 무늬고리장님노린재속 갈색 계열 종과 비슷하지만 혁질부 검은 무늬가 중앙 일부에만 있는 것으로 구별한다. 종령 약충은 앞날개는 검은색이고 앞가슴등판에 검은 점이 1쌍 있다. 배 윗면에는 붉은 가로줄이 있으며 더듬이 제2, 4마디는 검은색과 노란색이 교대로 띠를 이룬다. 성충과 약충 모두 떡갈나무(*Quercus dentata*)에서 생활하고 주로 나비목(Lepidoptera) 유충을 잡아먹는 것으로 알려졌으며 불빛에 날아온다. 일본에도 분포한다.

성충 5.21

성충 6.18

약충 5령 6.7

참고운고리장님노린재

***Castanopsides kerzhneri* (Josifov, 1985)**

국내 첫 기록 *Lygocoris* (*Arbolygus*) *kerzhneri* Josifov, 1985
크기 6~7mm | **출현 시기** 5~7월 | **분포** 전국(제주 제외)

등면은 주황색에서 적갈색이고 앞날개 설상부는 뚜렷한 붉은색이지만 앞가슴등판과 작은방패판에 희미한 주황색 세로줄이 있는 개체도 있다. 앞가슴등판 앞에 검은 점이 1쌍 있고 뒷다리 넓적마디는 흑갈색에서 검은색이다. 종령 약충은 대부분 황갈색이고 곧은 검은색 털로 덮여 있다. 성충과 마찬가지로 앞가슴등판 앞에 검은 점이 1쌍 있고 뒷다리 넓적마디는 흑갈색에서 검은색이다. 참나무속(*Quercus*)이 기주로 기록되었으나 때죽나무(*Styrax japonicus*) 꽃에서도 발견했으며 불빛에 날아온다. 북한에서 채집한 개체가 기준 표본이며 동북아시아에 분포한다.

성충 6.13

성충 6.13

약충 5.7

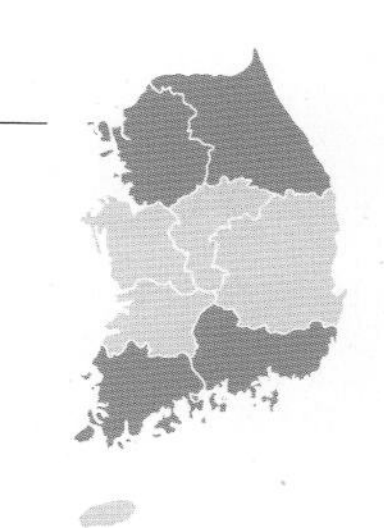

빛고운고리장님노린재

***Castanopsides potanini* (Reuter, 1906)**

국내 첫 기록 *Lygocoris* (*Arbolygus*) *potanini* : Lee & Kwon, 1991 (목록)
크기 6~8mm | **출현 시기** 5~7월 | **분포** 경기, 강원, 경남, 전남

참고운고리장님노린재와 생김새가 비슷하지만 작은방패판과 설상부가 황백색이고 뒷다리 넓적마디가 붉은 점이 다르다. 앞날개 혁질부 색이 균일하지 않고 앞가슴등판에 색이 연한 중앙 세로줄이 있다. 앞가슴등판 앞쪽에 가로로 배열된 검은 점이 4개 있는 것이 흔하지만 희미한 개체도 있다. 단풍나무속(*Acer*), 참나무속(*Quercus*), 버드나무속(*Salix*), 마가목(*Sorbus commixta*) 등 활엽수가 기주로 기록되었는데, 6월 27일 사진은 쑥에서 촬영했다. 포식성이 강한 것으로도 알려지며, 불빛에 날아온다. 동북아시아에 분포한다.

성충 6.27

성충 7.20

성충 6.27

약충 5.29

두눈장님노린재

Castanopsides falkovitshi **(Kerzhner, 1979)**

국내 첫 기록 *Castanopsides falkovitshi* : Kim *et al*., 2017
크기 5~6mm | **출현 시기** 5월 | **분포** 강원

빛고운고리장님노린재와 달리 등면이 붉은빛 없는 흑갈색에서 검은색이다. 앞가슴등판 앞쪽에 흰색 중앙 세로줄이 있으며 앞날개 설상부는 반투명한 유백색이다. 더듬이와 뒷다리 넓적마디 뒷부분은 흑갈색이다. 가래나무과(Juglandaceae) 식물이 기주로 알려졌다. 일본과 러시아 극동에 분포한다.

성충 5.28

성충 5.28

고운고리장님노린재

Philostephanus glaber **(Kerzhner, 1988)**

국내 첫 기록 *Lygocoris* (*Arbolygus*) *glaber* : Lee & Kwon, 1991 (목록)
크기 5~6mm | **출현 시기** 4~7월 | **분포** 경기, 충남

몸은 다소 볼록하고 등면 털이 매우 짧고 성기게 나 있어서 매끈해 보이며 앞날개 혁질부가 균일하게 어두운 색인 점으로 다른 종과 구별한다. 참나무속(*Quercus*) 식물이 기주로 기록되었으며 동북아시아에 분포한다.

성충 6.12

성충 6.12

약충 5.13

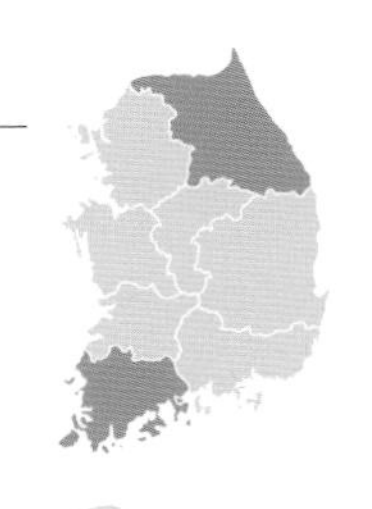

광택장님노린재

***Philostephanus rubripes* (Josifov, 1876)**

국내 첫 기록 *Lygocoris* (*Abolygus*) *rubripes* : Lee & Kwon, 1991 (목록)
크기 6~8mm | **출현 시기** 5~7월 | **분포** 강원, 전남

등면은 광택이 있는 검은색으로 짧은 털이 고르게 흩어져 있다. 앞날개에 얼룩이 없으며 배 아랫면은 검지만 중앙 넓은 부분이 연한 것으로 같은 속 다른 종과 구별한다. 그러나 비슷하게 생긴 미기록종이 많기 때문에 동정에 유의해야 하며 기존 기록도 재검토할 필요가 있다. 앞날개 설상부 기부 경계는 노란색이다. 종령약충은 푸른빛이 도는 흰색 바탕에 검은 점이 흩어져 있어 구별된다. 다양한 활엽수가 기주로 기록되었으며 작은 곤충을 잡아먹기도 한다. 불빛에 잘 날아오며, 동북아시아에 분포한다. 2010년 『노린재 도감』에 실린 광택장님린재는 다른 종일 가능성이 있어 추후 자세한 검토가 필요하다.

성충 6.5

성충 6.5

약충 5령 6.14

검정고리장님노린재

***Josifovolygus niger* (Josifov, 1992)**

국내 첫 기록 *Lygocoris* (*Tricholygus*) *niger* Josifov, 1992
크기 6~7mm | **출현 시기** 5~6월 | **분포** 경기, 강원, 충북

등면은 광택 있는 검은색으로 고운고리장님노린재 및 광택장님노린재와 생김새가 비슷하지만 몸이 더 넓고 짧으며 종아리마디가 굵고 털이 빽빽한 것으로 구별한다. 더듬이 제1마디는 기부를 제외하고는 황갈색에서 주황색이고 제2마디 기부는 연한 노란색이며 나머지는 검은색이다. 앞날개 설상부 안쪽에 길고 흰 무늬가 사선으로 있다. 앞날개 조상부 끝에 갈색 무늬가 있는 개체도 있다. 북한에서 채집한 개체가 기준 표본인 고유종이며 남한에서는 처음으로 확인했다.

성충 6.7

성충 5.27

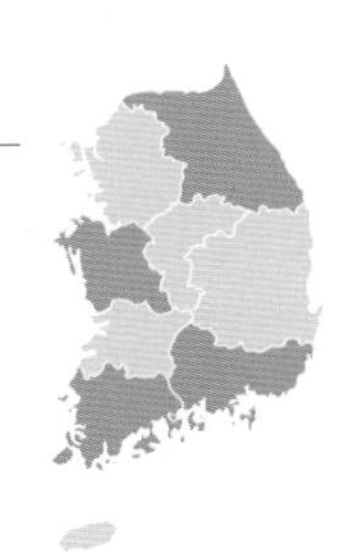

홍줄장님노린재

Eolygus rubrolineatus **(Matsumura, 1913)**

국내 첫 기록 *Amphicapsus rubrolineatus* : Yamada, 1936
크기 5~6mm | **출현 시기** 6~8월 | **분포** 강원, 충남, 경남, 전남

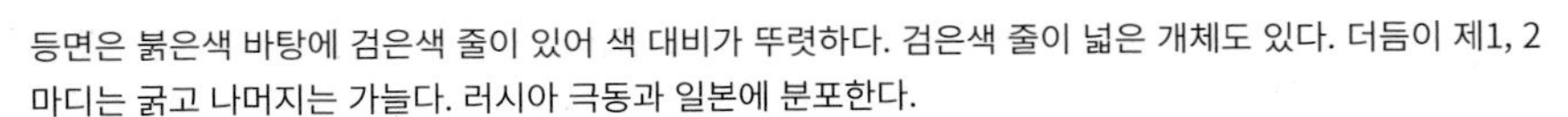

등면은 붉은색 바탕에 검은색 줄이 있어 색 대비가 뚜렷하다. 검은색 줄이 넓은 개체도 있다. 더듬이 제1, 2마디는 굵고 나머지는 가늘다. 러시아 극동과 일본에 분포한다.

성충 7.7

성충 6.14

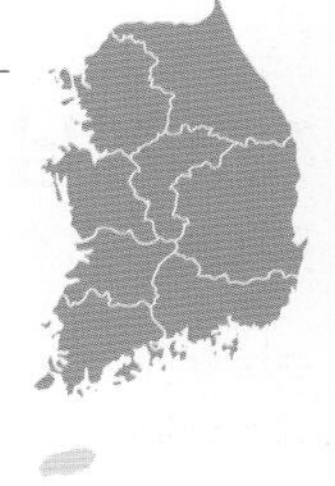

홍맥장님노린재

***Stenodema* (*Brachystira*) *calcarata* (Fallén, 1807)**

국내 첫 기록 *Stenodema calcaratum* : Doi, 1932
크기 6~8mm | **출현 시기** 3~10월 | **분포** 전국(제주 제외)

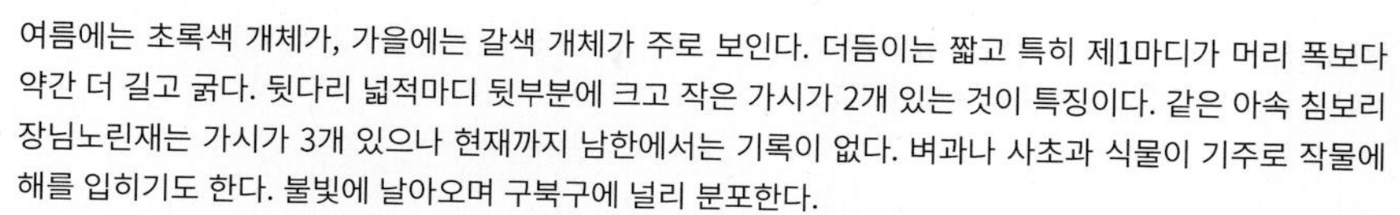

여름에는 초록색 개체가, 가을에는 갈색 개체가 주로 보인다. 더듬이는 짧고 특히 제1마디가 머리 폭보다 약간 더 길고 굵다. 뒷다리 넓적마디 뒷부분에 크고 작은 가시가 2개 있는 것이 특징이다. 같은 아속 침보리장님노린재는 가시가 3개 있으나 현재까지 남한에서는 기록이 없다. 벼과나 사초과 식물이 기주로 작물에 해를 입히기도 한다. 불빛에 날아오며 구북구에 널리 분포한다.

초록색형 7.10

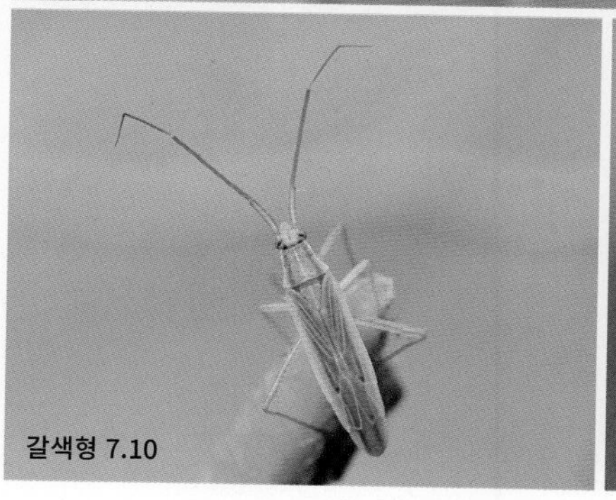

갈색형 7.10

보리장님노린재

***Stenodema* (*Stenodema*) *rubrinervis* Horváth, 1905**

국내 첫 기록 *Stenodema* (*Stenodema*) *rubrinerve* : Lee, 1971
크기 8~10mm | **출현 시기** 4~7월 | **분포** 경기, 강원, 충북, 충남, 경남, 전남

몸은 가늘고 길쭉하며 등면은 갈색이고 옆가장자리와 다리는 연두색이다. 더듬이 제1마디는 짧고 굵으며 제2마디가 가장 길다. 뒷다리 넓적마디에 가시가 없고 더듬이 제1, 2마디에 검은 털이 빽빽하다. 같은 아속 북쪽보리장님노린재(*S. sibirica*)는 옆가장자리와 다리가 황갈색이다. 벼과나 사초과 식물이 있는 경작지나 나대지에서 보인다. 일본과 중국에 분포한다.

성충 4.25

성충 6.18

더듬이

긴보리장님노린재(신칭)

***Stenodema* (*Stenodema*) *longula* L.Y. Zheng, 1981**

국내 첫 기록 미기록

크기 8~11mm | **출현 시기** 7~9월 | **분포** 경남, 전북

보리장님노린재에 비해 몸이 매우 길며 등면은 갈색이다. 더듬이 제1, 2마디 앞부분에 검은 털이 빽빽하다. 불빛에 날아오며 일본과 중국에 분포한다.

성충 7.7

성충 9.11

빨간촉각장님노린재

***Trigonotylus caelestialium* (Kirkaldy, 1902)**

국내 첫 기록 *Trigonotylus coelestialium* : Josifov & Kerzhner, 1972 (종소명 오기)
Trigonotylus ruficornis (오동정) : 권업모범장보고 제17호 1923; Maruta, 1929

크기 4~6mm | **출현 시기** 4~10월 | **분포** 전국

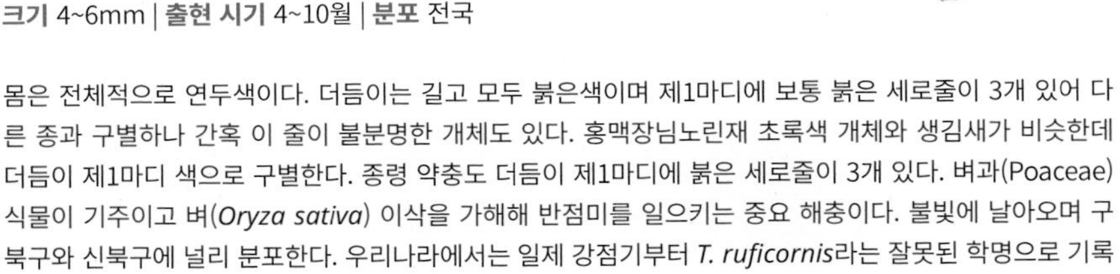

몸은 전체적으로 연두색이다. 더듬이는 길고 모두 붉은색이며 제1마디에 보통 붉은 세로줄이 3개 있어 다른 종과 구별하나 간혹 이 줄이 불분명한 개체도 있다. 홍맥장님노린재 초록색 개체와 생김새가 비슷한데 더듬이 제1마디 색으로 구별한다. 종령 약충도 더듬이 제1마디에 붉은 세로줄이 3개 있다. 벼과(Poaceae) 식물이 기주이고 벼(*Oryza sativa*) 이삭을 가해해 반점미를 일으키는 중요 해충이다. 불빛에 날아오며 구북구와 신북구에 널리 분포한다. 우리나라에서는 일제 강점기부터 *T. ruficornis*라는 잘못된 학명으로 기록되어 오다가 나중에 바로잡았다.

성충 7.31

성충 9.5

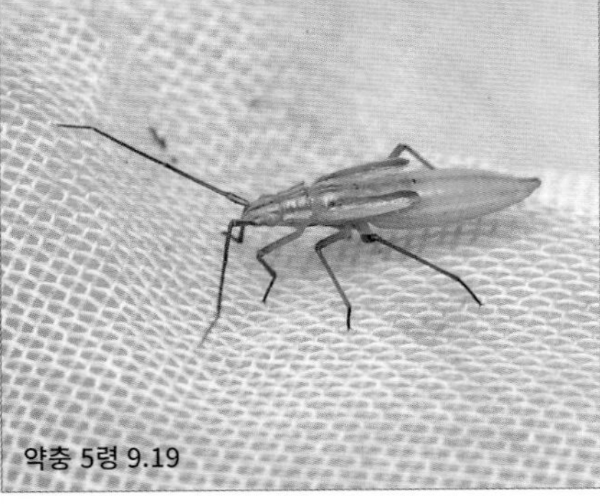

약충 5령 9.19

대나무장님노린재

***Erimiris tenuicornis* Miyamoto & Hasegawa, 1967**

국내 첫 기록 *Erimiris tenuicornis* : Lee & Kwon, 1991 (목록)
크기 5~7mm | **출현 시기** 7월 | **분포** 제주

몸은 길며 검은색이고, 앞가슴등판 뒷부분에 검은 무늬가 1쌍 있다. 앞날개는 반투명한 황갈색이며 가운데에 흰 흑갈색 세로줄이 있다. 다리는 황갈색에서 적갈색이고 넓적마디에는 검은 점이 흩어져 있다. 조릿대속(*Sasa*) 식물이 기주로 기록되었으며 불빛에도 날아온다. 우리나라에는 제주에만 기록이 있었으며 동북아시아에 분포한다.

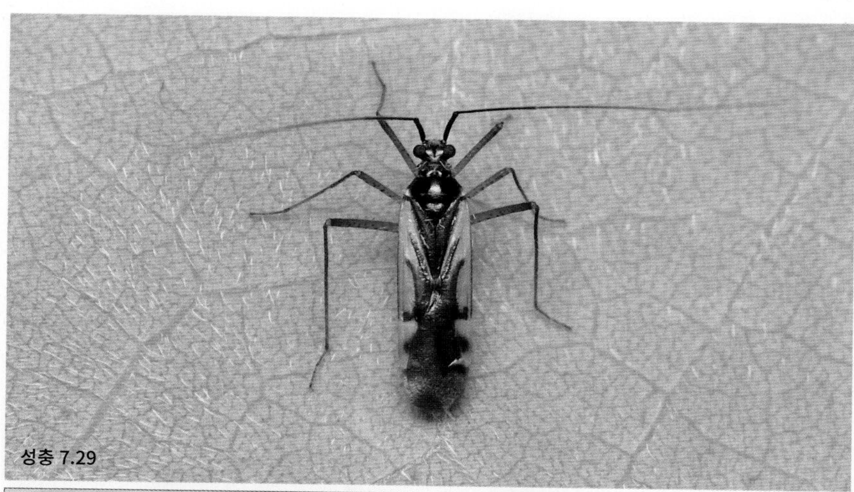

성충 7.29

성충 7.29

짤막장님노린재

Coridromius chinensis **G.Q. Liu & R.J. Zhao, 1999**

국내 첫 기록 *Coridromius chinensis* : Kim & Jung, 2016
크기 2.5mm 내외 | **출현 시기** 7~9월 | **분포** 제주

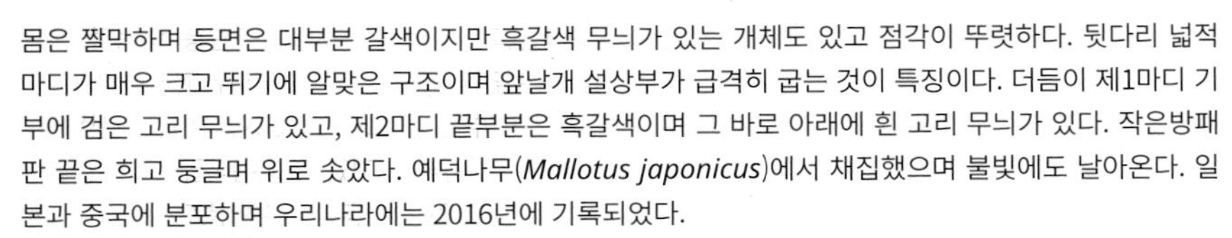

몸은 짤막하며 등면은 대부분 갈색이지만 흑갈색 무늬가 있는 개체도 있고 점각이 뚜렷하다. 뒷다리 넓적마디가 매우 크고 뛰기에 알맞은 구조이며 앞날개 설상부가 급격히 굽는 것이 특징이다. 더듬이 제1마디 기부에 검은 고리 무늬가 있고, 제2마디 끝부분은 흑갈색이며 그 바로 아래에 흰 고리 무늬가 있다. 작은방패판 끝은 희고 둥글며 위로 솟았다. 예덕나무(*Mallotus japonicus*)에서 채집했으며 불빛에도 날아온다. 일본과 중국에 분포하며 우리나라에는 2016년에 기록되었다.

성충 7.28

성충 7.29

큰검정뛰어장님노린재

Ectmetopterus micantulus **(Horváth, 1905)**

국내 첫 기록 *Halticus micantulus* : Lee, 1971
크기 2~3mm | **출현 시기** 7~10월 | **분포** 전국(제주 제외)

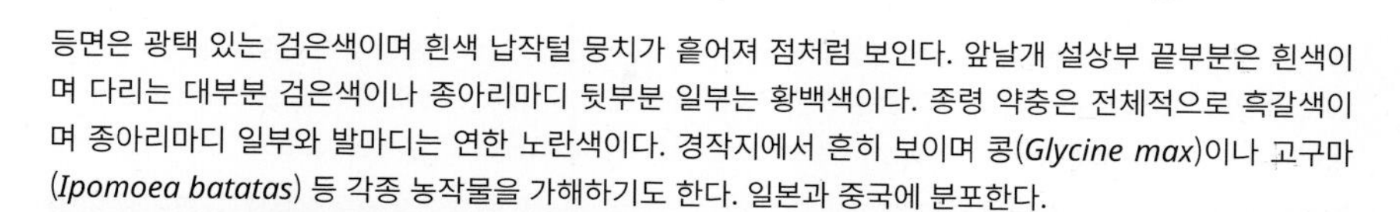

등면은 광택 있는 검은색이며 흰색 납작털 뭉치가 흩어져 점처럼 보인다. 앞날개 설상부 끝부분은 흰색이며 다리는 대부분 검은색이나 종아리마디 뒷부분 일부는 황백색이다. 종령 약충은 전체적으로 흑갈색이며 종아리마디 일부와 발마디는 연한 노란색이다. 경작지에서 흔히 보이며 콩(*Glycine max*)이나 고구마(*Ipomoea batatas*) 등 각종 농작물을 가해하기도 한다. 일본과 중국에 분포한다.

성충 8.13

성충(털이 빠진 개체) 7.4

성충 7.25

약충 7.14

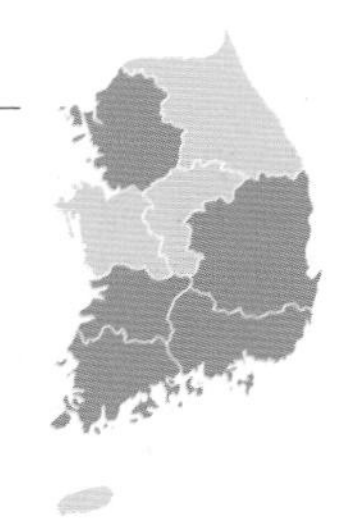

깡충장님노린재

***Ectmetopterus comitans* (Josifov & Kerzhner, 1972)**

국내 첫 기록 *Ectmetopterus comitans* Josifov & Kerzhner, 1972
크기 2~3mm | **출현 시기** 4~11월 | **분포** 경기, 경북, 경남, 전북, 전남

등면은 갈색에서 검은색이며 앞날개 설상부 끝은 밝은 노란색이다. 더듬이가 몸보다 길다. 다리는 황갈색에서 주황색이고 뒷다리 넓적마디 아랫면에 검은 점이 2개 있다. 러시아 극동과 중국에 분포하며 최근에 깡충장님노린재속에서 큰검정뛰어장님노린재속으로 옮겨졌다(Tatarnic & Cassis, 2012).

성충 7.8

성충 7.14

애깡충장님노린재

Ectmetopterus bicoloratus **(Kulik, 1965)**

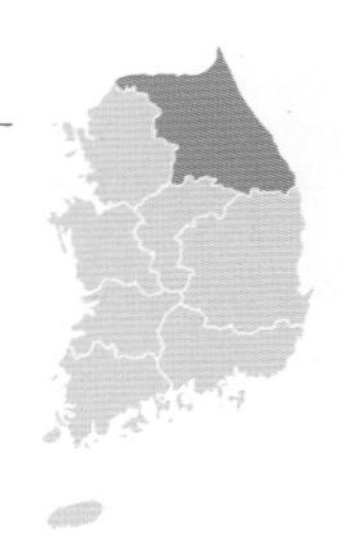

국내 첫 기록 *Halticus bicoloratus* : Kwon *et al*., 2001
크기 2~3mm | **출현 시기** 9월 | **분포** 강원

깡충장님노린재와 생김새가 비슷하지만 머리와 앞가슴등판은 노란색 또는 주황색이고 뒷다리 넓적마디 윗면에 검은 점이 있다. 앞날개 기부에는 잘 빠지는 황백색 납작털이 있으며 앞날개와 작은방패판은 주황색에서 흑갈색까지 변이가 있다. 벼과(Poaceae) 식물이 기주로 알려졌다. 러시아 극동과 일본에 분포하며 최근에 깡충장님노린재속에서 큰검정뛰어장님노린재속으로 옮겨졌다(Tatarnic & Cassis, 2012).

성충 9.11

성충 9.11

암수다른장님노린재

Orthocephalus funestus **Jakovlev, 1881**

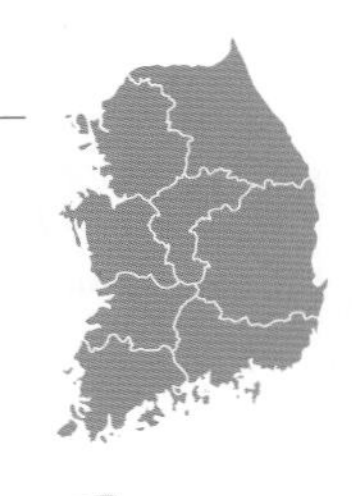

국내 첫 기록 *Orthocephalus funestus* : Doi, 1938
크기 4~7mm | **출현 시기** 4~6월 | **분포** 전국(제주 제외)

등면은 광택 있는 검은색이고, 가는 흑갈색 털과 비늘 모양인 은색 납작털이 흩어져 있는데 누운털은 잘 빠진다. 암수 체형이 뚜렷하게 다르며 수컷은 장시형만 있고 암컷은 장시형과 단시형이 있다. 수컷 장시형은 몸이 길고 평행하며 다리가 적갈색이다. 암컷은 대부분 다리가 검으며 장시형은 옆가장자리가 둥근 타원형이고 단시형은 막질부가 없는 달걀 모양이다. 약충은 몸이 검고 다리는 주황색 또는 검은색이다. 기주는 쑥(*Artemisia princeps*)이며 불빛에도 날아온다. 동북아시아와 몽골에 분포한다.

수컷 5.20
암컷 장시형 4.30
암컷 단시형 5.14
약충 4.30

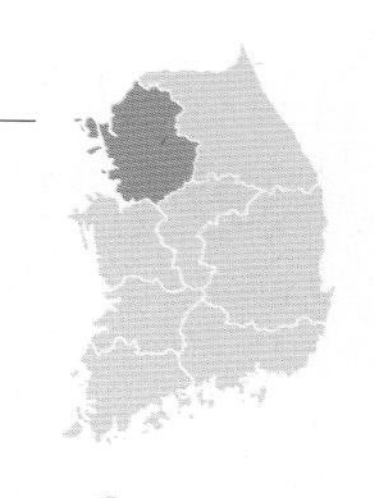

둥글깡충장님노린재

***Strongylocoris leucocephalus* (Linnaeus, 1758)**

국내 첫 기록 *Strongylocoris leucocephalus* : Jung *et al*., 2017
크기 4~5mm | **출현 시기** 6월 | **분포** 경기

몸은 둥글고 등면은 광택 있는 검은색이며 짧은 털로 덮였다. 머리가 넓고 짧으며 뒷가장자리가 앞가슴등판에 붙어 있다. 앞가슴등판은 넓고 그 뒷가장자리가 약간 아래쪽으로 기울었으며 볼록하다. 다리는 노란색에서 적갈색이며 머리와 더듬이 제1마디가 노란색인 개체도 있다. 구북구 전체에 폭넓게 분포하며 초롱꽃속(*Campanula*)과 선갈퀴속(*Asperula*) 식물이 기주로 기록되었다.

성충 6.4

성충 6.4

북한들장님노린재

***Bagionocoris alienae* Josifov, 1992**

국내 첫 기록 *Bagionocoris alienae* Josifov, 1992
크기 3mm 내외 | **출현 시기** 5월 | **분포** 경기

등면은 광택 있는 검은색이고 비늘 모양 납작털이 있다. 머리는 노란색이거나 주황색이고 폭보다 길이가 훨씬 짧으며 앞으로 굽었다. 눈은 앞가슴등판 앞가장자리와 거의 닿아 있다. 더듬이 제1마디는 끝부분을 제외하고 황갈색이며 제2마디 기부와 끝, 제3, 4마디는 검으며 제2마디 중간은 황갈색 또는 검은색이다. 앞날개 설상부 이하가 급격하게 굽어서 거의 수직이다. 다리는 대부분 황갈색이고 무릎은 검으며 종아리마디 기부에 검은 고리 무늬가 있다. 참나무속(*Quercus*) 식물이 기주로 기록되었다. 북한에서 채집한 개체가 기준 표본으로 고유종이며 남한에서는 처음 확인했다.

성충 5.31

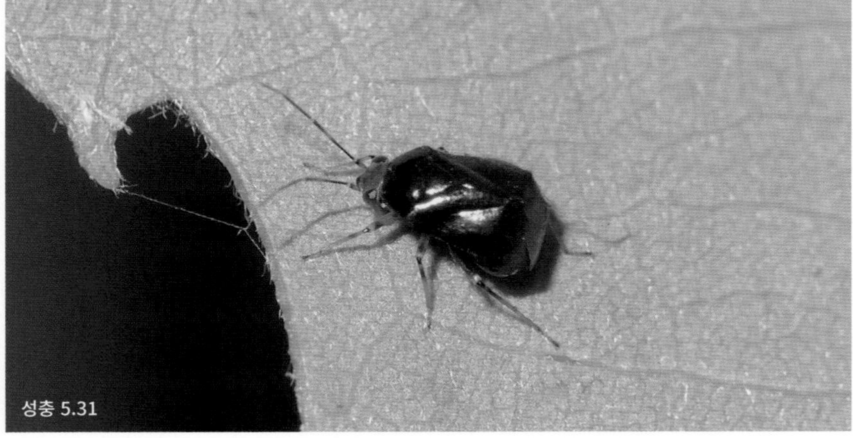

성충 5.31

검정들장님노린재(신칭)

***Heterocordylus* (*Heterocordylus*) *alutacerus* Kulik, 1965**

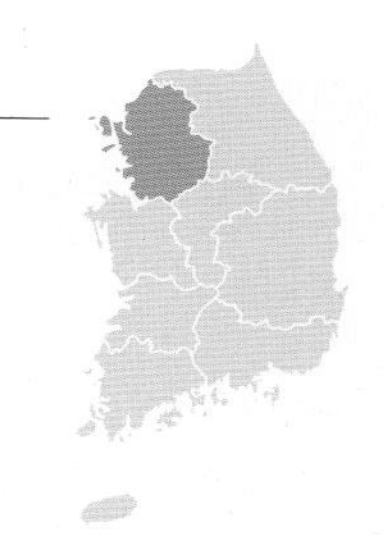

국내 첫 기록 미기록

크기 4~5mm | **출현 시기** 5~6월 | **분포** 경기

몸 전체가 검은색이지만 암컷은 간혹 더듬이 제2마디 기부가 황갈색도 있다. 앞날개에 있는 검은색 가는 털은 매우 짧고 누웠으며 흰색 누운털은 빠지기 쉽다. 얼핏 보면 암수다른장님노린재 암컷 장시형과 비슷하지만 앞가슴등판이 다소 길고 중간에 층이 져서 앞부분과 뒷부분으로 나뉘며, 앞날개 양옆가장자리가 거의 평행하고 머리가 앞으로 좀 더 뾰족하게 튀어나온 점이 다르다. 사과나무속(*Malus*), 배나무속(*Pyrus*) 식물이 기주로 알려졌다. 러시아 극동에 분포한다.

성충 6.13

느릅장님노린재

***Blepharidopterus ulmicola* Kerzhner, 1977**

국내 첫 기록 *Blepharidopterus ulmicola* : Josifov, 1992
크기 3~4mm | **출현 시기** 6~8월 | **분포** 강원, 경남

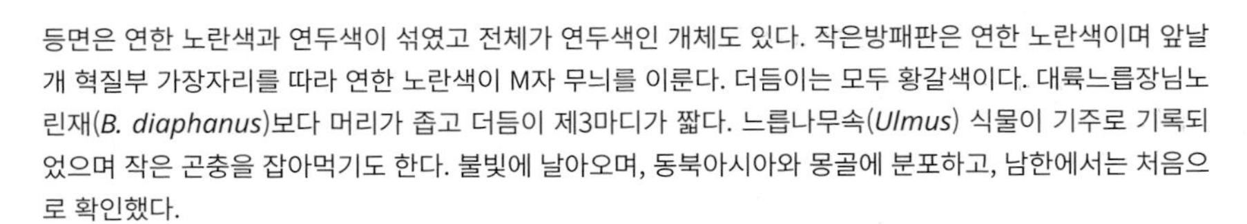

등면은 연한 노란색과 연두색이 섞였고 전체가 연두색인 개체도 있다. 작은방패판은 연한 노란색이며 앞날개 혁질부 가장자리를 따라 연한 노란색이 M자 무늬를 이룬다. 더듬이는 모두 황갈색이다. 대륙느릅장님노린재(*B. diaphanus*)보다 머리가 좁고 더듬이 제3마디가 짧다. 느릅나무속(*Ulmus*) 식물이 기주로 기록되었으며 작은 곤충을 잡아먹기도 한다. 불빛에 날아오며, 동북아시아와 몽골에 분포하고, 남한에서는 처음으로 확인했다.

성충 7.9

성충 6.11

성충 6.11

연초록들장님노린재(신칭)

***Zanchius tarasovi* Kerzhner, 1988**

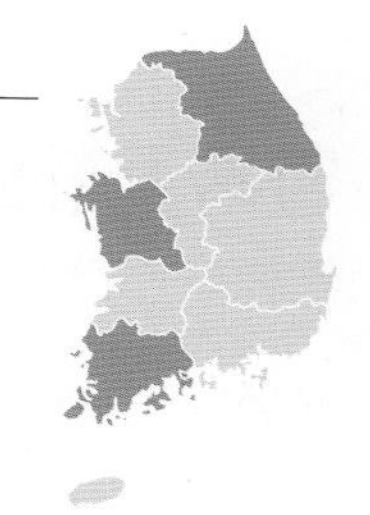

국내 첫 기록 미기록

크기 4~5mm | **출현 시기** 7~8월 | **분포** 강원, 충남, 전남

등면은 연두색이며 작은방패판은 흰색에 가깝다. 앞날개는 넓고 둥글며 혁질부 안쪽에 연한 연둣빛 무늬가 있다. 더듬이는 매우 길고 붉은빛이 돌며 작은방패판과 앞날개에 붉은 무늬가 있는 개체도 있다. 가래나무속(*Juglans*), 참나무속(*Quercus*) 등 다양한 활엽수가 기주로 기록되었고 작은 곤충을 잡아먹기도 하며 불빛에도 날아온다. 동북아시아 및 대만에 분포한다.

성충 8.16

약충 7.9

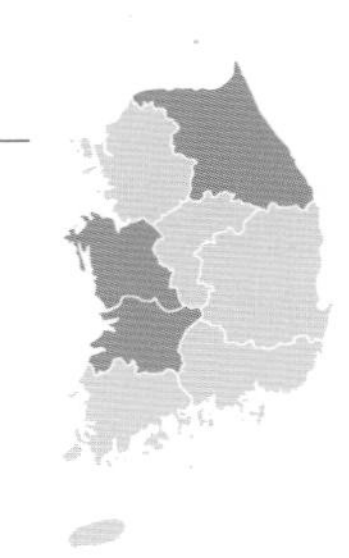

얼룩들장님노린재

***Malacocorisella endoi* Yasunaga, 1999**

국내 첫 기록 *Malacocorisella endoi* : Jung *et al*., 2017
크기 3mm 내외 | **출현 시기** 8~9월 | **분포** 강원, 충남, 전북

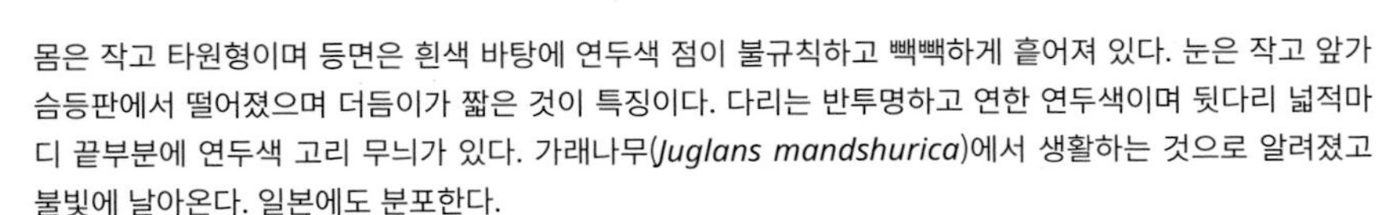

몸은 작고 타원형이며 등면은 흰색 바탕에 연두색 점이 불규칙하고 빽빽하게 흩어져 있다. 눈은 작고 앞가슴등판에서 떨어졌으며 더듬이가 짧은 것이 특징이다. 다리는 반투명하고 연한 연두색이며 뒷다리 넓적마디 끝부분에 연두색 고리 무늬가 있다. 가래나무(*Juglans mandshurica*)에서 생활하는 것으로 알려졌고 불빛에 날아온다. 일본에도 분포한다.

성충 9.3

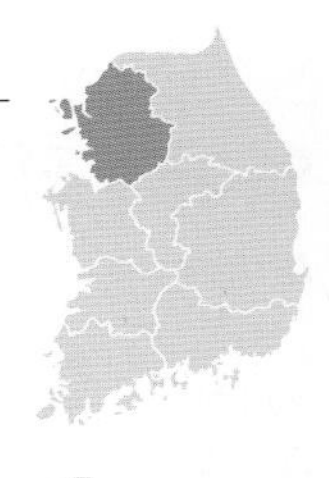

다리흑선들장님노린재(신칭)

***Ulmica baicalica* (Kulik, 1965)**

국내 첫 기록 미기록

크기 4~5mm | **출현 시기** 9월 | **분포** 경기

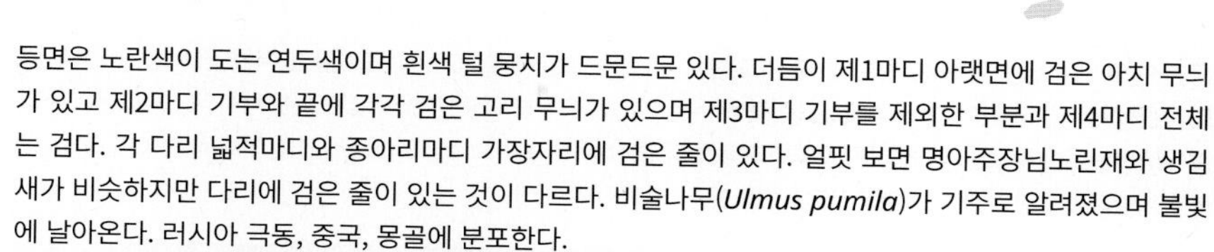

등면은 노란색이 도는 연두색이며 흰색 털 뭉치가 드문드문 있다. 더듬이 제1마디 아랫면에 검은 아치 무늬가 있고 제2마디 기부와 끝에 각각 검은 고리 무늬가 있으며 제3마디 기부를 제외한 부분과 제4마디 전체는 검다. 각 다리 넓적마디와 종아리마디 가장자리에 검은 줄이 있다. 얼핏 보면 명아주장님노린재와 생김새가 비슷하지만 다리에 검은 줄이 있는 것이 다르다. 비술나무(*Ulmus pumila*)가 기주로 알려졌으며 불빛에 날아온다. 러시아 극동, 중국, 몽골에 분포한다.

성충 9.2

성충 9.2

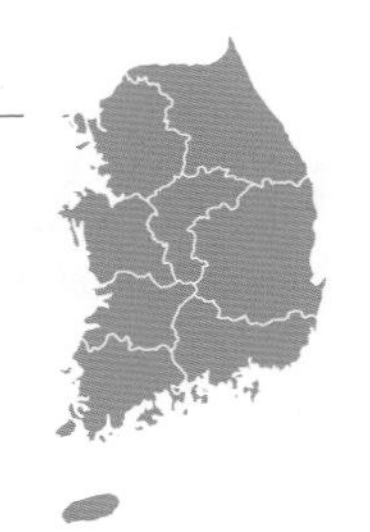

명아주장님노린재

***Orthotylus* (*Melanotrichus*) *flavosparsus* (C.R. Sahlberg, 1841)**

국내 첫 기록 *Orthotylus flavosparsus* : Lee, 1971
크기 3~4mm | **출현 시기** 5~10월 | **분포** 전국

등면은 연두색 또는 초록색 바탕에 가늘고 검은 털로 덮였고 은빛 납작털 뭉치가 흩어져 점처럼 보인다. 앞날개 막질부 방 안쪽에 연두색 또는 회녹색 무늬가 있거나 방 전체가 연두색 또는 회녹색이다. 명아주과(Chenopodicaceae) 식물을 먹으며 특히 사탕무(*Beta vulgaris* var. *altissima*)를 가해하는 해충으로 구북구, 신북구에 널리 분포한다. 불빛에 날아오며 비교적 흔하다.

성충 7.10

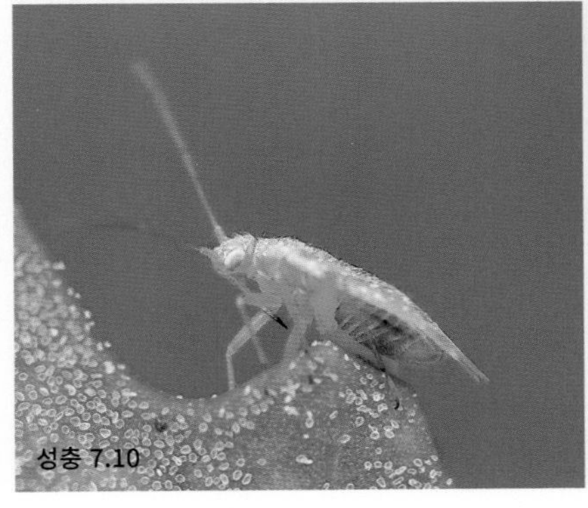

성충 7.10

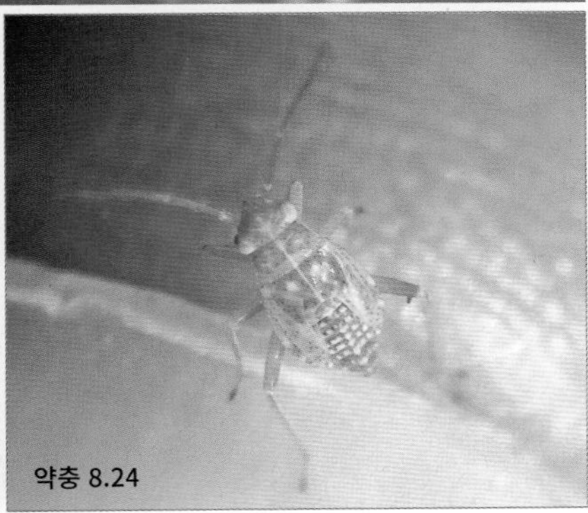

약충 8.24

산들장님노린재

***Orthotylus* (*Melanotrichus*) *parvulus* Reuter, 1879**

국내 첫 기록 *Orthotylus* (*Melanotrichus*) *namphoensis* : Josifov, 1976
크기 3mm 내외 | **출현 시기** 8~10월 | **분포** 경기, 전북

명아주장님노린재와 생김새가 비슷하지만 은빛 납작털이 뭉치를 이루지 않고 고르게 흩어져 있으며 가는 털은 검은색이 아니고 갈색이다. 앞날개 막질부는 노란빛이 섞인 연두색이다. 명아주장님노린재보다 작고 명아주과(Chenopodicaceae) 식물 중 해안에 사는 칠면초(*Suaeda japonica*), 해홍나물(*Suaeda maritima*), 퉁퉁마디(*Salicornia europaea*) 등에서 보인다. 러시아, 일본, 중국, 몽골, 카자흐스탄, 우크라이나, 불가리아, 이탈리아 등에 분포한다.

성충 8.31

성충 8.31

약충 8.31

큰노란테들장님노린재

***Orthotylus* (*Orthotylus*) *interpositus* Schmidt, 1983**

국내 첫 기록 *Orthotylus interpositus* : Jung *et al*., 2017
크기 5~6mm | **출현 시기** 6월 | **분포** 강원

등면은 연두색에서 초록색이고, 앞날개 혁질부 옆가장자리가 노랗다. 머리는 연둣빛이 도는 노란색이며 막질부 날개맥은 노란빛이 강한 연두색이고 다리도 연두색이다. 더듬이는 대부분 황갈색이며 제1마디는 흑갈색, 제2마디는 갈색이 많다. 비슷한 종이 많기 때문에 생김새로 동정이 어려우나 크기가 상대적으로 크다. 버드나무속(*Salix*) 식물이 기주로 기록되었으며 구북구에 널리 분포한다.

성충 6.30

성충 6.30

산버들장님노린재

***Orthotylus* (*Orthotylus*) *pallens* (Matsumura, 1911)**

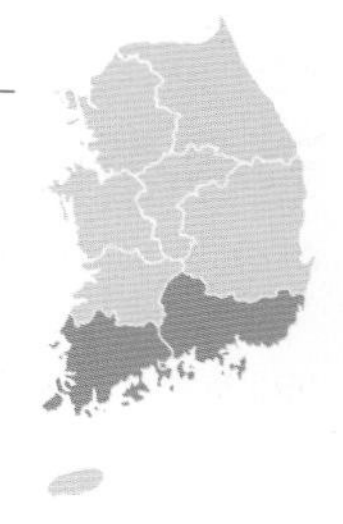

국내 첫 기록 *Orthotylus* (*Orthotylus*) *pallens* : Kwon *et al*., 2009
크기 5~6mm | **출현 시기** 5~6월 | **분포** 경남, 전남

등면은 세로 중앙선을 중심으로 양쪽에 넓고 검은 세로줄이 있고, 앞가슴등판과 작은방패판, 앞날개 옆가장자리는 노란빛이 도는 연두색이다. 대개 암컷이 수컷보다 검은 면적이 좁아서 머리 전체와 앞가슴등판 앞부분, 앞날개 설상부 전체까지 연한 연두색인 개체도 있다. 버드나무속(*Salix*) 식물에서 생활하며 진딧물(aphid), 잎벌레(leaf beetle) 유충 등 작은 곤충을 잡아먹고 불빛에도 날아온다. 러시아 극동과 일본에 분포한다.

성충 5.23

성충 6.11

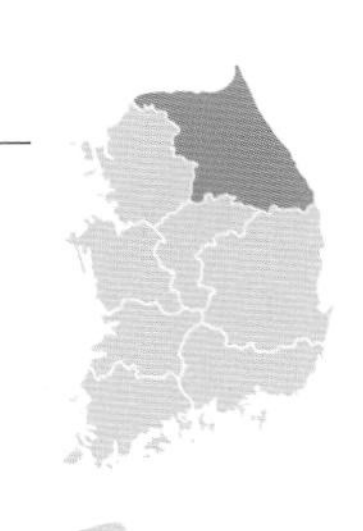

검은줄들장님노린재(신칭)

***Orthotylus* (*Pseudorthotylus*) *bilineatus* (Fallén, 1807)**

국내 첫 기록 미기록
크기 4~5mm | **출현 시기** 6월 | **분포** 강원

등면은 전체적으로 연두색 또는 황갈색이고 작은방패판 가운데에 흑갈색 삼각형 또는 세로줄이 있다. 앞날개 조상부 안쪽 및 봉합선, 앞가슴등판 앞과 옆 모퉁이가 흑갈색인 개체도 많다. 더듬이는 흑갈색이고 앞날개 설상부와 다리는 대부분 연한 연두색 또는 연둣빛을 띤 황갈색이다. 버드나무과(Salicaceae) 사시나무속(*Populus*), 버드나무속(*Salix*) 식물에서 생활하는 것으로 알려졌으며 불빛에도 날아온다. 구북구에 널리 분포한다.

성충 6.29

등줄맵시장님노린재

***Dryophilocoris* (*Dryophilocoris*) *kerzhneri* Jung & Yasunaga, 2010**

국내 첫 기록 *Dryophilocoris kerzhneri* Jung & Yasunaga, 2010
크기 5mm 내외 | **출현 시기** 4~5월 | **분포** 경기, 충북, 경북, 경남, 전남

몸은 가늘고 길며, 머리와 더듬이가 짧고, 겹눈이 앞가슴등판과 거의 붙어 있다. 앞가슴등판 전체에 털이 있고 광택이 없으며 노란 세로줄이 3개 있는 점에서 다른 종과 구별된다. 작은방패판은 기부를 제외하고 노란색이며 앞날개 옆가장자리에 있는 노란 줄 폭이 다른 종에 비해 넓다. 2010년 우리나라에서 신종으로 기록된 고유종이다(Jung *et al.*, 2010).

수컷 5.5

암컷 4.27

갈참장님노린재

***Cyllecoris vicarius* Kerzhner, 1988**

국내 첫 기록 *Cyllecoris vicarius* : Josifov, 1992
크기 6~7mm | **출현 시기** 4~6월 | **분포** 경기, 강원, 충남, 전북

몸은 길고 광택이 있다. 더듬이 제1마디는 붉은빛이 돌고 제2마디는 전체적으로 검으며, 더듬이 제1마디는 머리 폭보다 훨씬 길다. 앞가슴등판은 광택 있는 검은색 바탕에 뒷가장자리를 따라 황백색 띠가 있으며 앞깃(collar)은 대부분 황갈색이다. 앞가슴등판은 앞부분(전엽, anterior lobe)과 뒷부분(후엽, posterior lobe)으로 뚜렷하게 구분된다. 겹눈은 앞가슴등판에서 떨어져 있고 정수리가 매끈하다. 극동갈참장님노린재(*C. opacicollis*)와 생김새가 비슷하지만 앞가슴등판에 광택이 없고 앞가슴등판 앞깃이 검으며 더듬이 제2마디 기부에 붉은빛이 도는 점이 다르다. 종령 약충은 대부분 흰색이고 다리는 연한 노란색이며 뒷다리 종아리마디만 흑갈색이다. 참나무속(*Quercus*) 식물이 기주로 기록되었으며 불빛에 날아온다. 러시아 극동 및 일본에 분포한다.

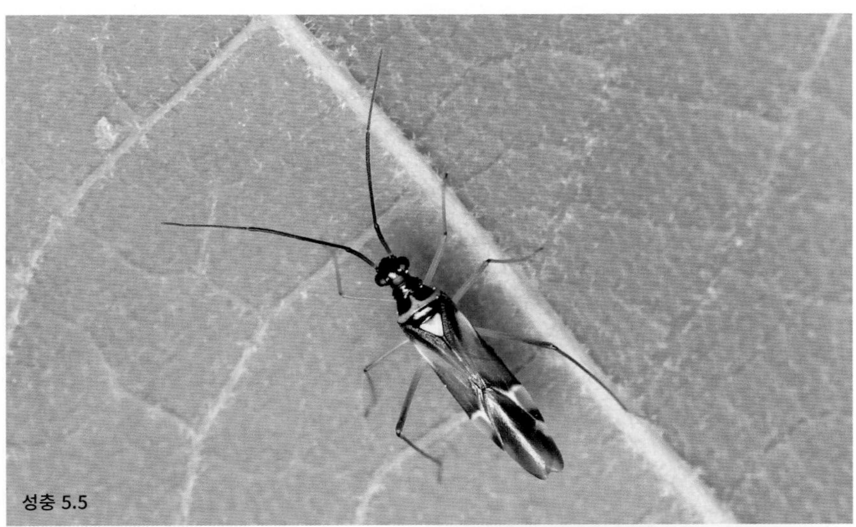

성충 5.5

성충 5.5

약충 4.30

검은빛갈참장님노린재

Cyllecoris nakanishii **Miyamoto, 1969**

국내 첫 기록 *Cyllecoris nakanishii* : Kim & Jung, 2016
크기 5~7mm | **출현 시기** 5~6월 | **분포** 강원

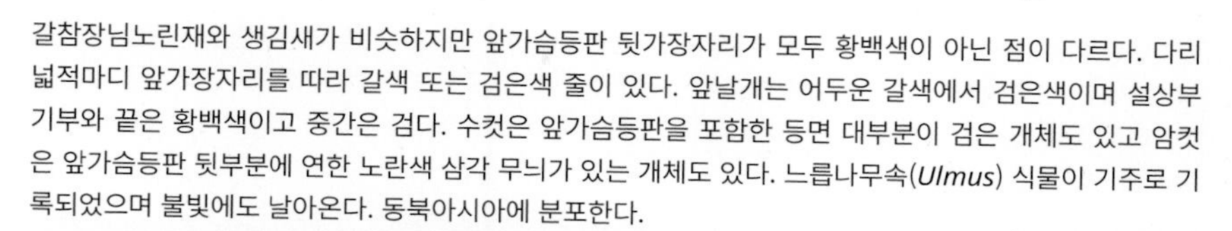

갈참장님노린재와 생김새가 비슷하지만 앞가슴등판 뒷가장자리가 모두 황백색이 아닌 점이 다르다. 다리 넓적마디 앞가장자리를 따라 갈색 또는 검은색 줄이 있다. 앞날개는 어두운 갈색에서 검은색이며 설상부 기부와 끝은 황백색이고 중간은 검다. 수컷은 앞가슴등판을 포함한 등면 대부분이 검은 개체도 있고 암컷은 앞가슴등판 뒷부분에 연한 노란색 삼각 무늬가 있는 개체도 있다. 느릅나무속(*Ulmus*) 식물이 기주로 기록되었으며 불빛에도 날아온다. 동북아시아에 분포한다.

성충 6.11

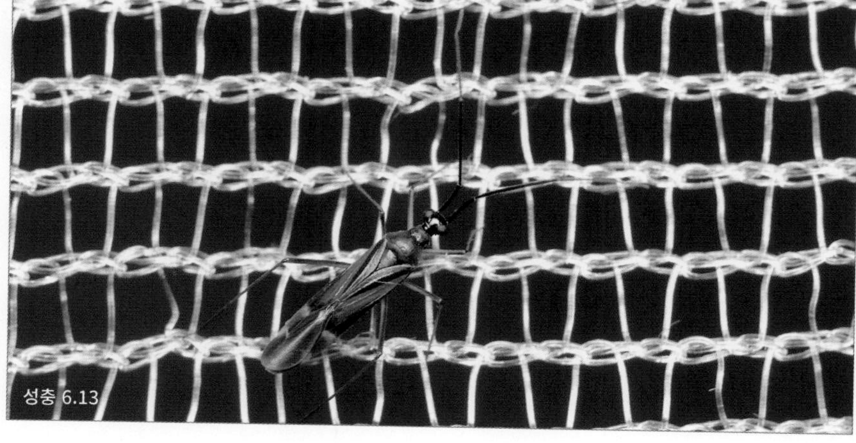

성충 6.13

새맵시장님노린재

***Dryophilocoris* (*Dryophilocoris*) *kanyukovae* Josifov & Kerzhner, 1984**

국내 첫 기록 *Dryophilocoris* (*Dryophilocoris*) *kanyukovae* Josifov & Kerzhner, 1984
크기 5~7mm | **출현 시기** 5~6월 | **분포** 경기, 강원, 충북, 경남, 전북

앞가슴등판은 전체적으로 노란색 또는 주황색이고 기부에 털이 없다. 그러나 앞가슴등판 색상 변이가 심해서 앞부분만 검은 개체도 있고 뒷부분 중앙 세로줄만 주황색이고 나머지는 검은 개체도 있다. 앞날개 옆가장자리를 따라 있는 노란색 줄 폭은 개체에 따라 변이가 있다. 더듬이 제1마디와 다리는 노란색이다. 러시아 극동 지역에 분포한다.

성충 5.4

성충 5.4

성충 5.4

검정맵시장님노린재(신칭)

Dryophilocoris saigusai **Miyamoto, 1966**

국내 첫 기록 *Dryophilocoris saigusai* : Jung *et al*., 2010
크기 5~6mm | **출현 시기** 4~6월 | **분포** 경기, 경남, 전남

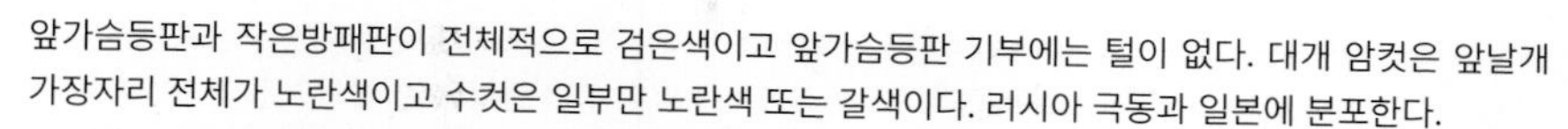

앞가슴등판과 작은방패판이 전체적으로 검은색이고 앞가슴등판 기부에는 털이 없다. 대개 암컷은 앞날개 가장자리 전체가 노란색이고 수컷은 일부만 노란색 또는 갈색이다. 러시아 극동과 일본에 분포한다.

수컷 5.14

암컷 6.8

약충 4.28

맵시장님노린재

***Dryophilocoris* (*Dryophilocoris*) *jenjouristi* Josifov & Kerzhner, 1984**

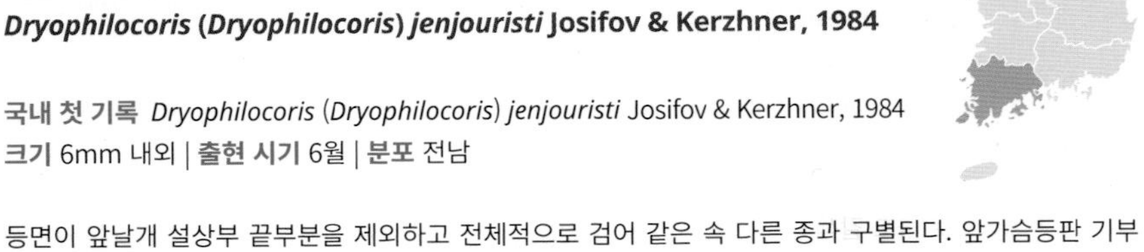

국내 첫 기록 *Dryophilocoris* (*Dryophilocoris*) *jenjouristi* Josifov & Kerzhner, 1984
크기 6mm 내외 | **출현 시기** 6월 | **분포** 전남

등면이 앞날개 설상부 끝부분을 제외하고 전체적으로 검어 같은 속 다른 종과 구별된다. 앞가슴등판 기부에 털이 없고 더듬이는 검으며 각 다리 넓적마디 가장자리에 검은 줄이 있다. 북한에서 채집한 개체가 기준표본이고 러시아 극동에 분포한다. 남한에서는 처음으로 확인했다.

성충 6.13

홍색들장님노린재

***Pseudoloxops miyatakei* Miyamoto, 1969**

국내 첫 기록 *Pseudoloxops miyatakei* : Kim & Jung, 2016
크기 3~4mm | **출현 시기** 7~10월 | **분포** 강원, 전북, 전남

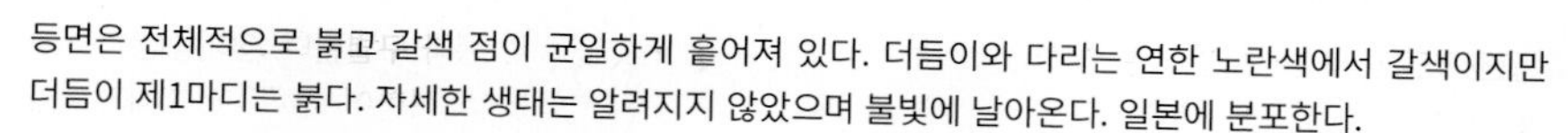

등면은 전체적으로 붉고 갈색 점이 균일하게 흩어져 있다. 더듬이와 다리는 연한 노란색에서 갈색이지만 더듬이 제1마디는 붉다. 자세한 생태는 알려지지 않았으며 불빛에 날아온다. 일본에 분포한다.

성충 10.10

성충 10.10

다리홍점들장님노린재

Pseudoloxops miyamotoi **Yasunaga, 1997**

국내 첫 기록 *Pseudoloxops miyamotoi* : Kim & Jung, 2016
크기 3mm 내외 | **출현 시기** 7~8월 | **분포** 경기, 강원, 경북, 경남, 전남

등면은 연한 살구색 바탕에 양쪽 가장자리는 붉은색이나 경계가 뚜렷하지 않다. 앞가슴등판 중간과 작은 방패판을 제외한 나머지 부분에는 갈색 점이 흩어져 있다. 더듬이 제1마디는 매우 짧고 붉으며 제2, 3마디는 황갈색이다. 다리는 연한 살구색이지만 뒷다리 넓적마디 끝부분에는 주홍색 무늬가 있다. 상수리나무(*Quercus acutissima*)에서 보이고 불빛에 날아온다. 일본에 분포하며 IUCN 적색목록 준위협(NT, Near Threatened) 종이다.

성충 8.6

성충 8.6

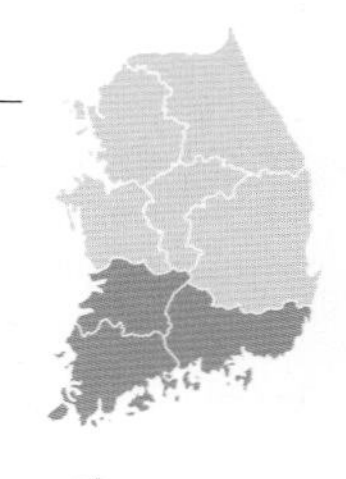

홍테들장님노린재(신칭)

***Pseudoloxops imperatorius* (Distant, 1909)**

국내 첫 기록 미기록

크기 3mm 내외 | **출현 시기** 6~9월 | **분포** 경남, 전북, 전남

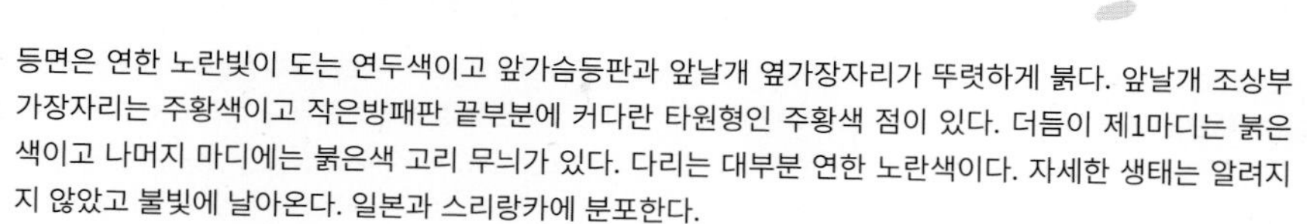

등면은 연한 노란빛이 도는 연두색이고 앞가슴등판과 앞날개 옆가장자리가 뚜렷하게 붉다. 앞날개 조상부 가장자리는 주황색이고 작은방패판 끝부분에 커다란 타원형인 주황색 점이 있다. 더듬이 제1마디는 붉은색이고 나머지 마디에는 붉은색 고리 무늬가 있다. 다리는 대부분 연한 노란색이다. 자세한 생태는 알려지지 않았고 불빛에 날아온다. 일본과 스리랑카에 분포한다.

성충 9.3

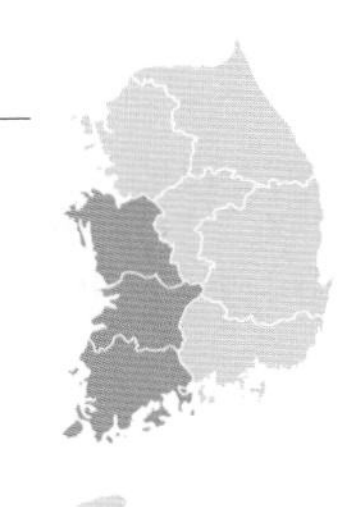

등검은황록장님노린재

***Cyrtorhinus lividipennis* Reuter, 1885**

국내 첫 기록 *Cyrtorhinus lividipennis* : Lee, 1971
크기 3mm 내외 | **출현 시기** 9~11월 | **분포** 충남, 전북, 전남

앞날개는 균일하게 연두색인 것이 특징이다. 앞가슴등판 뒤쪽은 대개 검은색이나 개체에 따라 다르다. 작은방패판은 연한 황록색 바탕에 검은 세로줄이 있다. 중국장님노린재와 비슷하지만 앞날개 색깔로 구별한다. 같은 속 풀색장님노린재(*C. caricis*)는 앞날개 봉합선을 따라 검은 줄이 있는 것이 특징이나 기록만 있을 뿐 표본을 확인하지 못했다. 멸구(leafhopper) 알을 먹는 것으로 알려졌으며 불빛에 날아온다. 일본, 중국, 대만 등에 분포한다.

성충 10.23

중국장님노린재

***Tytthus chinensis* (Stål, 1860)**

국내 첫 기록 *Tytthus chinensis* : Miyamoto & Lee, 1966
Tytthus koreanus : Josifov & Kerzhner, 1972
크기 2~3mm | **출현 시기** 7~8월 | **분포** 강원, 충남, 경북

머리, 더듬이, 앞가슴등판, 작은방패판은 검고 날개와 다리는 연한 황갈색이다. 더듬이 제1마디 시작과 끝부분에 좁은 황백색 고리 무늬가 있다. 앞가슴등판은 균일하게 검거나 앞혹(calli) 주변 또는 앞부분 1/3만 연둣빛이 도는 노란색이다. 정수리 흰 점이 작고 희미한 것이 특징이다. 수컷은 더듬이 제2마디 아랫면이 누운털로 덮였고 곧게 선 짧은 털은 일렬로 있다. 다리 마디 관절은 검다. 앞날개가 반투명한 노란색 또는 황백색인 점으로 들장님노린재아과 등검은황록장님노린재와 구별한다. 벼멸구(leafhopper) 등의 알을 먹는다는 기록이 있으며 불빛에 날아온다. 남북한을 포함한 동북아시아, 대만과 동양구에 분포한다.

성충 7.31

성충 7.31

산꼬마장님노린재

***Acrorrhinium inexspectatum* (Josifov, 1978)**

국내 첫 기록 *Cinnamus inexpectatus* Josifov, 1978
크기 4~6mm | **출현 시기** 7~9월 | **분포** 경기, 강원, 경북

등면은 대부분 어두운 갈색이고 앞날개 혁질부에 검은 무늬가 사선으로 있다. 머리 앞쪽에 있는 뾰족한 돌기는 약간 휘었고 더듬이는 굵고 길다. 앞가슴등판 앞깃이 평평해 머리가 앞으로 튀어나온 것이 특징이다. 다양한 활엽수가 기주로 기록되었고 진달래속(*Rhododendron*) 식물에서 다른 노린재(stink bug) 알을 먹는 것을 발견했다. 불빛에 날아온다. 북한 채집 개체가 기준 표본이며 동북아시아에 분포한다.

성충 8.7

성충 8.7

알 포식 8.17

노랑무늬꼬마장님노린재

***Hallodapus centrimaculatus* (Poppius, 1914)**

국내 첫 기록 *Hallodapus fenestratus* : Miyamoto & Lee, 1966
크기 2mm 내외 | **출현 시기** 6~11월 | **분포** 충북, 전남

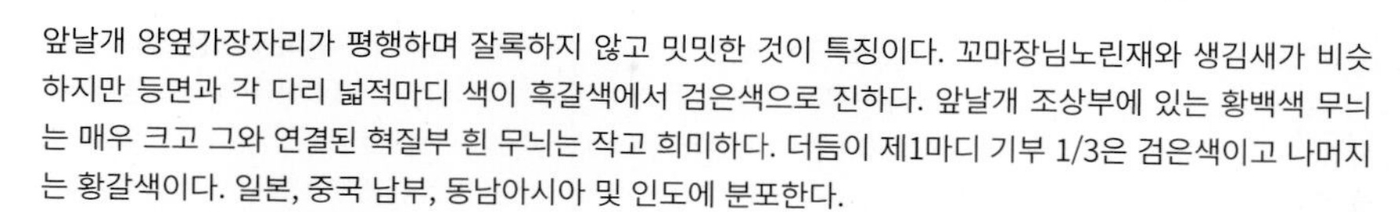

앞날개 양옆가장자리가 평행하며 잘록하지 않고 밋밋한 것이 특징이다. 꼬마장님노린재와 생김새가 비슷하지만 등면과 각 다리 넓적마디 색이 흑갈색에서 검은색으로 진하다. 앞날개 조상부에 있는 황백색 무늬는 매우 크고 그와 연결된 혁질부 흰 무늬는 작고 희미하다. 더듬이 제1마디 기부 1/3은 검은색이고 나머지는 황갈색이다. 일본, 중국 남부, 동남아시아 및 인도에 분포한다.

성충 6.3

성충 6.3

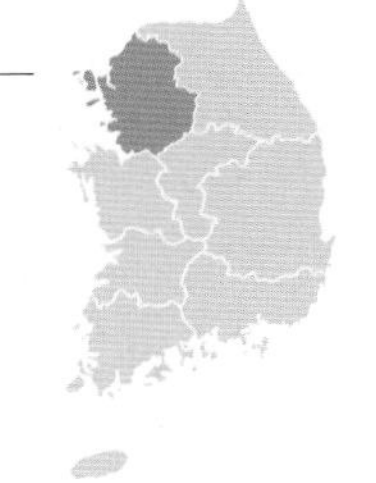

꼬마장님노린재

***Hallodapus linnavuorii* Miyamoto, 1966**

국내 첫 기록 *Hallodapus linnavuorii* : Lee & Kwon, 1991
크기 2~3mm | **출현 시기** 6~8월 | **분포** 경기

앞날개는 흑갈색이고 머리와 앞가슴등판은 연한 갈색 또는 적갈색이다. 더듬이 및 다리는 주황색이고 앞날개 앞부분 흰 무늬가 붙어서 가로띠를 이룬다. 설상부 바로 위에도 흰 무늬가 있으며 더듬이 제1마디 아랫면에는 흰 세로줄이 있다. 뒷다리 넓적마디 안쪽과 앞날개 혁질부 가장자리를 긁어서 소리를 낸다. 풀밭 식물 뿌리 주변에서 생활하는 것으로 알려졌으며 장시형은 불빛에 잘 날아온다. 러시아 극동 및 일본에 분포한다.

성충 8.14

대륙꼬마장님노린재

Hallodapus pumilus **Horváth, 1901**

국내 첫 기록 *Hallodapus pumilus* : Lee *et al.*, 1994
크기 2~4mm | **출현 시기** 5~8월 | **분포** 경기, 충북

꼬마장님노린재와 생김새가 비슷하지만 앞날개 조상부 흰 무늬가 매우 좁고 중간에 끊어지며 더듬이 제1마디는 대부분 연한 황백색인 것으로 구별한다. 앞가슴등판과 작은방패판은 어두운 갈색이며 다리는 적갈색이다. 풀밭 식물 뿌리 주변에서 생활하는 것으로 알려졌으며 장시형은 불빛에 잘 날아온다. 러시아 동부와 몽골에 분포한다.

성충 5.12

암컷 8.26

개미사돈장님노린재

Systellonotus malaisei **Lindberg, 1934**

국내 첫 기록 *Systellonotus malaisei* : Josifov, 1992
크기 3~5mm | **출현 시기** 5~6월 | **분포** 강원, 충북, 충남

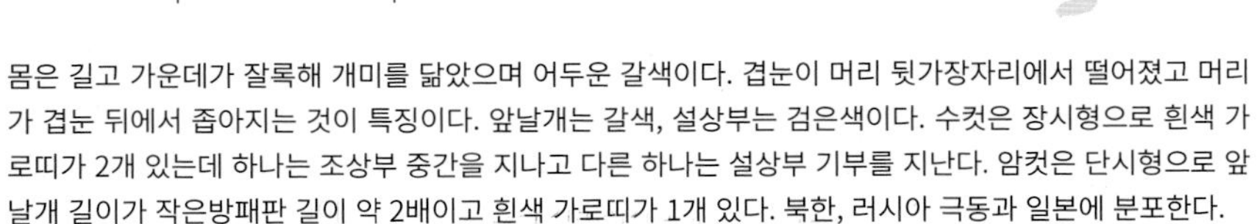
몸은 길고 가운데가 잘록해 개미를 닮았으며 어두운 갈색이다. 겹눈이 머리 뒷가장자리에서 떨어졌고 머리가 겹눈 뒤에서 좁아지는 것이 특징이다. 앞날개는 갈색, 설상부는 검은색이다. 수컷은 장시형으로 흰색 가로띠가 2개 있는데 하나는 조상부 중간을 지나고 다른 하나는 설상부 기부를 지난다. 암컷은 단시형으로 앞날개 길이가 작은방패판 길이 약 2배이고 흰색 가로띠가 1개 있다. 북한, 러시아 극동과 일본에 분포한다.

수컷 6.6

암컷 6.6

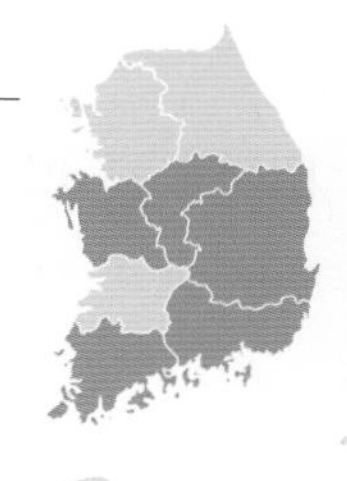

검정표주박장님노린재

***Pilophorus typicus* (Distant, 1909)**

국내 첫 기록 *Pilophorus typicus obscuripes* : Lee, 1971
크기 2~3mm | **출현 시기** 6~11월 | **분포** 충북, 충남, 경북, 경남, 전남

몸은 작고 길쭉하며 광택 있는 검은색으로 개미와 매우 닮았다. 앞가슴등판은 볼록하고 앞뒤 폭이 거의 같다. 설상부 기부에 흰 털 뭉치가 없으며 앞다리 넓적마디는 황갈색이다. 여러 가지 식물, 특히 진딧물(aphid)이 있는 국화과(Asteraceae) 식물에서 개미와 함께 자주 보이며 진딧물(aphid), 가루이(white fly), 총채벌레(mulberry thrips), 응애(mite) 등 다양한 농업 해충을 잡아먹는다. 국내 표주박장님노린재 중에서 가장 흔하며 일본, 중국, 대만 및 동양구에 분포한다.

성충 10.9

성충 10.9

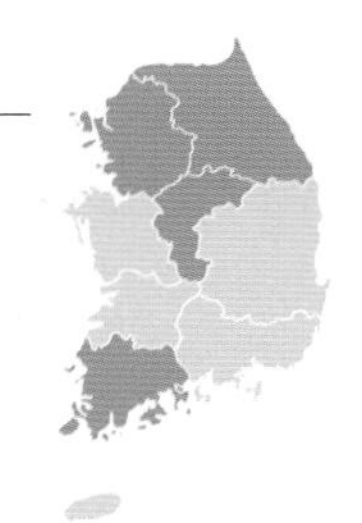

대륙표주박장님노린재

***Pilophorus clavatus* (Linnaeus, 1767)**

국내 첫 기록 *Pilophorus clavatus* : Kwon *et al*., 2001
크기 3~5mm | **출현 시기** 6~8월 | **분포** 경기, 강원, 충북, 전남

앞날개 조상부 가로띠가 혁질부 가로띠보다 앞쪽에 위치해 서로 연결되지 않아 높낮이가 다르다. 설상부 기부 안쪽에 흰 털 뭉치로 이루어진 띠가 있으며 각 다리 밑마디는 연한 노란색이다. 앞날개는 대부분 광택이 없는 갈색이지만 뒤쪽 가로띠 뒷부분 바깥쪽은 광택 있는 검은색이며 조상부 안쪽은 약간 거무스름하다. 다양한 식물에서 생활하며 불빛에 날아온다. 전북구에 널리 분포한다.

성충 8.23

성충 7.10

성충 8.23

털표주박장님노린재

Pilophorus setulosus **Horváth, 1905**

국내 첫 기록 *Pilophorus setulosus* : Lee & Kwon, 1991
크기 4~6mm | **출현 시기** 6~7월 | **분포** 경기

앞날개 뒤쪽 가로띠가 중간에 끊어지지 않고 거의 일직선이며 조상부 안쪽이 거무스름하다. 각 다리 밑마디는 대부분 흰색이고 앞다리 밑마디 끝부분만 붉다. 앞날개는 광택 없는 갈색이지만 마지막 가로띠 뒷부분 바깥쪽은 광택 있는 검은색이다. 버드나무(*Salix koreensis*)가 기주로 알려졌다. 동북아시아에 분포하며 남한에서는 처음으로 확인했다.

성충 6.21

성충 6.21

포식 6.21

오리표주박장님노린재

Pilophorus lucidus **Linnavuori, 1962**

국내 첫 기록 *Pilophorus lucidus* : Josifov, 1992
크기 3mm 내외 | **출현 시기** 5~8월 | **분포** 경기, 전남

앞날개 뒤쪽 가로띠가 혁질부 중간에서 끊어지며 이 가로띠를 중심으로 앞부분은 광택이 없는 갈색이고 뒷부분은 광택 있는 검은색이다. 설상부 기부에는 털 뭉치가 없으며 앞가슴등판 뒤쪽 양옆은 잘린 모양이다. 참나무속(*Quercus*) 식물이 기주로 기록되었으며 불빛에 날아온다. 남북한을 포함한 동북아시아에 분포한다.

성충 5.31

성충 5.31

솔표주박장님노린재

***Pilophorus miyamotoi* Linnavuori, 1961**

국내 첫 기록 *Pilophorus miyamotoi* : Kwon *et al*., 2001
크기 4~5mm | **출현 시기** 7~9월 | **분포** 강원, 경남, 제주

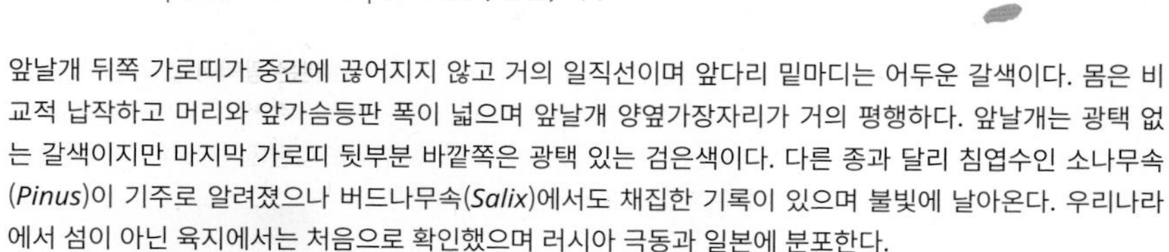

앞날개 뒤쪽 가로띠가 중간에 끊어지지 않고 거의 일직선이며 앞다리 밑마디는 어두운 갈색이다. 몸은 비교적 납작하고 머리와 앞가슴등판 폭이 넓으며 앞날개 양옆가장자리가 거의 평행하다. 앞날개는 광택 없는 갈색이지만 마지막 가로띠 뒷부분 바깥쪽은 광택 있는 검은색이다. 다른 종과 달리 침엽수인 소나무속(*Pinus*)이 기주로 알려졌으나 버드나무속(*Salix*)에서도 채집한 기록이 있으며 불빛에 날아온다. 우리나라에서 섬이 아닌 육지에서는 처음으로 확인했으며 러시아 극동과 일본에 분포한다.

성충 8.8

성충 8.8

붉은다리표주박장님노린재(신칭)

Pherolepis kiritshenkoi **(Kerzhner, 1970)**

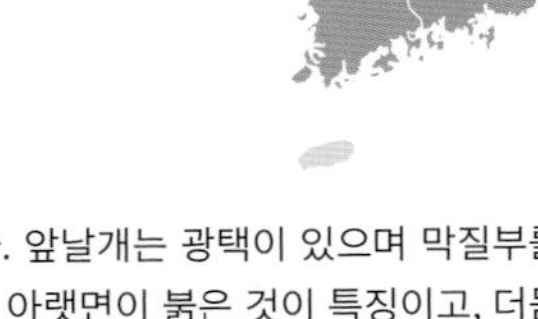

국내 첫 기록 *Pherolepis kiritshenkoi* : Duwal *et al*., 2014
크기 3~4mm | **출현 시기** 6~8월 | **분포** 경기, 경남, 전남

표주박장님노린재 중에서 몸이 잘록하지 않고 앞날개도 약간 볼록하다. 앞날개는 광택이 있으며 막질부를 제외한 나머지에 납작털이 있다. 다리와 더듬이 제1마디 전체, 제2마디 아랫면이 붉은 것이 특징이고, 더듬이 제2마디는 줄 모양이다. 앞가슴등판에는 부드러운 털이 골고루 흩어져 있고 작은방패판에도 털이 골고루 흩어져 있다. 버드나무속(*Salix*) 식물이 기주로 기록되었으며 불빛에 날아온다. 동북아시아에 분포한다.

성충 6.10

성충 6.10

사방장님노린재

***Atractotomus morio* J. Sahlberg, 1883**

국내 첫 기록 *Atractotomus morio* : Kerzhner, 1988 (목록)
Atractotomus morio : Josifov, 1992

크기 3~4mm | **출현 시기** 6월 | **분포** 강원, 경남

등면은 광택 있는 검은색이고 전체적으로 누운털이 있다. 더듬이 제1, 2마디는 검은색, 제3, 4마디는 황갈색이며 제2마디는 긴 방망이 모양이고 제3, 4마디는 짧다. 뒷다리 넓적마디 끝부분 위쪽에 흩어진 가시줄이 있다. 가문비나무속(*Picea*) 식물에서 생활하는 것으로 알려졌으며 불빛에도 날아온다. 핀란드에서 우리나라에 이르는 구북구 북부에 널리 분포한다. 우리나라에서는 중북부 기록만 있었으나 남부 산지에서도 확인했다.

성충 6.13

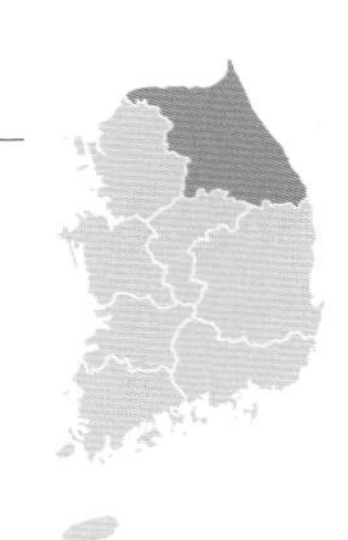

흰무늬검빛장님노린재(신칭)

***Sejanus jugulandis* Yasunaga, 2001**

국내 첫 기록 미기록
크기 3mm 내외 | **출현 시기** 8월 | **분포** 강원

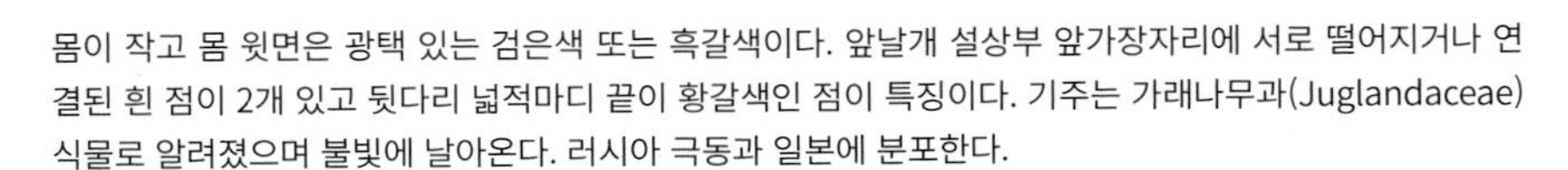

몸이 작고 몸 윗면은 광택 있는 검은색 또는 흑갈색이다. 앞날개 설상부 앞가장자리에 서로 떨어지거나 연결된 흰 점이 2개 있고 뒷다리 넓적마디 끝이 황갈색인 점이 특징이다. 기주는 가래나무과(Juglandaceae) 식물로 알려졌으며 불빛에 날아온다. 러시아 극동과 일본에 분포한다.

성충 8.1

민무늬검빛장님노린재(신칭)

Sejanus vivaricolus **Yasunaga & Ishikawa, 2013**

국내 첫 기록 미기록
크기 2mm 내외 | **출현 시기** 9월 | **분포** 전남

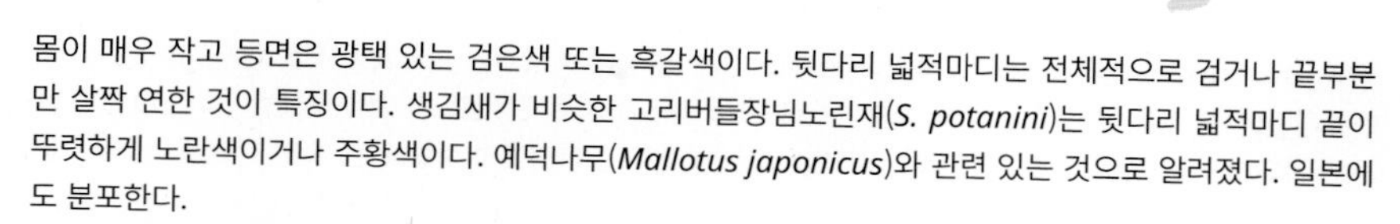

몸이 매우 작고 등면은 광택 있는 검은색 또는 흑갈색이다. 뒷다리 넓적마디는 전체적으로 검거나 끝부분만 살짝 연한 것이 특징이다. 생김새가 비슷한 고리버들장님노린재(*S. potanini*)는 뒷다리 넓적마디 끝이 뚜렷하게 노란색이거나 주황색이다. 예덕나무(*Mallotus japonicus*)와 관련 있는 것으로 알려졌다. 일본에도 분포한다.

성충 9.5

사촌애장님노린재

***Chlamydatus* (*Euattus*) *pullus* (Reuter, 1870)**

국내 첫 기록 *Chlamydatus* (*Euattus*) *pullus* : Josifov & Kerzhner, 1972
크기 2mm 내외 | **출현 시기** 8월 | **분포** 강원

몸이 작고 등면은 전체적으로 검은색이며 가늘고 검은 털과 비늘 모양인 금색 납작털로 덮여 있다. 암컷은 아장시형(배를 겨우 덮는)과 단시형인 개체가 많이 보인다. 큰사촌애장님노린재와 생김새가 비슷하지만 크기가 작고 머리 뒷가장자리가 검으며 종아리마디 검은 점이 종아리마디 폭보다 큰 것이 다르다. 산지에 살며 다양한 식물을 기주로 삼는다. 전북구에 폭넓게 분포하며 남한에서는 처음으로 확인했다.

성충 8.15

성충 8.15

둥근버들애장님노린재(신칭)

***Monosynamma bohemanni* (Fallén, 1829)**

국내 첫 기록 *Monosynamma bohemanni* : Duwal & Lee, 2011
크기 3~4mm | **출현 시기** 5~6월 | **분포** 강원, 전남

몸은 타원형이고 등면은 갈색에서 검은색으로 개체에 따라 변이가 심하고 무늬도 다양하다. 우리나라에서 주로 발견되는 개체는 전체적으로 검고 가운데가슴등판 양쪽 끝에 갈색 점이 있으며 앞가슴등판, 작은방패판, 앞날개 등에 연한 무늬가 있다. 버드나무속(*Salix*) 식물이 기주로 기록되었다. 전북구에 널리 분포한다.

성충 5.23

성충 6.30

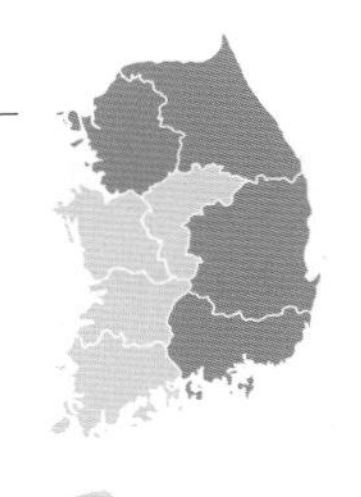

동해애장님노린재

***Kasumiphylus kyushuensis* (Linnavuori, 1961)**

국내 첫 기록 *Psallus kyushuensis* : Josifov & Kerzhner, 1972
크기 3mm 내외 | **출현 시기** 6~9월 | **분포** 경기, 강원, 경북, 경남

앞가슴등판은 어두운 갈색이라 밝은 갈색인 앞날개와 대비된다. 등면은 갈색 털과 은색 털로 덮여 있으며 은색 납작털은 잘 빠진다. 다리와 더듬이는 모두 밝은 갈색이나 뒷다리 넓적마디는 진한 갈색이다. 소나무속(*Pinus*) 식물이 기주로 기록되었고 불빛에 날아온다. 러시아 극동에 일본에 분포한다.

수컷 8.3

암컷 9.19

짙은동해애장님노린재(신칭)

Kasumiphylus ryukyuensis **(Yasunaga, 1999)**

국내 첫 기록 미기록

크기 3mm 내외 | **출현 시기** 8월 | **분포** 강원, 경남

동해애장님노린재와 생김새가 비슷하지만 앞날개 색이 매우 짙어서 앞가슴등판과 크게 대비되지 않는다. 소나무속(*Pinus*) 식물이 기주로 기록되었으며 불빛에 날아온다. 일본에도 분포한다. 동해애장님노린재속(*Kasumiphylus*)은 2004년에 생긴 속으로 전 세계에 2종이 있으며 우리나라에서는 동해장님노린재 1종이 기록되었으며, 이 종은 미기록종으로 확인되었다.

성충 8.16

주근깨장님노린재(신칭)

***Atractotomoidea castanea* Yasunaga, 1999**

국내 첫 기록 *Atractotomoidea castanea* : Duwal & Lee, 2011
크기 2mm 내외 | **출현 시기** 6~7월 | **분포** 경기, 제주

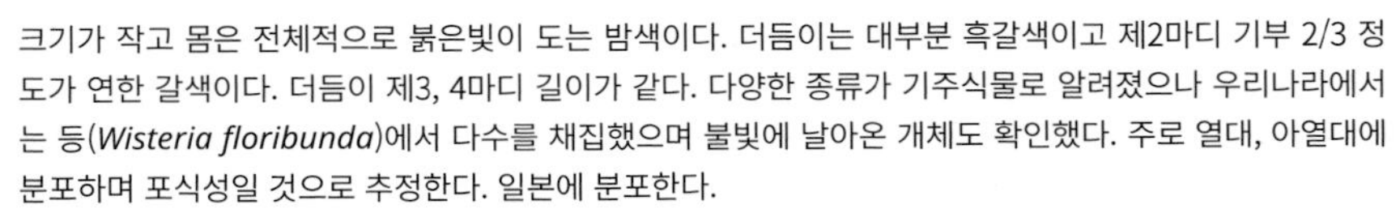

크기가 작고 몸은 전체적으로 붉은빛이 도는 밤색이다. 더듬이는 대부분 흑갈색이고 제2마디 기부 2/3 정도가 연한 갈색이다. 더듬이 제3, 4마디 길이가 같다. 다양한 종류가 기주식물로 알려졌으나 우리나라에서는 등(*Wisteria floribunda*)에서 다수를 채집했으며 불빛에 날아온 개체도 확인했다. 주로 열대, 아열대에 분포하며 포식성일 것으로 추정한다. 일본에 분포한다.

성충 7.28

성충 7.28

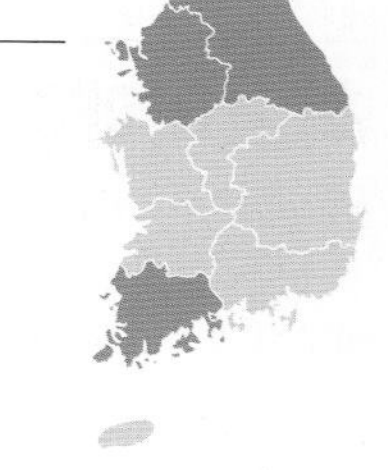

참나무장님노린재

***Rubrocuneocoris quercicola* Josifov, 1987**

국내 첫 기록 *Rubrocuneocoris quercicola* Josifov, 1987
크기 2~3mm | **출현 시기** 6~8월 | **분포** 경기, 강원, 전남

등면은 전체적으로 황갈색이며 황갈색 털로 덮였다. 앞날개 설상부 끝과 혁질부 끝에 붉은 점이 있으며 막질부 날개맥 바깥 부분이 붉다. 다리와 더듬이는 황갈색 또는 연한 노란색이고 뒷다리 넓적마디 아랫면에 붉은 점이 있다. 참나무속(*Quercus*) 식물에서 생활하는 것으로 알려졌으며 불빛에 날아온다. 북한에서 채집한 개체가 기준 표본이며 러시아 극동에 분포한다.

성충 8.1

최고려애장님노린재

***Harpocera choii* Josifov, 1977**

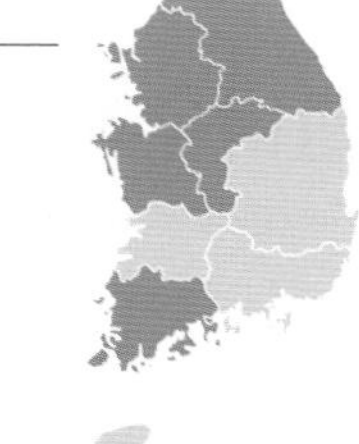

국내 첫 기록 *Harpocera choii* Josifov, 1977
크기 5~6mm | **출현 시기** 4~5월 | **분포** 경기, 강원, 충북, 충남, 전남

고려애장님노린재, 다리털애장님노린재에 비해 몸이 크고 암수이형이다. 수컷은 황갈색에서 검은색이고 더듬이 제1마디는 짧고 끝부분이 굵다. 암컷은 수컷보다 몸이 넓고 황갈색에서 붉은색이며 더듬이 제1마디가 다른 마디보다 굵고 제2마디는 제3마디보다 길다. 머리방패, 이마, 앞가슴등판 앞과 옆가장자리가 노랗고 작은방패판 끝에 뚜렷한 노란색 점이 있는 것이 특징이다. 참나무속(*Quercus*) 식물에서 생활하는 것으로 알려졌으며 불빛에도 날아온다. 북한에서 채집한 개체가 기준 표본이며 러시아 극동에 분포한다.

수컷 5.4

암컷 5.17

고려애장님노린재

***Harpocera koreana* Josifov, 1977**

국내 첫 기록 *Harpocera koreana* Josifov, 1977
크기 5mm 내외 | **출현 시기** 4~5월 | **분포** 전국(제주 제외)

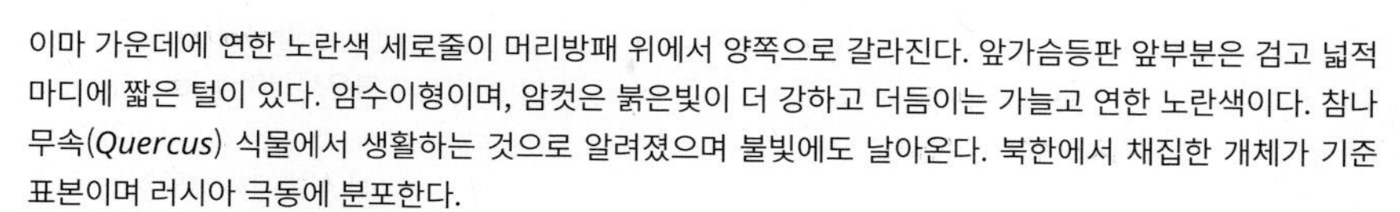

이마 가운데에 연한 노란색 세로줄이 머리방패 위에서 양쪽으로 갈라진다. 앞가슴등판 앞부분은 검고 넓적마디에 짧은 털이 있다. 암수이형이며, 암컷은 붉은빛이 더 강하고 더듬이는 가늘고 연한 노란색이다. 참나무속(*Quercus*) 식물에서 생활하는 것으로 알려졌으며 불빛에도 날아온다. 북한에서 채집한 개체가 기준표본이며 러시아 극동에 분포한다.

수컷 4.23

암컷 5.4

수컷 4.23

다리털애장님노린재

***Harpocera josifovi* Kim & Jung, 2016**

국내 첫 기록 *Harpocera josifovi* Kim & Jung, 2016
크기 5mm 내외 | **출현 시기** 5월 | **분포** 강원, 경남

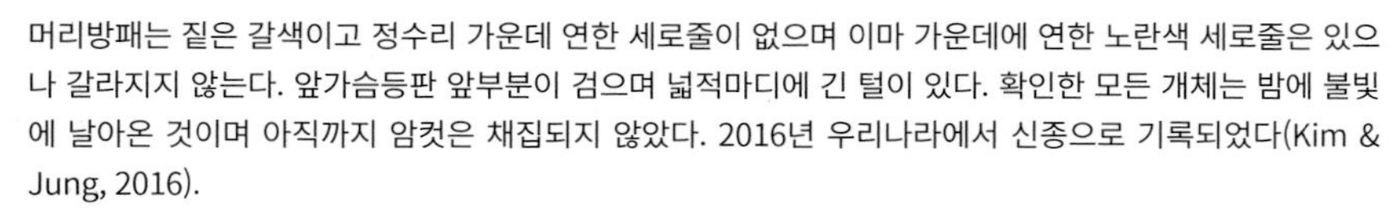

머리방패는 짙은 갈색이고 정수리 가운데 연한 세로줄이 없으며 이마 가운데에 연한 노란색 세로줄은 있으나 갈라지지 않는다. 앞가슴등판 앞부분이 검으며 넓적마디에 긴 털이 있다. 확인한 모든 개체는 밤에 불빛에 날아온 것이며 아직까지 암컷은 채집되지 않았다. 2016년 우리나라에서 신종으로 기록되었다(Kim & Jung, 2016).

성충 5.14

성충 5.14

음나무유리장님노린재(신칭)

***Moissonia kalopani* Duwal & Lee, 2011**

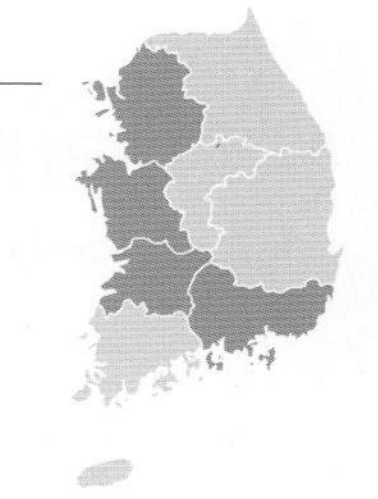

국내 첫 기록 *Moissonia kalopani* Duwal & Lee, 2011
크기 3mm 내외 | **출현 시기** 7~9월 | **분포** 경기, 충남, 경남, 전북

몸은 작고 연두색이며 등면은 연한 노란색이고 앞가슴등판에는 검은 점이 성기게 흩어져 있다. 앞날개는 반투명하거나 투명하고, 다리는 대부분 황백색이며 넓적마디 끝부분은 갈색 빛이 돈다. 우리나라에서 기록된 개체는 모두 음나무(*Kalopanax septemlobus*)에서 채집했으며 불빛에 날아온다. 2011년 우리나라에서 신종으로 기록되었다(Duwal & Lee, 2011).

성충 9.23

성충 9.23

동쪽다리장님노린재

Europiellomorpha lividellus **(Kerzhner, 1979)**

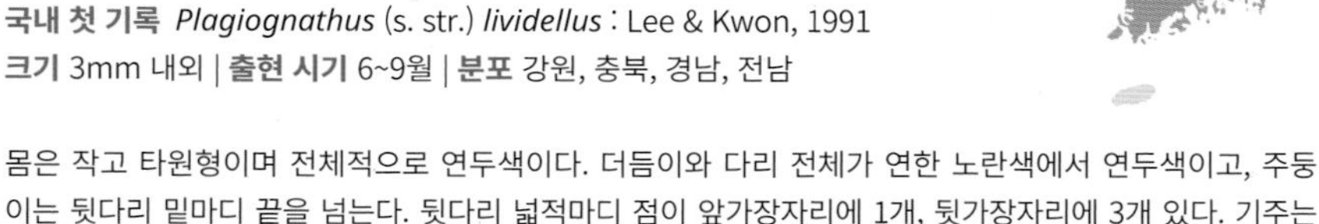

국내 첫 기록 *Plagiognathus* (s. str.) *lividellus* : Lee & Kwon, 1991
크기 3mm 내외 | **출현 시기** 6~9월 | **분포** 강원, 충북, 경남, 전남

몸은 작고 타원형이며 전체적으로 연두색이다. 더듬이와 다리 전체가 연한 노란색에서 연두색이고, 주둥이는 뒷다리 밑마디 끝을 넘는다. 뒷다리 넓적마디 점이 앞가장자리에 1개, 뒷가장자리에 3개 있다. 기주는 쑥(*Artemisia princeps*)으로 알려졌으며 불빛에 날아온다. 동북아시아에 분포한다. 동쪽장님노린재속(*Europiellomorpha*)은 2014년 밝은다리장님노린재속에서 분리되었으며 동쪽다리장님노린재 1종만 있다.

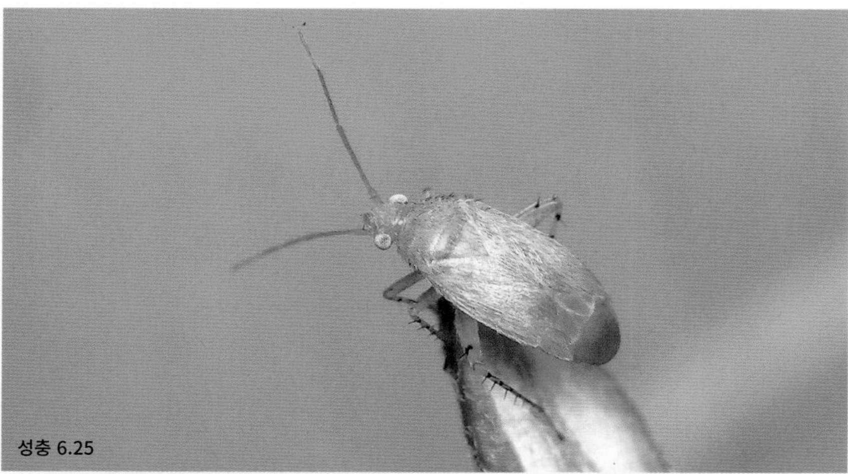

성충 6.25

성충 6.25

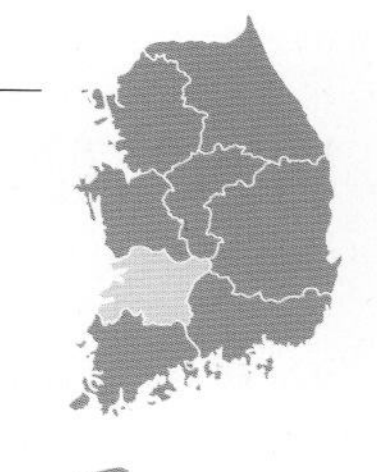

밝은다리장님노린재

***Europiella artemisiae* (Becker, 1864)**

국내 첫 기록 *Plagiognathus* (*Poliopterus*) *albipennis* : Josifov & Kerzhner, 1972 (오동정)
Europiella artemisiae : Duwal *et al*., 2014

크기 2~3mm | **출현 시기** 5~11월 | **분포** 경기, 강원, 충북, 충남, 경북, 경남, 전남, 제주

몸은 작고 황갈색, 갈색, 흑갈색 등 색깔이 다양하며 등면이 어두운 개체도 겹눈 안쪽 가장자리와 앞날개 설상부 기부는 연하다. 등면은 가는털과 납작털로 덮여 있다. 더듬이와 뒷다리 넓적마디는 흑갈색이다. 이른 봄부터 늦가을까지 쑥(*Artemisia princeps*)에서 흔히 보이며 불빛에도 날아온다. 전북구에 널리 분포한다. 이전에는 *Europiella albipennis*로 동정했으나 오동정으로 밝혀졌다. 전북 기록은 없지만 분포할 것으로 예상한다.

수컷 7.7

암컷 11.9

버들애장님노린재

***Compsidolon* (*Coniortodes*) *salicellum* (Herrich-Schaeffer, 1841)**

국내 첫 기록 *Compsidolon salicellus* : Josifov & Kerzhner, 1972
크기 3~4mm | **출현 시기** 6~11월 | **분포** 경기, 강원, 경북, 경남, 전북

몸은 작고 등면은 연한 노란색이며 검은 점이 빽빽하다. 작은방패판과 앞날개에 갈색 무늬가 있으며 뒷다리 넓적마디 뒷부분도 어두운 갈색이다. 같은 속 보리수애장님노린재(*C. elaegnicola*)와 비슷하지만 더 크고 밝으며 작은방패판과 뒷다리 넓적마디가 연한 노란색이다. 다양한 활엽수에서 생활하며 불빛에 날아온다. 유럽에서 아시아, 북아메리카까지 널리 분포한다.

성충 9.12

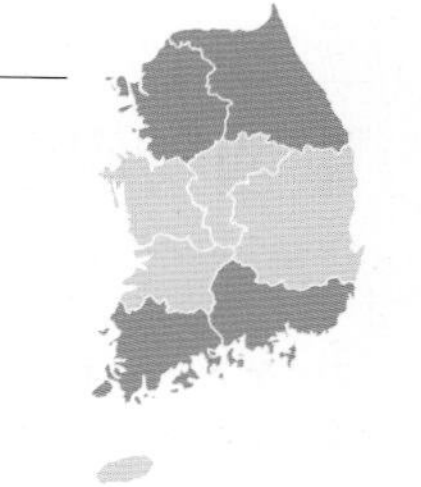

어리애장님노린재

***Parapsallus vitellinus* (Scholtz, 1847)**

국내 첫 기록 *Parapsallus vitellinus* : Josifov & Kerzhner, 1972
크기 3mm 내외 | **출현 시기** 5~6월 | **분포** 경기, 강원, 경남, 전남

몸 색깔은 황갈색, 노란색, 주황색, 갈색, 흑갈색 등 매우 다양하다. 더듬이는 대부분 갈색이며, 다리 넓적마디에 검은 점이 줄을 이룬다. 몸 색깔이 짙은 개체는 더듬이 제1, 2마디 기부가 흑갈색이기도 하다. 기주는 전나무속(*Abies*) 식물로 알려졌으며 불빛에도 날아온다. 전북구에 널리 분포하며 구북구 개체가 신북구 개체보다 대부분 색이 진하다. 어리애장님노린재속(*Parapsallus*)에는 이 종만 있다.

수컷 6.11

암컷 6.11

수컷 6.11

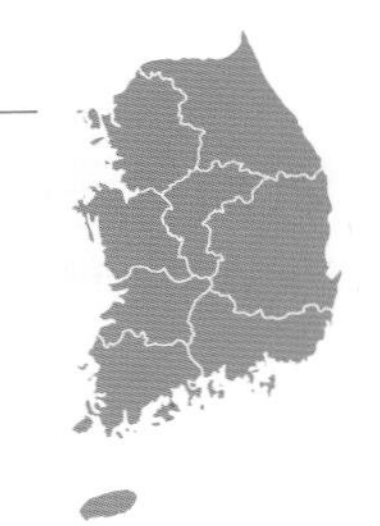

발해다리장님노린재

***Plagiognathus* (*Plagiognathus*) *amurensis* Reuter, 1883**

국내 첫 기록 *Plagiognathus* (s. str.) *amurensis* : Josifov & Kerzhner, 1972
크기 3~4mm | **출현 시기** 5~10월 | **분포** 전국

등면은 색이 연한 것에서부터 검은 것까지 변이가 심하지만 적어도 앞날개 설상부 기부는 연한 노란색이다. 뒷다리 넓적마디 가장자리 끝부분에 짧고 검은 줄이 있다. 검은색 개체는 닮은다리장님노린재 및 쑥다리장님노린재와 생김새가 비슷하지만 앞날개 설상부 기부가 연한 노란색인 것으로 구별한다. 다양한 식물을 기주로 삼으며 불빛에 날아온다. 동북아시아에 분포한다.

성충 7.23

성충 6.14

닮은다리장님노린재

***Plagiognathus* (*Plagiognathus*) *yomogi* Miyamoto, 1969**

국내 첫 기록 *Plagiognathus* (s. str.) *yomogi* : Lee & Kwon, 1991
크기 2~3mm | **출현 시기** 6~7월 | **분포** 경기, 강원

등면은 전체적으로 검은색이며 가는 검은색 털로 덮여 있다. 뒷다리 넓적마디 가장자리 끝 1/2 지점에 검은 줄이 있다. 몸이 작고 다리가 연한 미색인 것도 특징이다. 발해다리장님노린재 검은색 개체와 비슷하지만 앞날개 설상부 기부가 검은색인 것으로 구별한다. 쑥(*Artemisia princeps*)이 기주로 기록되었으며 불빛에 날아온다. 동북아시아에 분포한다.

성충 6.23

성충 6.23

쑥다리장님노린재

***Plagiognathus* (*Plagiognathus*) *collaris* (Matsumura, 1911)**

국내 첫 기록 *Plagiognathus* (s. str.) *arbustorum* : Josifov & Kerzhner, 1972 (오동정)
Plagiognathus (s. str.) *collaris* : Josifov, 1992

크기 3~4mm | **출현 시기** 7~8월 | **분포** 강원, 경북

닮은다리장님노린재와 생김새가 비슷하지만 다리에 노란빛이 더 강하게 돈다. 뒷다리 넓적마디 윗면 앞가장자리 검은 줄이 기부와 끝부분 2군데에 있으며 서로 연결된 개체도 있다. 뒷다리 넓적마디가 전체적으로 어두워 보이는 개체도 있다. 몸 색깔이 황갈색인 개체도 알려졌으나 확인하지 못했다. 주로 동부 산지에서 살고 여러 가지 식물 꽃에서 발견했으며 불빛에 날아온다. 동북아시아에 분포한다.

성충 7.30

성충 7.30

코애장님노린재

***Orthonotus bicoloripes* Kerzhner, 1988**

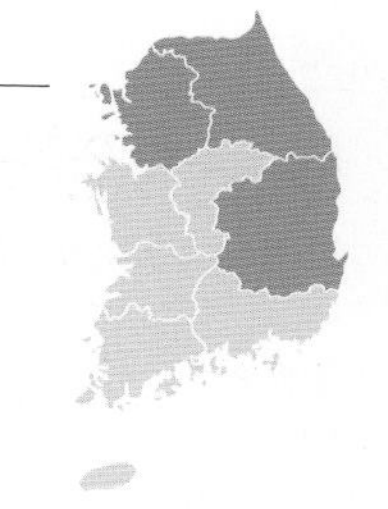

국내 첫 기록 *Orthonotus bicoloripes* Kerzhner, 1988
크기 3mm 내외 | **출현 시기** 5~8월 | **분포** 경기, 강원, 경북

등면은 대부분 검은색 또는 흑갈색이고 광택이 있다. 더듬이는 제1마디 전체와 제2마디 양 끝 또는 전체가 검다. 각 다리 넓적마디는 대부분 검고 뒷다리 넓적마디는 끝만 밝으며 종아리마디는 연한 노란색이고 기부만 검다. 장시형과 단시형이 모두 나타나며 암컷 단시형은 더듬이 제1마디 양 끝만 검고 나머지는 황갈색이며 각 다리 종아리마디가 전체적으로 밝은 노란색인 개체도 있다. 참나무속(*Quercus*) 식물에 살면서 진딧물(aphid)을 비롯한 작은 곤충을 잡아먹으며 불빛에 날아온다. 러시아 극동과 일본에 분포한다.

수컷 5.31

성충 6.23

성충 6.23

약충 6.7

용문장님노린재(신칭)

***Orthophylus yongmuni* Duwal & Lee, 2011**

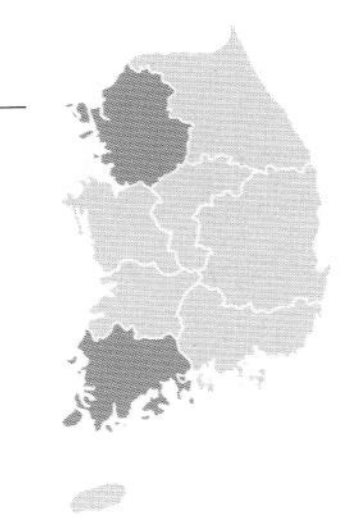

국내 첫 기록 *Orthophylus yongmuni* Duwal & Lee, 2011
크기 4mm 내외 | **출현 시기** 5~6월 | **분포** 경기, 전남

몸은 길고 좌우가 평행하며 전체적으로 연한 노란색이다. 등면은 연둣빛을 띤 황갈색 또는 노란색이고 은색 납작털과 검은색 가는 털로 덮였다. 가운데 세로선을 따라 갈색인 개체도 있다. 더듬이와 다리는 황갈색이고 뒷다리 넓적마디는 갈색이다. 자세한 생태는 알려지지 않았으며 불빛에 날아온다. 2011년 우리나라에서 신종으로 기록되었다(Duwal & Lee, 2011). 들애장님노린재속(*Orthophylus*)은 2011년에 생겼으며 1종만 기록되었다.

성충 5.4

성충 6.5

성충 5.4

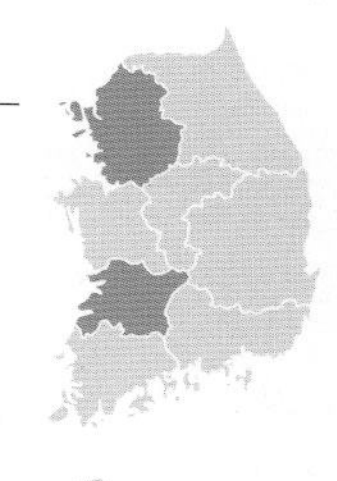

대성산우리장님노린재

***Psallus* (*Calopsallus*) *tesongsanicus* Josifov, 1983**

국내 첫 기록 *Psallus* (*Psallus*) *tesongsanicus* Josifov, 1983
크기 3~4mm | **출현 시기** 4~6월 | **분포** 경기, 전북

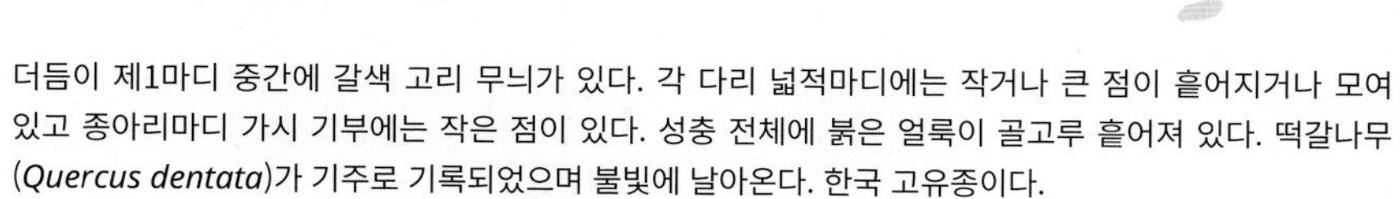

더듬이 제1마디 중간에 갈색 고리 무늬가 있다. 각 다리 넓적마디에는 작거나 큰 점이 흩어지거나 모여 있고 종아리마디 가시 기부에는 작은 점이 있다. 성충 전체에 붉은 얼룩이 골고루 흩어져 있다. 떡갈나무(*Quercus dentata*)가 기주로 기록되었으며 불빛에 날아온다. 한국 고유종이다.

성충 6.16

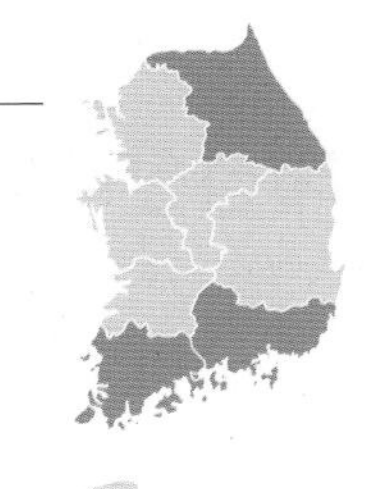

붉은점우리장님노린재(신칭)

***Psallus* (*Calopsallus*) *roseoguttatus* Yasunaga & Vinokurov, 2000**

국내 첫 기록 *Psallus* (*Calopsallus*) *roseoguttatus* : Duwal *et al*., 2012
크기 3~4mm | **출현 시기** 5~6월 | **분포** 강원, 경남, 전남

대성산우리장님노린재와 생김새가 비슷하지만 뒷다리 넓적마디 기부에 크고 작은 검은 점이 모여 무늬를 이루는 것으로 구별한다. 졸참나무(*Quercus serrata*)가 기주로 알려졌으며 불빛에 날아온다. 일본에 분포한다.

성충 6.6

발해우리장님노린재

***Psallus (Psallus) amoenus* Josifov, 1983**

국내 첫 기록 *Psallus (Psallus) amoenus* Josifov, 1983
크기 4mm 내외 | **출현 시기** 5월 | **분포** 경남

대성우리장님노린재, 붉은점우리장님노린재(신칭)와 생김새가 비슷하지만 앞가슴등판에만 갈색 점이 있고 머리에는 갈색 점이 없으며, 앞날개 혁질부 뒷부분이 전체적으로 붉은빛이 강해 붉은 얼룩이 잘 보이지 않는다. 떡갈나무(*Quercus dentata*)가 기주로 기록되었으며 불빛에 날아온다. 북한에서 채집한 개체가 기준 표본이며 러시아 극동에 분포한다. 남한에서는 처음으로 확인했다.

성충 5.14

갈참우리장님노린재

***Psallus* (*Calopsallus*) *clarus* Kerzhner, 1988**

국내 첫 기록 *Psallus* (*Psallus*) *clarus* : Josifov, 1992
크기 3~4mm | **출현 시기** 5~6월 | **분포** 경기, 충북, 충남, 경북, 경남, 전북

대성산우리장님노린재, 붉은점우리장님노린재(신칭), 발해우리장님노린재와 생김새가 비슷하지만 작은방패판 갈색 점이 빽빽하고 설상부에는 주황색 얼룩이 적은 것이 특징이다. 다른 종에 비해 앞가슴등판 갈색 점도 진하고 빽빽하다. 기주로는 떡갈나무(*Quercus dentata*)가 알려졌으며 불빛에 날아온다. 중국과 러시아 극동에 분포한다.

성충 5.14

성충 5.14

주황우리장님노린재(신칭)

***Psallus* (*Phylidea*) *flavescens* Kerzhner, 1988**

국내 첫 기록 *Psallus* (*Phylidea*) *flavescens* : Duwal *et al*,. 2012
크기 3~4mm | **출현 시기** 5~6월 | **분포** 강원, 경남, 전남

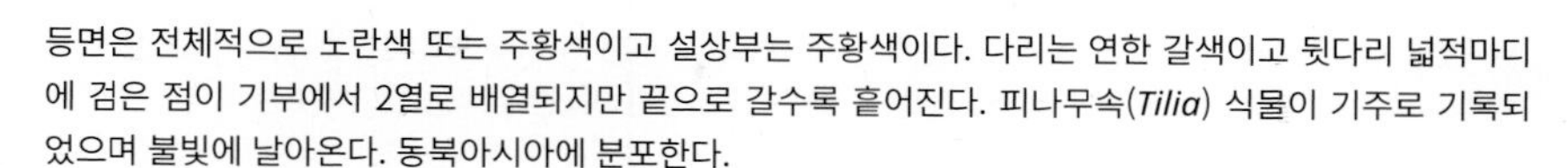

등면은 전체적으로 노란색 또는 주황색이고 설상부는 주황색이다. 다리는 연한 갈색이고 뒷다리 넓적마디에 검은 점이 기부에서 2열로 배열되지만 끝으로 갈수록 흩어진다. 피나무속(*Tilia*) 식물이 기주로 기록되었으며 불빛에 날아온다. 동북아시아에 분포한다.

성충 6.7

우리장님노린재

***Psallus* (*Psallus*) *koreanus* Josifov, 1983**

국내 첫 기록 *Psallus* (*Psallus*) *koreanus* Josifov, 1983
크기 3~4mm | **출현 시기** 5~6월 | **분포** 경기, 강원

몸은 전체적으로 붉은색이고 군데군데 검은 무늬가 있으며 머리는 황갈색이다. 앞가슴등판, 가운데가슴등판, 작은방패판 및 앞날개 기부가 거무스름한 개체에서부터 앞가슴등판 앞혹을 제외하고는 대부분 주황색인 개체까지 있다. 앞날개 설상부는 붉고 기부 바깥쪽으로 색이 옅은 부분이 좁게 있다. 각 다리 넓적마디는 어두운 갈색이고 뒷다리 넓적마디에는 앞가장자리를 따라 검은 점들이 있다. 산사나무속(*Crataegus*), 벚나무속(*Prunus*), 당마가목(*Sorbus amurensis*), 가문비나무속(*Picea*) 등이 기주식물로 기록되었다. 북한에서 채집한 개체가 기준 표본이며 러시아 극동에 분포한다.

성충 6.7

선홍우리장님노린재(신칭)

***Psallus* (*Phylidea*) *cinnabarinus* Kerzhner, 1979**

국내 첫 기록 *Psallus* (*Phylidea*) *cinnabarinus* : Duwal *et al.*, 2012
크기 3~4mm | **출현 시기** 5~7월 | **분포** 경기, 강원, 전북

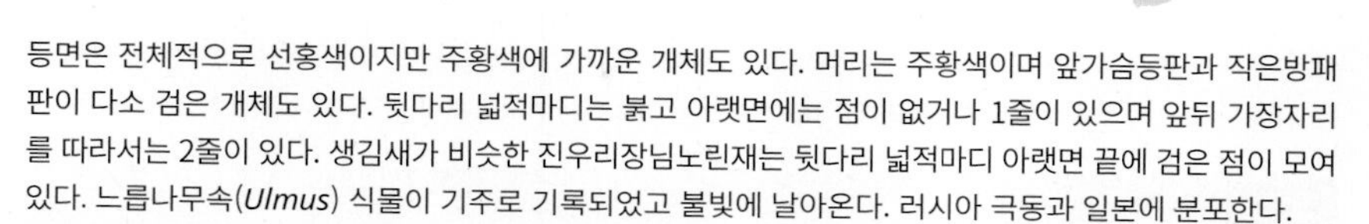

등면은 전체적으로 선홍색이지만 주황색에 가까운 개체도 있다. 머리는 주황색이며 앞가슴등판과 작은방패판이 다소 검은 개체도 있다. 뒷다리 넓적마디는 붉고 아랫면에는 점이 없거나 1줄이 있으며 앞뒤 가장자리를 따라서는 2줄이 있다. 생김새가 비슷한 진우리장님노린재는 뒷다리 넓적마디 아랫면 끝에 검은 점이 모여 있다. 느릅나무속(*Ulmus*) 식물이 기주로 기록되었고 불빛에 날아온다. 러시아 극동과 일본에 분포한다.

수컷 5.27

암컷 7.9

검정우리장님노린재

***Psallus* (*Apocremnus*) *michaili* Kerzhner & Schuh, 1995**

국내 첫 기록 *Psallus* (*Apocremnus*) *niger* : Josifov, 1992
크기 3~4mm | **출현 시기** 4~6월 | **분포** 경기, 강원

몸은 대부분 검으며 다리 종아리마디는 흰색과 검은색이 교대로 띠를 이룬다. 더듬이 제4마디는 끝에서 약간 밝아진다. 기주로 알려진 신나무(*Acer tataricum* subsp. *ginnala*)에서 많이 보이며 한국 고유종이다.

성충 4.30

성충 5.23

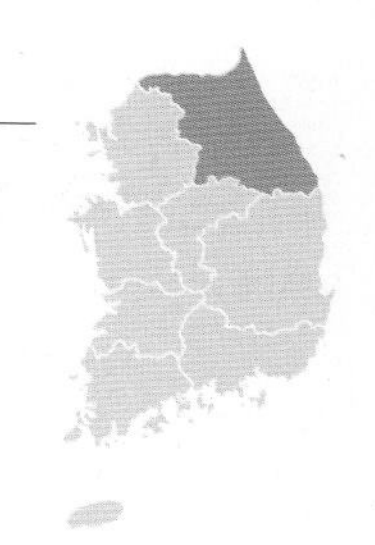

큰검정우리장님노린재(신칭)

***Psallus* (*Apocremnus*) *stackelbergi* Kerzhner, 1988**

국내 첫 기록 미기록
크기 4~5mm | **출현 시기** 6월 | **분포** 강원

검정우리장님노린재와 생김새가 비슷하지만 몸이 더 크고 앞다리 넓적마디 끝부분이 갈색이다. 또한 종아리마디가 노란색이나 갈색이 검은색과 교대로 띠를 이루는 것이 다르다. 삼지연우리장님노린재와 더불어 국내 우리장님노린재속에서 가장 큰 종이다. 버드나무속(*Salix*) 식물이 기주로 기록되었으며 버드나무(*Salix koreensis*)에서 촬영했다. 러시아 극동 및 일본에 분포한다.

성충 6.13

나도우리장님노린재

***Psallus (Apocremnus) ater* Josifov, 1983**

국내 첫 기록 *Psallus* (*Apocremnus*) *ater* Josifov, 1983
크기 3~4mm | **출현 시기** 5~6월 | **분포** 경기, 강원

검정우리장님노린재, 큰검정우리장님노린재(신칭)와 비슷하지만 앞날개 설상부 기부가 희고, 더듬이 제3, 4마디가 황갈색인 점이 다르다. 수컷은 더듬이 제2마디가 대체로 검지만 암컷은 기부만 검고 대부분 황갈색이다. 냄새샘 구멍 부위가 흰 것도 다르다. 앞다리와 가운데다리 넓적마디 끝은 노란색이거나 붉은색이며 종아리마디 점은 크다. 산사나무속(*Crataegus*)과 벚나무속(*Prunus*)이 기주로 기록되었고 느티나무속(*Zelkova*) 식물에서 채집한 기록이 있으며 불빛에 날아온다. 북한에서 채집한 개체가 기준 표본이며 중국에 분포한다.

수컷 5.21

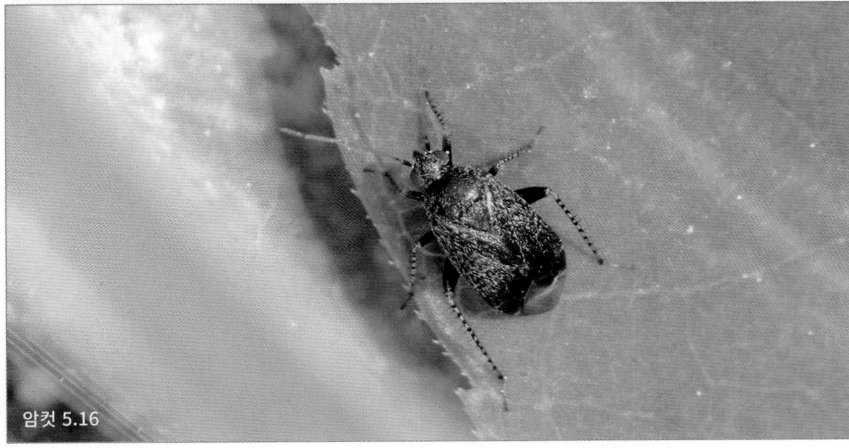

암컷 5.16

북한우리장님노린재

***Psallus* (*Psallus*) *bagjonicus* Josifov, 1983**

국내 첫 기록 *Psallus* (*Psallus*) *bagjonicus* Josifov, 1983
크기 3mm 내외 | **출현 시기** 5~6월 | **분포** 경기, 전남

나도우리장님노린재와 생김새가 비슷하지만 암수 모두 더듬이 제1마디 전체와 제2마디 기부만 검고 나머지는 황갈색이다. 각 다리 넓적마디는 노란색 또는 어두운 갈색 바탕에 크고 작은 검은 점이 흩어져 있는 것도 특징이다. 참나무속(*Quercus*) 식물이 기주로 알려졌으며 불빛에 날아온다. 학명 bagjon은 송도삼절 중 하나인 박연폭포가 있는 개성시 박연리를 가리킨다. 일본에도 분포한다.

성충 5.14

태화우리장님노린재(신칭)

***Psallus* (*Hylopsallus*) *taehwana* Duwal, 2015**

국내 첫 기록 *Psallus* (*Hylopsallus*) *taehwana* Duwal, 2015
크기 3mm 내외 | **출현 시기** 4~5월 | **분포** 경기

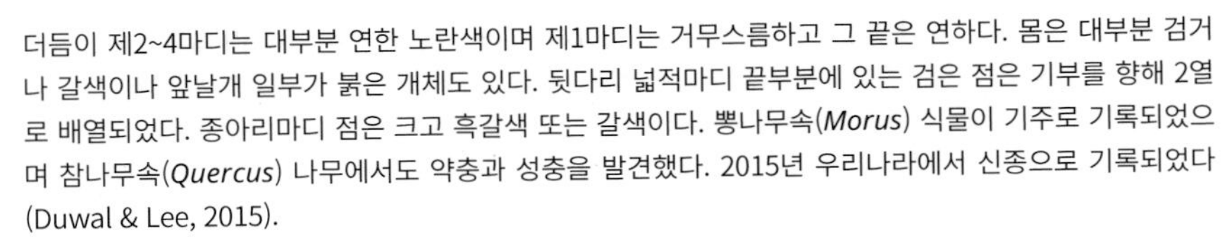

더듬이 제2~4마디는 대부분 연한 노란색이며 제1마디는 거무스름하고 그 끝은 연하다. 몸은 대부분 검거나 갈색이나 앞날개 일부가 붉은 개체도 있다. 뒷다리 넓적마디 끝부분에 있는 검은 점은 기부를 향해 2열로 배열되었다. 종아리마디 점은 크고 흑갈색 또는 갈색이다. 뽕나무속(*Morus*) 식물이 기주로 기록되었으며 참나무속(*Quercus*) 나무에서도 약충과 성충을 발견했다. 2015년 우리나라에서 신종으로 기록되었다(Duwal & Lee, 2015).

성충 5.2

성충 5.2

약충 4.26

밤우리장님노린재

***Psallus* (*Phylidea*) *castaneae* Josifov, 1983**

국내 첫 기록 *Psallus* (*Phylidea*) *castaneae* Josifov, 1983
크기 3mm 내외 | **출현 시기** 5~6월 | **분포** 경기, 강원, 충남, 경남, 전남

등면은 흑갈색 또는 검은색이고 더듬이는 연한 노란색이나 제1마디 기부는 흑갈색이다. 각 다리 넓적마디는 흑갈색 또는 검은색이고 끝부분만 희며 종아리마디에는 크고 검은 점들이 있다. 생김새가 비슷한 용대우리장님노린재(*Psallus* (*Phylidaea*) *yongdaeri*)는 더듬이 제1마디 기부 검은 고리 무늬가 더 뚜렷하며 강원도에서만 기록이 있다. 밤나무(*Castanea crenata*), 졸참나무(*Quercus serrata*)가 기주로 기록되었으며 불빛에 날아온다. 북한에서 채집한 개체가 기준 표본이며 일본과 중국에 분포한다.

수컷 5.14

수원우리장님노린재(신칭)

***Psallus* (*Hylopsallus*) *suwonanus* Duwal, Yasunaga, Jung & Lee, 2012**

국내 첫 기록 *Psallus* (*Hylopsallus*) *suwonanus* Duwal, Yasunaga, Jung & Lee, 2012
크기 3~4mm | **출현 시기** 5~6월 | **분포** 경기

머리, 앞가슴등판, 가운데가슴등판, 작은방패판은 짙은 갈색이고 앞날개 혁질부 안쪽은 흑갈색, 바깥쪽과 설상부는 적갈색 또는 붉은색이다. 각 다리 밑마디는 검고 도래마디는 적갈색이다. 넓적마디 기부 쪽 1/3~1/2은 검고 나머지는 붉으며 붉은 부분에는 검은 점들이 배열되었다. 종아리마디 점은 적갈색이다. 배면은 대부분 검은색 또는 흑갈색이지만 마지막 배마디는 적갈색이다. 갈매나무(*Rhamnus davurica*)가 기주로 기록되었으며 불빛에 날아온다. 2012년 우리나라에서 신종으로 기록되었다(Duwal *et al*., 2012).

성충 5.2

성충 5.2

해동우리장님노린재

***Psallus* (*Hylopsallus*) *tonnaichanus dolerus* Kerzhner, 1979**

국내 첫 기록 *Psallus* (*Phylidea*) *dryos dolerus* : Josifov, 1992
크기 2~3mm | **출현 시기** 5~6월 | **분포** 경기, 강원, 제주

등면은 대부분 붉은빛을 띤 갈색 또는 검은색으로 변이가 매우 다양하지만 앞날개 설상부는 붉은빛이 강하다. 수컷 생식기 마디 기부 양쪽에 털 뭉치가 있는 것이 특징이다. 참나무속(*Quercus*) 식물이 기주로 기록되었고 수국속(*Hydrangea*), 개회나무(*Syringa reticulata* var. *mandshurica*)에서 채집한 기록이 있으며 불빛에도 날아온다. 러시아 극동에 분포한다.

수컷 6.29

암컷 6.29

Acanthaspis cincticrus Stål, 1859 등뿔침노린재

Acanthaspis cincticrus Stål, 1859

Acanthaspis albovittata Matsumura, 1907

Acanthocoris sordidus (Thunberg, 1783) 꽈리허리노린재

Cimex sordidus Thunberg, 1783

Acanthosoma crassicaudum Jakovlev, 1880 굵은가위뿔노린재

Acanthosoma classicaudum Jakovlev, 1880

Acanthosoma glaucum Esaki, 1916

Acanthosoma denticaudum Jakovlev, 1880 등빨간뿔노린재

Acanthosoma denticaudum Jakovlev, 1880

Acanthosoma serratula Reuter, 1881

Acanthosoma forficula Jakovlev, 1880 녹색가위뿔노린재

Acanthosoma forficula Jakovlev, 1880

Acanthosoma virens Reuter, 1881

Acanthosoma kyotoanum Esaki, 1916

Acanthosoma firmatum (Walker, 1868) 황소뿔노린재

Cuspicona firmatum Walker, 1868

Acanthosoma giganteum Matsumura, 1913

Acanthosoma haemorrhoidale angulatum Jakovlev, 1880 뿔노린재

Acanthosoma angulatum Jakovlev, 1880

Acanthosoma ziozankeanum Matsumura, 1911

Acanthosoma rubicorne Matsumura, 1913

Acanthosoma labiduroides Jakovlev, 1880 긴가위뿔노린재

Acanthosoma labiduroides Jakovlev, 1880

Acanthosoma caralliferum Horváth, 1889

Acanthosoma zanthoxylum Hsiao & S.L. Liu, 1977

Acanthosoma spinicolle Jakovlev, 1880 붉은가위뿔노린재

Acanthosoma spinicollis Jakovlev, 1880

Acanthosoma frater Reuter, 1881

Acanthosoma axillaris Jakovlev, 1889

Acanthosoma vicina Reuter, 1902

Acanthosoma korolkovi Jakovlev, 1904

Acanthosoma manchuriana Kirkaldy, 1909

Acanthosoma potanini Lindberg, 1934

Acrocorisellus serraticollis (Jakovlev, 1876) 청동노린재

Acrocoris serraticollis Jakovlev, 1876

Pentatoma pulchra Hsiao and Cheng, 1977

Acrorrhinium inexspectatum (Josifov, 1978) 산꼬마장님노린재

Cinnamus inexspectatum Josifov, 1978

Adelphocoris demissus Horváth, 1905 목도리장님노린재

Adelphocoris demissus Horváth, 1905

Adelphocoris lineolatus (Goeze, 1778) 연리초장님노린재

Cimex lineolatus Goeze, 1778

Lygaeus chenopodii Fallén, 1807

Capsus brevicollis Meyer-Dür, 1843

Adelphocoris piceosetosus Kulik, 1965 애변색장님노린재

Adelphocoris piceosetosus Kulik, 1965

Adelphocoris reichelii (Fieber, 1836) 나도변색장님노린재

Adelphocoris reichelii Fieber, 1836

Adelphocoris flavicornis Hsiao, 1962

Adelphocoris suturalis (Jakovlev, 1882) 변색장님노린재

Calocoris suturalis Jakovlev, 1882

Adelphocoris tenebrosus (Reuter, 1875) 닮은변색장님노린재

Adelphocoris tenebrosus Reuter, 1875

Adelphocoris triannulatus (Stål, 1858) 설상무늬장님노린재

Deraeocoris triannulatus Stål, 1858

Calocoris nigriceps J. Sahlberg, 1878

Calocoris insularis Horváth, 1879

Adelphocoris funebris Reuter, 1904

Adelphocorisella lespedezae Miyamoto & Yasunaga, 1993 빨강반점장님노린재

Adelphocorisella lespedezae Miyamoto & Yasunaga, 1993

Adomerus rotundus (Hsiao, 1977) 참점땅노린재

Legnotus rotundus Hsiao, 1977

Legnotus breviguttulus Hsiao, 1977

Adomerus triguttulus (Motschulsky, 1866) 삼점땅노린재

Schirus triguttulus Motschulsky, 1866

Sehirus triguttatus Scott, 1874

Adomerus variegatus (Signoret, 1884) 알락땅노린재(신칭)

Adomerus variegatus (Signoret, 1884)

Adrisa magna (Uhler, 1860) 장수땅노린재

Acatalectus magnus Uhler, 1860

Adrisa maxima Stusák, 1991

Aelia fieberi Scott, 1874 메추리노린재

Aelia fieberi Scott, 1874

Aelia nasuta Wagner, 1960

Agonoscelis femoralis Walker, 1868 구름무늬노린재(신칭)

Agonoscelis femoralis Walker, 1868

Alcimocoris japonensis (Scott, 1880) 황소노린재

Alcimocoris japonensis Scott, 1880

Alloeotomus chinensis Reuter, 1903 소나무장님노린재

Alloeotomus chinensis Reuter, 1903

Alloeotomus simplus (Uhler, 1896) 닮은소나무장님노린재

Lygus simplus Uhler, 1896

Alloeotomus linnavuorii Josifov & Kerzhner, 1972

Alydus calcaratus (Linné, 1758) 호리좀허리노린재

Cimex calcaratus Linnaeus, 1758

Lygaeus tibialis Fabricius, 1798

Alydus hirsutus Kolenati, 1845

Alydus atratus Motschulsky, 1860

Alydus pluto Uhler, 1872

Amphiareus obscuriceps (Poppius, 1909) 민침꽃노린재

Cardiastethus obscuriceps Poppius, 1909

Andrallus spinidens (Fabricius, 1787) 흰테주둥이노린재

Adrallus spinidens Fabricius, 1787

Asopus geometricus Burmeister, 1835

Pentatoma aliena Westwood, 1837

Acanthidium cinctum Montrouzier, 1858

Audinetia aculeata Ellenrieder, 1862

Apateticus ludovicianus Stoner, 1917

Anoplocnemis dallasi Kiritshenko, 1916 장수허리노린재

Anoplocnemis dallasi Kiritshenko, 1916

Antheminia varicornis (Jakovlev, 1874) 나비노린재

Mormidea varicornis Jakovlev, 1874

Dolycoris baicalensis Jakovlev, 1894

Anthocoris confusus Reuter, 1884 사시나무꽃노린재

Anthocoris confusus Reuter, 1884

Anthocoris japonicus Poppius, 1909 느티나무꽃노린재

Anthocoris japonicus Poppius, 1909

Anthocoris miyamotoi Hiura, 1959 맵시꽃노린재

Anthocoris miyamotoi Hiura, 1959

Apoderaeocoris decolatus Nakatani, Yasunaga & Takai, 2000 볼록무늬장님노린재(신칭)

Apoderaeocoris decolatus Nakatani, Yasunaga & Takai, 2000

Apolygus atriclavus Kim & Jung, 2016 검은깃장님노린재

Apolygus atriclavus Kim & Jung, 2016

Apolygus fraxinicola (Kerzhner, 1988) 물푸레장님노린재

Lygocoris (*Apolygus*) *fraxinicola* Kerzhner, 1988

Apolygus hilaris (Horváth, 1905) 두무늬장님노린재

Cyphodema hilare Horváth, 1905

Lygocoris (*Apolygus*) *syringae* Kerzhner, 1988

Apolygus josifovi Kim & Jung, 2016 북쪽무늬고리장님노린재

Apolygus josifovi Kim & Jung, 2016

Apolygus lucorum (Meyer-Dür, 1843) 초록장님노린재

Capsus lucorum Meyer-Dür, 1843

Capsus declivis Scholtz, 1847

Capsus volgensis Becker, 1864

Apolygopsis nigritulus (Linnavuori, 1963) 검은빛장님노린재

Lygus nigritulus Linnavuori, 1963

Apolygus pulchellus (Reuter, 1906) 새무늬고리장님노린재

Lygus pulchellus Reuter, 1906

Lygus (*Apolygus*) *fujianensis* X.J. Wang & L.Y. Zheng, 1982

Apolygus roseofemoralis (Yasunaga, 1992) 붉은다리장님노린재

Lygocoris (*Apolygus*) *roseofemoralis* Yasunaga, 1992

Apolygus spinolae (Meyer-Dür, 1841) 애무늬고리장님노린재

Capsus spinolae Meyer-Dür, 1841

Apolygus subhilaris (Yasunaga, 1992) 싸리두무늬장님노린재

Lygocoris (*Apolygus*) *subhilaris* Yasunaga, 1992

Apolygus watajii Yasunaga & Yasunaga, 2000 닮은초록장님노린재

Apolygus watajii Yasunaga & Yasunaga, 2000

Aradus (*Aradus*) *bergrothianus* Kiritshenko, 1913 예쁜이넓적노린재

Aradus bergrothianus Kiritshenko, 1913

Aradus (*Aradus*) *compar* Kiritshenko, 1913 닮은넓적노린재

Aradus compar Kiritshenko, 1913

Aradus czerskii Kiritshenko, 1915 소나무넓적노린재(신칭)

Aradus czerskii Kiritshenko, 1915

Aradus spinicollis Jakovlev, 1880 뿔넓적노린재

Aradus spinicollis Jakovlev, 1880

Aradus transiens Kiritshenko, 1913 팔공넓적노린재

Aradus transiens Kiritshenko, 1913

Arbela tabida (Uhler, 1896) 어리쐐기노린재

Metatropiphorus tabidus Uhler, 1896

Arbela szechuana Hsiao, 1964

Arma custos (Fabricius, 1794) 갈색주둥이노린재

Cimex custos Fabricius, 1794

Arma chinensis Fallou, 1881

Arma discors Jakovlev, 1902

Arma neocustos Ahmad & Önder, 1990

Arma neoinsperata Ahmad & Önder, 1990

Arma koreana Josifov & Kerzhner, 1978 우리갈색주둥이노린재

Arma koreana Josifov & Kerzhner, 1978

Arocatus melanostoma Scott, 1874 등줄빨간긴노린재

Arocatus melanostoma Scott, 1874

Arocatus maculifrons Jakovlev, 1881

Arocatus pseudosericans Gao, Kondorosy & Bu, 2013 둘레빨간긴노린재

Arocatus pseudosericans Gao, Kondorosy & Bu, 2013

Atractotomoidea castanea Yasunaga, 1999 주근깨장님노린재(신칭)

Atractotomoidea castanea Yasunaga, 1999

Atractotomus morio J. Sahlberg, 1883 사방장님노린재

Atractotomus morio Sahlberg, 1883

Bagionocoris alienae Josifov, 1992 북한들장님노린재

Bagionocoris alienae Josifov, 1992

Bertsa lankana (Kirby, 1891) 예덕장님노린재

Capsus lankanus Kirby, 1891

Blepharidopterus ulmicola Kerzhner, 1977 느릅장님노린재

Blepharidopterus ulmicola Kerzhner, 1977

Bothynotus morimotoi Miyamoto, 1966 어리멋무늬장님노린재(신칭)

Bothynotus morimotoi Miyamoto, 1966

Bothynotus pilosus (Boheman, 1852) 멋무늬장님노린재

Phytocoris pilosus Boheman, 1852

Capsus fairmairii Signoret, 1852

Capsus horridus Mulsant & Rey, 1852

Bothynotus minki Fieber, 1864

Bothynotus kiritshenkoi Lindberg, 1934

Botocudo japonicus (Hidaka, 1959) 머리털꼬마손자긴노린재

Cligenes japonicus Hidaka, 1959

Botocudo yasumatsui (Hidaka, 1959) 갈색꼬마긴노린재(신칭)

Cligenes yasumatsui Hidaka, 1959

Brachyrhynchus taiwanicus (Kormilev, 1957) 검정넓적노린재

Mezira taiwanica Kormilev, 1957

Brachycarenus tigrinus (Schilling, 1829) 호리잡초노린재

Brachycarenus tigrinus Schilling, 1829

Corisus pudicus Rambur, 1839

Corizus laticeps Boheman, 1851

Corizus gemmatus A. Costa, 1853

Heterogaster punctosus Walker, 1872

Bryocoris (*Bryocoris*) *gracilis* Linnavuori, 1962 노랑무늬고사리장님노린재

Bryocoris gracilis Linnavuori, 1962

Hekista albicollaris Carvalho, 1981

Bryocoris (*Bryocoris*) *montanus* Kerzhner, 1973 참고사리장님노린재

Bryocoris (*Bryocoris*) *montanus* Kerzhner, 1973

Cantacader lethierryi Scott, 1874 부채방패벌레

Cantacader lethierryi Scott, 1874

Cantacader formosanus Drake, 1950

Cantao ocellatus (Thunberg, 1851) 방패광대노린재

Cimex ocellatus Thunberg, 1784

Cimex dispar Fabricius, 1794

Cantao rufipes Dallas, 1851

Cantao inscitus Walker, 1868

Cantao conscitus Walker, 1868

Cantao pakistanensis Ahmad et Kamaluddin, 1996

Canthophorus niveimarginatus Scott, 1874 흰테두리땅노린재

Canthophorus niveimarginatus Scott, 1874

Capsodes gothicus graeseri (Autran & Reuter, 1888) 노랑무늬장님노린재

Lopus graeseri Autran & Reuter, 1888

Capsus koreanus Kim & Jung, 2015 홍테북방장님노린재(신칭)

Capsus koreanus Kim & Jung, 2015

Capsus pilifer (Remane, 1950) 북방장님노린재

Capsus pilifer (Remane, 1950)

Rhopalotomus pilifer Remane, 1950

Carbula abbreviata (Motschulsky, 1866) 참가시노린재

Arma abbreviata Motschulsky 1866

Arma japonica Walker, 1868

Carbula putoni (Jakovlev, 1876) 가시노린재

Eusarcoris putoni Jakovlev, 1876

Carbula amurensis Reuter, 1881
Carbula putoni Rider, 2006
Carpocoris (*Carpocoris*) *purpureipennis* (De Geer, 1773) 홍보라노린재
Cimex purpureipennis De Geer, 1773
Cimex porphyropterus Gmelin, 1790
Carpocoris (*Codophila*) *tarsata* Mulsant & Rey, 1866
Castanopsides falkovitshi (Kerzhner, 1979) 두눈장님노린재
Lygocoris (*Arbolygus*) *falkovitshi* Kerzhner, 1979
Castanopsides kerzhneri (Josifov, 1985) 참고운고리장님노린재
Lygocoris (*Arbolygus*) *kerzhneri* Josifov, 1985
Castanopsides potanini (Reuter, 1906) 빛고운고리장님노린재
Lygus potanini Reuter, 1906
Calocoris amurensis Lindberg, 1934
Chalazonotum ishiharai (Linnavuori, 1961) 이시하라노린재
Brachynema ishiharai Linnavuori, 1961
Charagochilus (*Charagochilus*) *angusticollis* Linnavuori, 1961 흰솜털검정장님노린재
Charagochilus angusticollis Linnavuori, 1961
Chauliops fallax Scott, 1874 게눈노린재
Chauliops fallax Scott, 1874
Chilocoris nigricans Josifov & Kerzhner, 1978 검정꼬마땅노린재
Chilocoris nigricans Josifov & Kerzhner, 1978
Chlamydatus (*Euattus*) *pullus* (Reuter, 1870) 사촌애장님노린재
Agalliastes pullus Reuter, 1870
Campylomma albicans Jakovlev, 1893
Chlamydatus fulvius Knight, 1964
Chlorochroa (*Rhytidolomia*) *juniperina juniperina* (Linnaeus, 1758) 향노린재
Cimex juniperinus Linnaeus, 1758
Cimex flavoviridis Goeze, 1778
Cimex tricolor Gmelin, 1790
Cimex unicolor Turton, 1802
Pentatoma confusa Westwood, 1837
Cimidaeorus hasegawai Nakatani, Yasunaga & Takai, 2000 털보장님노린재(신칭)
Cimidaeorus hasegawai Nakatani, Yasunaga & Takai, 2000
Cimicicapsus koreanus (Linnavuori, 1963) 무늬장님노린재
Deraeocoris koreanus Linnavuori, 1963
Cletus punctiger (Dallas, 1852) 시골가시허리노린재
Gonocerus punctiger Dallas, 1852
Cletus rusticus Stål, 1860

Cletus tenuis Kiritshenko, 1916

Cletus schmidti Kiritshenko, 1916 우리가시허리노린재

Cletus schmidti Kiritshenko, 1916

Compsidolon (Coniortodes) salicellum (Herrich-Schaeffer, 1841) 버들애장님노린재

Capsus salicellus Herrich-Schaeffer, 1841

Copium japonicum Esaki, 1931 큰촉각방패벌레

Copium japonicum Esaki, 1931

Coptosoma bifarium Montandon, 1897 알노린재

Coptosoma bifarium Montandon, 1897

Coptosoma biguttulum Motschulsky, 1860 눈박이알노린재

Coptosoma biguttulua Motschulsky, 1860

Coptosoma capitatum Jakovlev, 1880 큰알노린재

Coptosoma capitatum Jakovlev, 1880

Coptosoma japonicum Matsumura, 1913 노랑무늬알노린재

Coptosoma japonicum Matsumura, 1913

Coptosoma parvipictum Montandon, 1892 희미무늬알노린재

Coptosoma parvipictum Montandon, 1892

Coptosoma semiflavum Jakovlev, 1890 동쪽알노린재

Coptosoma semiflavum Jakovlev, 1890

Coptosoma scutellatum (Geoffroy, 1785) 방패알노린재

Cimex scutellatus Geoffroy, 1785

Coptosoma dilatata Motschulsky, 1860

Coptosoma scutullatum Josifov and Kerzhner, 1978

Coranus (Velinoides) dilatatus (Matsumura, 1913) 민날개침노린재

Velinoides dilatatus Matsumura, 1913

Coranus magnus Hsiao & Ren, 1981

Coridromius chinensis G.Q. Liu & R.J. Zhao, 1999 짤막장님노린재

Coridromius chinensis G.Q. Liu & R.J. Zhao, 1999

Coridromius bufo Miyamoto & Yasunaga, 1999

Coriomeris scabricornis scabricornis (Panzer, 1805) 양털허리노린재

Coreus scabricornis Panzer, 1809

Merocoris serratus A. Costa, 1847

Coriomeris nigridens Jakovlev, 1906

Corythucha ciliata (Say, 1832) 버즘나무방패벌레

Corythucha ciliata Say, 1832

Corythucha hyalina Herrich-Schaeffer, 1842

Corythucha marmorata (Uhler, 1878) 해바라기방패벌레 / 국화방패벌레

Tingis marmorata Uhler, 1878

Corythucha lactea Drake in Gibson, 1918

Creontiades coloripes Hsiao, 1963 날개홍선장님노린재

Creontiades coloripes Hsiao, 1963

Cydnocoris russatus Stål, 1867 고추침노린재

Cydnocoris russatus Stål, 1867

Procerates rubida Uhler, 1896

Cyllecoris nakanishii Miyamoto, 1969 검은빛갈참장님노린재

Cyllecoris nakanishii Miyamoto, 1969

Cyllecoris vicarius Kerzhner, 1988 갈참장님노린재

Cyllecoris vicarius Kerzhner, 1988

Cymus aurescens Distant, 1883 맵시폭긴노린재

Cymus aurescens Distant, 1833

Cymus obliquus Horváth, 1888

Cymus koreanus Josifov & Kerzhner, 1978 우리폭긴노린재

Cymus koreanus Josifov & Kerzhner, 1978

Cyphodemidea saundersi (Reuter, 1896) 얼룩장님노린재

Lygus saundersi Reuter, 1896

Cyphodemidea variegata Reuter, 1903

Cyrtopeltis (*Cyrtopeltis*) *miyamotoi* (Yasunaga, 2000) 찔레담배장님노린재

Dicyphus miyamotoi Yasunaga, 2000

Cyrtopeltis (*Cyrtopeltis*) *rufobrunnea* Lee & Kerzhner, 1995 우리담배장님노린재

Cyrtopeltis rufobrunnea Lee & Kerzhner, 1995

Cyrtorhinus lividipennis Reuter, 1885 등검은황록장님노린재

Cyrtorhinus lividipennis Reuter, 1885

Cyrtorhinus vitiensis Usinger, 1951

Cysteochila consueta Drake, 1948 거지덩굴방패벌레

Cysteochila consueta Drake, 1948

Cysteochila vota Drake, 1948 긴방패벌레

Cysteochila vota Drake, 1948

Dalpada cinctipes Walker, 1867 다리무늬두흰점노린재

Dalpada cinctipes Walker, 1867

Daulocoris formosanus Kormilev, 1971 각진넓적노린재(신칭)

Daulocoris formosanus Kormilev, 1971

Deraeocoris (*Camptobrochis*) *pulchellus* (Reuter, 1906) 온포무늬장님노린재

Camptobrochis punctulatus var. *pulchella* Reuter, 1906

Camptobrochis punctulatus var. *popiusi* Reuter, 1906

Deraeocris (*Camptobrochis*) *onphoriensis* Josifov, 1992

Deraeocoris (*Deraeocoris*) *ainoicus* Kerzhner, 1979 애무늬장님노린재

Deraeocoris (Deraeocoris) ainoicus Kerzhner, 1979

Deraeocoris (Deraeocoris) ater **(Jakovlev, 1889) 밀감무늬검정장님노린재**

Capsus ater Jakovlev, 1889

Deraeocoris sibiricus Kiritshenko, 1914

Deraeocoris (Deraeocoris) bicolor Miyamoto, Yasunaga & Saigusa, 1994

Deraeocoris (Deraeocoris) brevicornis **Linnavuori, 1961 참무늬장님노린재**

Deraeocoris brevicornis Linnavuori, 1961

Deraeocoris (Deraeocoris) castaneae **Josifov, 1983 밤무늬장님노린재**

Deraeocoris (Deraeocoris) castaneae Josifov, 1983

Deraeocoris (Deraeocoris) josifovi **Kerzhner, 1988 흰다리무늬장님노린재(신칭)**

Deraeocoris (Deraeocoris) josifovi Kerzhner, 1988

Deraeocoris (Deraeocoris) kerzhneri **Josifov, 1983 산무늬장님노린재**

Deraeocoris pallidus Horváth, 1905

Deraeocoris kerzhneri Josifov, 1983

Deraeocoris (Deraeocoris) olivaceus **(Fabricius, 1777) 대륙무늬장님노린재**

Cimex olivaceus Fabricius, 1777

Cimex triangularis Goeze, 1778

Cimex erythrostomus Schrank, 1801

Capsus rufipes Fabricius, 1803

Capsus medius Kirschbaum, 1856

Deraeocoris brachialis Stål, 1858

Deraeocoris (Deraeocoris) sanghonami **Lee & Kerzhner, 1995 알락무늬장님노린재**

Deraeocoris (Deraeocoris) sanghonami Lee & Kerzhner, 1995

Deraeocoris (Deraeocoris) yasunagai **Nakatani, 1995 검정줄무늬장님노린재**

Deraeocoris yasunagai Nakatani, 1995

Deraeocoris (Knightocapsus) elegantulus **Horváth, 1905 애꼭지무늬장님노린재**

Deraeocoris elegantulus Horváth, 1905

Deraeocoris (Knightocapsus) ulmi **Josifov, 1983 새꼭지무늬장님노린재**

Deraeocoris (Knightocapus) ulmi Josifov, 1983

Deraeocoris (Plexaris) claspericapilatus **Kulik, 1965 꼭지무늬장님노린재**

Deraeocoris claspericapilatus Kulik, 1965

Dicyphus parkheoni **Lee & Kerzhner, 1995 어리담배장님노린재**

Dicyphus parkheoni Lee & Kerzhner, 1995

Dieuches uniformis **Distant, 1903 흰테두리긴노린재(신칭)**

Dieuches uniformis Distant, 1903

Dimia inexspectata **Kerzhner, 1988 긴털장님노린재**

Dimia inexspectata Kerzhner, 1988

Dimorphopterus japonicus **(Hidaka, 1959) 억새반날개긴노린재**

Blissus japonicus Hidaka, 1959

Dimorphopterus pallipes (Distant, 1883) 어리민반날개긴노린재

Blissus pallipes Distant, 1883

Dimorphopterus spinolae (Signoret, 1857) 민반날개긴노린재

Micropus spinolae Signoret, 1857

Dimorphopterus thoracicus Jakovlev, 1881

Dinorhynchus dybowskyi Jakovlev, 1876 왕주둥이노린재

Dinorhynchus dybowskyi Jakovlev, 1876

Neoglysus viridicatus Distant, 1881

Distachys unicolor (Scott, 1874) 막대허리노린재

Paraplesius unicolor Scott, 1874

Distachys vulgaris Hsiao, 1964 닮은막대허리노린재(신칭)

Distachys vulgaris Hsiao, 1964

Dolycoris baccarum (Linnaeus, 1758) 알락수염노린재

Cimex baccarum Linnaeus, 1758

Cimex verbasci De Geer, 1773

Cimex subater Harris, 1780

Cimex albidus Gmelin, 1790

Aelia depressa Westwood, 1837

Pentatoma confusa Westwood, 1837

Pentatoma inconcisa Walker, 1867

Drymus (*Sylvadrymus*) *marginatus* Distant, 1883 깜둥긴노린재

Drymus marginatus Distant, 1883

Drymus (*Sylvadrymus*) *parvulus* Jakovlev, 1881 애깜둥긴노린재

Drymus parvulus Jakovlev, 1881

Dryophilocoris (*Dryophilocoris*) *jenjouristi* Josifov & Kerzhner, 1984 맵시장님노린재

Dryophilocoris (*Dryophilocoris*) *jenjouristi* Josifov & Kerzhner, 1984

Dryophilocoris (*Dryophilocoris*) *kanyukovae* Josifov & Kerzhner, 1984 새맵시장님노린재

Dryophilocoris (*Dryophilocoris*) *kanyukovae* Josifov & Kerzhner, 1984

Dryophilocoris (*Dryophilocoris*) *kerzhneri* Jung & Yasunaga, 2010 등줄맵시장님노린재

Dryophilocoris kerzhneri Jung & Yasunaga, 2010

Dryophilocoris zebrinus Cho & Kwon, 2011

Dryophilocoris saigusai Miyamoto, 1966 검정맵시장님노린재(신칭)

Dryophilocoris saigusai Miyamoto, 1966

Dybowskyia reticulata (Dallas, 1851) 빈대붙이

Bolbocoris reticulata Dallas, 1851

Eurygaster incomptus Walker, 1867

Dybowskyia ussuriensis Jakovlev, 1876

Svarinella inexspectata Balthasar, 1937

Ectmetopterus bicoloratus (Kulik, 1965) 애깡충장님노린재

Halticus bicoloratus Kulik, 1965

Ectmetopterus comitans (Josifov & Kerzhner, 1972) 깡충장님노린재

Halticus comitans Josifov & Kerzhner, 1972

Ectmetopterus micantulus (Horváth, 1905) 큰검정뛰어장님노린재

Halticus micantulus Horváth, 1905

Ectmetopterus angusticeps Reuter, 1906

Ectrychotes andreae (Thunberg, 1784) 우단침노린재

Cimex andreae Thunberg, 1784

Loricerus axillaris A. Costa, 1864

Ectrychotes tsushimae Miller, 1955

Elasmostethus brevis Lindberg, 1934 닮은얼룩뿔노린재

Elasmostethus brevis Lindberg, 1934

Elasmucha dorsalis (Jakovlev, 1876) 꼬마뿔노린재

Elasmostethus dorsalis Jakovlev, 1876

Clinocoris stali J. Sahlberg, 1878

Elasmostethus davisi Fallou, 1891

Elasmostethus humeralis Jakovlev, 1883 얼룩뿔노린재

Elasmostethus humeralis Jakovlev, 1883

Elasmostethus matsumurae Horváth, 1899

Elasmucha ferrugata (Fabricius, 1787) 뾰족침뿔노린재

Cimex ferrugata Fabricius, 1787

Cimex adustus Gmelin, 1790

Elasmucha fieberi (Jakovlev, 1865) 알락꼬마뿔노린재

Elasmostethus fieberi Jakovlev, 1865

Elasmucha jakovlevi Kiritshenko, 1911

Elasmucha fieberi Göullner-Scheiding, 2006

Elasmostethus interstinctus (Linné, 1758) 진얼룩뿔노린재

Cimex interstinctus Linnaeus, 1758

Cimex dentatus De Geer, 1773

Cimex haemagaster Schrank, 1781

Cimex bidens Gmelin, 1790

Cimex collaris Fabricius, 1803

Cimex bidentatus O'Reilly, 1813

Petatoma stolli Lepeletier & Serville, 1825

Elasmostethus nubilus (Dallas, 1851) 남방뿔노린재

Acanthosoma nubilum Dallas, 1851

Elasmostethus nilgirensis Distant, 1900
Elasmostethus nubilus Göullner-Scheiding, 2006
Elasmostethus rotundus Yamamoto, 2003 넓은남방뿔노린재(신칭)
Elasmostethus rotundus Yamamoto, 2003
Elasmostethus yunnanus Hsiao & S.L. Liu, 1977 가시얼룩뿔노린재(신칭)
Elasmostethus yunnanus Hsiao & S.L. Liu, 1977
Elasmucha putoni Scott, 1874 푸토니뿔노린재
Elasmucha putoni Scott, 1874
Clinocoris scotti Reuter, 1881
Eocanthecona japonicola (Esaki & Ishihara, 1950) 얼룩주둥이노린재
Cantheconidea japonicola Esaki & Ishihara, 1950
Eolygus rubrolineatus (Matsumura, 1913) 홍줄장님노린재
Altractotomus rubrolineatus Matsumura, 1913
Epidaus tuberosus Yang, 1940 극동왕침노린재
Epidaus tuberosus Yang, 1940
Nagusta czerskii Mamajeva, 1972
Eremocoris angusticollis Jakovlev, 1881 애꼭지긴노린재
Eremocoris angusticollis Jakovlev, 1881
Eremocoris plebejus (Fallén, 1807) 꼭지긴노린재
Lygaeus plebejus Fallén, 1807
Drymus guttatus Matsumura, 1910
Erimiris tenuicornis Miyamoto & Hasegawa, 1967 대나무장님노린재
Erimiris tenuicornis Miyamoto & Hasegawa, 1967
Europiella artemisiae (Becker, 1864) 밝은다리장님노린재
Capsus artemisiae Becker, 1864
Plagiognathus solani Matsumura, 1917
Plagiognathus diversus Van Duzee, 1917
Plagiognathus (*Poliopterus*) *gracilis* Wagner, 1956
Plagiognathus (*Poliopterus*) *servadeii* Wagner, 1972
Europiellomorpha lividellus (Kerzhner, 1979) 동쪽다리장님노린재
Plagiognathus (*Plagiognathus*) *lividellus* Kerzhner, 1979
Eurydema (*Eurydema*) *gebleri* Kolenati, 1846 북쪽비단노린재
Eurydema gebleri Kolenati, 1846
Strachia picturata Stål, 1858
Eurydema rugosa Motschulsky, 1861
Strachia signata Walker, 1867
Strachia marginifera Walker, 1867
Eurydema (*Rubrodorsalium*) *dominulus* (Scopoli, 1763) 홍비단노린재

Cimex dominulus Scopoli, 1763
Cimex cordiger Goeze, 1778
Pentatoma firmbriolatum Germar, 1836
Pentatoma pulchra Westwood, 1837
Eurydema lhesgicum Kolanati, 1846
Eurydema daurica Motschulsky, 1860
Strachia minuscula Walker, 1867
Strachia designata Walker, 1867
Eurydema amoenum Horváth, 1879

Eurygaster testudinaria (Geoffroy, 1785) 도토리노린재
Cimex testudinarius Geoffroy, 1785
Eurygaster sinica Walker, 1867
Eurygaster sodalis Horváth, 1895
Eurygaster testudinarius obscuratus Wagner, 1938
Eurygaster testudinarius koreana Wagner, 1949

Eurystylus coelestialium (Kirkaldy, 1902) 탈장님노린재
Olymipiocapsus coelestialium Kirkaldy, 1902
Eurycyrtus bioculatus Reuter, 1908

Eurystylus sauteri Poppius, 1915 동쪽탈장님노린재
Eurystylus sauteri Poppius, 1915
Eurystylus luteus Hsiao, 1941

Eysarcoris aeneus (Scopoli, 1763) 가시점둥글노린재
Cimex aeneus Scopoli, 1763
Cimex fucatus Rossi, 1790
Cimex perlatus Fabricius, 1794
Eysarcoris parvus Uhler, 1896

Eysarcoris annamita Breddin, 1909 보라흰점둥글노린재
Eusarcoris annamita Breddin, 1909

Eysarcoris gibbosus Jakovlev, 1904 둥글노린재
Eusarcoris gibbosus Jakovlev, 1904

Eysarcoris guttigerus (Thunberg, 1783) 점박이둥글노린재
Cimex guttigerus Thunberg, 1783
Pentatoma nepalensis Westwood, 1837
Pentatoma punctipes Westwood, 1837
Eusarcoris potanini Jakovlev, 1890
Eusarcoris breviusculus Jakovlev, 1902
Bainbriggeanus fletcheri Distant, 1918

Eysarcoris ventralis (Westwood, 1837) 배둥글노린재

Pentatoma ventralis Westwood, 1837
Pentatoma inconspicuum Herrich-Schaeffer, 1844
Eysarcoris distactus Dallas, 1851
Eysarcoris misellus Stål, 1854
Eusarcoris helferi Fieber, 1861
Stollia rectipes Ellenrieder, 1862
Eysarcoris epistomalis Mulsant & Rey, 1866
Eysarcoris mayeti Mulsant & Rey, 1872
Eusarcoris pseudoaenus Jakovlev, 1869
Eusarcoris scutellaris Jakovlev, 1885
Eusarcoris egenus Jakovlev, 1900
Eusarcoris sindellus Distant, 1902
Eusarcoris schmidti Jakovlev, 1902
Eysarcoris tangens Stichel, 1961
Eysarcoris confusus Fuente, 1972
Eysarcoris uniformis Fuente, 1972
Eysarcoris hispalensis Fuente, 1972
Eysarcoris luisae Fuente, 1972

Fingulus longicornis Miyamoto, 1965 뾰족머리장님노린재
Fingulus longicornis Miyamoto, 1965

Fromundus pygmaeus (Dallas, 1851) 애땅노린재
Aethus pygmaeus Dallas, 1851
Geobia fallax Montrouzier, 1858
Cydnus rarociliatus Ellenrieder, 1862
Aethus nanulus Walker, 1867
Aethus pallidicornis Vollenhoven, 1868
Geotomus subtristis F.B. White, 1877
Geotomus jucundus F.B. White, 1877
Aethus palliditarsus Scott, 1880
Geotomus lethierryi Signoret, 1883
Aethus nietens W.F. Kirby, 1900
Geotomus macroevaporatorius Moizuddin & Ahmad, 1990
Fromundus pygmaeus Lis, 1994

Galeatus affinis (Herrich-Schaeffer, 1835) 닮은쑥부쟁이방패벌레
Tingis affinis Herrich-Schaeffer, 1835
Galeatus uhleri Horváth, 1923

Gardena brevicollis Stål, 1871 막대침노린재
Gardena brevicollis Stål, 1871

Gardena australis Horváth, 1902
Gardena fusca Fukui, 1926
Gastrodes grossipes japonicus (Stål, 1874) 넓적긴노린재
Gastrodes japonicus Stål, 1874
Geocoris (*Geocoris*) *itonis* (Horváth, 1905) 딱부리긴노린재
Geocoris itonis Horváth, 1905
Geocoris lynceus Lindberg, 1924
Geocoris (*Geocoris*) *pallidipennis* (A. Costa, 1843) 참딱부리긴노린재
Ophthalmicus pallidipennis Costa, 1843
Ophthalmicus angularis Fieber, 1844
Ophthalmicus colon Fieber, 1844
Geocoris signicollis Stål, 1854
Ophthalmicus pygmaeus Fieber, 1861
Ophthalmicus semipunctatus Fieber, 1861
Geocoris jakowleffi Saunders, 1877
Geocoris mandarinus Horváth, 1901
Geocoris (*Geocoris*) *varius* (Uhler, 1860) 큰딱부리긴노린재
Ophthalmicus varius Uhler, 1860
Geotomus convexus Hsiao, 1977 북쪽애땅노린재
Geotomus convexus Hsiao, 1977
Gigantomiris jupiter Miyamoto & Yasunaga, 1988 큰장님노린재
Gigantomiris jupiter Miyamoto & Yasunaga, 1988
Glaucias subpunctatus (Walker, 1867) 기름빛풀색노린재
Pentatoma subpunctata Walker, 1867
Rhaphigaster melanostictícus Vollenhoven, 1868
Gonopsis affinis (Uhler, 1860) 억새노린재
Dichelops affinis Uhler, 1860
Macrina vacillans Walker, 1868
Gorpis (*Gorpis*) *japonicus* Kerzhner, 1968 노랑긴쐐기노린재
Gorpis japonicus Kerzhner, 1968
Gorpis (*Oronabis*) *brevilineatus* (Scott, 1874) 빨간긴쐐기노린재
Nabis brevilineatus Scott, 1874
Gorpis suzukii Matsumura, 1913
Oronabis gorpiformis Hsiao, 1964
Graphosoma rubrolineatum (Westwood, 1837) 홍줄노린재
Scutellera rubrolineata Westwood, 1837
Graphosoma crassa Motschulsky, 1861
Graptostethus servus servus (Fabricius, 1787) 한라긴노린재

Cimex servus Fabricius, 1787
Lygaeus maculicollis Germar, 1847
Lygaeus rubricosus Stål, 1854
Lygaeus manillensis Stål, 1860
Lygaeus ornatus Uhler, 1860
Haematoloecha nigrorufa (Stål, 1867) 붉은무늬침노린재
Scadra nigrorufa Stål, 1867
Ectrichodia includens Walker, 1873
Haematoloecha rufithorax (Breddin, 1903) 붉은등침노린재
Scadra rufithorax Breddin, 1903
Haematoloecha longiceps Miller, 1956
Hallodapus centrimaculatus (Poppius, 1914) 노랑무늬꼬마장님노린재
Hallodapus centrimaculatus Poppius, 1914
Hallodapus fenestratus Linnavuori, 1961
Hallodapus linnavuorii Miyamoto, 1966 꼬마장님노린재
Hallodapus linnavuorii Miyamoto, 1966
Hallodapus pumilus Horváth, 1901 대륙꼬마장님노린재
Aallodapus pumilus Horváth, 1901
Halyomorpha halys (Stål, 1855) 썩덩나무노린재
Pentatoma halys Stål, 1855
Poecilometis mistus Uhler, 1860
Dalpada brevis Walker, 1867
Dalpada remota Walker, 1867
Harpocera choii Josifov, 1977 최고려애장님노린재
Harpocera choii Josifov, 1977
Harpocera josifovi Kim & Jung, 2016 다리털애장님노린재
Harpocera josifovi Kim & Jung, 2016
Harpocera koreana Josifov, 1977 고려애장님노린재
Harpocera koreana Josifov, 1977
Henestaris oschanini Bergroth, 1917 얼룩딱부리긴노린재(신칭)
Henestaris oschanini Bergroth, 1917
Hermolaus amurensis Horváth, 1903 멋쟁이노린재
Hermolaus amurensis Horváth, 1903
Heterocordylus (*Heterocordylus*) *alutacerus* Kulik, 1965 검정들장님노린재
Heterocordylus alutacerus Kulik, 1965
Himacerus (*Himacerus*) *apterus* (Fabricius, 1798) 미니날개큰쐐기노린재
Reduvius apterus Fabricius, 1798
Nabis brevipennis Hahn, 1836

Nabis dis China, 1925

Homalogonia confusa Kerzhner, 1973 산느티나무노린재

Homalogonia confusa Kerzhner, 1973

Homalogonia grisea Josifov & Kerzhner, 1978 느티나무노린재

Homalogonia grisea Josifov and Kerzhner, 1978

Homalogonia obtusa obtusa (Walker, 1868) 네점박이노린재

Pentatoma obtusa Walker, 1868

Homalogonia maculata Jakovlev, 1876

Homoeocerus (*Anacanthocoris*) *striicornis* Scott, 1874 자귀나무허리노린재

Homoeocerus striicornis Scott, 1874

Homoeocerus marginatus Uhler, 1896

Homoeocerus (*Tiponius*) *dilatatus* Horváth, 1879 넓적배허리노린재

Homoeocerus dilatatus Horváth, 1879

Homoeocerus (*Tliponius*) *marginiventris* Dohrn, 1860 녹두허리노린재

Homoeocerus marginiventris Dohrn, 1860

Homoeocerus (*Tiponius*) *unipunctatus* (Thunberg, 1873) 두점배허리노린재

Cimex unipunctatus Thunberg, 1783

Homoeocerus chinensis Dallas, 1852

Gonocerus punctipennis Uhler, 1860

Homoeocerus distinctus Signoret, 1881

Hoplitocoris (*Pseudenicocephalus*) *lewisi* (Distant, 1903) 머리목노린재

Henicocephalus lewisi Distant, 1903

Horridipamera inconspicua (Dallas, 1852) 흰점알락긴노린재

Rhyparochromus inconsupicus Dallas, 1852

Diplonotus rusticus Scott, 1874

Pamera spinicrus Reuter, 1882

Pemera ebenaui Reuter, 1887

Horridipamera lateralis (Scott, 1874) 측무늬표주박긴노린재

Diplonotus lateralis Scott, 1874

Hygia (*Colpura*) *lativentris* (Motschulsky, 1866) 떼허리노린재

Maccevethus lativentris Motschulsky, 1866

Pachycephalus touchei Distant, 1901

Hygia (*Hygia*) *opaca* (Uhler, 1860) 애허리노린재

Pachycephalus opacus Uhler, 1860

Hugia japonica Ahmad, 1969

Iodinus ferrugineus Lindberg, 1927 등판꼬마긴노린재

Iodinus ferrugineus Lindberg, 1927

Isometopus amurensis Kerzhner, 1988 무늬홑눈장님노린재(신칭)

Isometopus amurensis Kerzhner, 1988

Isometopus japonicus Hasegawa, 1946 느티나무홑눈장님노린재

Isometopus japonicus Hasegawa, 1946

Isometopus rugiceps Kerzhner, 1988 이마흰줄홑눈장님노린재(신칭)

Isometopus rugiceps Kerzhner, 1988

Isyndus obscurus obscurus (Dallas, 1850) 왕침노린재

Harpactor obscurus Dallas, 1850

Josifovolygus niger (Josifov, 1992) 검정고리장님노린재

Lygocoris (*Tricholygus*) *niger* Josifov, 1992

Kasumiphylus kyushuensis (Linnavuori, 1961) 동해애장님노린재

Psallus kyushuensis Linnavuori, 1961

Kasumiphylus ryukyuensis (Yasunaga, 1999) 짙은동해애장님노린재(신칭)

Phoenicocoris ryukyuensis Yasunaga, 1999

Kleidocerys nubilus (Distant, 1883) 닮은팔방긴노린재

Ischnorhynchus nubilus Distant, 1883

Kleidocerys resedae resedae (Panzer, 1797) 팔방긴노린재

Lygaeus resedae Panzer, 1797

Lygaeus didymus Zetterstedt, 1819

Phytocoris puncticollis Fallén, 1826

Koreocoris bicoloratus Cho & Kwon, 2008 두색장님노린재(신칭)

Koreocoris bicoloratus Cho & Kwon, 2008

Rhopalotomus pilifer Remane, 1950

Labidocoris pectoralis (Stål, 1863) 잔침노린재

Mendis pectoralis Stål, 1863

Mendis japonensis Scott, 1874

Labidocoris splendens Distant, 1883

Lamproceps antennatus (Scott, 1874) 제주수염긴노린재

Tropistethus antennatus Scott, 1874

Diniella yinae L.Y. Zheng, 1992

Laprius gastricus (Thunberg, 1882) 두점박이노린재

Cimex gastricus Thunberg, 1822

Sciocoris lugubris Walker, 1868

Lasiochilus (*Dilasia*) *japonicus* Hiura, 1967 고목노린재

Lasiochilus (*Dilasia*) *japonicus* Hiura, 1967

Lelia decempunctata (Motschulsky, 1860) 열점박이노린재

Tropicoris decepunctatus Motschulsky, 1860

Lelia porrigens Walker, 1867

Leptocorisa chinensis Dallas, 1852 호리허리노린재

Leptocorisa chinensis Dallas, 1852
Letocorisa nitidula Breddin, 1913
Letocorisa corbetti China, 1924
Leptoglossus occidentalis Heidemann, 1910 소나무허리노린재
Leptoglossus occidentalis Heidemann, 1910
Leptoypha wuorentausi (Lindberg, 1927) 물푸레방패벌레
Tingis (*Birgitta*) *wuorentausi* Lindberg, 1927
Tingis (*Birgitta*) *crispifolii* Takeya, 1932
Liorhyssus hyalinus (Fabricius, 1794) 투명잡초노린재
Lygaeus hyalinus Fabricius, 1794(전체 Review는 Dolling, 2006 참고)
Loristes decoratus (Reuter, 1908) 민장님노린재
Adelphocoris decoratus Reuter, 1908
Lyctocoris ichikawai Yamada & Yasunaga, 2012 참나무꽃노린재(신칭)
Lyctocoris ichikawai Yamada & Yasunaga, 2012
Lyctocoris (*Lyctocoris*) *beneficus* (Hiura, 1957) 명충잡이꽃노린재
Euspudaeus beneficus Hiura, 1957
Lygaeus equestris (Linnaeus, 1758) 흰점빨간긴노린재
Cimex equestris Linnaeus, 1758
Cimex speciosus Poda, 1761
Cimex punctumalbum Pollich, 1781
Lygaeus hanseni Jakovlev, 1883 애십자무늬긴노린재
Lygaeus hanseni Jakovlev, 1883
Lygaeus sjostedti (Lindberg, 1934) 참긴노린재
Spilostethus sjostedti Lindberg, 1934
Lygocoris (*Lygocoris*) *pabulinus* (Linnaeus, 1761) 고리장님노린재
Cimex pabulinus Linnaeus, 1761
Cimex nigrophthalmos Retzius, 1783
Cimex aerugineus Geoffroy in Fourcroy, 1785
Lygus chloris Fieber, 1858
Lygus solani Curtis, 1860
Lygus flavovirens Fieber, 1861
Lygus chagnoni Stevenson, 1903
Lygus gemellus Distant, 1909
Phytocoris scrophulariae Bliven, 1965
Lygocorides (*Lygocorides*) *rubronasutus* (Linnavuori, 1961) 코장님노린재
Lygus rubronasutus Linnavuori, 1961
Lygus rugulipennis Poppius, 1911 풀밭장님노린재
Lygus rugulipennis Poppius, 1911

Lygus pratensis var. *pubescens* Reuter, 1912
Lygus perplexus Stanger, 1942
Lygus disponsi Linnavuori, 1961

Macropes obnubilus (Distant, 1883) 울도반날개긴노린재
Ischnodemus obnubilus Distant, 1883
Macropes hedini Lindberg, 1934

Macroscytus japonensis Scott, 1874 땅노린재
Macroscytus japonensis Scott, 1874
Macroscytus niponensis Signoret, 1883

Macroscytus fracterculus Horváth, 1919 닮은땅노린재(신칭)
Macroscytus fracterculus Horváth, 1919
Macroscytus confusus J.A. Lis, 1995

Microporus nigrita (Fabricius, 1794) 둥근땅노린재
Cimex nigrita Fabricius, 1794
Aethus nigropiceus Scott, 1874

Malacocorisella endoi Yasunaga, 1999 얼룩들장님노린재
Malacocorisella endoi Yasunaga, 1999

Malcus japonicus Ishihara & Hasegawa, 1941 뽕나무노린재
Malcus japonicus Ishihara & Hasegawa, 1941

Megacopta cribraria (Fabricius, 1798) 무당알노린재
Cimex cribrarius Fabricius, 1798
Coptosoma xanthochlora Walker, 1867
Coptosoma punctatissima Montandon, 1896

Megymenum gracilicorne Dallas, 1851 톱날노린재
Megymenum gracilicorne Dallas, 1851

Menida (*Menida*) *disjecta* (Uhler, 1860) 스코트노린재
Rhaphigaster disjectus Uhler, 1860
Stromatocoris amoenus Jakovlev, 1876
Menida scotti Puton, 1886

Menida (*Menida*) *musiva* (Jakovlev, 1876) 무시바노린재
Stromatocoris musivus Jakovlev, 1876
Menida japonica Distant, 1883

Menida (*Menida*) *violacea* Motschulsky, 1861 깜보라노린재
Menida violacea Motschulsky, 1861

Mermitelocerus annulipes annulipes Reuter, 1908 가시고리장님노린재
Mermitelocerus annulipes Reuter, 1908
Calocoris variicornis Reuter, 1908

Metasalis populi (Takeya, 1932) 포풀라방패벌레

Tingis (*Tingis*) *populi* Takeya, 1932
Nobarnus hoffmanni Drake, 1938
Hegesidemus habrus Drake, 1966

Metatropis tesongsanicus **Josifov, 1975 대성산실노린재**
Metatropis tesongsanicus Josifov, 1975

Metochus abbreviatus **(Scott, 1874) 큰흰무늬긴노린재**
Metochus abbreviatus Scott, 1874

Mezira subsetosa **Josifov & Kerzhner, 1974 털큰넓적노린재**
Mezira subsetosa Josifov & Kerzhner, 1974

Michailocoris josifovi **Štys, 1985 고구려장님노린재**
Michailocoris josifovi Štys, 1985
Michailocoris josifovi koreanus Štys, 1985
Michailocoris kerzhneri Štys, 1985

Moissonia kalopani **Duwal & Lee, 2011 음나무유리장님노린재(신칭)**
Moissonia kalopani Duwal & Lee, 2011

Molipteryx fuliginosa **(Uhler, 1860) 큰허리노린재**
Discogaster fuliginosus Uhler, 1860
Menenotus tuberculipes Motschulsky, 1866
Mictis japonica Walker, 1871

Monalocoris **(*Monalocoris*)** ***filicis*** **(Linné, 1758) 고사리장님노린재**
Cimex filicis Linnaeus, 1758
Monalocoris japonensis Linnavuori, 1961

Monosynamma bohemanni **(Fallén, 1829) 둥근버들애장님노린재(신칭)**
Phytocoris bohemanni Fallén, 1829
Phytocoris ruficollis Fallén, 1829
Capsus furcatus Herrich-Schaeffer, 1835
Phytocoris nigritula Zetterstedt, 1838
Monosynamma scotti Scott, 1864
Microsynamma scotti Fieber, 1864
Plagiognathus (*Neocoris*) *putonii* Reuter, 1875
Psallus rubronotatus Jakovlev, 1876

Myiophanes tipulina **Reuter, 1881 각다귀침노린재**
Myiophanes tipulina Reuter, 1881
Orthunga bivittata Uhler, 1896
Miyophanes pilipes Distant, 1903

Myrmus lateralis **Hsiao, 1964 옆소금쟁이잡초노린재**
Myrmus lateralis Hsiao, 1964

Nabis flavomarginatus **Scholtz, 1847 둘레쐐기노린재**

Nabis dorsatus Dahlbom, 1851

Nabis nervosus Dahlbom, 1852

Nabis lhesgicus Kolenati, 1857

Nabis (Halonabis) sinicus (Hsiao, 1964) 중국쐐기노린재

Halonabis sinicus Hsiao, 1964

Nabis (Milu) apicalis Matsumura, 1913 미니날개애쐐기노린재

Nabis apicalis Matsumura, 1913

Nabis (Milu) reuteri Jakovlev, 1876 로이터쐐기노린재

Nabis reuteri Jakovlev, 1876

Nabis (Nabis) punctatus mimoferus Hsiao, 1964 점쐐기노린재

Nabis mimoferus Hsiao, 1964

Nabus feroides lindbergi Remane, 1964

Nabis (Nabis) stenoferus Hsiao, 1964 긴날개쐐기노린재

Nabis stenoferus Hsiao, 1964

Nabis palliferus Hsiao, 1964

Nabis mandschuricus Remane, 1964

Nabis (Tropiconabis) capsiformis Germar, 1838 등줄갈색날개쐐기노린재

Nabis capsiformis Germar, 1838

Nabis angusta Brullé, 1839

Nabis longipennis A. Costa, 1847

Nabis caffra Stål, 1855

Nabis siticus Walker, 1870

Nabis elongatus Meyer-Dür, 1870

Nabis innonatus White, 1877

Nabis brullei Lethierry & Severin, 1896

Neolethaeus assamensis (Distant, 1901) 아샘긴노린재

Lethaeus assamensis Distant, 1901

Neolethaeus dallasi (Scott, 1874) 달라스긴노린재

Lethaeus dallasi Scott, 1874

Neomegacoelum vitreum (Kerzhner, 1988) 홍색유리날개장님노린재

Creontiades vitreum Kerzhner, 1988

Nesidiocoris tenuis (Reuter, 1895) 담배장님노린재

Cyrtopeltis tenuis Reuter, 1895

Gallobelicus crassicornis Distant, 1904

Cyrtopeltis javanus Poppius, 1914

Dicyphus nocivus Fulmek, 1925

Cyrtopeltis (Nesidiocoris) ebaeus Odhiambo, 1961

Neuroctenus argyraeus S.L. Liu, 1981 새긴넓적노린재

Neuroctenus argyraeus S.L. Liu, 1981

Neuroctenus ater (Jakovlev, 1878) 애긴넓적노린재

Mezira atra Jakovlev, 1878

Mezira brevicorne Reuter, 1884

Neuroctenus castaneus (Jakovlev, 1878) 큰넓적노린재

Mezira castaneus Jakovlev, 1878

Mezira oviventris Reuter, 1884

Nezara antennata Scott, 1874 풀색노린재

Nezara antennata Scott, 1874

Ninomimus flavipes (Matsumura, 1913) 머리폭긴노린재

Lygaeosoma flavipes Matsumura, 1913

Ninomimus lundbladi Lindberg, 1934

Nysius eximius Stål, 1858 고운애긴노린재

Nysius eximius Stål, 1858

Nysius hidakai Nakatani, 2015 닮은애긴노린재(신칭)

Nysius hidakai Nakatani, 2015

Nysius plebeius Distant, 1883 애긴노린재

Nysius plebeius Distant, 1883

Okeanos quelpartensis Distant, 1911 제주노린재

Okeanos quelpartensis Distant, 1911

Oncocephalus assimilis Reuter, 1882 비율빈침노린재

Oncocephalus assimilis Reuter, 1882

Oncocephalus misellus Dispons, 1968

Oncocephalus breviscutum Reuter, 1882 어리큰침노린재

Oncocephalus breviscutum Reuter, 1882

Oncocephalus simillimus Reuter, 1888 닮은큰침노린재

Oncocephalus simillimus Reuter, 1888

Oncocephalus confusus Hsiao, 1977

Oncocephalus colusus P.V. Putshkov in P.V. Putshkov *et al*., 1987

Oncocephalus hsiaoi Maldonado Capriles, 1990

Orthocephalus funestus Jakovlev, 1881 암수다른장님노린재

Orthocephalus funestus Jakovlev, 1881

Orthocephalus beresovskii Reuter, 1906

Orthonotus bicoloripes Kerzhner, 1988 코애장님노린재

Orthonotus bicoloripes Kerzhner, 1988

Orthophylus yongmuni Duwal & Lee, 2011 용문장님노린재(신칭)

Orthophylus yongmuni Duwal & Lee, 2011

Orthops (*Orthops*) *scutellatus* Uhler, 1877 바른장님노린재

Orthops scutellatus Uhler, 1877
Lygus flavoscutellatus Matsumura, 1911
Lygus buchanani Poppius, 1914
Lygus udonis Matsumura, 1917
Lygus sachalinus Carvalho, 1959

Orthotylus (_Melanotrichus_) _flavosparsus_ (C.R. Sahlberg, 1841) 명아주장님노린재
Phytocoris flavosparsus C.R. Sahlberg, 1841
Phytocoris viridipennis Dahlbom, 1851
Oncotylus pulchellus Reuter, 1874
Orthotylus viridipunctatus Reuter, 1899
Tuponia guttula Matsumura, 1917
Orthotylus parallelus Lindberg, 1927
Orthotylus nigropilosus Lindberg, 1934

Orthotylus (_Melanotrichus_) _parvulus_ Reuter, 1879 산들장님노린재
Orthotylus parvulus Reuter, 1879
Orthotylus (*Melanotrichus*) *namphoensis* Josifov, 1976

Orthotylus (_Orthotylus_) _interpositus_ Schmidt, 1983 큰노란테들장님노린재
Orthotylus (*Orthotylus*) *interpositus* Schmidt, 1983

Orthotylus (_Orthotylus_) _pallens_ (Matsumura, 1911) 산버들장님노린재
Calocoris pallens Matsumura, 1911
Orthotylus (*Orthotylus*) *emiliae* Kerzhner, 1972

Orthotylus (_Pseudorthotylus_) _bilineatus_ (Fallén, 1807) 검은줄들장님노린재
Capsus bilineatus Fallén, 1807
Capsus kirschbaumii Flor, 1860
Pseudorthotylus sordidus Poppius, 1914
Onychomiris victoriae J. Ribes & E. Ribes, 1998

Pachybrachius luridus Hahn, 1826 짧은알락긴노린재
Pachybrachius luridus Hahn, 1826
Pamera erubescens Distant, 1883

Pachybrachius pictus (Scott, 1880) 각시표주박긴노린재
Pamerarma picta Scott, 1880

Pachygrontha antennata (Uhler, 1860) 더듬이긴노린재
Peliosoma antennata Uhler, 1860
Pachygrontha nigriventris Reuter, 1881

Palomena angulosa (Motschulsky, 1861) 북방풀노린재
Cimex angulosa Motschulsky, 1861
Mormydea basicornis Motschulsky, 1866
Palomena amurensis Reuter, 1908

Palomena viridissima (Poda, 1761) 민풀노린재

Cimex viridissimus Poda, 1761

Palomena rotundicollis Westwood, 1837

Palomena amplificata Distant, 1880

Pamerana scotti (Distant, 1901) 스코트표주박긴노린재

Pamerana scotti Distant, 1901

Panaorus albomaculatus (Scott, 1874) 흰무늬긴노린재

Calyptonotus albomaculatus Scott, 1874

Panaorus csikii (Horváth, 1901) 어리흰무늬긴노린재

Aphanus (*Elasmolomus*) *csikii* Horváth, 1901

Aphanus (*Graptopeltus*) *chinensis* Lindberg, 1934

Aphanus (*Ragliodes*) *amurensis* Lindberg, 1934

Panaorus japonicus (Stål, 1874) 굴뚝긴노린재

Pachymerus (*Graptopeltus*) *japonicus* Stål, 1874

Graptopeltus angustatus Montandon, 1889

Pantilius (*Coreidomiris*) *hayashii* Miyamoto & Yasunaga, 1989 어깨장님노린재

Pantilius hayashii Miyamoto & Yasunaga, 1989

Pantilius (*Pantilius*) *tunicatus* (Fabricius, 1781) 민어깨장님노린재(신칭)

Cimex tunicatus Fabricius, 1781

Paradasynus spinosus Hsiao, 1963 남방가시허리노린재(신칭)

Paradasynus spinosus Hsiao, 1963

Paradieuches dissimilis (Distant, 1883) 갈색무늬긴노린재

Dieuches dissimilis Distant, 1883

Parapiesma quadratum (Fieber, 1844) 사각명아주노린재(신칭)

Zosmenus quadratus Fieber, 1844

Zosmenus dilatatus Jakovlev, 1873

Zosmenus convexicollis Jakovlev, 1873

Piesma chinianum Drake & Maa, 1953

Piesma spergulariae Woodroffe, 1966

Parapsallus vitellinus (Scholtz, 1847) 어리애장님노린재

Capsus vitellinus Scholtz, 1847

Psallus wagneri Rozhkov & Volkova, 1966

Paromius exiguus (Distant, 1883) 큰흑다리긴노린재

Paromius exiguus Distant, 1883

Paromius robustior Breddin, 1907

Paromius jejunus (Distant, 1883) 흑다리긴노린재

Paromius jejunus Distant, 1883

Peirates cinctiventris Horváth, 1879 검정침노린재

Peirates (Cleptocoris) cinctiventris Horváth, 1879

Peirates turpis **Walker, 1873 검정무늬침노린재**

Pirates turpis Walker, 1873

Pirates (Cleptocoris) brachypterus Horváth, 1879

Peltidolygus scutellatus **(Yasunaga & Lu, 1994) 솟은등장님노린재**

Zhengiella scutellatus Yasunaga & Lu, 1994

Pentatoma (Pentatoma) japonica **(Distant, 1882) 분홍다리노린재**

Tropicoris japonicus Distant, 1882

Pentatoma (Pentatoma) metallifera **(Motschulsky, 1860) 왕노린재**

Tropicoris metallifera Motschulsky, 1860

Tropicoris basnini Oshanin, 1870

Pentatoma (Pentatoma) parametallifera **L.Y. Zheng & Li, 1991 대왕노린재**

Pentatoma parametallifera Zheng & Li, 1991

Pentatoma (Pentatoma) rufipes **(Linnaeus, 1758) 홍다리노린재**

Cimex rufipes Linnaeus, 1758

Cimex notatus Poda, 1761

Pentatoma viridiaenea Palisot de Beauvois, 1811

Tropicoris nigricornis Reuter, 1879

Pentatoma (Pentatoma) semiannulata **(Motschulsky, 1860) 장흙노린재**

Tropicoris semiannulatus Motschulsky, 1860

Tropicoris armandi Fallou, 1881

Gudea ichikawana Distant, 1911

Peritrechus femoralis **Kerzhner, 1977 다리무늬긴노린재**

Peritrechus femoralis Kerzhner, 1977

Peritropis advena **Kerzhner, 1973 버섯장님노린재(신칭)**

Peritropis advena Kerzhner, 1973

Pherolepis kiritshenkoi **(Kerzhner, 1970) 붉은다리표주박장님노린재(신칭)**

Hypdrlorvud kiritshenkoi Kerzhner, 1970

Philostephanus glaber **(Kerzhner, 1988) 고운고리장님노린재**

Lygocoris (Arbolygus) glaber Kerzhner, 1988

Philostephanus rubripes **(Josifov, 1876) 광택장님노린재**

Calocoris rubripes Jakovlev, 1876

Adelphocoris flaviventris Reuter, 1908

Physatocheila fieberi **(Scott, 1874) 모시풀방패벌레**

Monanthia fieberi Scott, 1874

Physatocheila orientis **Drake, 1942 동쪽맵시방패벌레**

Physatocheila orientis Drake, 1942

Physatocheila smreczynskii **China, 1952 북쪽맵시방패벌레**

Physatocheila smreczynskii China, 1952
Physatocheila foersteri V.G. Putshkov, 1969
Physopelta (*Neophysopelta*) *gutta gutta* (Burmeister, 1834) 귤큰별노린재
Lygaeus (*Pyrrhocoris*) *gutta* Burmeister, 1834
Physopelta bimaculata Stål, 1855
Physopelta (*Neophysopelta*) *parviceps* Blöte, 1931 여수별노린재
Physopelta parviceps Blöte, 1931
Physopleurella armata Poppius, 1909 물장군꽃노린재
Physopleurella armata Poppius, 1909
Physopleurella obscura Poppius, 1909
Scoloposcelis japonicus Esaki, 1931
Phytocoris (*Ktenocoris*) *nowickyi* Fieber, 1870 진알락장님노린재
Phytocoris nowickyi Fieber, 1870
Phytocoris jakovleffi Reuter, 1876
Phytocoris (*Ktenocoris*) *singeri* Wagner, 1954
Phytocoris (*Phytocoris*) *goryeonus* Oh, Yasunaga & Lee, 2017 고려알락장님노린재(신칭)
Phytocoris (*Phytocoris*) *goryeonus* Oh, Yasunaga & Lee, 2017
Phytocoris (*Phytocoris*) *intricatus* Flor, 1861 알락장님노린재
Phytocoris intricatus Flor, 1861
Phytocoris (*Phytocoris*) *longipennis* Flor, 1861 길쭉알락장님노린재
Phytocoris longipennis Flor, 1861
Phytocoris (*Phytocoris*) *ohataensis* Linnavuori, 1963 큰알락장님노린재
Phytocoris ohataensis Linnavuori, 1963
Phytocoris scotinus Kerzhner, 1977
Phytocoris (*Phytocoris*) *pallidicollis* Kerzhner, 1977 흰가슴알락장님노린재(신칭)
Phytocoris (*Phytocoris*) *pallidicollis* Kerzhner, 1977
Phytocoris (*Phytocoris*) *shabliovskii* Kerzhner, 1988 산알락장님노린재
Phytocoris (*Phytocoris*) *shabliovskii* Kerzhner, 1988
Picromerus bidens (Linné, 1758) 알락주둥이노린재
Cimex bidens Linnaeus, 1758
Cimex bilobus Schrank, 1781
Picromerus fuscoannulatus Stål, 1858
Picromerus longicollis Jakovlev, 1902
Picromerus lewisi Scott, 1874 주둥이노린재
Picromerus lewisi Scott, 1874
Picromerus angusticeps Jakovlev, 1880
Picromerus vicinus Signoret, 1880
Picromerus similis Distant, 1883

Piezodorus hybneri (Gmelin, 1790) 가로줄노린재

Cimex rubrofasciatus Fabricius, 1787

Cimex hybneri Gmelin, 1790

Cimex flavesccens Fabricius, 1798

Raphigaster flavolineatus Westwood, 1837

Rhaphigaster virescens Amiyot & Serville, 1843

Nezara pellucida Ellenrieder, 1862

Pilophorus clavatus (Linnaeus, 1767) 대륙표주박장님노린재

Cimex clavatus Linnaeus, 1767

Capsus obscurellus Walker, 1873

Pilophorus lucidus Linnavuori, 1962 오리표주박장님노린재

Pilophorus lucidus Linnavuori, 1962

Pilophorus miyamotoi Linnavuori, 1961 솔표주박장님노린재

Pilophorus miyamotoi Linnavuori, 1961

Pilophorus setulosus Horváth, 1905 털표주박장님노린재

Pilophorus setulosus Horváth, 1905

Pilophorus typicus (Distant, 1909) 검정표주박장님노린재

Thaumaturgus typicus Distant, 1909

Pilophorus pullulus Poppius, 1914

Pinalitus nigriceps Kerzhner, 1988 극동꼭지장님노린재

Pinalitus nigriceps Kerzhner, 1988

Pinalitus rubeolus (Kulik, 1965) 꼭지장님노린재

Lygus (Orthops) rubeolus Kulik, 1977

Pinthaeus sanguinipes (Fabricius, 1781) 홍다리주둥이노린재

Cimex sanguinipes Fabricius, 1781

Asopus genei Costa, 1842

Pinthaeus humeralis Horváth, 1911

Placosternum esakii Miyamoto, 1990 얼룩대장노린재

Placosternum esakii Miyamoto, 1990

Plagiognathus (Plagiognathus) amurensis Reuter, 1883 발해다리장님노린재

Plagiognathus amurensis Reuter, 1883

Plagiognathus nigricornis Hsiao in Hsiao & Meng, 1963

Plagiognathus (Plagiognathus) collaris (Matsumura, 1911) 쑥다리장님노린재

Chlamydatus collaris Matsumura, 1911

Plagiognathus (Plagiognathus) yomogi Miyamoto, 1969 닮은다리장님노린재

Plagiognathus yomogi Miyamoto, 1969

Plautia stali Scott, 1874 갈색날개노린재

Plautia stali Scott, 1874

Nezara amurensis Reuter in Autran & Reuter, 1888

***Plinachtus bicoloripes* Scott, 1874 노랑배허리노린재**

Plinachtus bicoloripes Scott, 1874

Plinachtus similis Uhler, 1896

***Plinthisus* (*Dasythisus*) *kanyukovae* Vinokurov, 1981 극동좁쌀긴노린재**

Plinthisus (*Dasythisus*) *kanyukovae* Vinokurov, 1981

***Poecilocoris* (*Poecilocoris*) *lewisi* (Distant, 1883) 광대노린재**

Poecilochroma lewisi Distant, 1883

Poecilocoris separabilis W.I. Yang, 1934

***Poecilocoris* (*Poecilocoris*) *splendidulus* Esaki, 1935 큰광대노린재**

Poecilocoris splendidulus Esaki, 1935

***Polididus armatissimus* Stål, 1859 가시침노린재**

Polididus armatissimus Stål, 1859

Acanthodesma perarmata Uhler, 1896

***Polymerias opacipennis* (Lindberg, 1934) 산장님노린재**

Calocoris opacipennis Lindberg, 1934

Polymerias lonicerae Yasunaga, 1997

***Polymerus* (*Poeciloscytus*) *cognatus* (Fieber, 1858) 각시장님노린재**

Poeciloscytus cognatus Fieber, 1858

***Polymerus* (*Polymerus*) *amurensis* Kerzhner, 1988 노란수염장님노린재**

Polymerus (*Polymerus*) *amurensis* Kerzhner, 1988

***Polymerus* (*Polymerus*) *pekinensis* Horváth, 1901 페킨장님노린재**

Polymerus pekinensis Horváth, 1901

Poeciloscytus funestus Reuter, 1906

***Psallus* (*Apocremnus*) *ater* Josifov, 1983 나도우리장님노린재**

Psallus (*Apocremnus*) *ater* Josifov, 1983

***Psallus* (*Apocremnus*) *michaili* Kerzhner & Schuh, 1995 검정우리장님노린재**

Psallus (*Apocremnus*) *niger* Josifov, 1992

Psallus michaili Kerzhner & Schuh, 1995

***Psallus* (*Apocremnus*) *stackelbergi* Kerzhner, 1988 큰검정우리장님노린재(신칭)**

Psallus (*Apocremnus*) *stackelbergi* Kerzhner, 1988

***Psallus* (*Calopsallus*) *clarus* Kerzhner, 1988 갈참우리장님노린재**

Psallus (*Psallus*) *clarus* Kerzhner, 1988

***Psallus* (*Calopsallus*) *tesongsanicus* Josifov, 1983 대성산우리장님노린재**

Psallus (*Psallus*) *tesongsanicus* Josifov, 1983

***Psallus* (*Calopsallus*) *roseoguttatus* Yasunaga & Vinokurov, 2000 붉은점우리장님노린재(신칭)**

Psallus (*Calopsallus*) *roseoguttatus* Yasunaga & Vinokurov, 2000

Psallus (*Hylopsallus*) *suwonanus* Duwal, Yasunaga, Jung & Lee, 2012
수원우리장님노린재(신칭)

Psallus (*Hylopsallus*) *suwonanus* Duwal, Yasunaga, Jung & Lee, 2012

Psallus (*Hylopsallus*) *taehwana* Duwal, 2015 태화우리장님노린재(신칭)

Psallus (*Hylopsallus*) *taehwana* Duwal, 2015

Psallus (*Hylopsallus*) *tonnaichanus dolerus* Kerzhner, 1979 해동우리장님노린재

Psallus (*Phylidea*) *dryos dolerus* Kerzhner, 1979

Psallus (*Phylidea*) *castaneae* Josifov, 1983 밤우리장님노린재

Psallus (*Phylidea*) *castaneae* Josifov, 1983

Psallus (*Phylidea*) *cinnabarinus* Kerzhner, 1979 선홍우리장님노린재(신칭)

Psallus (*Phylidea*) *cinnabarinus* Kerzhner, 1979

Psallus (Phylidea) *flavescens* Kerzhner, 1988 주황우리장님노린재(신칭)

Psalllus (*Phylidea*) *flavescens* Kerzhner, 1988

Psallus (*Psallus*) *amoenus* Josifov, 1983 발해우리장님노린재

Psallus (*Psallus*) *amoenus* Josifov, 1983

Psallus (*Psallus*) *bagjonicus* Josifov, 1983 북한우리장님노린재

Psallus (*Psallus*) *bagjonicus* Josifov, 1983

Psallus (*Psallus*) *koreanus* Josifov, 1983 우리장님노린재

Psallus (*Psallus*) *koreanus* Josifov, 1983

Psallus koreanus Kerzhner, 1988

Psallus (*Psallus*) *koreanus* Duwal *et al*., 2012

Pseudoloxops imperatorius (Distant, 1909) 홍테들장님노린재(신칭)

Aretas imperatorius Distant, 1909

Pseudoloxops miyamotoi Yasunaga, 1997 다리홍점들장님노린재

Pseudoloxops miyamotoi Yasunaga, 1997

Pseudoloxops miyatakei Miyamoto, 1969 홍색들장님노린재

Pseudoloxops miyatakei Miyamoto, 1969

Proboscidocoris (*Proboscidocoris*) *varicornis* (Jakovlev, 1904) 큰흰솜털검정장님노린재

Polymerus varicornis Jakovlev, 1904

Prosomoeus brunneus Scott, 1874 멋쟁이긴노린재

Prosomoeus brunneus Scott, 1874

Ligyrocoris terminalis Uhler, 1896

Prostemma (*Prostemma*) *hilgendorfii* Stein, 1878 알락날개쐐기노린재

Prostemma hilgendorfii Stein, 1878

Prostemma (*Prostemma*) *kiborti* (Jakovlev, 1889) 노랑날개쐐기노린재

Prostemma kiborti Jakovlev, 1889

Prostemma vibittata Jakovlev, 1889

Prostemma lugubris Jakovlev, 1889

Nabis longicornis Reuter in Reuter & Poppius, 1909
Prostemma flavipennis Fukui, 1927
Prostemma fulvipennis Lindberg, 1934
Prostemma quelpartense Miyamoto & Lee, 1966

Pterotmetus staphyliniformis **(Schilling, 1829) 주황날개긴노린재(신칭)**
Pachymerus staphyliniformis Schilling, 1829
Plociomerus brachypterus Boheman, 1852

Punctifulvius kerzhneri **Schmitz, 1978 원장님노린재**
Punctifulvius kerzhneri Schmitz, 1978

Pygolampis bidentata **(Goeze, 1778) 호리납작침노린재**
Cimex bidentata Goeze, 1778
Cimex bifurcatus Goeze, 1778
Cimex pallipes Fabricius, 1781
Miris rusticus Panzer, 1804
Gerris denticollis Fallén, 1807
Pygolampis denticulata Germar, 1817
Ochetopus spinicollis Hahn, 1833
Lygaeus spinulatus Contarini, 1847
Pygolampis cognata Horváth, 1899
Pygolampis cortesae Dispons, 1955

Pygolampis foeda **Stål, 1859 큰호리납작침노린재(신칭)**
Pygolampis foeda Stål, 1859

Pylorgus colon **(Thunberg, 1784) 머리울도긴노린재**
Cimex colon Thunberg, 1784
Domiduca chinai Esaki, 1931

Pylorgus yasumatsui **Hidaka & Izzard, 1960 밝은울도긴노린재(신칭)**
Pylorgus yasumatsui Hidaka et Izzard, 1960

Pyrrhocoris sibiricus **Kuschakewitsch, 1886 땅별노린재**
Pyrrhocoris sibiricus Kuschakewitsch, 1866
Pyrrhocoris fieberi Kuschakewitsch, 1866
Pyrrhocoris maculicollis Walker, 1872
Pyrrhocoris tibialis Stål, 1874
Pyrrhocoris coriaceus Scott, 1874
Pyrrhocoris dispar Jakovlev, 1880
Dermatinus reticulatus Signoret, 1881
Scantius formosanus Bergroth, 1914

Pyrrhocoris sinuaticollis **Reuter, 1885 별노린재**
Pyrrhocoris sinuaticollis Reuter, 1885

Pyrrhocoris stehliki Kanyukova, 1982

Reduvius decliviceps **Hsiao, 1976 뿔침노린재**

Reduvius decliviceps Hsiao, 1976

Remaudiereana flavipes (Motschulsky, 1863) 노란털긴노린재

Remaudiereana flavipes Motschulsky, 1863

Pamera inermicrus Stål, 1874

Rhabdomiris pulcherrimus (Lindberg, 1934) 참산장님노린재

Calocoris pulcherrimus Lindberg, 1934

Rhacognathus corniger Hsiao & Cheng, 1977 애주둥이노린재

Rhacognathus corniger Hsiao and Cheng, 1977

Rhacognathus lamellifer Josifov and Kerzhner, 1978

Rhopalus (*Aeschyntelus*) *latus* (Jakovlev, 1883) 긴잡초노린재

Corizus latus Jakovlev, 1883

Rhopalus (*Aeschynteles*) *angularis* Reuter, 1888

Rhopalus (*Aeschynteles*) *robustus* Reuter, 1891

Corizus reuteri Lethierry & Severin, 1894

Aeschyntelus notatus Hsiao, 1963

Rhopalus (*Aeschyntelus*) *maculatus* (Fieber, 1837) 붉은잡초노린재

Corizus maculatus Fieber, 1837

Corizus maculatus Herrich-Schaeffer, 1840

Rhopalus chinensis Dallas, 1852

Corizus ledi Boheman, 1852

Corizus meridionalis Jakovlev, 1869

Rhopalus (*Aeschyntelus*) *sapporensis* (Matsumura, 1905) 삿포로잡초노린재

Corizus sapporensis Matsumura, 1905

Corizus sparsus Blöte, 1934

Aeschyntelus communis Hsiao, 1963

Rhopalus (*Rhopalus*) *parumpunctatus* Schilling, 1829 잡초노린재

Rhopalus parumpunctatus Schilling, 1829

Corizus pratensis Fallén, 1829

Rhynocoris (*Rhynocoris*) *leucospilus sibiricus* (Stål, 1859) 배홍무늬침노린재

Reduvius sibiricus Jakovlev, 1893

Rhynocoris (*Rhynocoris*) *leucospilus rubromarignatus* (Jakovlev, 1893) 홍도리침노린재

Harpactor rubromarginatus Jakovlev, 1893

Harpactor ornatus Uhler, 1896

Riptortus (*Riptortus*) *pedestris* (Fabricius, 1775) 톱다리개미허리노린재

Cimex pedestris Fabricius, 1775

Cimex clavatus Thunberg, 1783

Lygaeus fuscus Fabricius, 1798
Alydus ventralis Westwood, 1842
Alygus major Dohrn, 1860
Camptopus annulatus Uhler, 1860
Riptortus nipponensis Kirkaldy, 1909

Rubiconia intermedia (Wolff, 1811) 애기노린재
Cydnus intermedius Wolff, 1811
Pentatoma lunatum Herrich-Schaeffer, 1833
Pentatoma neglectum Herrich-Schaeffer, 1853
Eysarcoris sahlbergi Stål, 1858

Rubiconia peltata Jakovlev, 1890 극동애기노린재
Rubiconia peltata Jakovlev, 1890

Rubrocuneocoris quercicola Josifov, 1987 참나무장님노린재
Rubrocuneocoris quercicola Josifov, 1987

Sadoletus izzardi Hidaka, 1959 가슴긴노린재(신칭)
Sadoletus izzardi Hidaka, 1959

Sastragala esakii Hasegawa, 1959 에사키뿔노린재
Sastragala esakii Hasegawa, 1959

Sastragala scutellata (Scott, 1874) 노랑무늬뿔노린재
Acanthosoma scutellata Scott, 1874

Sastrapada oxyptera Bergroth, 1922 깔따구침노린재
Sastrapada oxyptera Bergroth, 1922

Scotinophara horvathi Distant, 1883 갈색큰먹노린재
Scotinophora horvathi Distant, 1883 (속명 오기)

Scotinophara lurida (Burmeister, 1834) 먹노린재
Tetyra lurida Burmeister, 1834

Scotinophara scottii Horváth, 1879 꼬마먹노린재
Scotinophara tarsalis Scott, 1874
Scotinophara scotti Horváth, 1879

Scudderocoris albomarginatus (Scott, 1874) 표주박긴노린재
Gyndes albomarginatus Scott, 1874

Sejanus jugulandis Yasunaga, 2001 흰무늬검빛장님노린재(신칭)
Sejanus jugulandis Yasunaga, 2001

Sejanus vivaricolus Yasunaga & Ishikawa, 2013 민무늬검빛장님노린재(신칭)
Sejanus vivaricolus Yasunaga & Ishikawa, 2013

Sepontiella aenea (Distant, 1883) 구슬노린재
Sepontia aenea Distant, 1883

Serendiba staliana (Horváth, 1879) 긴수염침노린재

Endochus stalianus Horváth, 1879

Sirthenea koreana Lee & Kerzhner, 1996 우리노랑침노린재

Sirthenea koreana Lee & Kerzhner, 1996

Sirthenea (*Sirthenea*) *flavipes* (Stål, 1855) 노랑침노린재

Rasahus flavipes Stål, 1855

Rasahus cumingi Dohrn, 1860

Rasahus apicalis Signoret, 1862

Pirates strigifer Walker, 1873

Pirates basiger Walker, 1873

Sphedanolestes (*Sphedanolestes*) *impressicollis* (Stål, 1861) 다리무늬침노린재

Reduvius impressicollis Stål, 1861

Harpactor bituberculatus Jakovlev, 1893

Staccia plebeja Stål, 1866 새멸구잡이침노린재

Staccia plebeja Stål, 1866

Stenodema (*Brachystira*) *calcarata* (Fallén, 1807) 홍맥장님노린재

Miris calcaratus Fallén, 1807

Miris dentata Hahn, 1831

Miris curticollis A. Costa, 1853

Stenodema (*Stenodema*) *longula* L.Y. Zheng, 1981 긴보리장님노린재(신칭)

Stenodema longulum L.Y. Zheng, 1981

Stenodema (*Stenodema*) *rubrinervis* Horváth, 1905 보리장님노린재

Stenodema rubrinerve Horváth, 1905

Stenonabis yasumatsui Miyamoto & Lee, 1966 미니날개쐐기노린재

Stenonabis yasumatsui Miyamoto and Lee, 1966

Stenonabis uhleri Miyamoto, 1964 강변쐐기노린재

Stenonabis uhleri Miyamoto, 1964

Stenotus binotatus (Fabricius, 1974) 두점박이장님노린재

Lygaeus binotatus Fabricius, 1974

Stenotus sareptanus Jakovlev, 1877

Stenotus rubrovittatus (Matsumura, 1913) 홍색얼룩장님노린재

Calocoris rubrovittatus Matsumura, 1913

Stenotus rubrocinctus Linnavuori, 1961

Stephanitis (*Stephanitis*) *ambigua* Horváth, 1912 생강나무방패벌레

Stephanitis (s. str.) *ambigua* Horváth, 1912

Stephanitis (*Stephanitis*) *fasciicarina* Takeya, 1931 후박나무방패벌레

Stephanitis fasciicarina Takeya, 1931

Stephanitis kyushuana Drake, 1948

Stephanitis (*Stephanitis*) *nashi nashi* Esaki & Takeya, 1931 배나무방패벌레

Stephanitis nashi Esaki & Takeya, 1931

Stephanitis (*Stephanitis*) *pyrioides* (Scott, 1874) 진달래방패벌레

Tingis pyriodes Scott, 1874

Stephanitis azaleae Horváth, 1905

Stethoconus japonicus Schumacher, 1917 방패장님노린재

Stethoconus japonicus Schumacher, 1917

Stictopleurus minutus Blöte, 1934 점흑다리잡초노린재

Stictopleurus minutus Blöte, 1934

Stigmatonotum geniculatum (Motschulsky, 1863) 얼룩꼬마긴노린재

Plociomerus geniculatus Motschulsky, 1863

Plociomera japonica Distant, 1883

Stigmatonutum minutum Malipatil, 1978

Stigmatonotum rufipes (Motschulsky, 1866) 꼬마긴노린재

Plociomerus rufipes Motschulsky, 1866

Stigmatonotum sparsum Lindberg, 1927

Strongylocoris leucocephalus (Linnaeus, 1758) 둥글깡충장님노린재

Cimex leucocephalus Linnaeus, 1758

Systellonotus malaisei Lindberg, 1934 개미사돈장님노린재

Systellonotus malaisei Lindberg, 1934

Taylorilygus apicalis (Fieber, 1861) 밝은색장님노린재

Phytocoris pallidulus Blanchard, 1852 (junior HM)

Lygus apicalis Fieber, 1861

Lygus putoni Meyer-Dür, 1870

Lygus carolinae Reuter, 1876

Lygus prasinus Reuter, 1876

Capsus (*Deraeocoris*) *uruguayensis* Berg, 1878

Lygus godmani Distant, 1893

Lygus osiris Kirkaldy, 1902

Lygus pubens Distant, 1904

Lygus immitis Distant, 1904

Lygus neovalesicus Bergroth, 1912

Lygus gryllus Girault, 1936

Termatophylum hikosanum Miyamoto, 1965 꽃무늬장님노린재

Termatophylum hikosanum Miyamoto, 1965

Tingis (*Tingis*) *crispata* (Herrich-Schaeffer, 1838) 애털쑥방패벌레

Derephysia crispata Herrich-Schaffer, 1838

Monanthia pallida Garbiglietti, 1869

Dictyonota comosa Takeya, 1931

Tingis modosa Drake, 1937

Tinginotum perlatum Linnavuori, 1961 무늬털장님노린재

Tinginotum perlatum Linnavuori, 1961

Tinginotum pini Kulik, 1965 다리무늬털장님노린재

Tinginotum pini Kulik, 1965

Tinginotum distinctum Miyamoto & Lee, 1966

Tingis (*Tingis*) *synuri* Takeya, 1962 수리취방패벌레

Tingis (s. str.) *synuri* Takeya, 1962

Tingis (*Tropidocheila*) *matsumurai* Takeya, 1962 검정방패벌레(신칭)

Tingis (*Tropidocheila*) *matsumurai* Takeya, 1962

Togo hemipterus (Scott, 1874) 미디표주박긴노린재

Diplonotus hemipterus Scott, 1874

Togo victor Bergroth, 1906

Trichodrymus pallipes Josifov & Kerzhner, 1978 털꼭지긴노린재

Trichodrymus pallipes Josifov & Kerzhner, 1978

Trichodrymus pameroides Lindberg, 1927 애털꼭지긴노린재

Trichodrymus pameroides Lindberg, 1927

Trigonotylus caelestialium (Kirkaldy, 1902) 빨간촉각장님노린재

Megaloceraea caelestialium Kirkaldy, 1902

Trigonotylus procerus Jorigtoo & Nornnaizab, 199

Tropidothorax cruciger (Motschulsky, 1860) 십자무늬긴노린재

Lygaeus cruciger Motschulsky, 1860

Melanospilus elegans Distant, 1883

Lygaeus jakowleffi Lethierry and Séverin, 1894

Tropidothorax sinensis (Reuter, 1888) 중국십자무늬긴노린재

Lygaeus marginatus var. *sinensis* Reuter, 1888

Lygaeus belogolowi Jakovlev, 1889

Tytthus chinensis (Stål, 1860) 중국장님노린재

Capsus chinensis Stål, 1860

Cyrtorrhinus elongatus Poppius, 1915

Cyrtorrhinus annulicollis Poppius, 1915

Cyrtorrhinus riveti Cheesman, 1927

Tytthus koreanus Josifov & Kerzhner, 1972

Uhlerites debilis (Uhler, 1896) 참나무방패벌레

Phyllontochila debile Uhler, 1896

Stephanitis (*Norba*) *x-nigrum* Lindberg, 1927

Uhlerites gracilis Josifov, 1982

Ulmica baicalica (Kulik, 1965) 다리흑선들장님노린재(신칭)

Malacocoris baicalica Kulik, 1965

Urochela (*Urochela*) *quadrinotata* (Reuter, 1881) 두쌍무늬노린재

Paurochela quadrinotata Reuter, 1881

Urochela jozankeana Matsumura, 1913

Urochela scutellata Yang, 1938

Urochela (*Urochela*) *tunglingensis* Yang, 1939 애두쌍무늬노린재

Urochela tunglingensis Yang, 1939

Urostylis annulicornis Scott, 1874 작은주걱참나무노린재

Urostylis annulicornis Scott, 1874

Urostylis virescens Reuter in Autran & Reuter, 1888

Urostylis geniculatus Jakovlev, 1889

Urostylis adiai Nonnaizab, 1984

Urostylis lateralis Walker, 1867 뒷창참나무노린재

Urostylis lateralis Walker, 1867

Urostylis striicornis Scott, 1874 큰주걱참나무노린재

Urostylis striicornis Scott, 1874

Urostylis trullata Kerzhner, 1966 갈참나무노린재

Urostylis trullata Kerzhner, 1966

Urostylis westwoodi Scott, 1874 참나무노린재

Urostylis westwoodi Scott, 1874

Usingerida verrucigera (Bergroth, 1892) 산넓적노린재

Brachyrrhynchus verruciger Bergroth, 1892

Velinus nodipes (Uhler, 1860) 껍적침노린재

Harpactor nodipes Uhler, 1860

Reduvius subscriptus Stål, 1861

Yemma exilis Horváth, 1905 실노린재

Yemma exilis Horváth, 1905

Zicrona caerulea (Linné, 1758) 남색주둥이노린재

Cimex caeruleus Linnaeus, 1758

Cimex chalybeus Gmelin, 1790

Pentatoma concinna Westwood, 1837

Pentatoma violacea Westwood, 1837

Zircrona illustris Amyot & Serville, 1843

Zicrona cuprea Dallas, 1851

- Ahn, S.J. 2010. *Hemiptera of Korea*. 294 pp. Piltong Publ., Seoul, Korea.
- Aukema, Berend & Christian Rieger (eds.). 1995~2013. *Catalogue of the Heteroptera of the Palaearctic Region* 1~6. The Netherlands Entomological Society, Amsterdam.
- Cheong, S-W. 2014. *Entomological Research Bulletin* 30: 89-95
- Cho, Y.J. & Y.J. Kwon. 2008. A new genus and species of the Mirine plant bug (Hemiptera: Miridae: Mirinae) from South Korea. *Zootaxa* 1825: 65-68.
- Cho, Y.J., Y.J. Kwon & S.J. Suh. 2008. First record of the genus *Adelphocorisella* Miyamoto and Yasunaga (Hemiptera: Miridae) from Korea. *Entomological Research* 38: 226-228.
- Cho, Y.J., Y.J. Kwon & S.J. Suh. 2010. *Bryocoris gracilis* (Hemiptera: Miridae) New to Korea. *Korean Journal of Systematic Zoology* 23(3): 321-323.
- Darryl, F. 2013. Scientists wage war on pervasive stink bugs. The Washington Post. Retrieved May 27, 2013.
- Derzhansky, V.V., I.M. Kerzhner & L. P. Danilovich, 2002. Holotypes and lectotypes of Palaearctic Pentatomoidea in the collection of the Zoological Institute, St. Petersburg (Heteroptera). *Zoosystematica Rossica* 10: 361-371.
- Duwal, R.K. & S.H. Lee. 2011. A new genus, three new species, and new records of plant bugs from Korea (Hemiptera: Heteroptera: Miridae: Phylinae: Phylini). *Zootaxa* 3049: 47-58
- Duwal, R.K. & S.H. Lee. 2015. Additional descriptions of the plant bug genus *Psallus* from the Korean Peninsula (Hemiptera: Heteroptera: Miridae: Phylinae). *Zootaxa* 3926(4): 585-594.
- Duwal, R.K., S.H. Jung & S.H. Lee. 2014. A taxonomic review of the plant bug tribe Pilophorini (Hemiptera: Miridae: Phylinae) from the Korean Peninsula. *Journal of Asia-Pacific Entomology* 17: 257-271
- Duwal, R.K., S.H. Jung, T. Yasunaga & S.H. Lee. 2016. Annotated catalogue of the Phylinae (Heteroptera: Miridae) from the Korean Peninsula. *Zootaxa* 4067(2): 101-134.
- Duwal, R.K., T. Yasunaga, S.H. Jung & S.H. Lee. 2012. The plant bug genus *Psallus* (Heteroptera: Miridae) in the Korean Peninsula with descriptions of three new species. *European Journal of Entomology* 109: 603-632
- Duwal, R.K., T. Yasunaga, Y. Nakatani & S.H. Lee. 2015. New distributional records for the plant bug genus *Cimidaeorus* Hsiao and Ren (Hemiptera: Miridae: Deraeocorinae) from the Korean Peninsula. *Journal of Asia-Pacific Entomology* 18(2): 249-251
- Gao C., E. Kondorosy & W. Bu. 2013. A review of the genus *Arocatus* from Palaearctic

and Oriental Regions (Hemiptera: Heteroptera: Lygaeidae). *The Raffles Bulletin of Zoology* 61(2): 687-704.

- Gapon, D.A. 2014. Revision of the genus *Polymerus* (Heteroptera: Miridae) in the Eastern Hemisphere. Part 1: Subgenera *Polymerus, Pachycentrum* subgen. nov. and new genus *Dichelocentrum* gen. nov. *Zootaxa* 3787(1): 001–087.
- Hsiao, T.Y., R.Z. Ren, L.Y. Zheng, H.L. Jing, H.G. Zou and S.L. Liu. 1981. *A Handbook for the Chinese Hemiptera: Heteroptera*. Volume 2. 1-1724 pp. Science Press, Beijing.
- Hsiao, T.Y., S.Z. Ren (as S.C. Jen), L.Y. Zheng (as L.I. Cheng), H.L. Jing (as Ching) & S.L. Liu. 1977. *A Handbook for the determination of the Chinese Hemiptera: Heteroptera*. 1. 1-330 pp. Science Press, Beijing.
- Hwang, Jong Seok, Jin Hyung Kwon, Sang Jae Suh & Yong Jung Kwon. 2014. Taxonomic revision of the genus *Paromius* Fieber from Korea. *Current Research on Agriculture and Life Sciences* 32(1): 24-29.
- Ishikawa, T. 2005. The thread-legged assassin bug genus *Gardena* (Heteropetera: Reduviidae) from Japan. *Tijdschrift voor Entomologie*, 148: 209-224.
- Ishikawa, T., Takai, M. and Yasunaga, T. (eds.) 1993-2012. *A Field Guide to Japanese Bugs-Terrestrial Heteropterans*-1,2,3. 380, 350, 576 pp. Zenkoku Noson Kyoiku Kyokai, Publishing Co., Ltd., Tokyo.
- Jakovlev, V.E. 1893. Reduviidae Palaearcticae novae. *Horae Societatis Entomologiccae Rossicae* 27: 319-325.
- Jakovlev, V.E. 1904. Hémiptères-Hétéroptères nouveaux de la faune paléarctique IX. *Revue Russe d'Engomologie* 4: 23-26. (p. 23)
- Josifov, M. & I.M. Kerzhner. 1972. Heteroptera aus Korea. 1. Teil (Ochteridae, Gerridae, Saldidae, Nabidae, Anthocoridae, Miridae, Tingidae und Rediviidae). *Annales Zoologici* 29: 147-180.
- Jung, S., Kim, J. & Duwal, R.K. 2017. An annotated catalogue of the subfamily Orthotylinae (Hemiptera: Heteroptera: Miridae) from the Korean Peninsula. *Journal of Asia-Pacific Biodiversity*, 10, 403-408.
- Jung, S.H., I.M. Kerzhner & S.H. Lee. 2011. Species of the genus *Eurydema* (Hemiptera: Heteroptera: Pentatomidae) in far east asia: An integrated approach using morphological, molecular, and data crossing analyses for taxonomy. *Zootaxa* 2917: 48-58
- Jung, S.H., R.K. Duwal & S.H. Lee. 2012. Aphid–feeding plant bug: A new record of *Dicyphus miyamotoi* Yasunaga (Hemiptera: Heteroptera: Miridae: Bryocorinae) from the Korean Peninsula. *Zootaxa* 3247: 61-64.
- Jung, S.H., R.K. Duwal & S.H. Lee. 2015. A new record of the subfamily Isometopinae (Heteroptera: Miridae) from the Korean Peninsula. *Zootaxa* 3911(4): 598–600.
- Jung, S.H., R.K. Duwal., T. Yasunaga., E. Heiss & S. H. Lee. 2010. A taxonomic review of

the genus *Dryophilocoris* (Hemiptera: Heteroptera: Miridae: Orthotylinae: Orthotylini) in the Fareast Asia with the description of a new species. *Zootaxa* 2692: 51-60.

- Katrina L.M., R.T. Schuh & J.B. Woolley. 2013. Total-evidence phylogenetic analysis and reclassifiation of the Phylinae (Insecta: Heteroptera: Miridae), with the recognition of new tribes and subtribes and a redefinition of Phylini. *Cladistics* 30(4): 391-427.
- Kim, J. & Jung, S. 2018. (in press) Three new records of the subfamily Mirinae (Hemiptera: Heteroptera: Miridae) from the Korean Peninsula. *Journal of Asia-Pacific Biodiversity*.
- Kim, J. 2018. (in press) Systematic study of the subfamily Mirinae (Hemiptera: Miridae) from the Korean Peninsula, with emphasis on phylogenetics based on total-evidence. Ph.D. dissertation.
- Kim, J. G & S. H. Jung. 2016. Taxonomic review of the genus *Stenotus* Jakovlev (Hemiptera: Heteroptera: Miridae) from the Korean Peninsula. *Journal of Asia-Pacific Biodiversity* 9: 29-33
- Kim, J., Min, H.K., Paek, W.K. & Jung, S. 2017. Two new records of the subfamily Deraeocorinae (Hemiptera: Heteroptera: Miridae) from the Korean Peninsula. *Journal of Asia-Pacific Biodiversity*, 10: 396-398.
- Kim, J.G. & S.H. Jung. 2015. First record of the genus *Dimia* Kerzhner (Hemiptera: Heteroptera: Miridae) from the Korean Peninsula. *Journal of Asia-Pacific Biodiversity* 8: 394-396.
- Kim, J.G. & S.H. Jung. 2016. A new record of the tribe Coridromiini (Hemiptera: Heteroptera: Miridae: Orthotylinae) from the Korean Peninsula. *Journal of Asia-Pacific Biodiversity* 9: 253-255.
- Kim, J.G. & S.H. Jung. 2016. A new species and a new record of *Apolygus* China (Hemiptera: Heteroptera: Miridae) from the Korean Peninsula. *Journal of Asia-Pacific Biodiversity* 9: 347-350.
- Kim, J.G. & S.H. Jung. 2016. A review of the genus *Cyllecoris* (Hemiptera: Miridae) from the Korean Peninsula with a key to the species. *Journal of Asia-Pacific Biodiversity* 9: 194-197.
- Kim, J.G. & S.H. Jung. 2016. First record of the genus *Pseudoloxops* Kirkaldy (Hemiptera: Heteroptera: Miridae: Orthotylinae) from the Korean Peninsula. *Journal of Asia-Pacific Biodiversity* 9: 399-401.
- Kim, J.G. & S.H. Jung. 2016. Taxonomic review of the genus *Harpocera* Curtis (Hemiptera: Heteroptera: Miridae: Phylinae) from the Korean Peninsula, with description of a new species and key to the Korean Harpocera species. *Entomological Research* 46: 306-313.
- Kim, J.G. & S.H. Jung. 2016. Taxonomic review of the genus *Isometopus* (Hemiptera: Miridae: Isometopinae) from the Korean Peninsula, with description of a new species. *Zootaxa* 4137(1): 137-145.
- Kim, J.G. & S.H. Jung. 2016. Two new species of the genus *Apolygus* China (Hemiptera:

Heteroptera: Mirinae) from the Korean Peninsula, with a key to Korean *Apolygus* species. *Zootaxa* 4137(4): 592-598.

- Kim, J.G., H.C. Park, E. Heiss & S.H. Jung. 2015. A new species of the genus *Capss* Fabricius (Hemiptera: Heteroptera: Miridae: Mirinae) from the Korean Peninsula, with a key to the Korean *Capsus* species. *Zootaxa* 3905: 585-592.
- Kim, J.G., H.D. Lee, K.K. Kim, H.Y. Seo, J.S. Chae & S.H. Jung. 2015. First Record of the Genus *Neomegacoelum* Yasunaga (Hemiptera: Heteroptera: Miridae) from the Korean Peninsula. *Korean Journal of Applied Entomolgoy* 54(1): 31-33.
- Kim, J.G., WG. Kim, W.H. Lee & S.H. Jung. 2016. Newly recorded genus *Pantilius* Curtis (Hemiptera: Heteroptera: Miridae) from the Korean Peninsula, with a key to the world Pantilius species. *Journal of Asia-Pacific Biodiversity* 9: 256-258.
- Kiritshenko, A.N. 1926. Beiträge zur kenntnis palaearktischer Hemipteren. Konowia 5: 218-226.
- Kwon, Y.J., S.J Suh & J.A. Kim. 2001. Hemiptera-Economic Insects of Korea 18-Insecta Koreana Supplement 25. 513 pp.
- Kwon, Y.J., Y.J. Cho & S.J. Suh. 2009. New record of *Orthotylus pallen* (Matsumura) (Hemiptera: Miridae) from Korea, with a key to and checklist of Korean species. *Entomological Research* 39: 55-60.
- Lee, C.E., S. Miyamoto & I.M. Kerzhner. 1994. Additions and corrections to the list of Korean Heteroptera. *Nature and Life* 24(1): 1-34.
- Lee, Chang Eon. 1971. Suborder I Heteroptera. In: Lee, C.E. *et al*. Illustrated Encyclopedia of Fauna & Flora of Korea 12 - Insecta (IV). Samhwa Publishing, Seoul. pls. 1-30, 99-448, 475-601, 1051-1059 pp.
- Lee, H.D., J.G. Kim and S.H. Jung. 2015. A new record of genus *Eocanthecona* Bergroth (Hemiptera: Pentatomidae: Asopinae) from the Korean Peninsula. *Korean Journal of Applied Entomology* 54(3): 257-261.
- Lee, Hodan, Jungon Kim & Sunghoon Jung. 2016. First record of the genus *Serendiba* Distant (Hemiptera: Reduviidae) from the Korean Peninsula. Journal of Asia-Pacific Biodiversity 9: 89-90.
- Lehr, P.A. (eds). 1988. Keys to the insects of the Far East of the USSR. Vol. II. Homoptera nad Heteroptera. 232 pp. Leningard Nauka Publishing House.
- Lis, Jerzy A. 1994. A revision of Oriental burrower bugs (Hemiptera: Cydnidae). Upper Silesian Museum, Bytom. 349 pp.
- Min, Li, Xi Li, Zhu Wei-bing & Bu Wen-jun. 2010. Application of DNA Barcoding to *Plinachtus* (Hemiptera: Heteroptera) from China. *Entomotaxonomia* 2010-01.
- Nakatani, Yukinobu. 2015. Revision of the lygaeid genus *Nysius* (Heteroptera: Lygaeidae: Orsillinae) of Japan, with description of a new species. *Entomological Science* 18(4): 435-441.

- Namyatova, A.A., F.V. Konstantinov & G. Cassis. 2016. Phylogeny and systematics of the subfamily Bryocorinae based on morphology with emphasis on the tribe Dicyphini sensu Schuh, 1976. *Systematic Entomology* 41: 3-40.
- Oh, M.S., T. Yasunaga & S.H. Lee. 2017. Taxonomic review of *Phytocoris* Fallén (Heteroptera: Miridae: Mirinae: Mirini) in Korea, with one new species. *Zootaxa* 4232(2): 197–215.
- Paek, M.K, *et al.*, 2010. Checklist of Korean Insects. 598 pp. Nature & Ecology.
- Park, S.O. 1995. Development of the Leaf-Footed Bug, *Anoplocnemis dallasi* (Hemiptera: Coreidae). *Korean Journal of Ecology* 18: 463-470.
- Péricart, J. 2001. Family Lygaeidae Schilling, 1829 - seed-bugs. In: Aukema, Berend & Christian Rieger (eds.). *Catalogue of the Heteroptera of the Palaearctic Region 4 - Pentatomorpha I.* The Netherlands Entomological Society, Amsterdam. pp. 35-220.
- Qing, Z. 2013. A revision of the Asopinae from China and the study of DNA taxonomy of *Arma*, *Carbula* and *Eysarcoris* (Hemipetra: Pentatomidae). PhD Thesis dissertation. Nankai University.
- Randall T. Schuh and James A, Slater. 1995. True Bugs of the World (Hemiptera: Heteroptera)-Classification and Natural History. 337 pp. Cornell University Press, Ithaka, N. Y.
- Reuter, O.M. 1908. Capsidae novae palaearcticae. *Annuaire du Musee Zoologique, St. Petersburg* 12: 484-499.
- Rider, D.A., L.Y. Zheng & I.M. Kerzhner. 2002. Checklist and nomenclatural notes on the Chinese Pentatomidae (Heteroptera). II. Pentatominae. *Zoosystematica Rossica* 11: 135-153.
- Schuh, R.T. & K.L. Menard. 2013. A Revised Classification of the Phylinae (Insecta: Heteroptera: Miridae): Arguments for the Placement of Genera. *American Museum Novitates* 3785: 1-72.
- Seong, J.W. & S.H. Lee. 2007. Taxonomic notes on two *Apolygus* species (Heteroptera:Miridae: Mirinae) in Korea. *Journal of Asia-Pacific Entomology* 10(4): 323-327.
- Seong, J.W., G.S. Lee & S.H. Lee. 2009. Two New Records of the Family Miridae (Hemiptera: Heteroptera) in Korea. *Korean Journal of Applied Entomolgoy* 48(1): 1-4
- Stehlík, Jaroslav L. 2013. Review and reclassifiation of the Old World genus *Physopelta* (Hemiptera: Heteroptera: Largidae). *Acta Entomologica Musei Nationalis Pragae* 53(2): 505-584.
- Tatarnic, N.J. & G. Cassis. 2012. The Halticini of the world (Insecta: Heteroptera: Miridae: Orthotylinae): generic reclassification, phylogeny, and host plant associations. *Zoological Journal of the Linnean Society* 164: 558–658.
- Tomokuni, Masaaki. 1995. A revision of the Japanese species of the genus *Paromius*

(Hetereoptera, Lygaeidae). *Japanese Journal of Entomology* 63(4): 811-823.

- Yasunaga, T. & M.D. Schwartz. 2015. Review of the mirine plant bug genus *Phytocoris* Fallén in Japan (Hemiptera: Heteroptera: Miridae: Mirinae), with descriptions of eight new species. *Tijdschrift voor Entomologie* 158(1): 21-47
- Yasunaga, T. & M.D. Schwartz. 2016. Review of the mirine plant bug genus *Pachylygus* (Heteroptera: Miridae: Mirinae), with description of a new species from Japan. *Tijdschrift voor Entomologie* 159: 197-207.
- Yasunaga, T., M.D. Schwartz & F. Chérot. 2002. New genera, species, synonymies, and combinations in the *Lygus* Complex from Japan, with discussion on *Peltidolygus* Poppius and *Warrisia* Carvalho (Heteroptera: Miridae: Mirinae). *American Museum Novitates* 3378: 1-26.
- Yasunaga, T., Y. Nakatani & F. Chérot. 2017. Review of the mirine plant bug genus *Eurystylus* Stål from Japan and Taiwan (Hemiptera: Heteroptera: Miridae: Mirinae), with descriptions of two new species, a new synonymy and a new combination. *Zootaxa* 4227(3): 301–324.
- Yoon, C.S., S.W. Jung. 2012. Insect fauna of Korea. vol. 9, no.1, Lygaeid Bugs: Arthropoda: Insecta: Hemiptera: Pentatomomorpha: Lygaeidae. 73 pp. National Institute of Biological Resources.

가로줄노린재 364
가슴긴노린재(신칭) 159
가시고리장님노린재 433
가시노린재 323
가시얼룩뿔노린재(신칭) **271**, 277
가시점둥글노린재 334
가시침노린재 86
각다귀침노린재 79
각시장님노린재 448
각시표주박긴노린재 182
각진넓적노린재(신칭) 114
갈색꼬마긴노린재(신칭) 162
갈색날개노린재 366
갈색무늬긴노린재 169
갈색주둥이노린재 308
갈색큰먹노린재 374
갈참나무노린재 **251**, 248
갈참우리장님노린재 556
갈참장님노린재 510
강변쐐기노린재 35
개미사돈장님노린재 524
거지덩굴방패벌레 56
검은깃장님노린재 471
검은깨알꽃노린재(신칭) 40
검은날개쐐기노린재(신칭) 22
검은빛갈참장님노린재 511
검은빛장님노린재 478
검은줄들장님노린재(신칭) 508
검정고리장님노린재 485
검정꼬마땅노린재 291
검정넓적노린재 113
검정들장님노린재(신칭) 499
검정맵시장님노린재(신칭) 513
검정무늬침노린재 93
검정방패벌레(신칭) 70
검정우리장님노린재 560
검정줄무늬장님노린재 410
검정침노린재 92
검정표주박장님노린재 525
게눈노린재 128
고구려장님노린재 389
고려알락장님노린재(신칭) 444
고려애장님노린재 541
고리장님노린재 466
고목노린재 47
고사리장님노린재 388
고운고리장님노린재 483
고운애긴노린재 141
고추침노린재 82
광대노린재 300
광택장님노린재 484
구름무늬노린재(신칭) 319
구슬노린재 349
국화방패벌레 55
굴뚝긴노린재 195
굵은가위뿔노린재 264
귤큰별노린재 203
극동꼭지장님노린재 462
극동애기노린재 369
극동왕침노린재 83
극동좁쌀긴노린재 187
기름빛풀색노린재 351
긴가위뿔노린재 267
긴날개쐐기노린재 32
긴방패벌레 57
긴보리장님노린재(신칭) 489

긴수염갈색장님노린재(신칭) 440
긴수염침노린재 87
긴잡초노린재 **238**, 239
긴털장님노린재 390
길쭉알락장님노린재 442
깔따구침노린재 104
깜둥긴노린재 164
깜보라노린재 348
깡충장님노린재 494
껍적침노린재 91
꼬마긴노린재 185
꼬마먹노린재 375
꼬마뿔노린재 278
꼬마장님노린재 522
꼭지긴노린재 166
꼭지무늬장님노린재 405
꼭지장님노린재 463
꽃무늬장님노린재 417
꽈리허리노린재 206
나도변색장님노린재 423
나도우리장님노린재 562
나비노린재 320
날개홍선장님노린재 426
남방가시허리노린재(신칭) 226
남방뿔노린재 **274**, 277
남색주둥이노린재 317
넓은남방뿔노린재(신칭) **275**, 277
넓적긴노린재 168
넓적배허리노린재 **218**, 220
네점박이노린재 343
노란수염장님노린재 449
노란털긴노린재 183
노랑긴쐐기노린재 24
노랑날개쐐기노린재 21
노랑무늬고사리장님노린재 387
노랑무늬꼬마장님노린재 521
노랑무늬뿔노린재 283
노랑무늬알노린재 255
노랑무늬장님노린재 456
노랑배허리노린재 224
노랑침노린재 94
녹두허리노린재 217
녹색가위뿔노린재 266
눈박이알노린재 257
느릅장님노린재 500
느티나무꽃노린재 39
느티나무노린재 341
느티나무홀눈장님노린재 380
다리무늬긴노린재 186
다리무늬두흰점노린재 328
다리무늬침노린재 90
다리무늬털장님노린재 439
다리털애장님노린재 542
다리홍점들장님노린재 516
다리흑선들장님노린재(신칭) 503
달라스긴노린재 175
닮은넓적노린재 109
닮은다리장님노린재 549
닮은땅노린재(신칭) **289**, 288
닮은막대허리노린재(신칭) **230**, 229
닮은변색장님노린재 420
닮은소나무장님노린재 401
닮은쑥부쟁이방패벌레 58
닮은애긴노린재(신칭) **142**, 143
닮은얼룩뿔노린재 276
닮은초록장님노린재 470
닮은큰침노린재 101
닮은팔방긴노린재 144
담배장님노린재 391
대나무장님노린재 491
대륙꼬마장님노린재 523
대륙무늬장님노린재 404
대륙표주박장님노린재 526
대성산실노린재 124
대성산우리장님노린재 553
대왕노린재 **359**, 363

더듬이긴노린재 160
도토리노린재 298
동쪽다리장님노린재 544
동쪽맵시방패벌레 62
동쪽알노린재 258
동쪽탈장님노린재 455
동해애장님노린재 536
두눈장님노린재 482
두무늬장님노린재 472
두색장님노린재(신칭) 457
두쌍무늬노린재 246
두점박이노린재 344
두점박이장님노린재 428
두점배허리노린재 **220**, 219
둘레빨간긴노린재 133
둘레쐐기노린재 30
둥근땅노린재 292
둥근버들애장님노린재(신칭) 535
둥글깡충장님노린재 497
둥글노린재 336
뒷창참나무노린재 252
등검은황록장님노린재 518
등빨간뿔노린재 265
등뿔침노린재 96
등줄갈색날개쐐기노린재 **33**, 32
등줄맵시장님노린재 509
등줄붉은침노린재(신칭) 98
등줄빨간긴노린재 132
등줄장님노린재(신칭) 432
등판꼬마긴노린재 163
딱부리긴노린재 156
땅노린재 288
땅별노린재 198
떼허리노린재 **222**, 223
로이터쐐기노린재 29
막대침노린재 78
막대허리노린재 229
맵시꽃노린재 42
맵시장님노린재 514
맵시폭긴노린재 148
머리목노린재 50
머리울도긴노린재 146
머리털꼬마손자긴노린재 161
머리폭긴노린재 150
먹노린재 373
멋무늬장님노린재 396
멋쟁이긴노린재 188
멋쟁이노린재 340
메추리노린재 326
명아주장님노린재 504
명충잡이꽃노린재 45
모시풀방패벌레 61
목도리장님노린재 419
무늬장님노린재 398
무늬털장님노린재 438
무늬홑눈장님노린재(신칭) 381
무당알노린재 261
무시바노린재 347
물장군꽃노린재 44
물푸레방패벌레 60
물푸레장님노린재 477
미니날개쐐기노린재 34
미니날개애쐐기노린재 27
미니날개큰쐐기노린재 26
미디표주박긴노린재 190
민날개침노린재 81
민무늬검빛장님노린재(신칭) 533
민반날개긴노린재 151
민어깨장님노린재(신칭) 437
민장님노린재 434
민침꽃노린재 43
민풀노린재 350
밀감무늬검정장님노린재 402
바른장님노린재 461
발해다리장님노린재 548
발해우리장님노린재 555

밝은다리장님노린재 545
밝은색장님노린재 467
밝은울도긴노린재(신칭) 147
밤무늬장님노린재 408
밤우리장님노린재 565
방패광대노린재 299
방패알노린재 260
방패장님노린재 395
배나무방패벌레 66
배둥글노린재 335
배홍무늬침노린재 **88**, 89
버들애장님노린재 546
버섯장님노린재(신칭) 384
버즘나무방패벌레 54
변색장님노린재 424
별노린재 199
보라흰점둥글노린재 332
보리장님노린재 488
볼록무늬장님노린재(신칭) 415
부채방패벌레 52
북방장님노린재 458
북방풀노린재 354
북쪽맵시방패벌레 63
북쪽무늬고리장님노린재 476
북쪽비단노린재 330
북쪽애땅노린재 287
북한들장님노린재 498
북한우리장님노린재 563
분홍다리노린재 **357**, 363
붉은가위뿔노린재 269
붉은다리장님노린재 475
붉은다리표주박장님노린재(신칭) 530
붉은등침노린재 75
붉은무늬침노린재 **74**, 75
붉은잡초노린재 237
붉은점우리장님노린재(신칭) 554
비율빈침노린재 **100**, 101
빈대붙이 371
빛고운고리장님노린재 481
빨간긴쐐기노린재 25
빨간촉각장님노린재 490
빨강반점장님노린재 425
뽕나무노린재 129
뾰족머리장님노린재 416
뾰족침뿔노린재 280
뿔넓적노린재 110
뿔노린재 268
뿔침노린재 97
사각명아주노린재(신칭) 122
사방장님노린재 531
사시나무꽃노린재 38
사촌애장님노린재 534
산꼬마장님노린재 520
산넓적노린재 119
산느티나무노린재 342
산들장님노린재 505
산무늬장님노린재 411
산버들장님노린재 507
산알락장님노린재 441
산장님노린재 430
삼점땅노린재 295
삿포로잡초노린재 239
새긴넓적노린재 116
새꼭지무늬장님노린재 406
새맵시장님노린재 512
새멸구잡이침노린재 105
새무늬고리장님노린재 474
생강나무방패벌레 64
선홍우리장님노린재(신칭) 559
설상무늬장님노린재 418
소나무넓적노린재(신칭) 112
소나무장님노린재 400
소나무허리노린재 221
솔표주박장님노린재 529
솟은등장님노린재 465
수리취방패벌레 69

수원우리장님노린재(신칭) 566
스코트노린재 346
스코트표주박긴노린재 179
시골가시허리노린재 **213**, 215
실노린재 125
십자무늬긴노린재 **138**, 140
싸리두무늬장님노린재 473
썩덩나무노린재 338
쑥다리장님노린재 550
아샘긴노린재 174
알노린재 256
알락꼬마뾸노린재 279
알락날개쐐기노린재 20
알락땅노린재(신칭) 296
알락무늬장님노린재 403
알락수염노린재 318
알락장님노린재 443
알락주둥이노린재 314
암수다른장님노린재 496
애기노린재 **368**, 369
애긴넓적노린재 117
애긴노린재 143
애깜둥긴노린재 165
애깡충장님노린재 495
애꼭지긴노린재 167
애꼭지무늬장님노린재 412
애두쌍무늬노린재 247
애땅노린재 **286**, 287
애무늬고리장님노린재 468
애무늬장님노린재 414
애변색장님노린재 421
애십자무늬긴노린재 137
애주둥이노린재 316
애털꼭지긴노린재 173
애털쑥방패벌레 68
애허리노린재 223
양털허리노린재 212
어깨장님노린재 436
어리담배장님노린재 394
어리멋무늬장님노린재(신칭) 397
어리민반날개긴노린재 153
어리쐐기노린재 23
어리애장님노린재 547
어리큰침노린재 99
어리흰무늬긴노린재 **192**, 193
억새노린재 370
억새반날개긴노린재 **152**, 153
얼룩꼬마긴노린재 **184**, 185
얼룩대장노린재 **362**, 363
얼룩들장님노린재 502
얼룩딱부리긴노린재(신칭) 158
얼룩뾸노린재 **272**, 277
얼룩장님노린재 464
얼룩주둥이노린재 311
에사키뾸노린재 282
여수별노린재 **202**, 203
연리초장님노린재 422
연초록들장님노린재(신칭) 501
열점박이노린재 345
옆소금쟁이잡초노린재 243
예덕장님노린재 453
예쁜이넓적노린재 108
오리표주박장님노린재 528
온포무늬장님노린재 407
왕노린재 **358**, 363
왕주둥이노린재 312
왕침노린재 84
용문장님노린재(신칭) 552
우단침노린재 76
우리가시허리노린재 214
우리갈색주둥이노린재 309
우리노랑침노린재 95
우리담배장님노린재 393
우리장님노린재 558
우리폭긴노린재 149
울도반날개긴노린재 154

원장님노린재 383
음나무유리장님노린재(신칭) 543
이마흰줄흩눈장님노린재(신칭) 382
이시하라노린재 327
자귀나무허리노린재 216
작은주걱참나무노린재 248
잔침노린재 77
잡초노린재 **240**, 242
장수땅노린재 290
장수허리노린재 208
장흙노린재 **361**, 363
점박이둥글노린재 333
점쐐기노린재 **31**, 32
점흑다리잡초노린재 **241**, 242
제주노린재 356
제주수염긴노린재 171
주근깨장님노린재(신칭) 538
주둥이노린재 315
주황날개긴노린재(신칭) 170
주황우리장님노린재(신칭) 557
중국십자무늬긴노린재 140
중국쐐기노린재 28
중국장님노린재 519
진달래방패벌레 67
진알락장님노린재 447
진얼룩뿔노린재 **273**, 277
짙은동해애장님노린재(신칭) 537
짤막장님노린재 492
짧은알락긴노린재 178
찔레담배장님노린재 392
참가시노린재 322
참고사리장님노린재 386
참고운고리장님노린재 480
참긴노린재 135
참나무꽃노린재(신칭) 46
참나무노린재 250
참나무방패벌레 71
참나무장님노린재 539
참딱부리긴노린재 157
참무늬장님노린재 413
참산장님노린재 431
참점땅노린재 294
청동노린재 324
초록장님노린재 469
최고려애장님노린재 540
측무늬표주박긴노린재 177
코애장님노린재 551
코장님노린재 479
큰검정뛰어장님노린재 493
큰검정우리장님노린재(신칭) 561
큰광대노린재 302
큰넓적노린재 118
큰노란테들장님노린재 506
큰딱부리긴노린재 155
큰알노린재 254
큰알락장님노린재 445
큰장님노린재 435
큰주걱참나무노린재 249
큰촉각방패벌레 53
큰허리노린재 210
큰호리납작침노린재(신칭) 103
큰흑다리긴노린재 180
큰흰무늬긴노린재 194
큰흰솜털검정장님노린재 451
탈장님노린재 454
태화우리장님노린재(신칭) 564
털꼭지긴노린재 172
털보장님노린재(신칭) 399
털큰넓적노린재 115
털표주박장님노린재 527
톱날노린재 306
톱다리개미허리노린재 232
투명잡초노린재 236
팔공넓적노린재 111
팔방긴노린재 145
페킨장님노린재 450

포풀라방패벌레 59
표주박긴노린재 191
푸토니뿔노린재 281
풀밭장님노린재 460
풀색노린재 352
한라긴노린재 136
해동우리장님노린재 567
해바라기방패벌레 55
향노린재 337
호리납작침노린재 **102**, 103
호리잡초노린재 242
호리좀허리노린재 231
호리허리노린재 228
홍다리노린재 **360**, 363
홍다리주둥이노린재 313
홍도리침노린재 89
홍맥장님노린재 487
홍보라노린재 321
홍비단노린재 331
홍색들장님노린재 515
홍색얼룩장님노린재 427
홍색유리날개장님노린재 429
홍줄노린재 372
홍줄장님노린재 486
홍테들장님노린재(신칭) 517
홍테북방장님노린재(신칭) 459
황소노린재 325
황소홍뿔노린재 270
후박나무방패벌레 65
흑다리긴노린재 181
희미무늬알노린재 259
흰가슴알락장님노린재(신칭) 446
흰다리무늬장님노린재(신칭) 409
흰다리버섯장님노린재(신칭) 385
흰무늬검빛장님노린재(신칭) 532
흰무늬긴노린재 **193**, 192
흰솜털검정장님노린재 452
흰점빨간긴노린재 134
흰점알락긴노린재 176
흰테두리긴노린재(신칭) 189
흰테두리땅노린재 293
흰테주둥이노린재 310

Acanthaspis cincticrus 96
Acanthocoris sordidus 206
Acanthosoma crassicaudum 264
Acanthosoma denticaudum 265
Acanthosoma firmatum 270
Acanthosoma forficula 266
Acanthosoma haemorrhoidale angulatum 268
Acanthosoma labiduroides 267
Acanthosoma spinicolle 269
Acrocorisellus serraticollis 324
Acrorrhinium inexspectatum 520
Adelphocoris demissus 419
Adelphocoris lineolatus 422
Adelphocoris piceosetosus 421
Adelphocoris reichelii 423
Adelphocoris suturalis 424
Adelphocoris tenebrosus 420
Adelphocoris triannulatus 418
Adelphocorisella lespedezae 425
Adomerus rotundus 294
Adomerus triguttulus 295
Adomerus variegatus 296
Adrisa magna 290
Aelia fieberi 326
Agonoscelis femoralis 319
Alcimocoris japonensis 325
Alloeorhynchus sp. 22
Alloeotomus chinensis 400
Alloeotomus simplus 401
Alydus calcaratus 231
Amphiareus obscuriceps 43
Andrallus spinidens 310
Anoplocnemis dallasi 208
Antheminia varicornis 320

Anthocoris confusus 38
Anthocoris japonicus 39
Anthocoris miyamoto 42
Apoderaeocoris decolatus 415
Apolygopsis nigritulus 478
Apolygus atriclavus 471
Apolygus fraxinicola 477
Apolygus hilaris 472
Apolygus josifovi 476
Apolygus lucorum 469
Apolygus pulchellus 474
Apolygus roseofemoralis 475
Apolygus spinolae 468
Apolygus subhilaris 473
Apolygus watajii 470
Aradus (*Aradus*) *bergrothianus* 108
Aradus (*Aradus*) *compar* 109
Aradus czerskii 112
Aradus spinicollis 110
Aradus transiens 111
Arbela tabida 23
Arma custos 308
Arma koreana 309
Arocatus melanostoma 132
Arocatus pseudosericans 133
Atractotomoidea castanea 538
Atractotomus morio 531
Bagionocoris alienae 498
Bertsa lankana 453
Bilia ophthalmica 40
Bilia sp. 41
Blepharidopterus ulmicola 500
Bothynotus morimotoi 397
Bothynotus pilosus 396
Botocudo japonicus 161
Botocudo yasumatsui 162
Brachycarenus tigrinus 242
Brachyrhynchus taiwanicus 113
Bryocoris (*Bryocoris*) *gracilis* 387
Bryocoris (*Bryocoris*) *montanus* 386

Cantacader lethierryi 52
Cantao ocellatus 299
Canthophorus niveimarginatus 293
Capsodes gothicus graeseri 456
Capsus koreanus 459
Capsus pilifer 458
Carbula abbreviata 322
Carbula putoni 323
Carpocoris (*Carpocoris*) *purpureipennis* 321
Castanopsides falkovitshi 482
Castanopsides kerzhneri 480
Castanopsides potanini 481
Chalazonotum ishiharai 327
Charagochilus (*Charagochilus*) *angusticollis* 452
Chauliops fallax 128
Chilocoris nigricans 291
Chlamydatus (*Euattus*) *pullus* 534
Chlorochroa (*Rhytidolomia*) *juniperina juniperina* 337
Cimicicapsus koreanus 398
Cimidaeorus hasegawai 399
Cletus punctiger **213**, 215
Cletus schmidti 214
Compsidolon (*Coniortodes*) *salicellum* 546
Copium japonicum 53
Coptosoma bifarium 256
Coptosoma biguttulum 257
Coptosoma capitatum 254
Coptosoma japonicum 255
Coptosoma parvipictum 259
Coptosoma scutellatum 260
Coptosoma semiflavum 258
Coranus (*Velinoides*) *dilatatus* 81
Coranus sp. 80
Coridromius chinensis 492
Coriomeris scabricornis scabricornis 212
Corythucha ciliata 54
Corythucha marmorata 55
Creontiades coloripes 426
Cydnocoris russatus 82
Cyllecoris nakanishii 511

Cyllecoris vicarius 510
Cymus aurescens 148
Cymus koreanus 149
Cyphodemidea saundersi 464
Cyrtopeltis (*Cyrtopeltis*) *miyamotoi* 392
Cyrtopeltis (*Cyrtopeltis*) *rufobrunnea* 393
Cyrtorhinus lividipennis 518
Cysteochila consueta 56
Cysteochila vota 57
Dalpada cinctipes 328
Daulocoris formosanus 114
Deraeocoris (*Camptobrochis*) *pulchellus* 407
Deraeocoris (*Deraeocoris*) *ainoicus* 414
Deraeocoris (*Deraeocoris*) *ater* 402
Deraeocoris (*Deraeocoris*) *brevicornis* 413
Deraeocoris (*Deraeocoris*) *castaneae* 408
Deraeocoris (*Deraeocoris*) *josifovi* 409
Deraeocoris (*Deraeocoris*) *kerzhneri* 411
Deraeocoris (*Deraeocoris*) *olivaceus* 404
Deraeocoris (*Deraeocoris*) *sanghonami* 403
Deraeocoris (*Deraeocoris*) *yasunagai* 410
Deraeocoris (*Knightocapsus*) *elegantulus* 412
Deraeocoris (*Knightocapsus*) *ulmi* 406
Deraeocoris (*Plexaris*) *claspericapilatus* 405
Dicyphus parkheoni 394
Dieuches uniformis 189
Dimia inexspectata 390
Dimorphopterus japonicus **152**, 153
Dimorphopterus pallipes 153
Dimorphopterus spinolae 151
Dinorhynchus dybowskyi 312
Distachys unicolor 229
Distachys vulgaris **230**, 229
Dolycoris baccarum 318
Drymus (*Sylvadrymus*) *marginatus* 164
Drymus (*Sylvadrymus*) *parvulus* 165
Dryophilocoris (*Dryophilocoris*) *jenjouristi* 514
Dryophilocoris (*Dryophilocoris*) *kanyukovae* 512
Dryophilocoris (*Dryophilocoris*) *kerzhneri* 509
Dryophilocoris saigusai 513

Dybowskyia reticulata 371
Ectmetopterus bicoloratus 495
Ectmetopterus comitans 494
Ectmetopterus micantulus 493
Ectrychotes andreae 76
Elasmostethus brevis 276
Elasmostethus humeralis **272**, 277
Elasmostethus interstinctus **273**, 277
Elasmostethus nubilus **274**, 277
Elasmostethus rotundus **275**, 277
Elasmostethus yunnanus **271**, 277
Elasmucha dorsalis 278
Elasmucha ferrugata 280
Elasmucha fieberi 279
Elasmucha putoni 281
Eocanthecona japonicola 311
Eolygus rubrolineatus 486
Epidaus tuberosus 83
Eremocoris angusticollis 167
Eremocoris plebejus 166
Erimiris tenuicornis 491
Europiella artemisiae 545
Europiellomorpha lividellus 544
Eurydema (*Eurydema*) *gebleri* 330
Eurydema (*Rubrodorsalium*) *dominulus* 331
Eurygaster testudinaria 298
Eurystylus coelestialium 454
Eurystylus sauteri 455
Eysarcoris aeneus 334
Eysarcoris annamita 332
Eysarcoris gibbosus 336
Eysarcoris guttigerus 333
Eysarcoris ventralis 335
Fingulus longicornis 416
Fromundus pygmaeus **286**, 287
Galeatus affinis 58
Gardena brevicollis 78
Gastrodes grossipes 168
Geocoris (*Geocoris*) *itonis* 156
Geocoris (*Geocoris*) *pallidipennis* 157

Geocoris (Geocoris) varius 155
Geotomus convexus 287
Gigantomiris jupiter 435
Glaucias subpunctatus 351
Gonopsis affinis 370
Gorpis (Gorpis) japonicus 24
Gorpis (Oronabis) brevilineatus 25
Graphosoma rubrolineatum 372
Graptostethus servus servus 136
Haematoloecha nigrorufa **74**, 75
Haematoloecha rufithorax 75
Hallodapus centrimaculatus 521
Hallodapus linnavuorii 522
Hallodapus pumilus 523
Halyomorpha halys 338
Harpocera choii 540
Harpocera josifovi 542
Harpocera koreana 541
Henestaris oschanini 158
Hermolaus amurensis 340
Heterocordylus (Heterocordylus) alutacerus 499
Himacerus (Himacerus) apterus 26
Homalogonia confusa 342
Homalogonia grisea 341
Homalogonia obtusa obtusa 343
Homoeocerus (Anacanthocoris) striicornis 216
Homoeocerus (Tiponius) dilatatus **218**, 220
Homoeocerus (Tiponius) unipunctatus **220**, 219
Homoeocerus (Tliponius) marginiventris 217
Hoplitocoris (Pseudenicocephalus) lewisi 50
Horridipamera inconspicua 176
Horridipamera lateralis 177
Hygia (Colpura) lativentris **222**, 223
Hygia (Hygia) opaca 223
Iodinus ferrugineus 163
Isometopus amurensis 381
Isometopus japonicus 380
Isometopus rugiceps 382
Isyndus obscurus obscurus 84
Josifovolygus niger 485

Kasumiphylus kyushuensis 536
Kasumiphylus ryukyuensis 537
Kleidocerys nubilus 144
Kleidocerys resedae resedae 145
Koreocoris bicoloratus 457
Labidocoris pectoralis 77
Lamproceps antennatus 171
Laprius gastricus 344
Lasiochilus (*Dilasia*) *japonicus* 47
Lelia decempunctata 345
Leptocorisa chinensis 228
Leptoglossus occidentalis 221
Leptoypha wuorentausi 60
Liorhyssus hyalinus 236
Loristes decoratus 434
Lyctocoris (*Lyctocoris*) *beneficus* 45
Lyctocoris ichikawai 46
Lygaeus equestris 134
Lygaeus hanseni 137
Lygaeus sjostedti 135
Lygocorides (*Lygocorides*) *rubronasutus* 479
Lygocoris (*Lygocoris*) *pabulinus* 466
Lygus rugulipennis 460
Macropes obnubilus 154
Macroscytus fracterculus **289**, 288
Macroscytus japonensis 288
Malacocorisella endoi 502
Malcus japonicus 129
Megacopta cribraria 261
Megalotomus sp. 234
Megymenum gracilicorne 306
Menida (*Menida*) *disjecta* 346
Menida (*Menida*) *musiva* 347
Menida (*Menida*) *violacea* 348
Mermitelocerus annulipes annulipes 433
Metasalis populi 59
Metatropis tesongsanicus 124
Metochus abbreviatus 194
Mezira subsetosa 115
Michailocoris josifovi 389

Microporus nigrita 292
Moissonia kalopani 543
Molipteryx fuliginosa 210
Monalocoris (*Monalocoris*) *filicis* 388
Monosynamma bohemanni 535
Myiophanes tipulina 79
Myrmus lateralis 243
Nabis (*Halonabis*) *sinicus* 28
Nabis (*Milu*) *apicalis* 27
Nabis (*Milu*) *reuteri* 29
Nabis (*Nabicula*) *flavomarginatus* 30
Nabis (*Nabis*) *punctatus mimoferus* **31**, 32
Nabis (*Nabis*) *stenoferus* 32
Nabis (*Tropiconabis*) *capsiformis* **33**, 32
Neolethaeus assamensis 174
Neolethaeus dallasi 175
Neomegacoelum vitreum 429
Nesidiocoris tenuis 391
Neuroctenus argyraeus 116
Neuroctenus ater 117
Neuroctenus castaneus 118
Nezara antennata 352
Ninomimus flavipes 150
Nysius eximius 141
Nysius hidakai **142**, 143
Nysius plebeius 143
Okeanos quelpartensis 356
Oncocephalus assimilis **100**, 101
Oncocephalus breviscutum 99
Oncocephalus simillimus 101
Orthocephalus funestus 496
Orthonotus bicoloripes 551
Orthophylus yongmuni 552
Orthops (*Orthops*) *scutellatus* 461
Orthotylus (*Melanotrichus*) *flavosparsus* 504
Orthotylus (*Melanotrichus*) *parvulus* 505
Orthotylus (*Orthotylus*) *interpositus* 506
Orthotylus (*Orthotylus*) *pallens* 507
Orthotylus (*Pseudorthotylus*) *bilineatus* 508
Pachybrachius luridus 178

Pachybrachius pictus 182
Pachygrontha antennata 160
Palomena angulosa 354
Palomena viridissima 350
Pamerana scotti 179
Panaorus albomaculatus **193**, 192
Panaorus csikii **192**, 193
Panaorus japonicus 195
Pantilius (*Coreidomiris*) *hayashii* 436
Pantilius (*Pantilius*) *tunicatus* 437
Paradasynus spinosus 226
Paradieuches dissimilis 169
Parapiesma quadratum 122
Parapsallus vitellinus 547
Paromius exiguus 180
Paromius jejunus 181
Peirates cinctiventris 92
Peirates turpis 93
Peltidolygus scutellatus 465
Pentatoma (*Pentatoma*) *japonica* **357**, 363
Pentatoma (*Pentatoma*) *metallifera* **358**, 363
Pentatoma (*Pentatoma*) *parametallifera* **359**, 363
Pentatoma (*Pentatoma*) *rufipes* **360**, 363
Pentatoma (*Pentatoma*) *semiannulata* **361**, 363
Peritrechus femoralis 186
Peritropis advena 384
Peritropis sp. 385
Pherolepis kiritshenkoi 530
Philostephanus glaber 483
Philostephanus rubripes 484
Physatocheila fieberi 61
Physatocheila orientis 62
Physatocheila smreczynskii 63
Physopelta (*Neophysopelta*) *gutta gutta* 203
Physopelta (*Neophysopelta*) *parviceps* **202**, 203
Physopleurella armata 44
Phytocoris (*Ktenocoris*) *nowickyi* 447
Phytocoris (*Phytocoris*) *goryeonus* 444
Phytocoris (*Phytocoris*) *intricatus* 443
Phytocoris (*Phytocoris*) *longipennis* 442

Phytocoris (*Phytocoris*) *ohataensis* 445
Phytocoris (*Phytocoris*) *pallidicollis* 446
Phytocoris (*Phytocoris*) *shabliovskii* 441
Picromerus bidens 314
Picromerus lewisi 315
Piezodorus hybneri 364
Pilophorus clavatus 526
Pilophorus lucidus 528
Pilophorus miyamotoi 529
Pilophorus setulosus 527
Pilophorus typicus 525
Pinalitus nigriceps 462
Pinalitus rubeolus 463
Pinthaeus sanguinipes 313
Placosternum esakii **362**, 363
Plagiognathus (*Plagiognathus*) *amurensis* 548
Plagiognathus (*Plagiognathus*) *collaris* 550
Plagiognathus (*Plagiognathus*) *yomogi* 549
Plautia stali 366
Plinachtus bicoloripes 224
Plinthisus (*Dasythisus*) *kanyukovae* 187
Poecilocoris (*Poecilocoris*) *lewisi* 300
Poecilocoris (*Poecilocoris*) *splendidulus* 302
Polididus armatissimus 86
Polymerias opacipennis 430
Polymerus (*Poeciloscytus*) *cognatus* 448
Polymerus (*Polymerus*) *amurensis* 449
Polymerus (*Polymerus*) *pekinensis* 450
Polytoxus sp. 98
Proboscidocoris (*Proboscidocoris*) *varicornis* 451
Prosomoeus brunneus 188
Prostemma (*Prostemma*) *hilgendorfii* 20
Prostemma (*Prostemma*) *kiborti* 21
Psallus (*Apocremnus*) *ater* 562
Psallus (*Apocremnus*) *michaili* 560
Psallus (*Apocremnus*) *stackelbergi* 561
Psallus (*Calopsallus*) *clarus* 556
Psallus (*Calopsallus*) *roseoguttatus* 554
Psallus (*Calopsallus*) *tesongsanicus* 553
Psallus (*Hylopsallus*) *suwonanus* 566

Psallus (*Hylopsallus*) *taehwana* 564
Psallus (*Hylopsallus*) *tonnaichanus dolerus* 567
Psallus (*Phylidea*) *castaneae* 565
Psallus (*Phylidea*) *cinnabarinus* 559
Psallus (*Phylidea*) *flavescens* 557
Psallus (*Psallus*) *amoenus* 555
Psallus (*Psallus*) *bagjonicus* 563
Psallus (*Psallus*) *koreanus* 558
Pseudoloxops imperatorius 517
Pseudoloxops miyamotoi 516
Pseudoloxops miyatakei 515
Pterotmetus staphyliniformis 170
Punctifulvius kerzhneri 383
Pygolampis bidentata **102**, 103
Pygolampis foeda 103
Pylorgus colon 146
Pylorgus yasumatsui 147
Pyrrhocoris sibiricus 198
Pyrrhocoris sinuaticollis 199
Reduvius decliviceps 97
Remaudiereana flavipes 183
Rhabdomiris pulcherrimus 431
Rhabdomiris sp. 432
Rhacognathus corniger 316
Rhopalus (*Aeschyntelus*) *latus* **238**, 239
Rhopalus (*Aeschyntelus*) *maculatus* 237
Rhopalus (*Aeschyntelus*) *sapporensis* 239
Rhopalus (*Rhopalus*) *parumpunctatus* **240**, 242
Rhynocoris (*Rhynocoris*) *leucospilus rubromarignatus* 89
Rhynocoris (*Rhynocoris*) *leucospilus sibiricus* **88**, 89
Riptortus (*Riptortus*) *pedestris* 232
Rubiconia intermedia **368**, 369
Rubiconia peltata 369
Rubrocuneocoris quercicola 539
Sadoletus izzardi 159
Sastragala esakii 282
Sastragala scutellata 283
Sastrapada oxyptera 104
Scotinophara horvathi 374
Scotinophara lurida 373

Scotinophara scottii 375
Scudderocoris albomarginatus 191
Sejanus jugulandis 532
Sejanus vivaricolus 533
Sepontiella aenea 349
Serendiba staliana 87
Sirthenea (*Sirthenea*) *flavipes* 94
Sirthenea koreana 95
Sphedanolestes (*Sphedanolestes*) *impressicollis* 90
Staccia plebeja 105
Stenodema (*Brachystira*) *calcarata* 487
Stenodema (*Stenodema*) *longula* 489
Stenodema (*Stenodema*) *rubrinervis* 488
Stenonabis uhleri 35
Stenonabis yasumatsui 34
Stenotus binotatus 428
Stenotus rubrovittatus 427
Stephanitis (*Stephanitis*) *ambigua* 64
Stephanitis (*Stephanitis*) *fasciicarina* 65
Stephanitis (*Stephanitis*) *nashi* 66
Stephanitis (*Stephanitis*) *pyrioides* 67
Stethoconus japonicus 395
Stictopleurus minutus **241**, 242
Stigmatonotum geniculatum **184**, 185
Stigmatonotum rufipes 185
Strongylocoris leucocephalus 497
Systellonotus malaisei 524
Taylorilygus apicalis 467
Termatophylum hikosanum 417
Tinginotum perlatum 438
Tinginotum pini 439
Tingis (*Tingis*) *crispata* 68
Tingis (*Tingis*) *synuri* 69
Tingis (*Tropidocheila*) *matsumurai* 70
Togo hemipterus 190
Tolongia sp. 440
Trichodrymus pallipes 172
Trichodrymus pameroides 173
Trigonotylus caelestialium 490
Tropidothorax cruciger **138**, 140

Tropidothorax sinensis 140
Tytthus chinensis 519
Uhlerites debilis 71
Ulmica baicalica 503
Urochela (*Urochela*) *quadrinotata* 246
Urochela (*Urochela*) *tunglingensis* 247
Urostylis annulicornis 248
Urostylis lateralis 252
Urostylis striicornis 249
Urostylis trullata 251, 248
Urostylis westwoodi 250
Usingerida verrucigera 119
Velinus nodipes 91
Yemma exilis 125
Zanchius tarasovi 501
Zicrona caerulea 317